计算机技术开发与应用丛书

IntelliJ IDEA
软件开发与应用

乔国辉 ◎ 编著

清华大学出版社
北京

内 容 简 介

IntelliJ IDEA 是一款优秀的软件开发工具,学习和掌握 IntelliJ IDEA 对于开发者来讲具有十分重要的意义。本书以 IntelliJ IDEA 的操作及使用为主线,同时贯穿示例教学,全面地向读者展示其强大的开发与管理能力。

本书为读者准备了比较全面的技术体系,共 16 章。第 1 章与第 2 章讲解 IntelliJ IDEA 的使用技巧;第 3 章主要讲解 IntelliJ IDEA 中的工程结构及组织方式;第 4 章与第 5 章系统讲解 IntelliJ IDEA 下项目的编译、部署、运行与调试;第 6 章与第 7 章讲解 Maven 等项目构建管理工具的使用;第 8 章讲解的 Git 版本管理是开发者需要着重学习的知识技能;第 9 章讲解 Spring 项目的使用原理并深化了示例;第 10 章讲解数据库管理工具的使用技巧;第 11~14 章进行全方位拓展,引入 Docker 容器、Vue.js、Scala、Python 等相关内容;第 15 章为辅助教学,主要讲解持续化部署工具的使用;第 16 章以插件为主题从大方向讲解了 IntelliJ IDEA 下的插件开发。

本书适用于所有初学者及具有一定开发经验的从业人员、软件爱好者。相信通过阅读本书,读者能够获得更多的帮助与提升。

本书封面贴有清华大学出版社防伪标签,无标签者不得销售。
版权所有,侵权必究。举报:010-62782989,beiqinquan@tup.tsinghua.edu.cn。

图书在版编目(CIP)数据

IntelliJ IDEA 软件开发与应用/乔国辉编著. —北京:清华大学出版社,2021.10(2023.2重印)
(计算机技术开发与应用丛书)
ISBN 978-7-302-58466-7

Ⅰ.①I… Ⅱ.①乔… Ⅲ.①JAVA 语言-程序设计 Ⅳ.①TP312.8

中国版本图书馆 CIP 数据核字(2021)第 126001 号

责任编辑:赵佳霓
封面设计:吴 刚
责任校对:刘玉霞
责任印制:丛怀宇

出版发行:清华大学出版社
    网 址:http://www.tup.com.cn,http://www.wqbook.com
    地 址:北京清华大学学研大厦 A 座 邮 编:100084
    社 总 机:010-83470000 邮 购:010-62786544
    投稿与读者服务:010-62776969,c-service@tup.tsinghua.edu.cn
    质 量 反 馈:010-62772015,zhiliang@tup.tsinghua.edu.cn
    课 件 下 载:http://www.tup.com.cn,010-83470236
印 装 者:三河市铭诚印务有限公司
经 销:全国新华书店
开 本:186mm×240mm 印 张:36 字 数:812 千字
版 次:2021 年 10 月第 1 版 印 次:2023 年 2 月第 2 次印刷
印 数:2001~2800
定 价:139.00 元

产品编号:089454-01

前 言
PREFACE

开发工具与编程语言及其他技术一样重要,并且值得我们关注。让工具与技术更好地结合,这不仅是对能力的一种要求,也是对待计算机科学的认真态度。

本书讲解 IntelliJ IDEA 的诸多使用技巧,但事实上想要覆盖所有的操作要点是不可能的事情,因此笔者挑选了一些需要掌握及建议掌握的知识内容。编写图书并不是一件简单的事情,本书前后修改过多次,得益于这个过程,让笔者有了更多的体验与感悟。

技术并不是独立存在的,各种技术有机结合才构成了软件工程的艺术。本书除了旨在帮助读者掌握 IntelliJ IDEA 的操作及使用之外,还加入了诸如 Git 项目管理、Scala 工具、Python 自动化测试、Docker 容器管理、持续部署等内容进行拓展。

无论是初学者还是具有开发经验的相关人员,本书都适于阅读且可作为参考书使用。愿本书能够成为浩瀚星辰中的一道光,照亮读者前行的道路。

本书结构

本书共 16 章,以下是各章节内容概述。

第 1 章对 IntelliJ IDEA 进行概述说明,讲解其安装过程并实现示例程序。
第 2 章介绍 IntelliJ IDEA 开发工具的界面布局及使用技巧。
第 3 章主要对项目结构与模块等概念进行讲解说明。
第 4 章讲解如何进行项目的编译、部署与运行。
第 5 章介绍 IntelliJ IDEA 中项目调试的技巧。
第 6 章讲解如何基于 Apache Maven 进行项目管理与构建。
第 7 章简单介绍 Gradle 的安装与使用。
第 8 章主要介绍 Git 的安装与使用、IntelliJ IDEA 中的 Git 管理及 GitLab 的安装等。
第 9 章讲解 Spring 的使用和相关项目的创建。
第 10 章介绍 IntelliJ IDEA 中数据库工具的使用技巧。
第 11 章介绍 Docker 容器化技术的使用及其在 IntelliJ IDEA 中的集成。
第 12 章介绍 Vue.js 项目在 IntelliJ IDEA 中的创建与管理。
第 13 章讲解如何使用 Scala 实现自定义检查工具。
第 14 章主要讲解如何使用 Python 进行自动化程序的编写。

第15章主要介绍Jenkins的安装、配置与使用,以及与IntelliJ IDEA的集成。

第16章实现自定义插件的开发。

读者对象

本书适用于初学者及具有开发经验的相关人员。在阅读本书之前,建议读者掌握一定程度的Java和Linux基础知识。

阅读本书时,读者可以根据自身情况进行选择性阅读。本书前10章的内容比较重要且实用,所以建议读者认真学习。

为了更好地提升读者的Git操作技能,本书在第8章结束部分讲解了安装并搭建GitLab操作环境的具体步骤,读者可以参照书中内容搭建自己的练习环境,同时在第8章小结中提供了一个十分有趣的Web页面用于进行Git在线练习。

从第11章开始本书加入了一些拓展性内容,如果读者觉得不易理解,则可以适当地跳过。本书内容由浅入深且各章节彼此独立,因此读者可以循序渐进地学习并在需要帮助的时候进行查阅。

本书特色

- 详细讲解了IntelliJ IDEA中的基础操作、项目结构、应用创建及管理等内容。
- 通过丰富的示例加深读者对各方面技术内容的理解。
- 全面覆盖了项目开发中的技术体系结构,帮助读者更快速地进行实战。

致谢

多年来笔者一直在从事软件行业的工作,但从未想过会有自己编写的图书出版。很荣幸的是,赵佳霓编辑给了笔者这次机会,为此笔者要向她表示感谢。

在本书编写的过程中,笔者需要协调各方进行时间安排,感谢朋友和同事给予的支持与理解。

最后要感谢笔者的父母与妻子,是你们给予笔者对生活的热爱,并陪伴笔者前行。

乔国辉

2021年4月

本书源代码下载

目录
CONTENTS

第 1 章 IntelliJ IDEA 概述 ····· 1
- 1.1 IntelliJ IDEA 特性概述 ····· 2
  - 1.1.1 优秀的特性 ····· 2
  - 1.1.2 构建工具集成 ····· 3
  - 1.1.3 版本管理集成 ····· 3
  - 1.1.4 其他的特性 ····· 3
- 1.2 IntelliJ IDEA 的安装与配置 ····· 4
  - 1.2.1 IntelliJ IDEA 下载 ····· 5
  - 1.2.2 Linux 下安装 IntelliJ IDEA ····· 6
  - 1.2.3 Windows 下安装 IntelliJ IDEA ····· 15
  - 1.2.4 配置的备份与恢复 ····· 17
  - 1.2.5 欢迎界面 ····· 20
- 1.3 第一个示例程序 ····· 22
  - 1.3.1 新建 Java 项目 ····· 22
  - 1.3.2 安装 SDK ····· 25
  - 1.3.3 配置编译器 ····· 27
  - 1.3.4 编译并运行 ····· 30
  - 1.3.5 项目结构 ····· 31
  - 1.3.6 常用文件类型与图标 ····· 33
- 1.4 本章小结 ····· 34

第 2 章 了解 IntelliJ IDEA ····· 35
- 2.1 IntelliJ IDEA 界面布局 ····· 35
  - 2.1.1 菜单栏 ····· 36
  - 2.1.2 工具栏 ····· 40
  - 2.1.3 导航栏 ····· 40

2.1.4 编辑区 …………………………………………………………… 41
2.1.5 工具窗口栏 ……………………………………………………… 44
2.1.6 状态栏 …………………………………………………………… 46
2.2 常规配置 ……………………………………………………………… 49
2.2.1 设置背景图像 …………………………………………………… 49
2.2.2 配置字体和颜色 ………………………………………………… 50
2.2.3 配置代码样式 …………………………………………………… 51
2.2.4 视图模式 ………………………………………………………… 51
2.3 常用操作 ……………………………………………………………… 54
2.3.1 打开文件 ………………………………………………………… 54
2.3.2 打开外部文件 …………………………………………………… 55
2.3.3 在新窗口打开文件 ……………………………………………… 55
2.3.4 打开最近的文件 ………………………………………………… 55
2.3.5 添加文件类型 …………………………………………………… 56
2.3.6 关闭文件 ………………………………………………………… 59
2.3.7 文本选择 ………………………………………………………… 60
2.3.8 复制、剪切与粘贴 ……………………………………………… 61
2.3.9 撤销与重做 ……………………………………………………… 63
2.3.10 格式化代码 ……………………………………………………… 63
2.3.11 更改代码缩进 …………………………………………………… 67
2.3.12 折叠代码片断 …………………………………………………… 68
2.3.13 拖放移动代码 …………………………………………………… 70
2.3.14 注释 ……………………………………………………………… 71
2.3.15 还原窗口布局 …………………………………………………… 73
2.3.16 编辑区分屏 ……………………………………………………… 73
2.3.17 取消右侧竖线 …………………………………………………… 75
2.3.18 分离窗口 ………………………………………………………… 75
2.3.19 方法分隔线 ……………………………………………………… 76
2.3.20 选项卡的固定与取消 …………………………………………… 76
2.3.21 自动管理导入 …………………………………………………… 77
2.3.22 项目窗口管理 …………………………………………………… 78
2.4 代码编辑与管理 ……………………………………………………… 79
2.4.1 模板管理 ………………………………………………………… 79
2.4.2 快速生成 ………………………………………………………… 87
2.4.3 接口与实现 ……………………………………………………… 87
2.4.4 重构提取 ………………………………………………………… 89

2.4.5　代码检查 ··· 93
　　2.4.6　跳转与引用 ·· 102
2.5　书签与收藏夹 ··· 103
2.6　快捷键 ·· 110
　　2.6.1　映射及副本 ·· 110
　　2.6.2　定义快捷键 ·· 111
　　2.6.3　快捷键的使用 ·· 113
　　2.6.4　快捷键 ··· 115
2.7　草稿 ··· 121
　　2.7.1　Scratch Files ·· 122
　　2.7.2　Scratch Buffer ·· 124
　　2.7.3　其他类型文件 ·· 125
　　2.7.4　重命名、移动与删除 ·· 125
2.8　剪贴板 ·· 126
2.9　HTTP Client ·· 127
2.10　本章小结 ·· 130

第 3 章　项目与模块 ·· 131

3.1　项目结构 ··· 131
　　3.1.1　工程 ··· 132
　　3.1.2　模块 ··· 133
　　3.1.3　类库 ··· 136
　　3.1.4　特性 ··· 138
　　3.1.5　项目生成 ·· 141
　　3.1.6　开发集成工具 ·· 144
　　3.1.7　全局类库 ·· 145
3.2　模块的创建与使用 ·· 145
　　3.2.1　新建模块 ·· 145
　　3.2.2　导入模块 ·· 146
3.3　本章小结 ··· 150

第 4 章　编译、部署与运行 ··· 151

4.1　缓存和索引 ··· 151
4.2　IntelliJ IDEA 的编译方式 ··· 153
　　4.2.1　自动编译 ·· 153
　　4.2.2　手动编译 ·· 153

4.3　部署与运行 ·· 155
　　4.4　本章小结 ·· 159

第 5 章　调试与运行 ··· 160
　　5.1　测试目录 ·· 160
　　5.2　运行/调试配置 ··· 161
　　5.3　Debug 调试 ··· 165
　　　　5.3.1　Debug 窗口布局 ··· 166
　　　　5.3.2　按钮与快捷键 ·· 167
　　　　5.3.3　设置断点条件 ·· 175
　　　　5.3.4　多线程调试 ··· 176
　　5.4　远程调试 ·· 177
　　5.5　本章小结 ·· 180

第 6 章　构建工具之 Maven ·· 181
　　6.1　安装与配置 ··· 181
　　　　6.1.1　安装 Maven ··· 181
　　　　6.1.2　配置本地仓库 ·· 184
　　　　6.1.3　在 IntelliJ IDEA 中配置 Maven ·· 184
　　　　6.1.4　使用命令行创建示例程序 ·· 185
　　　　6.1.5　在 IntelliJ IDEA 中创建示例程序 ··· 187
　　6.2　生命周期与插件 ··· 190
　　　　6.2.1　Maven 生命周期 ··· 191
　　　　6.2.2　Maven 插件 ··· 193
　　6.3　POM 配置文件 ··· 196
　　　　6.3.1　基本配置信息 ·· 197
　　　　6.3.2　Maven 依赖管理 ··· 198
　　　　6.3.3　依赖传递与调节 ··· 201
　　　　6.3.4　聚合与继承 ··· 203
　　6.4　Maven 仓库 ··· 205
　　　　6.4.1　本地仓库 ·· 205
　　　　6.4.2　中央仓库 ·· 207
　　　　6.4.3　其他远程仓库 ·· 208
　　　　6.4.4　Super Pom 中的其他管理 ·· 210
　　6.5　多环境切换 ··· 212
　　　　6.5.1　什么是 Profile ·· 212

6.5.2　Profile 的种类 ………………………………………… 212
　　　6.5.3　示例工程 …………………………………………… 214
6.6　模块化示例 …………………………………………………… 218
6.7　使用 Nexus 构建私有仓库 …………………………………… 229
　　　6.7.1　下载与安装 ………………………………………… 230
　　　6.7.2　Nexus 仓库说明 …………………………………… 234
　　　6.7.3　创建角色与权限 …………………………………… 236
　　　6.7.4　手工上传资源 ……………………………………… 240
6.8　打包项目原型 ………………………………………………… 243
6.9　本章小结 ……………………………………………………… 245

第 7 章　构建工具之 Gradle ……………………………………… 246

7.1　Gradle 下载与安装 …………………………………………… 246
7.2　配置 Gradle …………………………………………………… 249
7.3　创建 Gradle 工程 ……………………………………………… 250
7.4　构建脚本 build.gradle ………………………………………… 253
7.5　本章小结 ……………………………………………………… 254

第 8 章　Git 版本控制管理 ………………………………………… 255

8.1　什么是 Git ……………………………………………………… 255
8.2　下载与安装 …………………………………………………… 256
8.3　Git 配置管理 …………………………………………………… 265
　　　8.3.1　配置用户名与邮件 …………………………………… 265
　　　8.3.2　查看配置 ……………………………………………… 266
　　　8.3.3　修改和移除配置 ……………………………………… 268
8.4　版本库、工作区与暂存区 …………………………………… 268
　　　8.4.1　版本库初始化 ………………………………………… 269
　　　8.4.2　文件管理 ……………………………………………… 270
　　　8.4.3　Git 提交 ……………………………………………… 274
　　　8.4.4　Git 文件对比 ………………………………………… 277
　　　8.4.5　查看历史 ……………………………………………… 279
　　　8.4.6　文件恢复 ……………………………………………… 281
　　　8.4.7　删除文件 ……………………………………………… 284
8.5　分支管理 ……………………………………………………… 285
8.6　变基与合并 …………………………………………………… 288
　　　8.6.1　变基 …………………………………………………… 288

8.6.2 合并多条记录 ………………………………………………………… 289
8.6.3 区间合并 ……………………………………………………………… 290
8.7 远程仓库 ………………………………………………………………………… 292
8.7.1 SSH 协议与密钥 ……………………………………………………… 292
8.7.2 创建私有仓库 ………………………………………………………… 293
8.7.3 删除远程仓库 ………………………………………………………… 295
8.7.4 其他操作 ……………………………………………………………… 295
8.8 IntelliJ IDEA 下的 Git 操作 …………………………………………………… 296
8.8.1 上传本地项目到远程仓库 …………………………………………… 296
8.8.2 克隆远程仓库 ………………………………………………………… 299
8.8.3 Git 分支管理 …………………………………………………………… 299
8.8.4 Git Fetch 与 Git Pull ………………………………………………… 305
8.8.5 Local Changes ………………………………………………………… 307
8.8.6 日志列表 ……………………………………………………………… 311
8.8.7 补丁的创建与使用 …………………………………………………… 312
8.8.8 反向合并 ……………………………………………………………… 314
8.9 安装 GitLab ……………………………………………………………………… 315
8.10 本章小结 ………………………………………………………………………… 318

第 9 章 Spring 项目开发 ……………………………………………………………… 319

9.1 Spring 介绍 ……………………………………………………………………… 319
9.2 IOC 容器 ………………………………………………………………………… 319
9.3 标签与注解 ……………………………………………………………………… 326
9.3.1 @Configuration ………………………………………………………… 328
9.3.2 @Bean …………………………………………………………………… 329
9.3.3 @ImportResource 与 @Import 注解 ………………………………… 333
9.3.4 @Component 与 @ComponentScan …………………………………… 337
9.4 Web 示例工程 …………………………………………………………………… 342
9.5 Spring Initializr ………………………………………………………………… 352
9.5.1 安装插件 ……………………………………………………………… 352
9.5.2 Spring Initializr 的使用 ……………………………………………… 352
9.5.3 微服务示例 …………………………………………………………… 355
9.6 本章小结 ………………………………………………………………………… 371

第 10 章 数据库管理 …………………………………………………………………… 372

10.1 配置数据源与驱动 ……………………………………………………………… 373

10.1.1　配置驱动 ·· 374
　　10.1.2　配置数据源 ······································ 375
　　10.1.3　同步数据源 ······································ 377
10.2　数据管理 ··· 378
　　10.2.1　数据源显示管理 ································ 378
　　10.2.2　Collations 排序规则 ··························· 379
　　10.2.3　查找资源 ·· 381
　　10.2.4　数据管理操作 ··································· 381
　　10.2.5　执行语句 ·· 386
　　10.2.6　数据编辑器 ······································ 388
　　10.2.7　查看 DDL 定义 ································ 391
10.3　本章小结 ··· 392

第 11 章　容器化管理 ·· 393

11.1　什么是 Docker ·· 393
11.2　Docker 的安装 ·· 394
11.3　Docker 概念理解 ······································· 395
　　11.3.1　Docker 系统架构与守护进程 ················· 395
　　11.3.2　注册中心 ·· 396
　　11.3.3　镜像与容器 ······································ 397
　　11.3.4　分层 ··· 397
　　11.3.5　daemon.json ······································ 398
11.4　Docker 客户端操作 ···································· 398
　　11.4.1　查找镜像 ··· 398
　　11.4.2　拉取镜像 ··· 400
　　11.4.3　运行容器 ··· 402
　　11.4.4　管理容器 ··· 404
　　11.4.5　创建镜像 ··· 404
　　11.4.6　进入容器内部 ··································· 406
　　11.4.7　向容器复制文件 ································ 407
　　11.4.8　配置注册中心 ··································· 408
　　11.4.9　推送镜像 ··· 409
11.5　IntelliJ IDEA 中的 Docker 管理 ···················· 413
　　11.5.1　连接 Docker ······································ 413
　　11.5.2　管理镜像 ··· 414
11.6　负载均衡示例 ·· 419

11.7　本章小结 ………………………………………………………………………… 422

第 12 章　Vue.js 项目管理 ………………………………………………………… 423

12.1　基础环境及工具 …………………………………………………………………… 423
　　12.1.1　Node.js 的下载与安装 …………………………………………………… 423
　　12.1.2　npm ……………………………………………………………………… 423
　　12.1.3　Vue CLI ………………………………………………………………… 424
　　12.1.4　Webpack ………………………………………………………………… 427
12.2　VueJS 项目结构 …………………………………………………………………… 430
　　12.2.1　main.js ………………………………………………………………… 430
　　12.2.2　App.vue ………………………………………………………………… 432
　　12.2.3　router …………………………………………………………………… 433
　　12.2.4　模块的导入与导出 ……………………………………………………… 435
　　12.2.5　页面路由 ………………………………………………………………… 436
　　12.2.6　基于 URL 的参数传递 …………………………………………………… 439
　　12.2.7　基于 params 的参数传递 ………………………………………………… 439
　　12.2.8　$router 与 $route ………………………………………………………… 440
　　12.2.9　node_modules …………………………………………………………… 441
12.3　IntelliJ IDEA 导入项目 …………………………………………………………… 441
12.4　Vue Devtools ……………………………………………………………………… 447
　　12.4.1　插件安装 ………………………………………………………………… 448
　　12.4.2　编译安装 ………………………………………………………………… 449
　　12.4.3　调试运行 ………………………………………………………………… 451
　　12.4.4　更多调试技巧 …………………………………………………………… 452
12.5　本章小结 …………………………………………………………………………… 459

第 13 章　Scala 检查工具 …………………………………………………………… 460

13.1　Scala 简介 ………………………………………………………………………… 460
13.2　安装开发环境 ……………………………………………………………………… 460
　　13.2.1　安装 JDK ………………………………………………………………… 460
　　13.2.2　安装 Scala SDK ………………………………………………………… 460
　　13.2.3　安装 Scala 插件 ………………………………………………………… 462
13.3　创建 Scala 工程 …………………………………………………………………… 465
　　13.3.1　基础 Scala 工程 ………………………………………………………… 465
　　13.3.2　基于 Maven 的 Scala 工程 ……………………………………………… 468
　　13.3.3　App 特性 ………………………………………………………………… 470

13.4　Git 检查工具 …………………………………………………………………… 472
　　13.4.1　编写配置 ………………………………………………………………… 472
　　13.4.2　编写启动程序 …………………………………………………………… 474
　　13.4.3　编写校验逻辑 …………………………………………………………… 474
13.5　本章小结 ……………………………………………………………………… 476

第 14 章　自动化测试 …………………………………………………………… 477

14.1　自动化测试概述 ……………………………………………………………… 477
14.2　Python 的安装与配置 ………………………………………………………… 478
　　14.2.1　Python 的下载与安装 …………………………………………………… 478
　　14.2.2　pip 与插件 ………………………………………………………………… 482
　　14.2.3　在 IntelliJ IDEA 中配置 Python ………………………………………… 487
14.3　自动化测试类型 ……………………………………………………………… 489
　　14.3.1　Web 自动化测试 ………………………………………………………… 489
　　14.3.2　基于接口的自动化测试 ………………………………………………… 500
　　14.3.3　YAML 配置文件 ………………………………………………………… 506
　　14.3.4　锚点与引用 ……………………………………………………………… 510
14.4　本章小结 ……………………………………………………………………… 510

第 15 章　Jenkins 持续集成 ……………………………………………………… 511

15.1　Jenkins 概述 …………………………………………………………………… 511
15.2　CI 与 CD ……………………………………………………………………… 511
15.3　Jenkins 下载与安装 …………………………………………………………… 511
　　15.3.1　下载与安装 ……………………………………………………………… 511
　　15.3.2　插件的安装 ……………………………………………………………… 517
15.4　IntelliJ IDEA 集成 Jenkins …………………………………………………… 520
15.5　Jenkins 任务管理 ……………………………………………………………… 525
　　15.5.1　全局配置 ………………………………………………………………… 525
　　15.5.2　任务管理 ………………………………………………………………… 526
15.6　本章小结 ……………………………………………………………………… 531

第 16 章　插件的使用与管理 …………………………………………………… 532

16.1　查看与管理插件 ……………………………………………………………… 532
　　16.1.1　查看插件 ………………………………………………………………… 532
　　16.1.2　插件的安装 ……………………………………………………………… 533
　　16.1.3　禁用、更新与卸载 ……………………………………………………… 534

16.2 常用插件的使用 ·· 536
　　16.2.1 Grep Console 插件 ·· 537
　　16.2.2 阿里巴巴代码规范检查插件 ··· 541
　　16.2.3 EasyCode 代码生成插件 ·· 543
　　16.2.4 Lombok 插件的安装与使用 ·· 547
16.3 自定义插件开发 ·· 553
　　16.3.1 开发示例插件 ·· 553
　　16.3.2 Action System ·· 558
　　16.3.3 插件的发布与打包 ·· 560
16.4 本章小结 ·· 561

第 1 章

IntelliJ IDEA 概述

改变习惯并不是一件十分困难的事情。在使用 IntelliJ IDEA 进行项目开发之前，笔者一直是 Eclipse 系列的忠实用户，但是在使用了 IntelliJ IDEA 之后，发现这款开发工具的确十分出色，而且这种转变也没有预想中那么困难。

虽然最先接触的工具决定了开发者的使用习惯，但是依然可以做一些尝试，因为好的东西总是会被越来越多的人所接受。相信在使用过后，你不仅会感受到这款工具所带来的便捷与强大之处，也将体会到更多开发的乐趣。

在本书开始之前，我们来做一个简单的介绍。

IntelliJ IDEA 简称 IDEA，是 Java 语言的集成开发环境，在业界被公认为是最好的 Java 开发工具之一。

IntelliJ IDEA 是 JetBrains 公司的主要产品，除了 IntelliJ IDEA 之外，像 PHPStorm、PyCharm、WebStorm 等优秀的开发工具也是这家公司的产品。

其中 WebStorm 被称为"最智能的 JavaScript IDE"，在前端开发工具中十分受欢迎。而 PyCharm 是一种 Python IDE，带有一整套可以帮助用户在使用 Python 语言开发时提高其效率的工具。此外，该 IDE 提供了一些高级功能，以用于支持 Django 框架下的专业 Web 开发。

还有静态编程语言 Kotlin，它可以被编译成 Java 字节码，也可以被编译成 JavaScript，方便在没有 JVM 的设备上运行。除此之外，还有很多十分出色且实用的工具，这些都是 JetBrains 公司的产品。

对于曾经使用 Eclipse 进行软件项目开发的用户来讲，IntelliJ IDEA 带来了一种全新的项目管理方式。例如，在 Eclipse 中是按照工作空间（workspace）与工程（project）的方式进行项目结构的管理，而在 IDEA 中，则使用了工程（project）与模块（module）的概念。

虽然它们都使用了父集与子集的管理关系，但是在 IntelliJ IDEA 中，模块既可以作为一个独立的项目运行，也可以在需要的时候成为其他项目的组件，从而自由地实现集成与加载。最主要的是，组件化不仅可以避免单体项目的冗余，还可以提高组件功能的复用率，从而节省开发成本。

IntelliJ IDEA 目前已经成为众多企业进行 Java 项目开发的首选工具,它有着众多优秀的特性,不断地吸引更多的开发者加入其开发阵营。

1.1 IntelliJ IDEA 特性概述

下面简要说明 IntelliJ IDEA 的优秀特性。

1.1.1 优秀的特性

1. 强大的重构功能

IntelliJ IDEA 有着丰富而复杂的重构技巧,可以帮助开发者更好地进行代码的重构管理。例如方法的抽取与内联操作,可以帮助用户更好地组织代码结构与逻辑,在代码过于复杂或冗长的情况下进行有效精简管理,或是在代码片断过多的情况下重新组织其结构以实现更好的可读性。

值得一提的是,在对代码结构进行有效管理的同时,也可以间接地影响程序的性能,尤其是在大规模应用中体现得更加明显。如虚拟机 HotSpot 的编译操作,在方法长度超过 8000 字节时默认不会进行 JIT 编译,从而导致虚拟机运行时性能下降。

2. 代码智能选取

代码是具有渐进层次的。IntelliJ IDEA 可以在不同的层次下选取不同部分的内容,从而实现选取范围的不断变化及调整,如选取某种方法、某个循环或是从变量范围向类范围扩充选取,反之亦然。IntelliJ IDEA 提供了基于语法的选择,通过配合快捷键,可以实现选取范围的不断扩充、缩小或调整,这种操作方式在进行代码重构的时候显得尤为方便。

3. 编码辅助

与 Eclipse 类似,IntelliJ IDEA 对类中的 toString()、hashcode()、equals() 及属性对应的 get()/set() 方法等都提供了编码辅助,用户不进行任何输入就可以实现代码的自动生成,从基本方法的编码中解放出来。

4. 历史记录功能

在不使用版本控制管理系统的情况下,通过使用 IntelliJ IDEA 中的历史记录功能,可以查看任何工程中文件的历史变更记录,从而可以很容易地根据时间点将其恢复。

5. 丰富的快捷键

IntelliJ IDEA 提供了丰富的快捷键以帮助用户简化操作,用户可以根据需要自定义或重定义需要的快捷键,从而可以快速进行程序的定位、编辑与生成工作。

6. 丰富的导航模式

IntelliJ IDEA 提供了丰富的导航模式,以便在不同的位置、层次间自由移动。通过导航栏或快捷键,用户可以快速到达指定的文件与位置。结合书签的使用,可以实现不同方法或位置间的快速跳转。

7. 智能编辑与检查

IntelliJ IDEA 可以在编码时智能检查类中的方法,当实现方法时可根据情况自动完成代码输入,从而减少代码的编写工作,或是检测开发者的意图并提供建议,帮助开发者快速完成代码的开发与编写工作,还能够对代码进行自动分析,检测不符合规范或存在风险的代码并予以显示和提示。

在结合外部插件(如阿里巴巴的代码规范检查插件)后,能够更好地对项目和代码进行有效性检测,从而提升代码安全性并排除不安全或无效的操作。

8. 模板管理

丰富的自定义与预置模板可以更好地对频繁使用的代码进行抽象封装,从而在使用时避免重复性地开发。

9. 多种编辑模式

IntelliJ IDEA 支持多种编辑模式。如列编辑模式,这种模式的实现仅仅需要一个快捷键即可完成,从而提高编码效率。

还有许多新模式,如禅模式可以消除干扰并帮助开发者将注意力完全集中于代码上,这种模式结合了免打扰模式和全屏模式。

LightEdit 模式允许在简单的编辑器窗口中打开文件而无须创建或加载项目,这也是对开发者希望将 IntelliJ IDEA 作为通用文本编辑器意愿的回应。

1.1.2 构建工具集成

Maven 是笔者在 IntelliJ IDEA 下使用较多且喜欢的构建工具,它不仅为项目构建带来了极大便利,而且也为程序的依赖资源提供了有效的一致性管理。

在多环境开发与部署的条件下,Maven 可以轻松地实现不同环境间的自由切换,如测试环境、联调环境、灰度环境与生产环境,为项目测试、运行与部署提供了可靠的保证。

1.1.3 版本管理集成

IntelliJ IDEA 提供了对版本管理的有效集成,如目前最为流行的版本控制系统 Git。通过使用 Git 进行版本控制与管理,不仅去除了传统版本控制系统中的中心节点,方便地在任意一台机器或数据节点上对程序进行管理,还能够在多人参与的大规模项目开发中,协调不同的组织机构或个人,从而完成既定目标下的项目开发。

同时,与部署工具(如 Jenkins)的有效集成,可以实现不同节点下项目的一键发布,在节省人力资源的同时,极大地提高了操作的准确性,从而避免人工失误带来的损失与影响。

1.1.4 其他的特性

IntelliJ IDEA 有着诸多优秀的特性,在此不一一列举了,我们会在后续学习的过程中深入地分析与讲解。

简而言之,IntelliJ IDEA 是一款功能极其强大的软件开发工具。当然,在其强大的同时伴随着的是对资源的消耗,所以在一定程度上来讲,它是一款重量级的软件开发工具。

1.2 IntelliJ IDEA 的安装与配置

在开始安装之前，先检查本机的硬件条件是否符合 IntelliJ IDEA 运行时的要求，如图 1.1 所示。

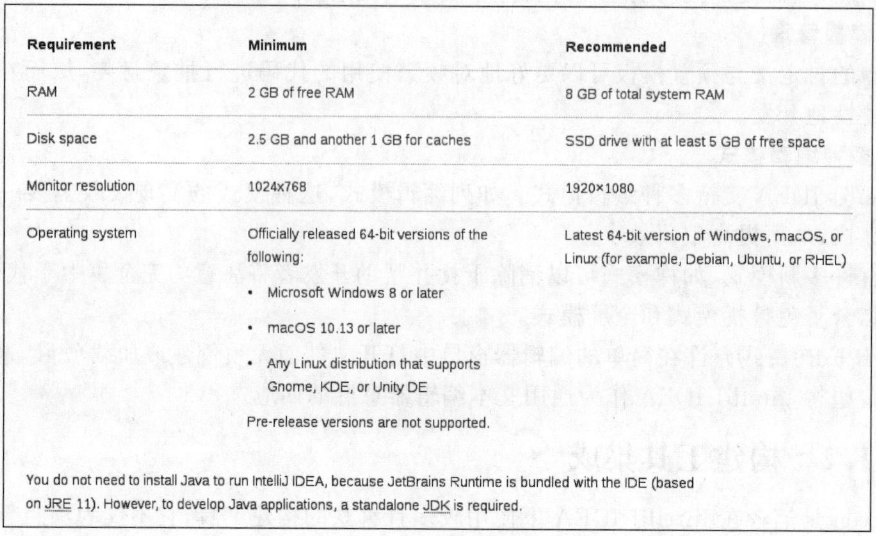

Requirement	Minimum	Recommended
RAM	2 GB of free RAM	8 GB of total system RAM
Disk space	2.5 GB and another 1 GB for caches	SSD drive with at least 5 GB of free space
Monitor resolution	1024x768	1920×1080
Operating system	Officially released 64-bit versions of the following: • Microsoft Windows 8 or later • macOS 10.13 or later • Any Linux distribution that supports Gnome, KDE, or Unity DE Pre-release versions are not supported.	Latest 64-bit version of Windows, macOS, or Linux (for example, Debian, Ubuntu, or RHEL)

You do not need to install Java to run IntelliJ IDEA, because JetBrains Runtime is bundled with the IDE (based on JRE 11). However, to develop Java applications, a standalone JDK is required.

图 1.1 IntelliJ IDEA 系统要求

从官方帮助手册了解到，IntelliJ IDEA 对于系统的要求如下：
- 至少需要 2GB 内存，推荐使用 8GB 内存。
- 至少需要 2.5GB 硬盘空间＋1GB 的缓存，推荐使用 SSD 固态驱动器（固态硬盘），至少要有 5GB 硬盘空间。
- 最低满足 1024×768 像素屏幕分辨率，推荐 1920×1080 像素屏幕分辨率。

一般个人计算机已经达到了标准的开发配置或更好的硬件条件。由于 IntelliJ IDEA 运行起来比较占用内存，所以建议要有 4GB 或 8GB 的内存配置。如果初学者仅仅用于简单示例的学习，那么内存略低一些也是可以的。

内存的使用除了与 IntelliJ IDEA 运行加载的组件有关以外（可以禁用某些不使用的功能或组件），项目的结构与规模也间接地成为一种制约。

笔者见过一些公司，在一个项目下由 Maven 管理构建的模块极多，依赖关系复杂，这也间接导致 IntelliJ IDEA 构建与运行时消耗资源过多从而变得执行缓慢。项目结构的过度复杂，不仅会带给开发人员沉重的压抑感，而且调试与运行都会变成一件十分费时费力的事情。

所以，优秀的项目结构不仅仅是对外更加灵活，对内也能够让开发人员得到更加愉悦的设计与开发体验。开发者既不会因为糟糕的设计而影响一天的心情，也不会因为长久的坐姿不适而腰酸背痛。

软件需求如下：
- JDK 1.8 及以上版本。
- Windows 10/8/7(SP1)或 Vista(SP2)32 位或 64 位版本。
- macOS 10.5 或更高版本(仅支持 64 位系统)。
- Linux(注意,32 位的 JDK 未捆绑,所以建议使用 64 位系统)。
- KDE、Gnome 或 Unity DE 桌面。

除了 JDK 以外,这里列出了不同操作系统的版本。具体使用哪种操作系统,读者可以根据情况自行选择。

让我们回顾一下图 1.1 中最下面的那句话并翻译过来,"不必为了运行 IntelliJ IDEA 而单独安装 Java 环境,因为 IntelliJ IDEA 捆绑了基于 JRE 11 以上的运行时环境。值得注意的是,进行 Java 开发时需要安装独立的 JDK,不能使用捆绑的 JRE 进行 Java 开发。"

也就是说,如果仅仅想要运行 IntelliJ IDEA,则用户不需要在机器上安装 JDK,因为它已经为你准备好了运行时的环境。这里再次提到了 Java 中 JDK 与 JRE 的区别：JDK 是 Java 的开发时环境,而 JRE 是 Java 的运行时环境。

IntelliJ IDEA 还可用于其他语言的开发,在 IntelliJ IDEA 中开发 PHP、Ruby 或 Python 项目时并不需要 JDK。

注意：JDK 的版本选取十分重要,虽然目前标准版本已经是 JDK 14,但是很多开发者与企业使用的依然是 JDK 8,这其中涉及技术成本与稳定性问题。在项目运行以后,如果不必要进行升级,则 JDK 的版本很少发生变化,所以前期一定要考虑好 JDK 的版本所带来的影响。另外,JDK 8 与 JDK 1.8 其实是同一个版本,这是历史遗留的新旧命名方式问题。

1.2.1 IntelliJ IDEA 下载

用户可以访问官方网站获取最新版本的 IntelliJ IDEA 安装程序,也可以从其他资源站点获取。

首先,访问 IntelliJ IDEA 官网 https://www.intellijidea.com,如图 1.2 所示。

单击 Download 按钮跳转至下载页面,如图 1.3 所示。

IntelliJ IDEA 有两个版本：Ultimate 版本和 Community 版本。其中 Community 版本是免费版本,但是功能较少。Ultimate 版本是商业版本,它提供了整套的工具和功能。建议使用商业版本进行安装,以便更好地学习和掌握更多的功能。

读者可以根据所使用的操作系统来下载对应环境的安装程序。如果在 Windows 操作系统下使用,则安装文件名称为 ideaIU-2020.1.exe。如果在 Linux 操作系统下使用,则安装文件名称为 ideaIU-2020.1.1.tar,这是当前的最新版本。

图 1.2　IntelliJ IDEA 官网

图 1.3　IntelliJ IDEA 下载页面

商业版本与免费版本的区别如图 1.4 所示。

1.2.2　Linux 下安装 IntelliJ IDEA

以 Linux 系统发行版本 CentOS(CentOS 7,64 位)为例说明具体的安装过程。

首先将下载的安装文件放置到 opt 目录下,此目录是 Linux 系统中安装额外可选应用程序包所放置的位置,也可以放到其他自定义目录中。

对下载的文件执行解压操作,命令如下:

```
tar -zxvf ideaIU-2020.1.1.tar
```

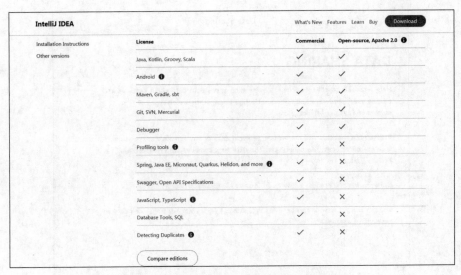

图 1.4　IntelliJ IDEA 商业版与免费版区别

　　tar 命令是 Linux 中的包管理命令，可以对不同类型的文件或程序进行包管理操作。解压之后进入 bin 目录，执行 ./idea.sh 命令启动安装程序，如图 1.5 所示。

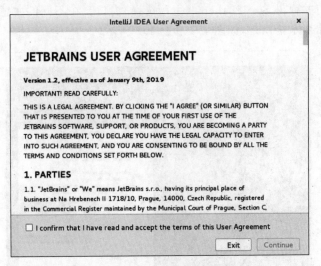

图 1.5　IntelliJ IDEA 安装界面

　　同意并勾选协议，此时会激活 Continue 按钮。单击 Continue 按钮继续执行，弹出 DATA SHARING（数据共享）窗口，如图 1.6 所示。

　　数据共享窗口用于询问开发者是否同意发送一些特性与插件的匿名数据，以便帮助 JetBrains 公司改善与提升产品，此处可自行选择。

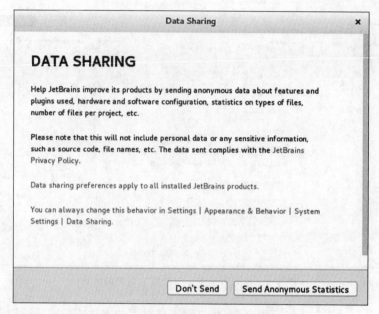

图 1.6 IntelliJ IDEA 数据共享窗口

继续向下执行并弹出 Set UI theme(主题选择)窗口。在不同的主题间勾选,其显示与预览效果也会同步展示给用户,如图 1.7 和图 1.8 所示。

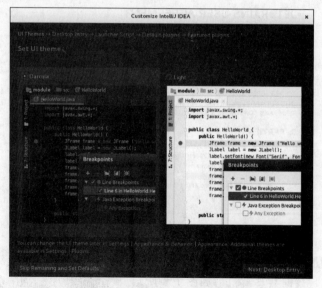

图 1.7 深色主题

第1章 IntelliJ IDEA概述

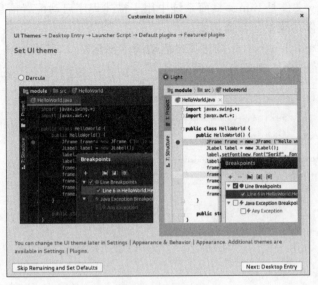

图1.8 浅色主题

为了便于查看，此处选择 Light 浅色主题。单击 Next：Desktop Entry 按钮执行，弹出 Create Desktop Entry 窗口，如图1.9所示。

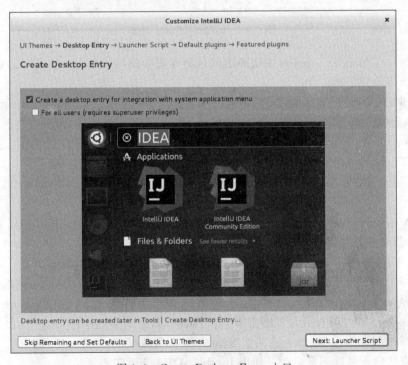

图1.9 Create Desktop Entry 入口

Desktop Entry 文件是 Linux 桌面系统中用于描述程序启动配置信息的文件，其功能类似于 Windows 操作系统中的快捷方式。

单击 Next：Launcher Script 按钮弹出启动脚本创建窗口，其主要作用是设置在打开文件与工程时预执行的脚本，如图 1.10 所示。

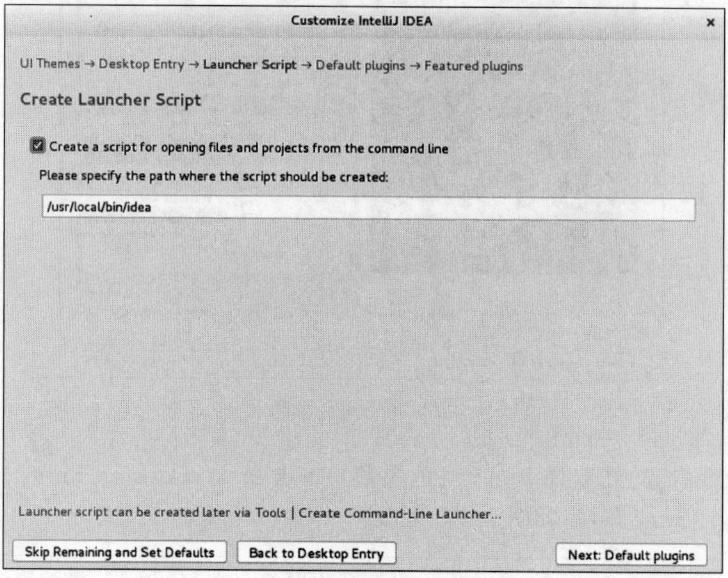

图 1.10 Desktop Entry 设置

单击 Next：Default plugins 按钮弹出默认插件安装窗口，如图 1.11 所示。读者可以根据需要选择待使用的插件。

IntelliJ IDEA 列出了默认的插件，单击插件下方的 Customize 可以查看具体的细节。例如 Build Tools 构建工具下包含了 Ant、Maven 与 Gradle-Java 共 3 种插件，如图 1.12 所示。

Version Controls 版本控制下包含了 Git、GitHub 等插件，如图 1.13 所示。

Test Tools 测试工具下包含了 JUnit、TestNG 等插件，如图 1.14 所示。

选择需要的插件，单击 Save Changes and Go Back 按钮保存并返回如图 1.11 所示的外部窗口。

单击 Next：Featured plugins 按钮继续执行，打开插件定制窗口。选择需要支持的插件服务，如容器编排服务需要安装 Kubernetes 插件，如图 1.15 所示。

最后，单击 Start using IntelliJ IDEA 按钮启动软件，如图 1.16 所示。

IntelliJ IDEA 启动后，首先会弹出激活许可窗口以对授权用户进行身份验证。用户可以在 Activate IntelliJ IDEA 选项下，通过 JB Account(用户名/密码)、Activation code(激活码)或 License server(版权许可证服务器)进行激活，如图 1.17、图 1.18、图 1.19 所示。

还可以在 Evaluate for free 选项下激活 30 天的免费试用，如图 1.20 所示。

激活成功后便可以正常启动并使用 IntelliJ IDEA 开发工具了。

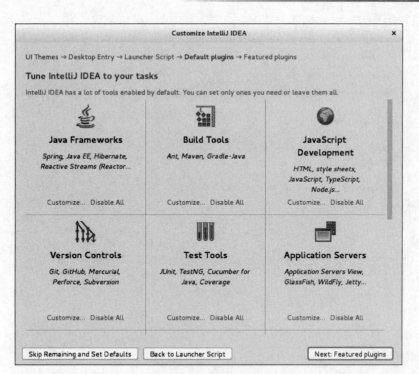

图 1.11 安装默认插件

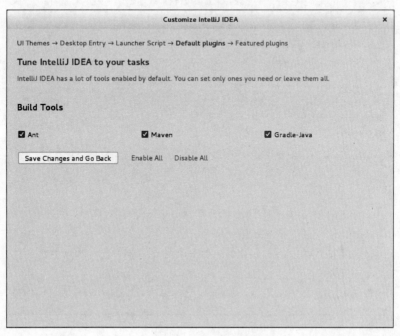

图 1.12 构建工具插件

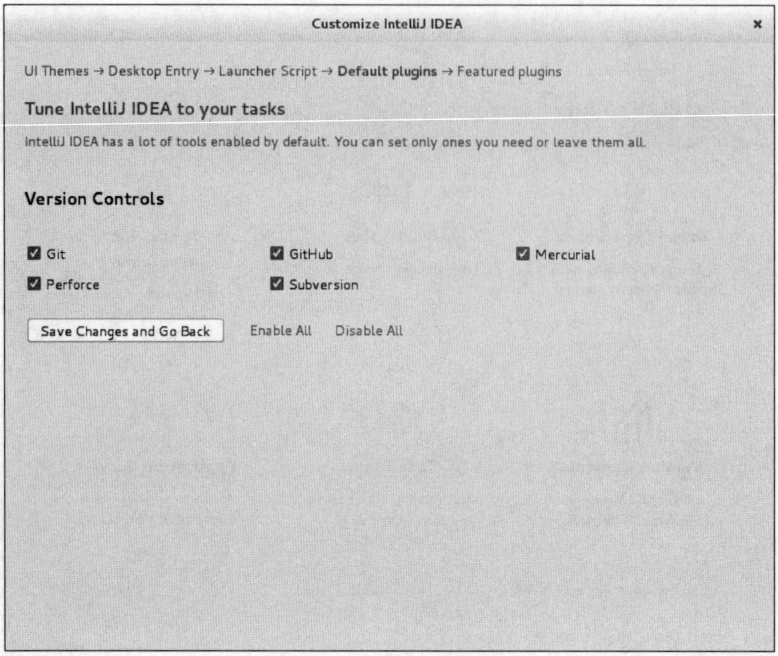

图 1.13 版本控制插件

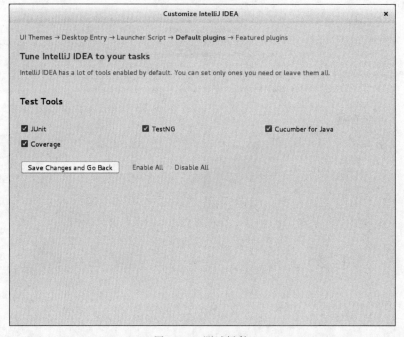

图 1.14 测试插件

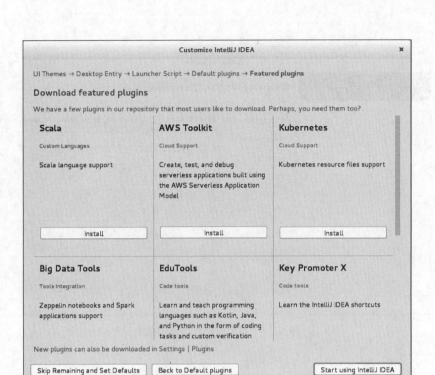

图 1.15 定制高级插件

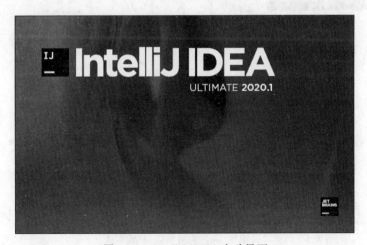

图 1.16 IntelliJ IDEA 启动界面

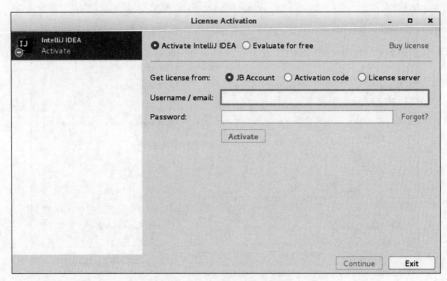

图 1.17 采用用户名与密码激活

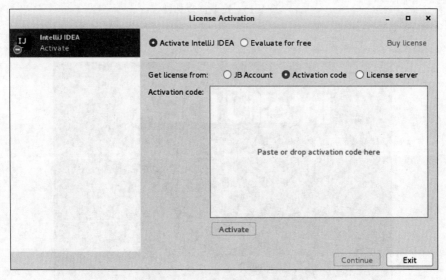

图 1.18 采用激活码激活

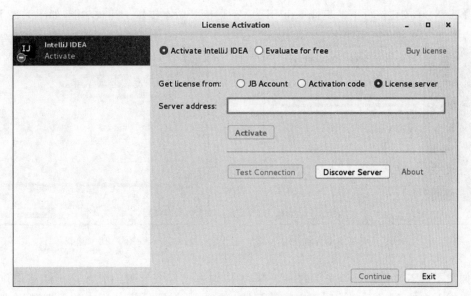

图 1.19　版权许可证服务器激活

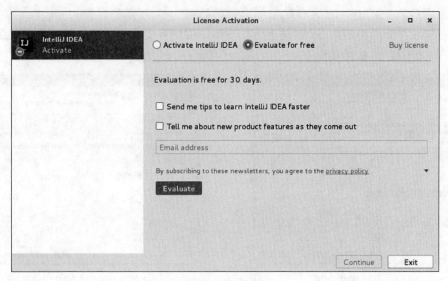

图 1.20　试用激活

1.2.3　Windows 下安装 IntelliJ IDEA

IntelliJ IDEA 在 Windows 环境下的安装过程与在 Linux 环境下的安装过程基本相同。其安装包名称为 ideaIU-2020.1.exe，这是目前为止的最新版本。

双击安装文件启动安装流程，如图 1.21 所示。

单击 Next 按钮执行下一步，IntelliJ IDEA 对已安装版本提供了卸载功能，如图 1.22 所示。

图 1.21　IntelliJ IDEA 启动界面

图 1.22　卸载程序

如果不再需要使用已经安装的旧版本，可以勾选已经安装的旧版本进行卸载操作。若同时选择下方的 Uninstall silently（静默卸载）选项，则保留已安装版本的配置项以供新版本使用。

如果用户未安装过 IntelliJ IDEA，则会弹出如图 1.23 所示的界面。

选择安装位置后单击 Next 按钮执行下一步。用户需要根据计算机配置选择安装 32 位或 64 位的应用程序，这里选用 64-bit launcher，如图 1.24 所示。

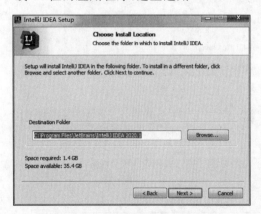

图 1.23　选择安装位置

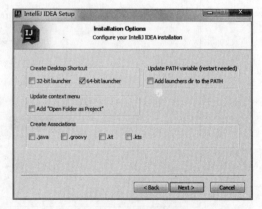

图 1.24　选择安装选项

如果勾选 Add "Open Folder as Project"选项，则当用户在系统中右击时会看到 Open Folder as IntelliJ IDEA Project 菜单，它会以工程方式打开文件夹，如图 1.25 所示。

选择是否根据文件后缀名关联相应的文件。例如，勾选.java 后缀选项会在打开 Java 文件时自动关联 IntelliJ IDEA 并打开新的窗口，此处可以全部勾选。

单击 Next 按钮继续执行，最后单击 Install 按钮执行安装，如图 1.26 所示。

图 1.25 以工程方式打开

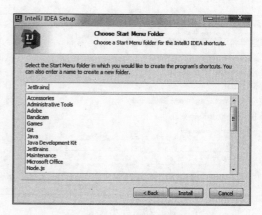

图 1.26 执行安装

勾选 Run IntelliJ IDEA 选项会在安装完成后启动应用，单击 Finish 按钮完成安装，如图 1.27 所示。

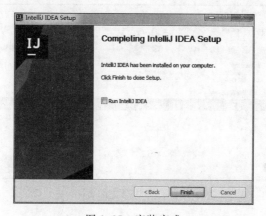

图 1.27 安装完成

1.2.4 配置的备份与恢复

1. 导入与导出配置

每个用户都有自己的习惯，如快捷键、编辑器字号、颜色等。为了保留这些配置，IntelliJ IDEA 提供了配置导入与导出功能。

要执行配置的导出操作，需执行菜单 File→Manage IDE Settings→Export Settings 命令打开配置导出窗口。用户可以根据需要选择导出哪些相关配置，导出的配置文件是以.zip 作为文件后缀的压缩文件，如图 1.28 所示。

配置导出完成后会弹出如图 1.29 所示的提示。

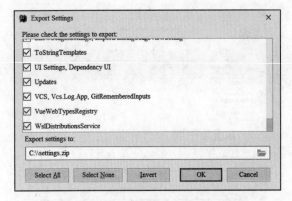
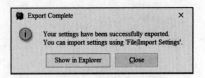

图1.28 导出配置　　　　　　　图1.29 导出成功

要执行配置的导入操作,需执行菜单 File→Manage IDE Settings→Import Settings 命令打开配置选择窗口,选择以前导出的配置文件即可,如图1.30所示。

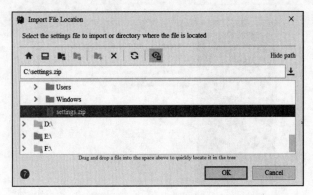

图1.30 导入配置

2. 备份配置文件

这种备份方式实现了配置的全面覆盖,包括已经下载的插件等。

备份:将目录 C:\Users\Username\.IntelliJIdea2020.1 全部复制并备份。

恢复:程序安装完成后,如果提醒是否导入配置,则可以手动选择导入,也可以直接将备份文件放入上面的默认目录。

3. 同步账户配置

可以采用账户管理的方式同步配置,用户首先需要具有 IntelliJ IDEA 官方账号。

执行菜单 File→Manage IDE Settings→Sync Settings to JetBrains Account 命令将当前配置同步到云端账户,如图1.31所示。

如果用户未进行登录,则需要先完成登录,如图1.32所示。

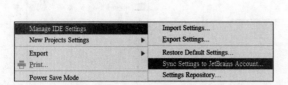
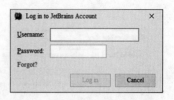

图 1.31　同步配置到账户　　　　　图 1.32　登录 IntelliJ IDEA 账户

用户登录后可以将配置同步到云端账户。当需要在其他计算机上使用相同配置时，可以在本地 IDE 中设置与账户的配置自动同步，如图 1.33 所示。

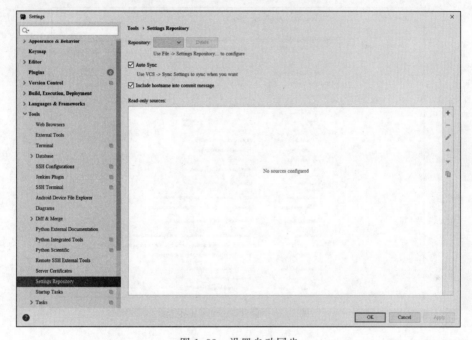

图 1.33　设置自动同步

其中，Repository 为远程配置仓库。如果此仓库不存在，则用户需要创建远程存储库连接。执行菜单 File→Manage IDE Settings→Settings Repository 命令打开远程仓库配置，如图 1.34 所示。

用户可以选择 Merge（合并）、Overwrite Local（覆写本地配置）或 Overwrite Remote（覆写远程配置）等操作。接下来要求用户输入 Access Token，如图 1.35 所示。

连接远程 Settings Repository 时需要进行 Access Token 验证，关于 Access Token 的创建方式，用户可以单击图 1.35 中的链接访问指导页面。本书创建的 Access Token 配置如图 1.36 所示。

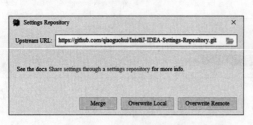

图 1.34　配置远程存储库

图 1.35　登录 IntelliJ IDEA 账户

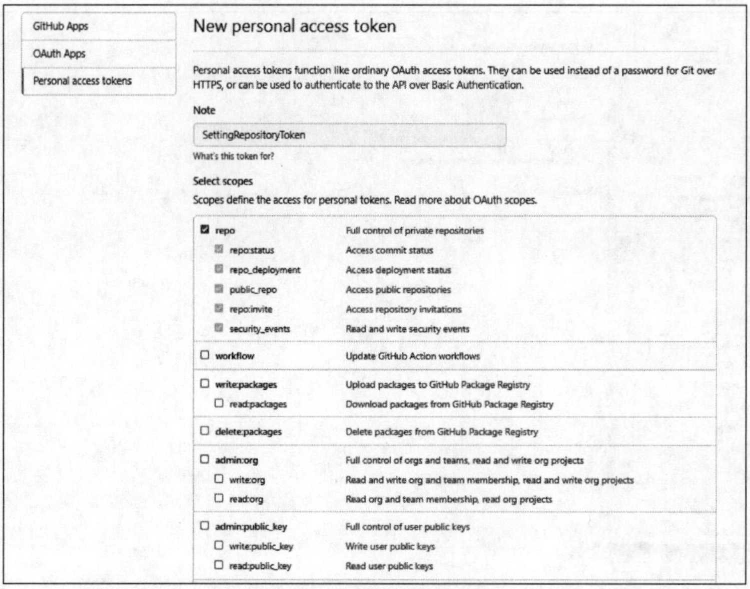

图 1.36　创建 Access Token

此部分内容涉及 Git 的操作与使用,读者可参考第 8 章内容进行学习。远程 Settings Repository 连接完成后会自动同步配置并弹出提示,如图 1.37 所示。

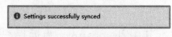

图 1.37　配置成功同步

查看 Git 远程仓库中的同步内容,如图 1.38 所示。

可以看到,远程配置仓库中同步的设置包括了众多内容,如代码样式、文件模板、键盘映射等。

1.2.5　欢迎界面

IntelliJ IDEA 在无项目打开时会显示欢迎界面。欢迎界面由两部分组成:快速开始和最近项目(左侧位置,打开过的项目会显示在此)。

第1章 IntelliJ IDEA概述

图 1.38 远程 Settings Repository

因为目前尚未新建任何项目，所以仅显示快速开始部分，如图 1.39 所示。

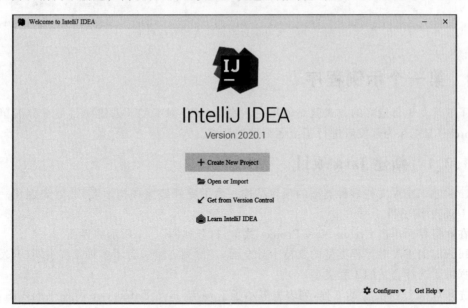

图 1.39 IntelliJ IDEA 欢迎界面

在快速开始界面，可以进行以下操作：
- Create New Project：创建新的项目工程。
- Open or Import：打开或导入已经存在的项目工程。
- Get from Version Control：从版本控制系统中检出项目，如 Git、CVS 等。

带有最近项目列表的欢迎界面如图 1.40 所示。

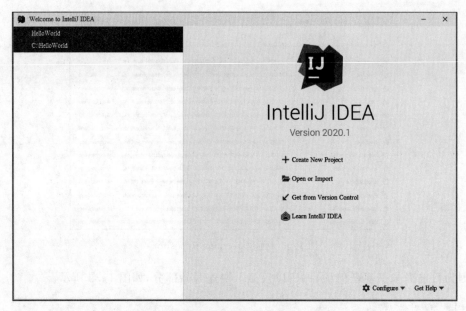

图 1.40 带有最近项目列表的欢迎界面

1.3 第一个示例程序

了解开发工具最好的方式就是使用它。在 IntelliJ IDEA 下创建项目是十分简单高效的，IntelliJ IDEA 为开发者进行了全面细致的考虑。

1.3.1 新建 Java 项目

IntelliJ IDEA 支持多种类型的项目结构。为了更好地照顾初学者，此处先创建一个基础的 Java 示例项目。

在欢迎界面单击 Create New Project 菜单，打开如图 1.41 所示的界面。

IntelliJ IDEA 对工程类型的支持十分全面，左侧列表里包含了多种工程视图，开发者可以根据需要选择合适的工程类型。

先来观察 Java 类型的工程，列表里展示了 Java 与 Java Enterprise 两种工程视图，它们的区别主要是适用的场景不同。

其中，Java 类型视图代表普通的 Java 程序，可以直接运行，而 Java Enterprise 类型视图主要是针对 JavaEE 项目的，旨在帮助用户开发和部署可移植、健壮、可伸缩且安全的服务器端 Java 应用程序，所以 Web 项目大多在这个视图中进行开发，功能较前者多一些。

我们以简单 Java 工程为例。选择图 1.41 中左侧列表的 Java 视图选项，右侧区域即可展示可用的组件与模板。此处不进行选择，直接单击 Next 按钮执行下一步，如图 1.42 所示。

此窗口增加了从模板创建工程的能力。如果要快速创建工程，则可以直接勾选 Create

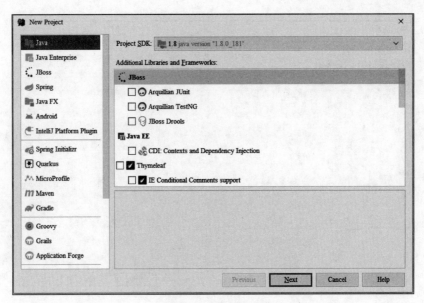

图 1.41　新建项目

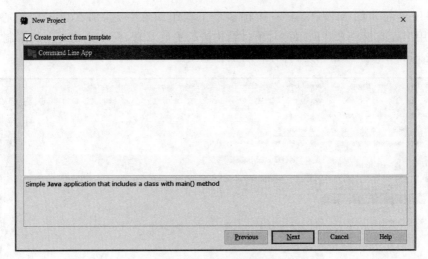

图 1.42　是否使用模板

project from template 选项并选择模板。单击 Next 按钮执行下一步，如图 1.43 所示。

输入工程名称 HelloWorld 并为其指定工程存放的位置，也就是本地磁盘中的某个目录。在 Eclipse 或 MyEclipse 中创建工程时需要提前指定工作空间（Workspace），但是在 IntelliJ IDEA 中不需要这么做。IntelliJ IDEA 以更好更自由的方式来对工程进行管理，用户可以将工程放置在任意位置而不需要对工作空间进行划分，不过依然建议对项目位置进行集中化管理。

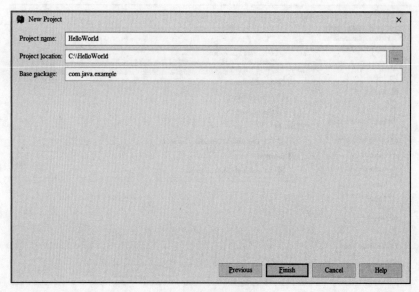

图 1.43　项目配置

如果用户需要像 MyEclipse 一样将多个工程组织在一起，那么也不用担心，IntelliJ IDEA 采用工程与模块来帮助用户对项目结构进行更好管理，而不是物理上的限制。

单击 Finish 按钮开始创建，打开后的工程如图 1.44 所示。

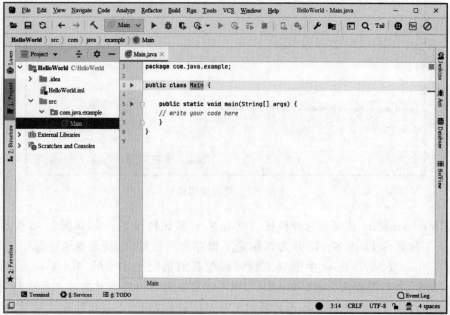

图 1.44　第一个示例工程

1.3.2　安装 SDK

安装 SDK 的前提是本地系统已经配置好将要使用的 JDK 并添加了对应的环境变量。

开发者可能会同时管理多个工程，而这些工程又具有不同的时间版本。例如，开发者需要为新项目 B 准备工程，它是基于最新的 JDK 版本进行开发的，但同时又需要维护一个很久之前的项目 A，为了保证功能的一致性，所以会采用当时所使用的 JDK 版本。

由于使用的 JDK 版本与项目是相关的，而一个工程又是由多个模块组成的，因此不仅可以对工程进行全局 SDK 配置，也可以为指定的模块单独配置 SDK。

要配置 SDK，执行菜单 File→Project Structure 命令打开工程结构窗口，如图 1.45 所示。

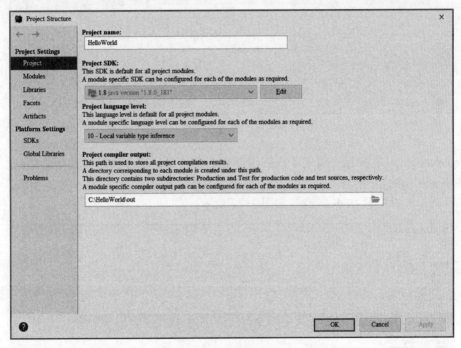

图 1.45　工程结构管理

Project 选项卡中指定了工程名称、全局 SDK 版本及编译级别等信息，未配置 SDK 的工程如图 1.46 所示。

注意 Project SDK 下面的一段话：This SDK is default for all project modules。如果一个工程包含多个模块，则默认所有模块使用的都是相同版本的 SDK，这样做的目的是为了保持项目工程编译版本的一致性。当然，也可以为每个模块单独指定 SDK。

在选择完 SDK 版本之后，就可以指定项目编译的语言级别了。这样做是因为 SDK 一直处于更新的状态，如果使用的 SDK 版本过高，则无法向前兼容旧版本的 SDK 环境下开发出来的项目，也就无法按照低版本级别进行编译并保持版本功能的一致性。

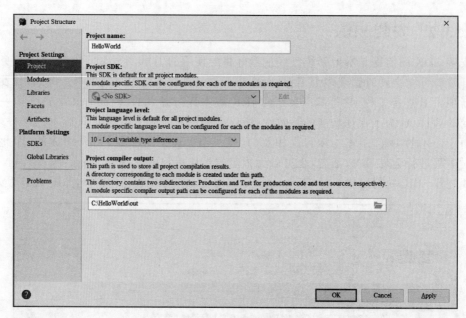

图 1.46 未配置 SDK

Project compiler output 指定了项目编译输出的目录。在首次运行程序之前,这个 out 文件夹是不存在的,它相当于 MyEclipse 下的 classes 文件夹。

切换到平台级配置 SDKs 选项,如图 1.47 所示。

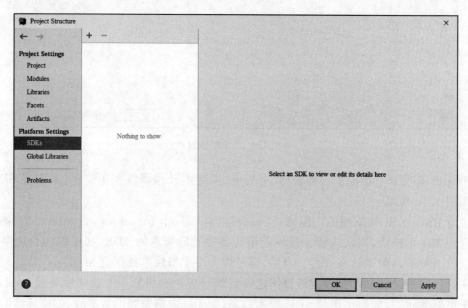

图 1.47 SDK 平台配置

平台级配置（Platform Settings）用于对项目可使用的所有 SDK 进行安装，而项目级配置（Project Settings）用于从平台级配置的 SDK 集合中选取合适的版本。

那么在项目建立之前如何进行 SDK 安装呢？在欢迎界面的 Configure 下拉列表中选择 Project Structure for New Projects 菜单项，打开如图 1.48 所示的窗口。

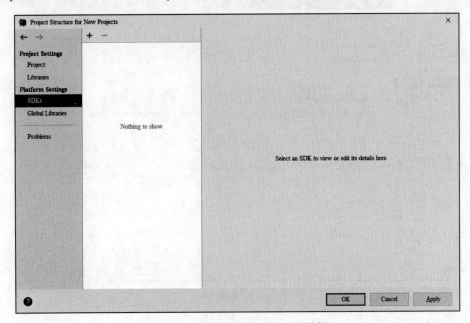

图 1.48　未打开项目时的工程结构

对比图 1.47 可以看出，在未打开项目时配置里缺少了一些选项。此时可以进行平台级 SDK 的安装，无论项目建立与否。

单击 SDK 列表上方的 + 按钮并选择 Add JDK 菜单，如图 1.49 所示。

浏览目录并选择本地 JDK，如图 1.50 所示。

单击 OK 按钮确认并返回 SDK 列表，如图 1.51 所示。

单击 Apply 按钮保存配置，最后单击 OK 按钮完成安装。

注意：JDK 与 SDK 的概念初学者可能混淆，SDK 是 Software Development Kit 的缩写，指的是应用软件开发工具的集合，而 JDK 是 Java 方向使用最广泛的 SDK，是 SDK 的一个子集，所以可以这样理解，在进行 Java 相关开发的时候，SDK 通常指的就是 JDK。

1.3.3　配置编译器

单击菜单 File→Settings 打开系统配置窗口并找到 Java Compiler 选项卡，如图 1.52 所示。

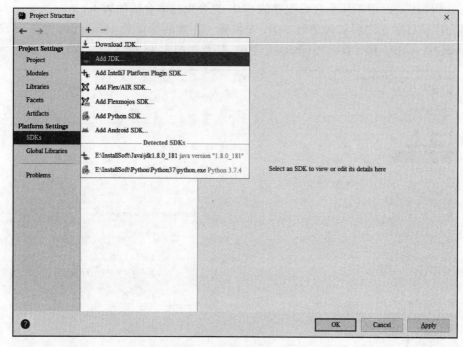

图 1.49 新建 SDK

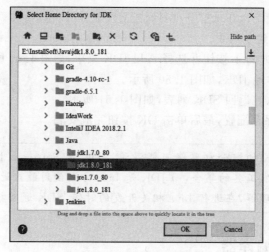

图 1.50 选择本地 JDK

第1章 IntelliJ IDEA概述

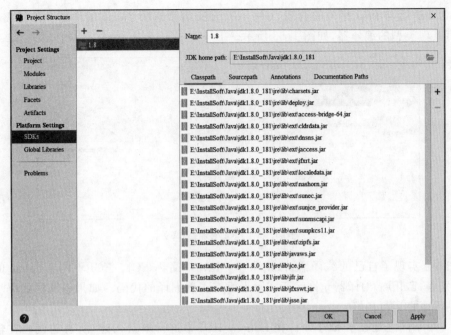

图 1.51 已安装 SDK 列表

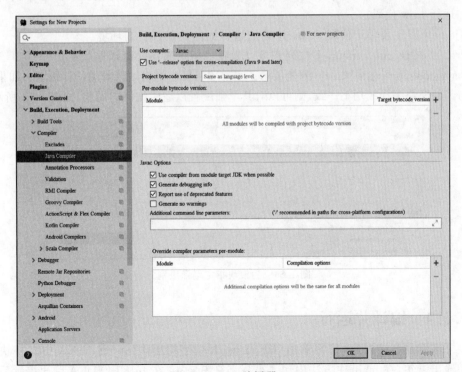

图 1.52 Java 编译器(一)

因为要进行与 Java 相关的开发,Use compiler 需要选择 Javac 编译器。除了 Javac 以外,还有其他类型的编译器,如图 1.53 所示。

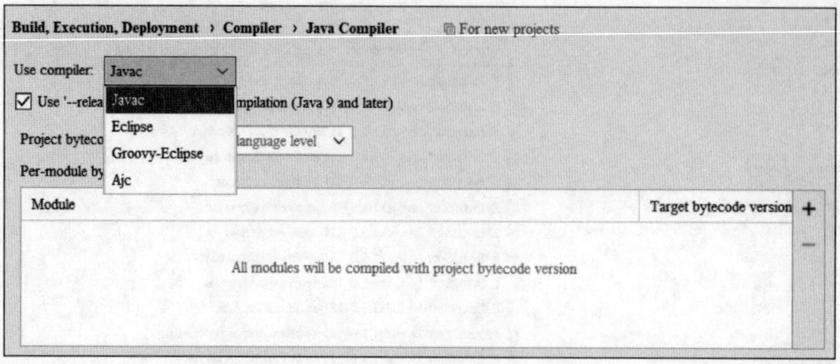

图 1.53 Java 编译器(二)

Eclipse 实现了自己的编译器(Eclipse for Java),简称 ECJ。ECJ 不同于 Javac 的一个显著区别是,Eclipse 编译器允许运行实际上没有正确编译的代码。如果错误的代码块从未运行,则程序将运行良好。

另一个不同之处在于 ECJ 允许在 Eclipse IDE 中进行增量构建,所有的代码在输入完成之后立即编译。因为 Eclipse 自带了编译器,所以用户可以在不安装 Java SDK 的情况下编写并运行 Java 代码。

Ajc 编译器主要用于使用 AspectJ 语法进行面向切面编程的环境。

Project bytecode version 下拉列表可以为项目指定通用的编译器版本。

Per-module bytecode version 列表展示了当前项目的组成模块及其编译器级别。如果个别模块与其他模块编译级别不一致,则可以对其单独配置以适应编译的需要,如图 1.54 所示。

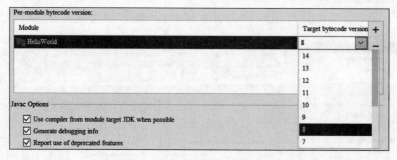

图 1.54 为模块指定编译级别

1.3.4 编译并运行

接下来修改程序内容,打印输出"Hello world!"字符串。IntelliJ IDEA 中支持快速添加打印输出语句,在 main 主方法内输入小写字符串 sout,在 IntelliJ IDEA 弹出提示后直接按 Enter 键即可快速添加，如图 1.55 所示。

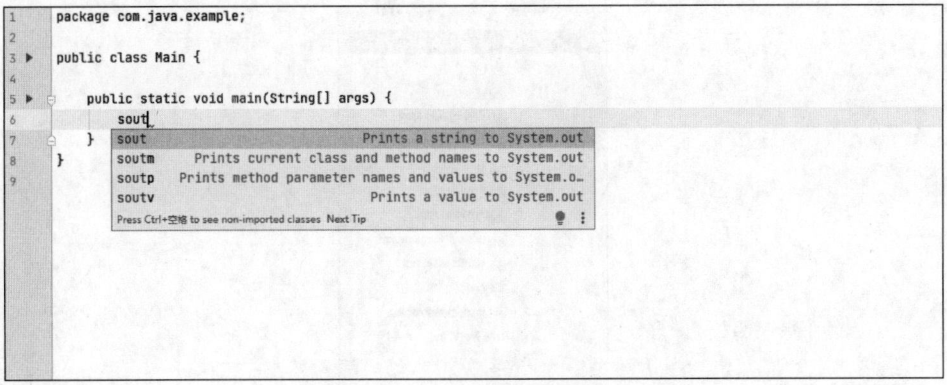

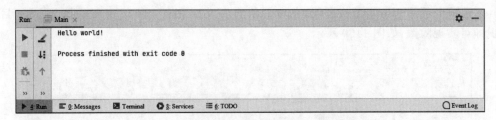

图 1.55　快速添加打印输出

接下来添加"Hello world!"文本内容。右击并选择 Run/Run Main 运行，即可看到程序执行后的输出，如图 1.56 所示。

图 1.56　执行打印输出

也可单击工具栏上的启动/运行按钮直接运行，如图 1.57 所示。

图 1.57　快速启动

需要注意，启动按钮为绿色的右向三角箭头。

1.3.5　项目结构

当前项目结构主要有 3 个部分，分别是 .idea、out 与 src 目录，如图 1.58 所示。

.idea 目录主要用于存放项目的配置，如项目字符编码、模块信息、版本控制信息等。当使用 IntelliJ IDEA 时，项目的特定设置是存储在 .idea 文件夹下的一组 xml 文件。如果指定了默认项目设置，则这些设置将自动用于每个新创建的项目。

图 1.58 项目结构

也可以将 .idea 目录隐藏起来。执行菜单 File→Settings 命令打开配置窗口，找到 Editor 选项卡下的 File Types 设置，在右下角的 Ignore files and folders 中添加 .idea 目录标识即可实现隐藏，如图 1.59 所示。

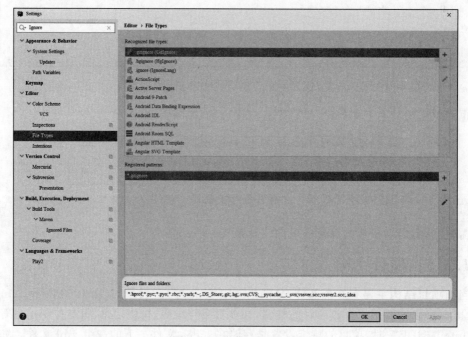

图 1.59 隐藏 .idea 目录

src 目录用于存放与项目相关的源码、配置文件（如 application.yml、bootstrap.yml）、web 相关资源等。因为当前项目工程结构比较简单，所以仅有源码文件。

out 目录用于放置项目编译产生的类文件。

在后面章节中，我们会详细讲述具体类型应用的项目结构和与之相关的各种类型文件。当前结构仍然是后续所有结构的基础布局。

.iml 文件是 IntelliJ IDEA 创建的模块文件，其内部存储了与模块相关的配置、依赖等相关信息。通常每个模块下都有对应的 .iml 文件。如果缺少了 .iml 文件，IntelliJ IDEA 就无法准确地识别项目。

1.3.6 常用文件类型与图标

认识和了解 IntelliJ IDEA 中的文件类型及图标十分重要，它可以帮助我们增加文件辨识度，也能够更好地理解项目结构和配置。

在 IntelliJ IDEA 中，各种文件类型的图标主要分为 3 种，分别是通用类图标、数据源图标和文件类型图标。通用类型图标包含在进行项目管理与开发过程中所能涉及的主要文件和目录的图标。对于这些图标的理解与辨识，可以帮助用户更好地理解当前项目的结构，甚至可以帮助发现项目中存在的问题。

以下仅列出部分图标以供参考，如表 1.1 所示。

表 1.1　IntelliJ IDEA 中的图标

图　　标	图 标 说 明
C	此图标代表类
C	此图标代表抽象类
E	此图标代表枚举
⚡	此图标代表异常
C	此图标代表终态类
I	此图标代表接口
C	此图标代表包含主方法的类
C	此图标代表包含测试用例的类
	此图标代表未加入编译管理的文件
m	此图标代表方法
(m)	此图标代表抽象方法
f	此图标代表域
p	此图标（紫色）代表属性

续表

图 标	图 标 说 明
	此图标代表目录
	此图标代表项目模块
	此图标代表模块组
	此图标(蓝色)代表源程序根目录
	此图标(绿色)代表测试程序根目录
	此图标(橙色)代表排除的目录
	此图标代表程序资源文件目录
	此图标代表测试程序资源文件目录

1.4 本章小结

本章主要对 IntelliJ IDEA 进行了简要的特性描述,同时在示例程序中描述了项目的基本组成结构。在第 2 章中,我们将深入学习 IntelliJ IDEA 的页面布局与使用技巧。

第 2 章 了解 IntelliJ IDEA

IntelliJ IDEA 作为一款功能强大的开发工具,能够更好地帮助开发者进行编码与调试工作,每一名开发者都应该掌握这款开发工具的使用。为了后续深入了解 IntelliJ IDEA 的使用方式,我们先从 IntelliJ IDEA 开发工具的界面布局学起。

2.1 IntelliJ IDEA 界面布局

IntelliJ IDEA 的界面布局主要分为菜单栏、工具栏、导航栏、工程与编辑区、状态栏和工具窗口栏等 6 个部分,如图 2.1 所示。

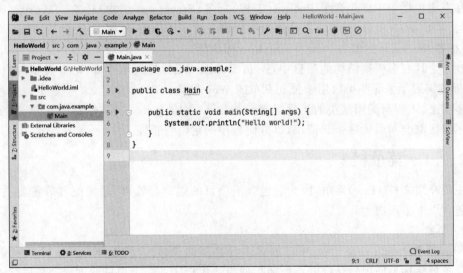

图 2.1 IntelliJ IDEA 界面布局

1. 菜单栏

菜单栏包含了所有常用的操作。在 IntelliJ IDEA 中菜单栏包含 13 个菜单,分别为文件(File)、编辑(Edit)、视图(View)、导航(Navigate)、编码(Code)、分析(Analyze)、重构

(Refactor)、构建(Build)、运行(Run)、工具(Tools)、版本(VCS)、窗体(Window)及帮助(Help)。

2. 工具栏

工具栏提供了快速管理与操作的能力，使用工具栏可以启动项目或运行测试、打开系统配置与项目结构、进行 Git 操作等。

3. 导航栏

导航栏展示了当前正在使用的文件的位置详情。面包屑式的路径导航为开发者提供了在不同层次位置间跳转的能力，开发者可以自由选择需要跳转的项目结构或目录层次，也可以将导航栏隐藏以节省屏幕空间。

4. 工程与编辑区

工程与编辑区是整个界面布局中最重要的部分，开发者的所有编码操作都在编辑区内完成，并通过工程区进行项目的组织结构管理。可以这么理解，工程区是项目整体结构的体现，编辑区负责项目中文件的编码与实现。

5. 状态栏

状态栏提供了十分有用的信息展示，能够辅助开发者更好地完成任务。例如，在使用版本控制管理系统(如 Git)的情况下，状态栏成为虽然普通却十分重要的角色。

6. 工具窗口栏

工具窗口栏也称为工具按钮组或侧边工具栏，主要提供辅助性的帮助，它们分布在工程与编辑区的两侧及下方。

在左侧边栏中主要包含了 Project(工程)标签、Structure(结构)标签、Favorites(收藏)标签与 Web(Web 项目)标签。在右侧边栏中则包含了 Maven 标签、Ant 标签、Database(数据库)标签、SciView 标签与 Bean Validation 标签等。

在一个具有多模块结构的项目中，Bean Validation 标签展示了非 Web 类型的模块，而 Web 标签则展示了那些可以用于独立发布的 Web 模块。

事实上，工程与编辑区中的工程区部分被纳入了 Project(工程)标签的管理，但多数情况下工程区都会与编辑区一起使用，以方便程序的定位与管理。

2.1.1 菜单栏

主要介绍文件(File)菜单，因为它包含了项目的创建与管理、系统配置等重要功能，其主要包含以下菜单项。

1. 新建

New 菜单下包含许多子项，可以创建多种类型的项目、文件及草稿等。开发者需要基于此菜单创建标准的项目结构并不断地扩展与迭代程序。关于项目的创建会在后续内容中讲解。

2. 打开

Open 菜单用于打开已经存在的项目工程或文件。在打开工程时 IntelliJ IDEA 会自动识别项目类型并进行导入，如基于 Eclipse 创建的工程、基于 Maven 管理的工程等。

3. 打开最近

Open Recent 菜单用于快速打开最近访问过的项目工程，这些工程按照用户的访问时间由近及远自上向下排序。在列表的底部提供了 Manage Projects 菜单用于对已经存在的项目进行管理，如删除废弃的项目、对项目进行分组管理等。

在打开项目时需要确保工程目录在本地磁盘中是存在的。对于不再使用的项目，可以从欢迎界面左侧的项目列表中清除并手工删除本地磁盘中的项目目录。

4. 关闭工程

Close Project 菜单用于关闭当前窗口打开的项目。如果在使用过程中需要关闭当前打开的项目，如计算机内存不足，则可以使用 Close Project 菜单对工程进行关闭，也可以直接单击窗口右侧的关闭按钮。当所有打开的项目都关闭后，IntelliJ IDEA 会返回欢迎界面。

在使用 IntelliJ IDEA 的过程中，还可以指定每个项目工程的打开方式。既可以为每个项目单独打开一个工程窗口，也可以让所有项目切换使用一个工程窗口，从而节省内存空间，保持计算机的运行速度。

在仅有一个工程窗口时，后打开的项目工程将占用现有的窗口并将原工程关闭。

5. 配置

Settings 菜单用于管理与系统相关的配置，如编辑器配置、快捷键配置、插件配置、版本管理工具配置等众多功能。

6. 工程结构

Project Structure 菜单用于对当前项目的工程结构进行管理，用户可以对模块结构、SDK 版本、输入输出目录、项目依赖等进行配置。

Project Structure 是一个项目的架构体现，所以对其准确理解十分重要。这些功能我们将细化到后续内容中进行讲解。

7. 文件属性

编辑区中最多只有一个编辑器处于激活状态，通过 File Properties 菜单可以对文件进行属性管理，如配置文件编码、设置文件只读等。

8. 保存

Save All 菜单用于执行保存操作，此操作需要进行重点说明。

在 IntelliJ IDEA 中文件的变更是自动保存的，因此在操作疏忽或者意外断电的时候项目中的变更并不会丢失。那么 IntelliJ IDEA 在什么情况下会触发自动保存呢？

在 IntelliJ IDEA 中，自动保存由以下方式触发：

- 编译项目、模块或类。
- 启动运行/调试配置。
- 执行版本控制操作，如 pull、commit、push 等。
- 在编辑器中关闭文件。
- 切换了焦点窗口。
- 关闭一个项目。

- 退出 IDE。

可以通过如下操作调整自动保存行为。执行菜单 File→Settings 命令打开项目设置窗口并找到 Appearance & Behavior→System Settings 选项，Synchronization 分类下定义了相关的自动同步设置，如图 2.2 所示。

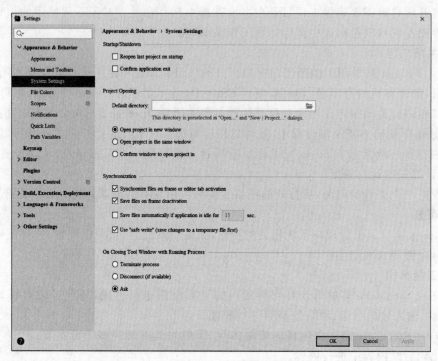

图 2.2　同步设置

各选项的含义如下：
- Sychronize files on frame or editor tab activation：在窗口或编辑器选项卡激活时同步文件。
- Save files on frame deactivation：文件失去焦点时保存文件。
- Save files automatically if application is idle for N sec：如果应用程序空闲了 N 秒，则自动保存文件。
- Use "safe write"(save changes to a temporary file first)：安全写入，在保存至临时文件后再写入文件进行保存，此操作由程序自动处理。

需要注意：这些是可选的自动保存触发器，用户无法完全关闭自动保存。

如果用户的保存操作已经成为一种习惯，或者不放心交由 IntelliJ IDEA 进行保存处理，则用户可以自行保存所有已更改的文件，执行菜单 File→Save All 命令或者按快捷键 Ctrl+S 即可实现保存。

在 IntelliJ IDEA 中自动保存操作虽然可以防止由于文件变更而丢失，但是保存在

IntelliJ IDEA 中的内容可能与本地内容不一样,因为 IntelliJ IDEA 会将所有的更新操作记录下来,而自动保存并同步到文件中需要一定的条件来触发。

所以如果文件标签页上带有 * 号的时候,这意味着 IntelliJ IDEA 中保存的内容还没有同步到本地磁盘中。不过不用担心,因为 IntelliJ IDEA 总是有办法帮助用户将这个文件进行同步,所以默认保存到 IntelliJ IDEA 中的文件上不带有 * 号,看起来和实时保存是一致的。

如果用户希望看到明显的标记,如使用星号标记已经修改过的选项卡,则可以按照如下位置 File→Settings→Editor→General→Editor Tabs 定位到编辑选项卡,然后勾选 Mark modified(*)选项实现显示*标记,如图 2.3 所示。

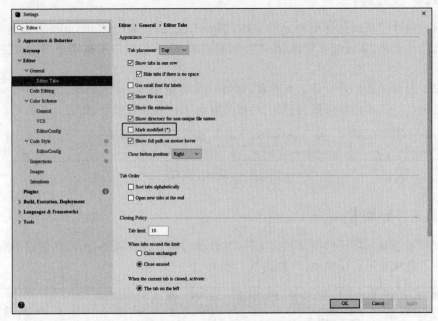

图 2.3 标记修改的文件

勾选此选项后,编辑器会在未保存文件的选项卡上显示 * 标记,如图 2.4 所示。

图 2.4 带有 * 号的文件

在 IntelliJ IDEA 中没有 Save As(另存为)命令。如果要将当前文件另存到其他位置,可以使用快捷键 F5 进行复制,然后为新文件指定名称及路径地址,如图 2.5 所示。

9. 同步磁盘

尽管这种情况很少遇到,但是在项目工程出现结构或内容差异的时候,可以使用 Reload all from Disk 菜单将本地磁盘上的内容同步到当前环境中。

10. 清空缓存

当需要清空缓存或是重建索引时可以使用 Invalid Caches/Restart 菜单清空缓存。

11. 省电模式

开启 Power Save Mode 省电模式后，IntelliJ IDEA 将不再执行代码提示与代码检查的工作。省电模式是一种适用于低配版计算机的经典模式，可以作为一种静阅读模式。

关于其他菜单的功能会在后续章节中继续讲解。

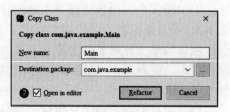

图 2.5 创建文件副本

2.1.2 工具栏

工具栏包含了基础且使用频繁的操作，例如 Run/Debug Configurations（运行/调试配置）、项目结构管理、系统配置管理、版本控制管理等，用户也可以根据需要自定义工具栏上的内容。

如果需要对工具栏进行显示或隐藏，则可以执行菜单 View→Appearance→Toolbar 命令进行管理。当工具栏被隐藏时，其上的组件将会下移到导航栏中，如图 2.6 所示。

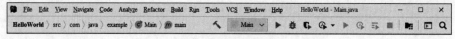

图 2.6 隐藏工具栏

2.1.3 导航栏

导航栏用于显示目录结构及加载文件，其以面包屑方式分隔路径，用户可以单击面包屑中的任意节点快速进行位置跳转，如图 2.7 所示。

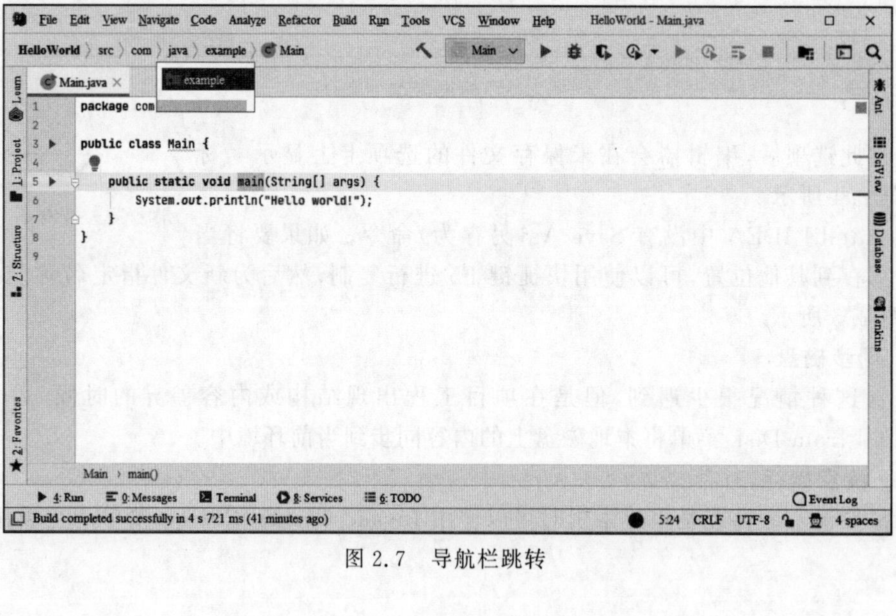

图 2.7 导航栏跳转

执行菜单 View→Appearance→Navigation Bar 命令显示或隐藏导航栏。在导航栏隐藏时,使用快捷键 Alt+Home 打开导航栏快速访问模式进行跳转管理,如图 2.8 所示。

图 2.8　快速访问导航栏

2.1.4　编辑区

IntelliJ IDEA 通过编辑器进行程序文件的编写工作,并支持添加断点、书签等其他功能,如图 2.9 所示。

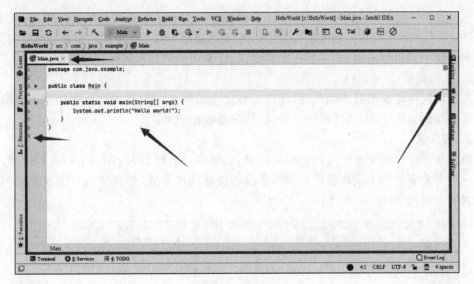

图 2.9　编辑区

IntelliJ IDEA 中的编辑区由以下几部分组成:
(1) 选项卡。
(2) 主编辑区。
(3) 信息区。
(4) 标记栏。

IntelliJ IDEA 中的编辑器基于选项卡进行管理,每个编辑器都会对应一个选项卡。在编辑区可以同时打开多个编辑器进行编辑并将当前正在使用的编辑器称为活动编辑器。

1. 选项卡

在编辑区内每个打开的文件都对应一个选项卡,通过管理选项卡用户可以对打开的文件进行管理操作。

例如,在按住 Ctrl 键的同时单击选项卡会弹出如图 2.10 所示的列表项,其中列出了文件所在的每一级目录,单击目标位置后会打开对应本地磁盘管理器位置的窗口。

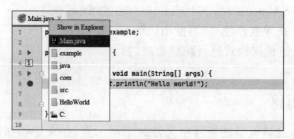

图 2.10　快速定位文件位置

当打开多个选项卡时为了便于在多个编辑器之间快速切换,可以使用组合键 Alt＋Left 和 Alt＋Right 在不同的编辑器之间进行顺序切换,关于选项卡的更多操作后面会继续说明。

对于每个编辑器来讲,它主要由主编辑区、左侧信息区和右侧标记栏三部分组成。

2. 主编辑区

主编辑区用于编码行为的创建,用户需要在主编辑区内编写或修改程序。主编辑区提供了许多编码辅助功能,如代码快速生成、代码检查提示等。

3. 信息区

信息区提供了有关程序代码的相关信息,如书签、断点、行号、Annotation 标记等,附加信息区为开发者提供了代码管理的辅助手段和快速操作方式,如在接口与实现类之间进行快速跳转与定位等,如图 2.11 所示。

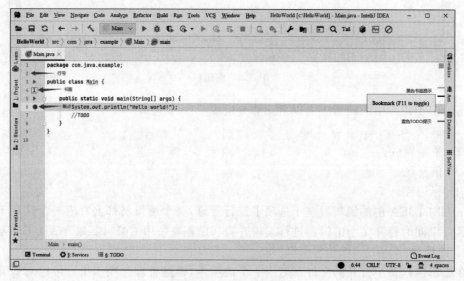

图 2.11　信息区元素

在信息区主要包含了两列内容：行号与 Gutter 区域。行号用于显示当前程序代码所在的位置,Gutter 区域则包含了大量的辅助信息,如书签、断点等。

用户可根据需要决定是否显示或取消行号,右击信息区并在弹出菜单中勾选或取消 Show Line Numbers 即可,如图 2.12 所示。

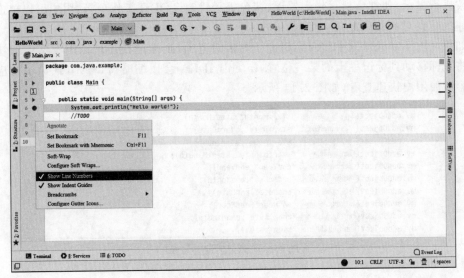

图 2.12　显示或取消行号

Gutter 区域不仅显示了书签、断点等有用信息,还可以进行应用的快速启动与运行、在接口与实现类之间进行快速跳转等功能。要显示或隐藏 Gutter 区域,可以执行菜单 View→Active Editor→Show Gutter Icons 命令进行勾选或取消操作,当然还可进行行号、空格等显示配置,如图 2.13 所示。

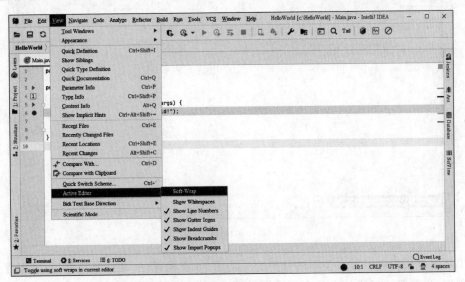

图 2.13　显示或取消 Gutter

4. 标记栏

标记栏主要用于标识当前编辑区打开的文件或程序代码的状态，并通过不同颜色的导航条纹进行提示，如红色提示代表错误、蓝色提示代表 TODO 工作项等，用户可以单击导航条快速跳转到对应的位置。

如果当前活动编辑区中的内容超过了屏幕的范围，则标记栏还可以用于文件的快速预览。将光标移动到标记栏上的某一位置，IntelliJ IDEA 会以缩略窗口的方式显示对应位置的内容以便用户快速查看，如图 2.14 所示。

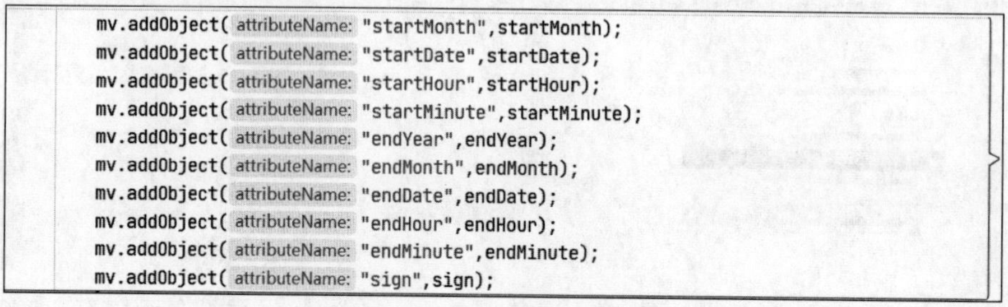

图 2.14　标记栏缩略显示

2.1.5　工具窗口栏

在 IntelliJ IDEA 中，工具窗口栏位于编辑区的左右两侧和底部，如图 2.15 所示。

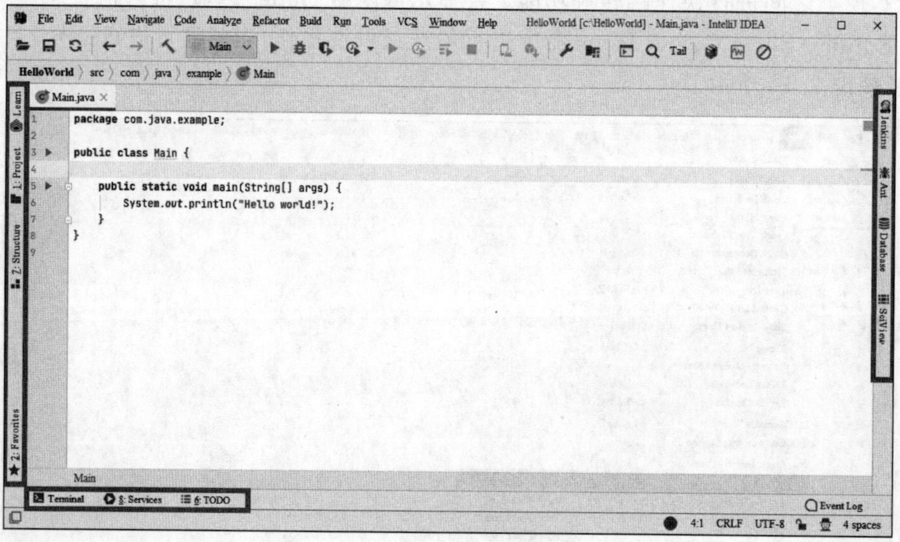

图 2.15　工具按钮组

工具窗口栏提供了很多实用的分类管理功能，如工程管理、文件结构管理、数据库管理、构建管理、收藏等。对于每个带有数字编号的功能标签项，可通过快捷键 Alt＋数字的方式快速访问与关闭。

要显示或隐藏工具窗口栏,可以执行菜单 File→Appearance→Tool Window Bars 命令进行显示或隐藏。

1. 工程管理(1:Project)

工程管理窗口主要用于对当前项目的整体结构进行管理及维护。工程管理窗口展示了当前项目的模块结构,如图 2.16 所示。

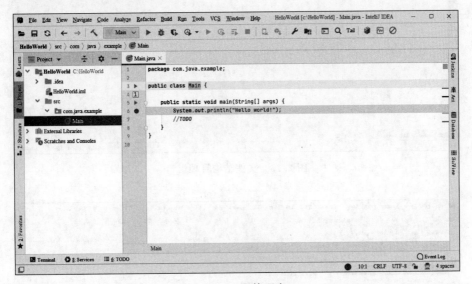

图 2.16 工程管理窗口

在开发过程中工程管理窗口具有与编辑区同样重要的角色并且结合在一起使用,可以使用快捷键 Alt+1 快速打开与关闭工程管理窗口。

2. 文件结构管理(7:Structure)

文件结构管理窗口用于展示当前编辑区处于激活状态的文件内部结构,如图 2.17 所示。

在文件结构窗口中列出了当前文件内部定义的成员变量、方法及自定义结构等。通过使用文件结构管理窗口可以快速预览程序文件(尤其是大文件)的组成结构及在不同方法或位置间进行跳转。可以使用快捷键 Alt+7 快速打开与关闭文件结构管理窗口。

3. 收藏夹管理(2:Favorites)

收藏夹用于收藏并记录开发者特别记录的文件、书签、断点等信息,如图 2.18 所示。

通过单击收藏夹中的标记可以快速跳转到对应程序或文件中的位置,关于收藏夹的使用后续小节中会继续说明。可以使用快捷键 Alt+2 快速打开与关闭收藏夹管理窗口。

工具窗口组中包含众多辅助功能,如 Jenkins 持续集成、Docker 容器化管理等功能,这些内容我们会在后续章节中单独进行讲解与说明。

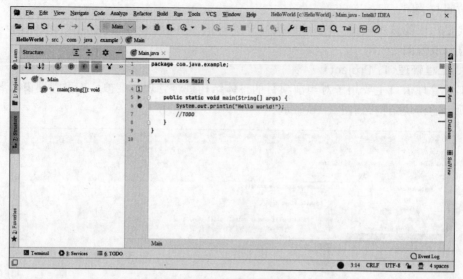

图 2.17 文件结构管理窗口

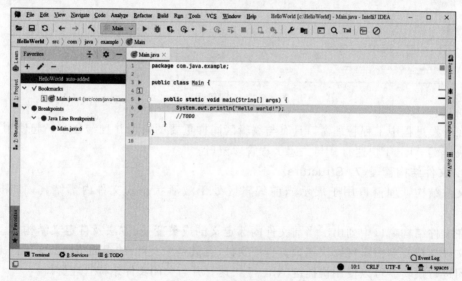

图 2.18 收藏夹管理窗口

2.1.6 状态栏

在 IntelliJ IDEA 中状态栏主要用于显示系统操作时的状态提示（如加载项目）及文件信息等，它位于工具窗口的最底部。

在状态栏左侧有一个 ▢ 图标按钮，单击此按钮可以对工具窗口组进行隐藏，同时将图

标更改为 ▭，如图 2.19 所示。

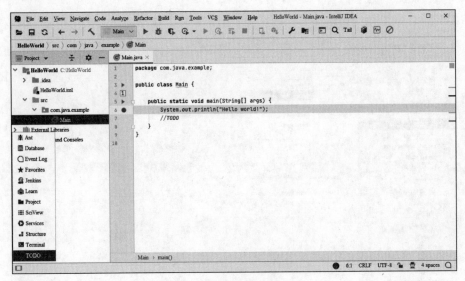

图 2.19　隐藏工具窗口组

当单击 ▭ 按钮时可以再次恢复工具窗口组。同时，当鼠标覆盖在 ▭ 或 ▭ 图标上方时会弹出工具列表，单击其中的列表元素可直接打开某一工具窗口。

在状态栏右侧可以看到以冒号分隔的数字对，这对数字代表了当前编辑器中光标所在的行位置与列位置。单击数字会弹出 Go to Line/Column 位置跳转对话框，在文件内容过多时可以通过位置跳转对话框快速定位到指定的行位置与列位置，如图 2.20 所示。

在状态栏中 CRLF 代表当前系统使用的默认换行。单击 CRLF 会展开 Line Separator 列表，用户可以在此处选择当前系统待使用的换行符，如图 2.21 所示。

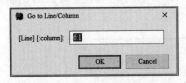

图 2.20　位置跳转窗口

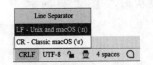

图 2.21　指定换行符

其中 CR 是经典 macOS 系统中使用的换行符，后来 macOS 使用与 Linux 一致的 LF 换行符，但是在 Windows 环境下依然是 CRLF。

之所以允许对换行符进行设定是因为不同操作系统所采用的换行方式是不一样的，因此在环境发生变化时代码有可能产生编译问题。通常用户不会对此进行设置，因为 IntelliJ IDEA 默认采用了 System-Dependent 的方式，也就是依赖于系统的方式。

可以通过菜单 File→Settings→Code Style→General→Line separator 找到如图 2.22 所

示的配置界面。

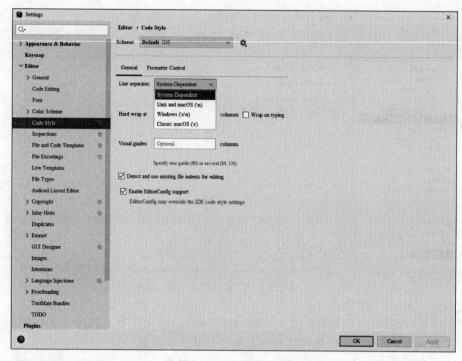

图 2.22　配置换行符

状态栏中的锁式图标 允许用户设置当前文件的编辑状态,这样做的好处是可以对当前文件进行锁定设置(只读模式)以避免在某些情况下对文件产生不必要的修改。

单击 与 图标可以在只读与编辑状态之间进行切换。当文件处于锁定状态时,如果用户不小心按到了键盘,则系统会弹出 Clear Read-Only Status 确认对话框询问用户是否清除只读状态,如图 2.23 所示。

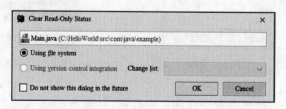

图 2.23　清除只读状态

图标按钮的操作将在代码检查小节中进行说明。

当系统中集成了某些插件工具后,它们也有可能显示在状态栏中,如 Jenkins 插件的显示图标为黑色圆点●。

2.2 常规配置

IntelliJ IDEA 提供了对常规配置的支持,执行菜单 File→Settings 命令或单击工具栏上的 🔧 按钮(或使用快捷键 Ctrl+Alt+S)打开配置窗口,很多重要的配置如快捷键配置等都是在常规配置中完成的。

2.2.1 设置背景图像

IntelliJ IDEA 允许用户为其自定义背景图像。使用快捷键 Ctrl+Shift+A 打开导航窗口后在搜索框中输入 Set Background Image 找到自定义背景功能,如图 2.24 所示。

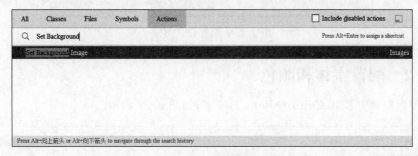

图 2.24 查找功能

单击打开 Set Background Image 窗口,在 Image 文本区域输入用作背景图像的地址或是单击右侧按钮打开图片选择窗口,如图 2.25 所示。

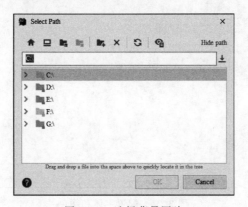

图 2.25 选择背景图片

图片选择完成后设置透明度、填充和放置选项,如果勾选 This project only,则背景图像仅对当前项目生效,如图 2.26 所示。

IntelliJ IDEA 中默认没有为此功能配置快捷键,用户可以根据需要进行自定义,具体操作可参考快捷键配置章节。

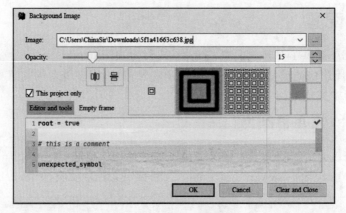

图 2.26　配置背景图像

2.2.2　配置字体和颜色

打开配置窗口并找到 Editor→Font 选项卡，如图 2.27 所示。

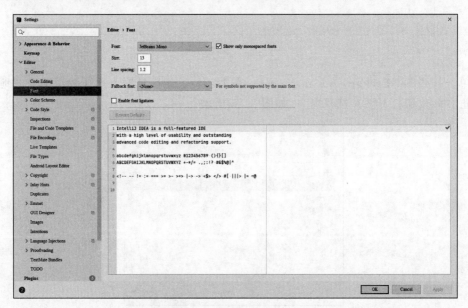

图 2.27　配置字体和颜色

　　IntelliJ IDEA 默认采用了 Mono 字体。JetBrains Mono 是一款功能齐全、数据丰富的编程专用字体，它使软件代码显示效果非常出色，甚至被称为"最漂亮的编程字体"。如果要使用 Mono 以外的其他字体，则可以取消右侧勾选的 Show only monospaced fonts 选项。

　　Fallback font 用于指定备用字体，当某些字符在当前字体下不受支持时会从备用字体中寻找替代方案。每次配置调整后用户可以在预览视图中观察调整后的效果,如果对当前设置满意则可直接应用并保存。

2.2.3 配置代码样式

在 Editor→Code Style 选项卡下提供了对代码样式的配置,如图 2.28 所示。

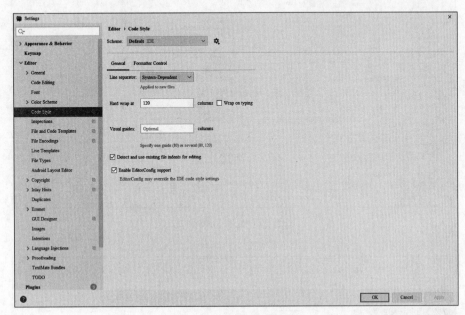

图 2.28 配置代码样式

Code Style 下包含了众多对语言、脚本、样式等的定义。例如要对 Java 语言进行样式配置,则可以单击 Java 选项,如图 2.29 所示。

在 Java 语言下包含 Tabs and Indents、Spaces、Wrapping and Braces、Blank Lines、JavaDoc、Imports、Arrangement、Code Generation 和 Java EE Names 等选项,用户可以根据需要进行相应配置。

例如,在 Wrapping and Braces 选项下 Hard wrap at 指定了编码的最大行宽,Wrap on typing 则指定了是否自动换行。如果希望在超出最大行宽时进行自动换行,则可以同时对这两项进行配置,如图 2.30 所示。

要设置花括号换行显示,则可以选择 Braces placement 分类,将其内部的类声明、方法声明、Lamda 声明等设置为 next line。

2.2.4 视图模式

IntelliJ IDEA 提供了多种视图模式来帮助开发者在需要的环境下进行工作,通常在安装完成后观察到的模式就是一种默认的视图模式。

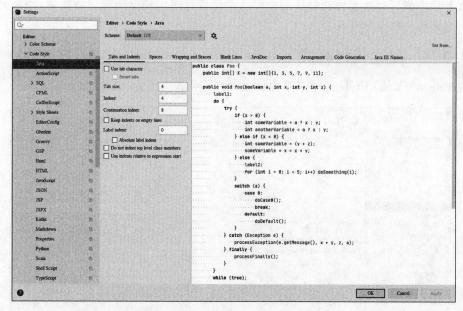

图 2.29　配置 Java 样式

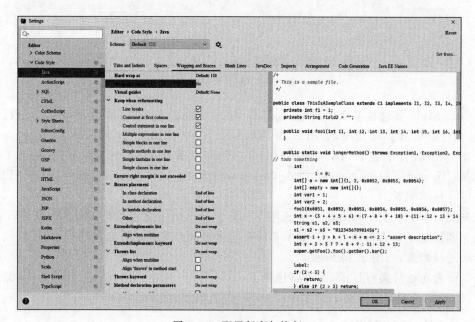

图 2.30　配置行宽与换行

1. 默认模式

默认模式是一种标准的开发模式,在默认模式下会在 IntelliJ IDEA 界面中均匀地分布各组件,如菜单栏、工具栏、导航栏、编辑区、状态栏和工具窗口组等。

2. 全屏模式(Full Screen)

全屏模式将充分利用整个屏幕更好地进行编码开发工作。在全屏模式下,默认模式的所有菜单及操作系统控件都将不可见,但是,仍然可以使用上下文菜单和键盘快捷键。

执行菜单 View→Appearance→Enter Full Screen 命令菜单可以进入全屏模式。进入全屏模式之后菜单栏和状态栏将被隐藏,但是工具窗口组将被保留。全屏模式下开发者可以使用快捷键 Ctrl+Tab 在编辑区不同选项卡之间进行切换。

在全屏模式下,当用户将光标悬停在屏幕顶部时可以唤出隐藏的菜单栏,执行菜单 View→Appearance→Exit Full Screen 命令可以退出全屏模式。

3. 无干扰模式(Distraction Free Mode)

无干扰模式是一种比较彻底的显示模式。在无干扰模式下会保留菜单栏并将其余组件隐藏,同时只显示编辑器中当前打开的文件,这样可以帮助开发者专注于代码编写工作。由于代码是中心对齐的,因此左右会有部分留白的区域。

执行菜单 View→Appearance→Enter Distraction Free Mode 命令进入无干扰模式。当退出无干扰模式时,用户可以执行菜单 View→Appearance→Exit Distraction Free Mode 命令退出。

4. 演示模式(Presentation Screen)

在演示模式下只显示当前编辑器文件并且覆盖整个屏幕,在该模式下字体将会被放大,此模式既适用于编码也适用于演示。

执行菜单 View→Appearance→Enter Presentation Mode 命令进入演示模式。当用户将鼠标指针悬停在屏幕顶部时,可以唤出隐藏的菜单栏。执行菜单 View→Appearance→Exit Presentation Screen 命令退出演示模式。

5. 禅模式(Zen Mode)

禅模式是一种更好的模式,它结合了无干扰模式和全屏模式。当启用禅模式后当前屏幕将以全屏模式显示当前编辑器中打开的文件,同时将不再显示其他所有元素。

执行菜单 View→Appearance→Enter Zen Mode 命令进入禅模式。进入禅模式后默认会同时开启无干扰模式和全屏模式,退出时可以观察得到,如图 2.31 所示。

禅模式下将鼠标指针悬停在屏幕顶部时可以唤出隐藏的菜单栏,执行菜单 View→Appearance→Exit Zen Mode 命令退出禅模式。

除了使用菜单外,还可以使用 IntelliJ IDEA 提供的快速切换功能在各种模式(如编辑器颜色模式、代码样式模式、快捷键映射、视图模式和主题等)间进行切换。

使用快捷键 Ctrl+Back Quote(~键)弹出 Switch 快速切换列表,如图 2.32 所示。

选择切换列表中 View Mode,弹出如图 2.33 所示的模式选择列表。

执行菜单 View→Quick Switch Scheme 命令同样可以打开快速切换列表,用户可以对各种模式进行打开或关闭操作。视图模式默认没有映射到任何快捷键,用户可以根据需要自定义快捷键配置。

图 2.31 禅模式

图 2.32 快速切换列表

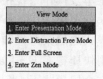
图 2.33 模式列表

2.3 常用操作

接下来对 IntelliJ IDEA 中的常用操作进行说明。

2.3.1 打开文件

IntelliJ IDEA 支持单击或双击打开文件。在配置为单击方式时，单击文件即可在编辑器中将其打开；在配置为双击方式时有以下操作：

- 在项目工程窗口双击要打开的文件。
- 在项目工程窗口选择要打开的文件并使用快捷键 F4 打开。

要设置文件的打开方式，可以单击工程管理窗口中的 Show Option Menu 按钮 ✿ 打开如图 2.34 所示的列表。

勾选 Open Files with Single Click 即可实现单击打开文件，取消勾选此项则更改为双击打开方式。

IntelliJ IDEA 提供了文件关联功能，它是打开文件的反向操作。当在编辑器区对不同文件进行切换时，可以设置是否自动关联到工程列表中的文件。

取消勾选图 2.34 的 Always Select Opened File 选项后，当在编辑区进行文件切换时不会自动关联工程列表中的文件，但是会在工程窗口添加 Select Opened File 定向关联按钮，如图 2.35 所示。

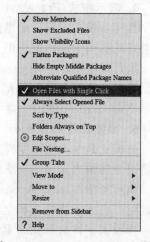
图 2.34 Show Option Menu 列表

单击关联按钮即可定位编辑区中当前激活文件在工程列表中的位置。当勾选 Always Select Opened File 选项后 Select Opened File 关联按钮消失，如图 2.36 所示。

图 2.35 显示关联按钮

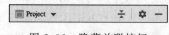
图 2.36 隐藏关联按钮

2.3.2 打开外部文件

要打开项目外部的文件,执行菜单 File→Open,打开 Open File or Project 命令对话框窗口并选择需要打开的文件,如图 2.37 所示。

此外,将外部文件拖放到 IntelliJ IDEA 窗口中的编辑器上也可以执行打开操作。对于 IntelliJ IDEA 可以识别的程序文件,如 Java 文件,通常会显示为 IntelliJ IDEA 图标,双击文件即可在新窗口中直接打开,如图 2.38 所示。

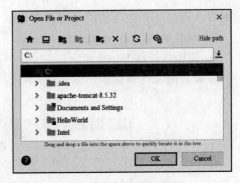

图 2.37 打开外部文件

图 2.38 打开本地文件

除了打开文件外,Open File or Project 对话框窗口还可用于打开已经存在的工程。

2.3.3 在新窗口打开文件

要在一个新窗口中打开文件,可以执行如下操作:
- 将当前编辑器中的文件选项卡拖放至窗口之外。
- 在工程窗口选择某一文件,使用快捷键 Shift+F4 在新窗口中打开文件。
- 按住 Shift 键,双击工程窗口中的文件。

打开的文件窗口如图 2.39 所示,此窗口为精简的编辑器模式。

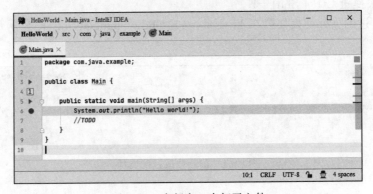

图 2.39 在新窗口中打开文件

2.3.4 打开最近的文件

在编辑区内打开文件较多或关闭某一文件后,当需要再次定位到目标文件时比较麻烦,此时可以通过如下方式访问最近操作过的文件：
- 单击菜单 View→Recent Files。
- 使用快捷键 Ctrl+E。

最近访问文件窗口如图 2.40 所示，勾选 Show changed only 选项可以显示最近修改过的文件。

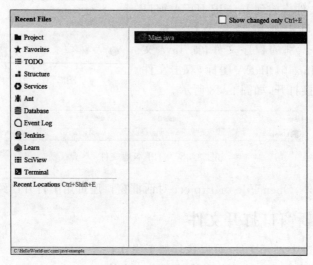

图 2.40　最近访问文件

要打开最近修改过的文件，可以通过如下操作实现：
- 执行菜单 View→Recently Changed Files 命令。
- 使用快捷键 Ctrl+Shift+E。

最近修改过的文件列表如图 2.41 所示，勾选 Show changed only 则显示最新修改过的文件。

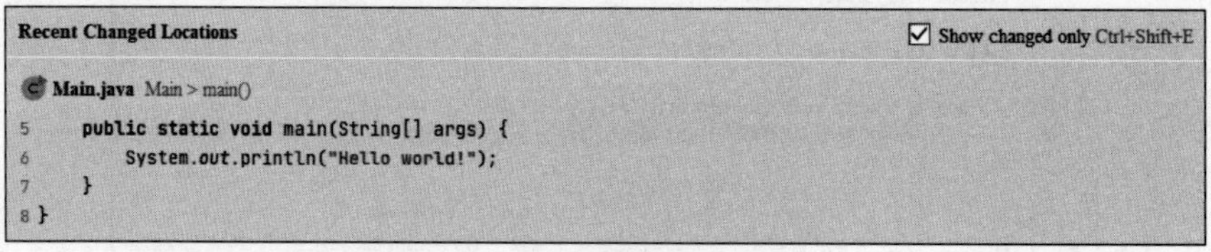

```
Recent Changed Locations                                    ☑ Show changed only Ctrl+Shift+E
 Main.java  Main > main()
5     public static void main(String[] args) {
6         System.out.println("Hello world!");
7     }
8 }
```

图 2.41　最近修改过的文件

2.3.5　添加文件类型

IntelliJ IDEA 内部定义并注册了多种文件类型，在打开可识别文件类型时将根据相应语言的语法进行解析和突出显示。

如果文件类型不能被 IntelliJ IDEA 识别，同时系统内此文件类型定义了关联应用程序，则会通过关联应用进行打开。例如，在默认的 PDF 查看器中打开 PDF 文件。

当检测到无法识别的文件类型时，IntelliJ IDEA 会弹出文件类型注册窗口，如图 2.42 所示。

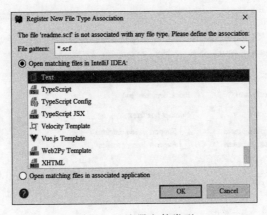

图 2.42　注册文件类型

用户可以选择按照 IntelliJ IDEA 中支持的文件类型编辑此类文件，或使用系统应用程序打开。那么如何在 IntelliJ IDEA 中添加自定义文件类型呢？

执行菜单 File→Settings 命令打开系统配置窗口并找到 Editor→File Types 选项卡，如图 2.43 所示。

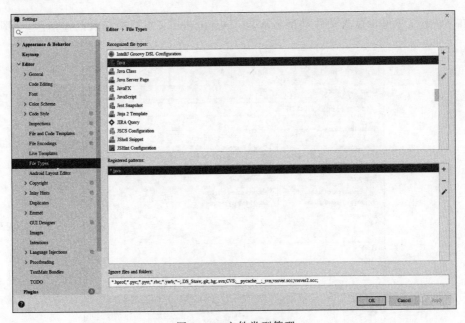

图 2.43　文件类型管理

单击 Recognized file types 下的 + 按钮打开新建文件类型对话框，如图 2.44 所示。

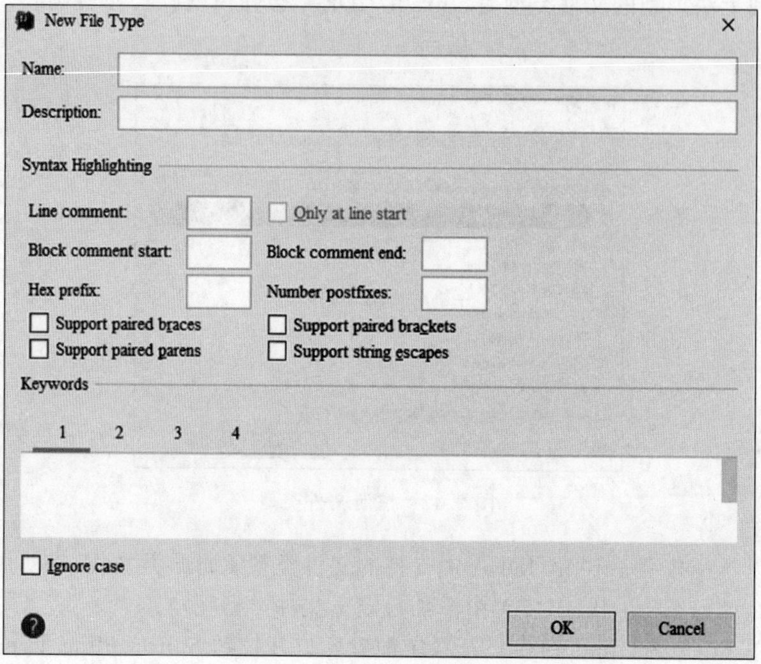

图 2.44　新建文件类型

在 Name 文本框中输入文件类型名称，在 Description 文本框中输入描述信息，如图 2.45 所示。

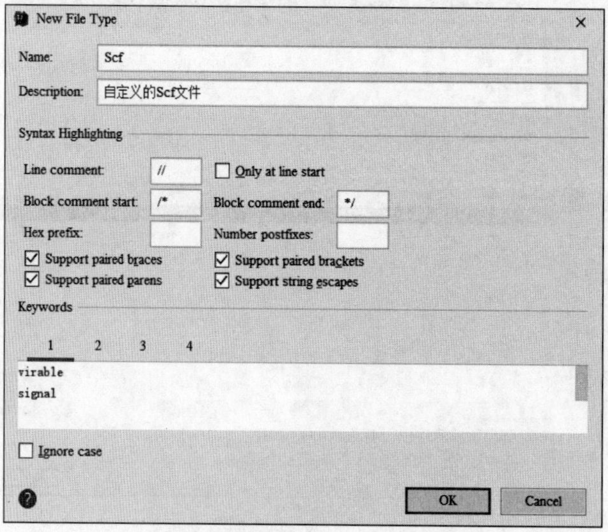

图 2.45　自定义 Scf 文件类型

在 Syntax Highlighting 突出显示部分包含了如下配置：
- Line comment：指定用于指示单行注释开头的字符。如果勾选 Only at line start 选项，则注释仅在行首被识别为注释，在其他位置（如行末）无效。
- Block comment start，Block comment end：指定块注释的开始和结束字符。
- Hex prefix：指定十六进制数字标识（例如 0x）。
- Number postfixes：指定使用哪个数字系统或单位的字符。
- Support paired braces、Support paired brackets、Support paired parens、Support string escapes：选中这些复选框以突出显示配对的花括号、方括号、圆括号和字符串转义。

Keywords 用于指定关键字列表，每个列表中的关键字将在编辑器中以不同的方式突出显示，并且将自动完成。

Ignore case 用于指定自定义格式的文件语言是否区分大小写。

单击 OK 按钮完成添加，单击 Registered patterns 下的 + 添加类型表达式以匹配特定后缀结尾的文件，如添加 *.scf 以匹配自定义后缀，如图 2.46 所示。

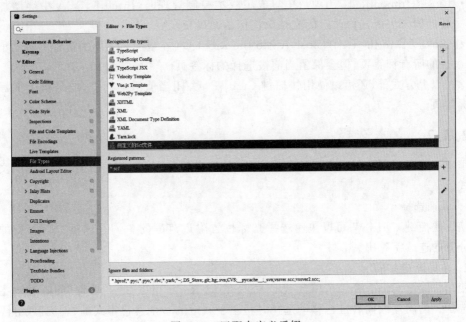

图 2.46　匹配自定义后缀

新建 readme.scf 文件并双击打开，在文件中编辑时会看到 IntelliJ IDEA 的关键字提示，如图 2.47 所示。

2.3.6　关闭文件

在 IntelliJ IDEA 中关闭文件时，可以单击编辑器选项卡的关闭按钮或在选项卡上右击

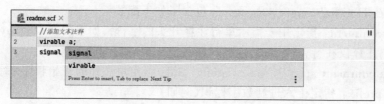

图 2.47　提示自定义关键字

执行如图 2.48 所示的操作。

各操作的含义如下：

- Close：关闭当前单击的标签页。
- Close Others：关闭当前单击的标签页以外的其他标签页。
- Close All：关闭所有打开的标签页。
- Close Unmodified：当项目中集成了版本控制管理时，IntelliJ IDEA 中会增加此操作选项来关闭未修改过的文件以便保留并提交变更。
- Close All to the Left/Close All to the Right：向左或向右关闭当前标签页之前或之后的所有标签页，但会保留当前被选择的标签页。

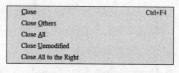

图 2.48　关闭文件

除了以上方式外，还可以使用快捷键 Ctrl＋F4 关闭当前活动标签，或是单击鼠标中键关闭标签页。

2.3.7　文本选择

用户可以通过鼠标对指定区域文本进行选择，但 IntelliJ IDEA 还提供了更多的文本选择方式。

1．单词选择

使用快捷键 Ctrl＋W 可以快速选择光标位置附近范围的单词。这里"单词"指的是视觉上分割的连续字符串。

2．单词渐进扩展

使用快捷键 Ctrl＋Shift＋Left 或 Ctrl＋Shift＋Right 可以基于"单词"间隔进行指定范围的选择。当向左或向右进行移动选择时将基于就近的一个字符串式的"单词"或分隔符号进行扩展，但空格会被忽略掉。

3．范围渐进扩展

持续按快捷键 Ctrl＋W 可以实现文本选择的扩展，由"单词"向行、段、方法体、类范围扩展直至最终全部选择完毕。

如果光标位于"单词"中的某一位置，则扩展范围在行级是向两侧同时扩展的。如果光标位置贴近"单词"某一侧，则优先在该侧渐进式扩展至行首或行尾，再向另一侧扩展至行首或行尾。

4．范围渐进收缩

此操作是范围渐进扩展的逆过程,其快捷键为 Ctrl+Shift+W。

5．多单词选择

按住组合键 Shift+Alt,双击多个独立的字符串进行多"单词"选择。

6．多片断选择

按住组合键 Shift+Alt,以拖动鼠标方式进行多个内容片断的选择。

7．列选择模式

按住 Alt 键,以拖动鼠标方式进行纵向内容的选择。

8．多片断列选择

按住组合键 Ctrl+Shift+Alt,以拖动鼠标方式进行多个纵向内容片断的选择。

9．单词匹配选择

用户可以选择部分字符串或字符,然后按住组合键 Alt+J 对当前编辑器内的相同内容进行查找选择。注意,其查找内容为优先从当前选择内容向后查找,当到达内容结尾时,再从开始部分进行查找匹配。

2.3.8 复制、剪切与粘贴

IntelliJ IDEA 提供了方便的剪贴板操作,用户可以复制、剪切和粘贴所选择的文本、文件路径或代码行的引用。

因为 IntelliJ IDEA 使用的是系统剪贴板,因此用户可以在应用程序之间复制和粘贴。在粘贴剪贴板条目时 IntelliJ IDEA 会删除粘贴文本中的任何格式和字符串值中的任何特殊符号。

IntelliJ IDEA 启用剪贴板堆叠,这意味着可以存储多个剪贴板条目并使用单个快捷方式访问它们,如图 2.49 所示。关于剪贴板的相关内容可参考第 2.8 节。

图 2.49 剪贴板中的内容

1. 复制

要执行复制操作,执行菜单 Edit→Copy 命令或使用快捷键 Ctrl+C 复制文本或文件。当通过菜单进行复制操作时,可以选择复制的对象(如内容、纯文本式内容、引用或文件路径等),如图 2.50 所示。

当基于文件进行复制操作时,右击文件可以实现同样的复制效果,如图 2.51 所示。

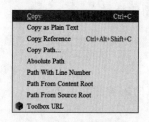

图 2.50 复制菜单

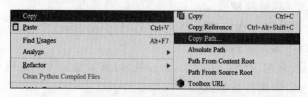

图 2.51 右击复制文件

除此之外,使用快捷键 Ctrl+D 可以对光标所在行或选择区域文本实现快速复制,并粘贴在下一行(光标定位)或文本区域后(选择定位)。此操作不会将复制的内容添加到剪贴板。

2. 复制文件路径

Copy Path 命令实现了对文件路径的复制。当选择 Copy Path 命令时,IntelliJ IDEA 会列出具体的路径类型以供选择,例如 Absolute Path 代表文件的绝对路径,如磁盘路径,如图 2.52 所示。

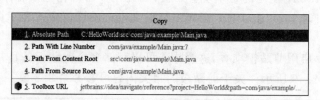

图 2.52 复制路径

3. 复制文件引用

当操作焦点在文件编辑器时,Copy Reference 命令、Path With Line Number 命令或快捷键 Ctrl+Alt+Shift+C 均可复制文件引用,即文件项目内地址与行号信息。

4. 剪切

要执行剪切操作,可以在选择内容后执行菜单 Edit→Cut 命令或使用快捷键 Ctrl+X 进行剪切。IntelliJ IDEA 不支持基于文件的剪切操作。

5. 粘贴

执行菜单 Edit→Paste 命令或使用快捷键 Ctrl+V 可以执行粘贴操作。当通过菜单进行粘贴操作时,IntelliJ IDEA 提供了可供选择的粘贴方式,如图 2.53 所示。

图 2.53 粘贴菜单

Paste 用于对复制的文本或文件进行粘贴操作。
Paste from History 用于从剪贴板条目列表中选择最近的条目进行粘贴。
Paste without Formatting 用于对复制的文本进行去格式化粘贴操作。

2.3.9 撤销与重做

撤销命令用于放弃编辑器中文件最后的更改。要执行撤销操作，执行菜单 Edit→Undo Typing 命令或使用快捷键 Ctrl+Z。

重做命令是撤销操作的可逆过程，它用于对撤销命令执行的操作进行恢复，它以撤销操作为前提。要执行重做操作，可执行菜单 Edit→Redo Typing 命令或使用快捷键 Ctrl+Shift+Z。

IntelliJ IDEA 巧妙地定义了可以撤销和重做的逻辑步骤。以下事件表明逻辑步骤的结束，撤销与重做的操作将重新开始：

- 按住 Enter 键。
- 重新定位鼠标光标。
- 使用导航键盘快捷键。
- 剪切或粘贴。
- 按 Tab 键。

2.3.10 格式化代码

开发者在编写程序时，通常会遵循相关规范以使项目满足特定的格式要求。IntelliJ IDEA 提供的格式化功能可以很好地帮助开发者组织文件内容并满足规范要求。

1. 格式化目录

要对模块或目录进行格式化操作，右击工程窗口对应的模块或目录名称，在弹出菜单中选择 Reformat Code 操作，如图 2.54 所示。

接下来会打开 Reformat Code 对话框以指定格式化选项与过滤器，如图 2.55 所示。

图 2.55 中第一部分为只读区域，用来显示当前操作的目录或模块名称。如果操作目标是目录，则显示为 Directory。如果操作目标是模块，则显示为 Module。

Options 部分用于配置格式化选项，含义如下。

- Optimize imports：优化导入，此选项会移除待格式化区域中无效的 import 语句。
- Rearrange entries：重排条目，此选项会重新排列源代码中的条目，包括语句的位置。此功能仅会调整代码位置，虽然无特殊影响，但依然建议谨慎使用。例如，由于调整了静态变量位置而导致无法初始化操作等。
- Only VCS changed text：此选项适用于加入版本控制的文件，勾选后仅对已在本地更改但未提交到版本库的文件进行格式化操作。
- Cleanup code：清除无效代码。如果代码编写不规范，则会导致项目中存在很多无效的类、方法或局部无效代码等，此选项会清除这些内容。

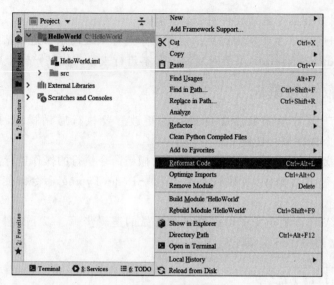

图 2.54 格式化目录

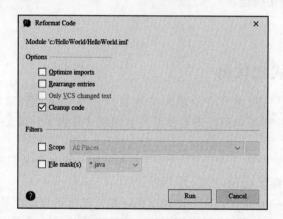

图 2.55 设置格式化选项

　　Filters 部分用于组合"选择范围"与"文件类型"过滤器。其中 Scope 选项用于指定将要应用格式化选项的范围,如图 2.56 所示。
　　用户还可以自定义格式化范围,单击 ⸺ 按钮打开范围自定义窗口,如图 2.57 所示。
　　其中 Local 为本地格式化范围且仅对当前项目有效。Shared 为可共享配置且可通过 VCS 实现与团队其他成员进行共享使用,此配置存储在.idea 目录下。
　　Local 与 Shared 类型的配置区别在于是否勾选 Share through VCS 选项。用户可根据需要指定哪些目录位置可以执行格式化操作及哪些位置可以被排除,如图 2.58 所示。
　　File mask(s)选项用于指定可以被格式化的文件类型,用户可以从下拉列表中选择对应的文件后缀。

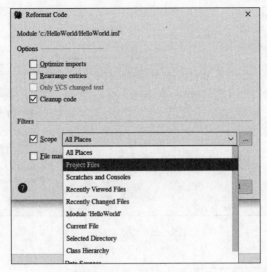

图 2.56　指定格式化范围

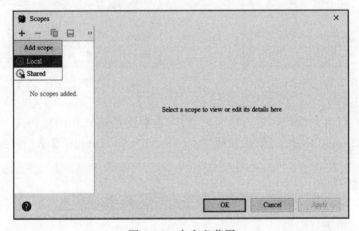

图 2.57　自定义范围

此外，执行菜单 Code→Reformat Code 命令或使用快捷键 Ctrl+Alt+L 同样可以进行格式化操作。

2. 格式化文件

如果要对文件进行格式化操作，则需右击工程窗口中的文件并选择 Reformat Code 菜单或使用快捷键 Ctrl+Alt+L，弹出如图 2.59 所示的对话框。

或将光标定位在文件内部，从上下文菜单中选择 Code→Reformat File 或使用快捷键 Ctrl+Shift+Alt+L，打开如图 2.60 所示的对话框。

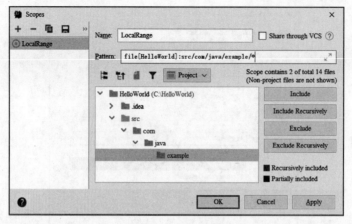

图 2.58　指定目录

图 2.59　格式化文件（一）　　　图 2.60　格式化文件（二）

开发者也可以对局部代码进行格式化操作，选择需要格式化的代码并从上下文菜单中选择 Code→Reformat Code 或使用快捷键 Ctrl＋Alt＋L。IntelliJ IDEA 将尝试自动重新格式化代码，并且不会打开任何对话框。

3．定制格式化

Code Style 编码样式中定义了 IntelliJ IDEA 在进行格式化操作时使用的样式，例如默认用 4 个半角空格进行缩进。

单击上下文菜单 File→Settings 并找到 Editor→Code Style 选项，如图 2.61 所示。

Code Style 编码样式中包含了众多文件类型的分类，用户可以在具体分类下根据需要完成默认代码格式的预定义。

4．自动格式化

可以通过宏定义的方式实现自动格式化功能。执行菜单 Edit→Macros→Start Macro Recording 命令启动宏录制功能，如图 2.62 所示。

宏录制启动后会在状态栏显示录制提示，如图 2.63 所示。

接下来在编辑器中输入分号并执行格式化操作，再次执行菜单 Edit→Macros→Stop Macro Recording 命令停止宏录制，此时会对宏执行保存操作，如图 2.64 所示。

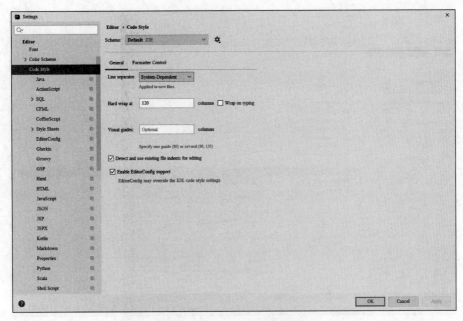

图 2.61 Code Style 选项卡

图 2.62 开启宏录制

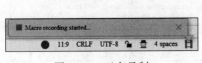

图 2.63 正在录制

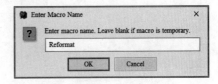

图 2.64 保存宏

打开设置窗口并找到 Keymap 映射下的 Macros 宏选项,找到保存的宏定义并为其添加快捷键";"。之所以使用分号是因为在 Java 语句编辑过程中通常以分号结尾,当使用分号作为快捷键后,可以将宏录制行为中的分号填充到行尾并执行格式化,如图 2.65 所示。

除此之外,还可以在 Edit→Macros→Edit Macros 下查看并管理已经存在的宏定义,如图 2.66 所示。

至此已经完成了宏定义及快捷键配置,当用户输入分号时即可实现自动格式化。

2.3.11 更改代码缩进

在 IntelliJ IDEA 中可以使用代码缩进或取消缩进,如图 2.67 所示。

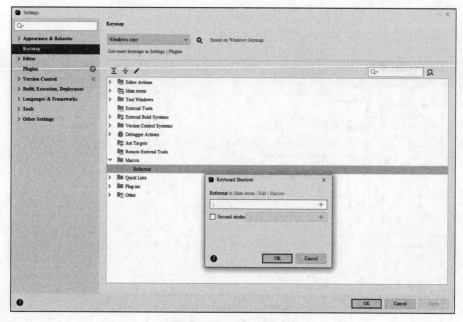

图 2.65　配置宏快捷键

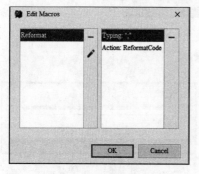

图 2.66　查看宏定义

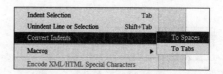

图 2.67　缩进操作

执行菜单 Edit→Indent Selection 命令或使用 Tab 键可以为代码添加缩进,执行菜单 Edit→Unindent Line or Selection 命令或使用快捷键 Shift+Tab 可以取消缩进。

Convert Indents 用于缩进转换,可以选择使用空格或 Tab 占位符执行缩进占位。

2.3.12　折叠代码片断

程序是具有层次结构的,IntelliJ IDEA 提供了对代码的折叠与展开操作,这样可以快速对指定区域的代码进行收缩或扩展操作,帮助开发者将注意力集中在主要区域,从而提升观察效果和避免无关区域的干扰。

IntelliJ IDEA 中的折叠操作是针对层次展开的，当进行折叠后代码片段将缩小至单个可见行，折叠的代码片段通常显示为{...}，如图 2.68 所示。

要进行折叠操作，开发者可以单击编辑区左侧的 田 按钮执行展开操作，也可以单击编辑区左侧的 曰 按钮进行折叠操作。其中折叠按钮是成对出现的，就近匹配的折叠按钮代表当前程序结构中的一级层次。当用户单击{...}区域时，被折叠的部分将自动展开。

开发者也可以使用菜单对代码进行折叠操作。将光标定位于要进行折叠操作的层次，然后执行菜单 Code→Folding 命令进行操作，如图 2.69 所示。

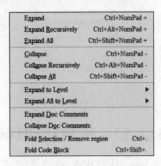

图 2.68　折叠代码片断　　　　　　　图 2.69　折叠操作菜单

开发者可以配置折叠首选项，执行菜单 File→Settings 命令打开配置窗口并找到 Editor→Genaral→Code Folding 选项卡，如图 2.70 所示。

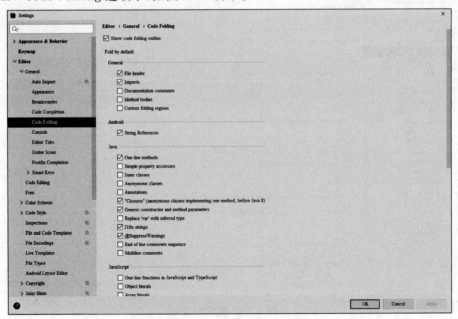

图 2.70　配置折叠首选项

其中,Show code folding outline 用于配置是否显示折叠代码片断的边线。如果取消此选项则外线消失,如图 2.71 所示。

图 2.70 中下方的区域指定了默认情况下哪些区域可以折叠,其中包含了通用配置已为各种语言单独指定的配置。例如勾选 General 选项下的 Method bodies 选项,那么当用户首次打开某个文件(如外部文件)时,会按照配置进行展开或折叠,如图 2.72 所示。

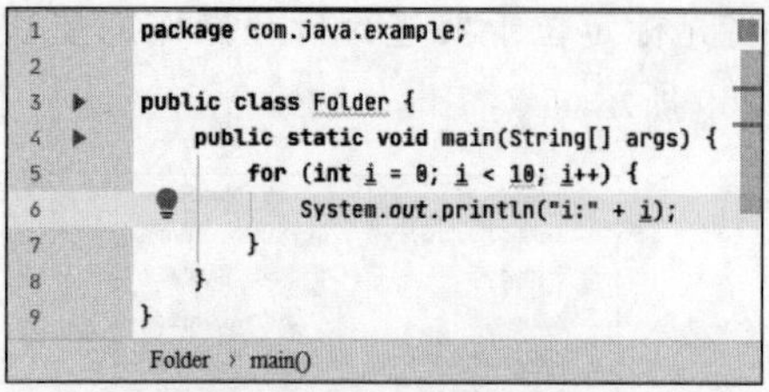

图 2.71 取消折叠外线 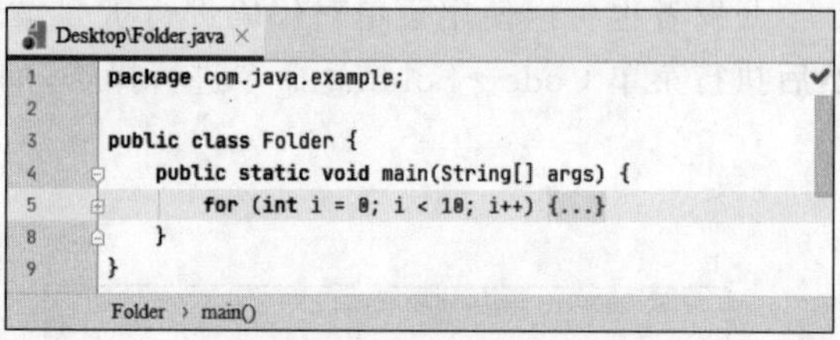　　　　图 2.72 首次打开外部文件

2.3.13　拖放移动代码

在 IntelliJ IDEA 编辑器中可以使用拖放操作来复制或移动代码,首先需要确保拖放功能被启用。

打开设置窗口并找到 Editor→General 选项,如图 2.73 所示。

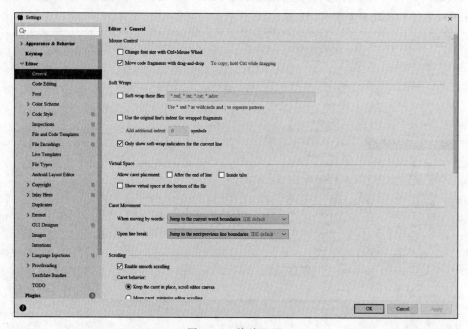

图 2.73　拖放配置

在 Mouse Control 选项下，勾选 Move code fragments with drag-and-drop 选项则可以实现拖曳移动代码的功能。首先在编辑器中选择需要移动的代码片段，然后按住鼠标左键将选择的代码拖曳到指定位置后松开鼠标即可。

在移动过程中，鼠标箭头底部虚线轮廓的矩形区域代表了待移动的代码片断，同时编辑器中的黑色光标代表了将要移动的目标位置。

如果用户在进行移动操作时按住了 Ctrl 键，则会对待移动的代码片断在目标位置插入一个副本，同时原代码片断保持位置不变。

2.3.14 注释

在 IntelliJ IDEA 中可以为代码添加或取消注释。以 Java 语言为例对单行注释、多行注释及文档注释进行说明。

1. 单行注释

单行注释是以//标注的注释。要添加单行注释，首先将光标定位在待添加注释行，单击菜单 Code→Comment with Line Comment 命令即可添加单行注释，也可以使用快捷键 Ctrl+/完成同样的功能。

如果用户需要对多行内容进行注释，则依然可以使用单行注释的方式同时注释多行。如果光标定位在某一行或选择了某一行的部分区域，则注释作用域仅限于当前行。

取消注释也十分简单，只需要在选择好注释区域后，再次执行上述操作即可完成注释的可逆操作。

2. 多行注释

多行注释是以/**/标记起来的跨越多行的注释。要添加多行注释，首先需要对待添加注释区域进行选择，然后执行菜单 Code→Comment with Block Comment 命令即可添加多行注释，还可以使用快捷键 Ctrl+Shift+/完成操作。

多行注释需要精确地选取范围，因为它会在区域范围边界添加/*...*/标记。例如将光标定位在某一行，当执行多行注释时会在光标的两侧位置添加/**/而不是注释整行，如图 2.74 所示。

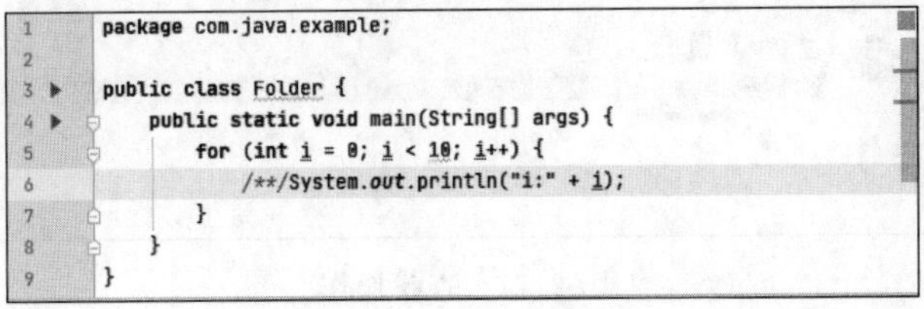

```
1   package com.java.example;
2
3 ▶ public class Folder {
4 ▶     public static void main(String[] args) {
5           for (int i = 0; i < 10; i++) {
6               /**/System.out.println("i:" + i);
7           }
8       }
9   }
```

图 2.74　基于光标添加多行注释

在注释多行时需要对多行内容全部进行选择，否则会出现局部注释的情况，这可能会导致编译错误，如图 2.75 所示。

要取消多行注释，首先要准确选取/*...*/注释的范围，然后执行注释命令即可。

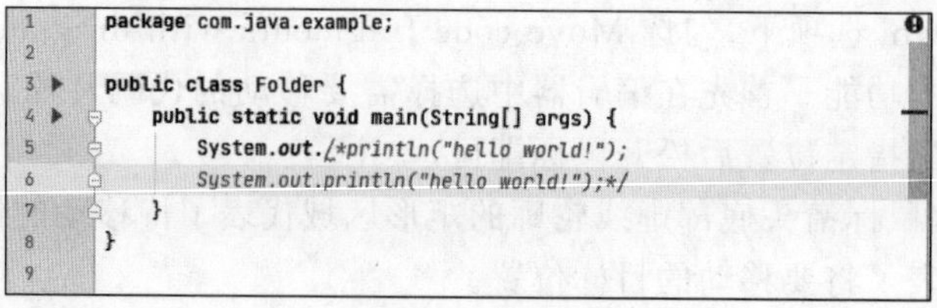

```
1    package com.java.example;
2
3 ▶  public class Folder {
4        public static void main(String[] args) {
5            System.out./*println("hello world!");
6            System.out.println("hello world!");*/
7        }
8    }
9
```

图 2.75　添加多行注释

3. 文档注释

文档注释是以 / ** .. * / 标记的注释且没有默认快捷键。要添加文档注释,将光标定位在类名或者方法名上后使用快捷键 Alt+Enter,此时会列出如图 2.76 所示的选项,选择 Add Javadoc 即可添加文档注释。

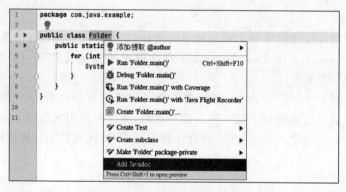

图 2.76　添加文档注释

可以为文档注释配置快捷键,打开配置窗口并找到 Keymap 选项卡,搜索 Fix doc comment,如图 2.77 所示。

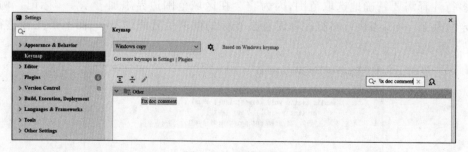

图 2.77　查找操作

右击查找出来的元素并选择 Add Keyboard Shortcut 命令,然后输入自定义的快捷键 Shift+D,如图 2.78 所示。

单击 OK 按钮完成配置后应用并保存。在添加文档注释时用户只需将光标定位到类名或方法名所在行,使用快捷键 Shift+D 便可以快速添加文档注释,如图 2.79 所示。

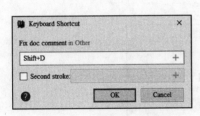

图 2.78 添加快捷键　　　　图 2.79 添加文档注释

2.3.15 还原窗口布局

开发者经常会对窗口的布局进行调整,当不再满意当前布局时,执行菜单 Window→Restore Default Layout 命令可以进行布局的还原操作(或使用快捷键 Shift+F12),如图 2.80 所示。

2.3.16 编辑区分屏

在编辑文件时,分屏操作可以提供更好的观察角度。通过使用分屏窗口,开发者可以快速对不同位置的代码区域进行浏览或操作。

要使用分屏操作,右击编辑器选项卡,弹出如图 2.81 所示的菜单。

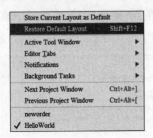
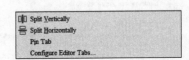

图 2.80 还原窗口布局　　　　图 2.81 分屏菜单

其中,Split Vertically(水平分屏)会在横向打开新的窗口,用于对选定文件的内容进行展示,如图 2.82 所示。

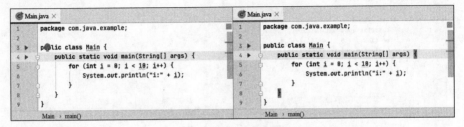

图 2.82 水平分屏

Split Horizontally(垂直分屏)会在纵向打开新的窗口,用于对选定文件的内容进行展示,如图 2.83 所示。

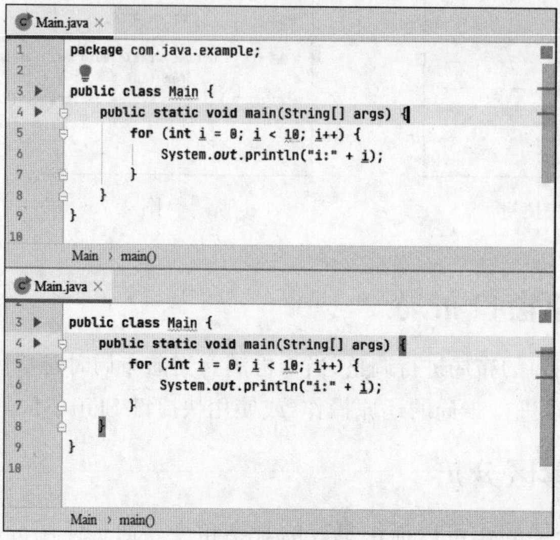

图 2.83　垂直分屏

在进行分屏操作时,每次分屏都是以当前选择的对象为参照,并不会占用其他标签对象的空间。例如,当对图 2.82 中左侧的编辑器再次进行垂直分屏操作时,它会变成如图 2.84 所示的样子。

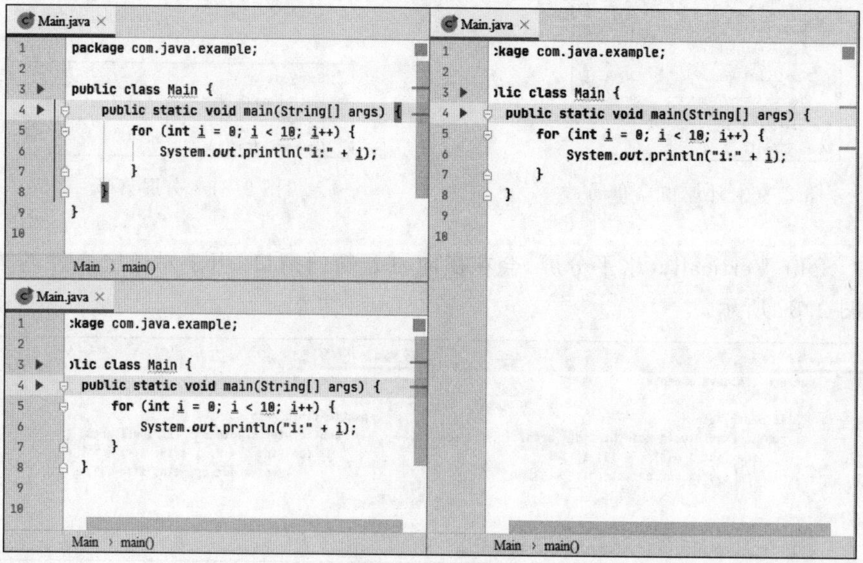

图 2.84　多维分屏

2.3.17 取消右侧竖线

IntelliJ IDEA 在屏幕右侧添加了一条标线，这条标线可以帮助开发者确定代码的长度及位置。如果不想显示右侧标线，则需在配置窗口中找到 Editor→General→Appearance 选项并取消 Show hard wrap and visual guides。如果是 2018 年以前的 IntelliJ IDEA 版本，则取消勾选 Show right margin 即可，如图 2.85 所示。

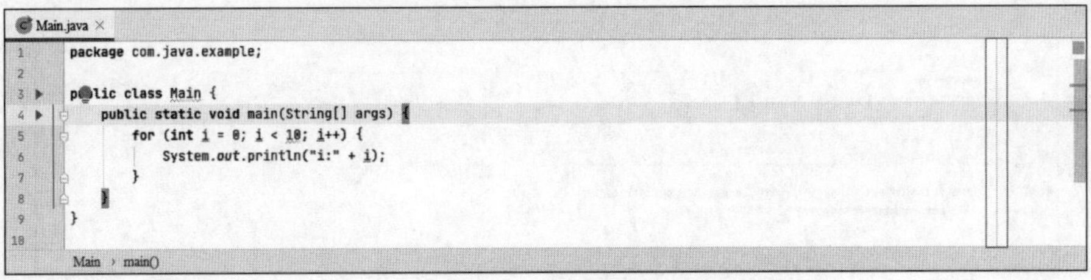

图 2.85 右侧竖线

2.3.18 分离窗口

有些时候，开发者希望在一个单独的窗口内查看代码，此时可以将编辑器从当前 IDE 窗口中分离出来以获得更好的视觉观察效果。

要将编辑器从 IDE 窗口中分离出来，可以使用快捷键 Shift+F4。分享出来的窗口仅保留了菜单栏、导航栏与代码编辑区，如图 2.86 所示。

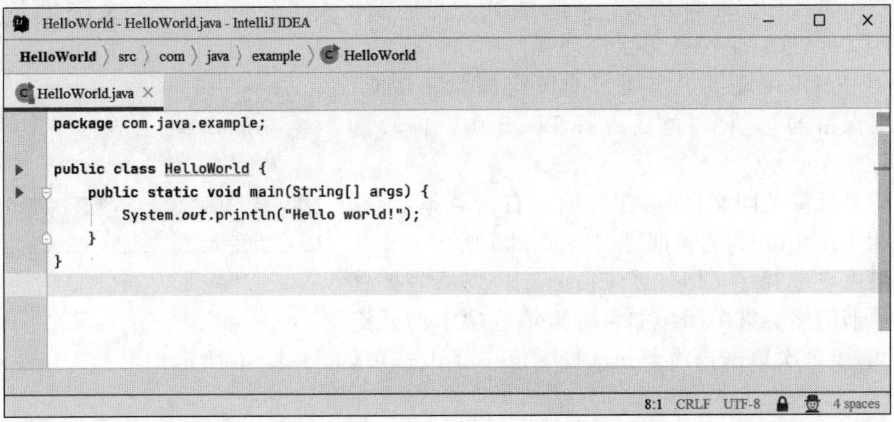

图 2.86 分离窗口

虽然编辑器从窗口中分离了出来，但是在 IDE 的编辑窗口中依然存在当前打开的文件，因此用户不必担心如何将文件还原回编辑窗口，并且在不使用的时候直接关闭分离窗口即可。

用户还可以拖曳编辑器选项卡至 IDE 窗口的外部以实现窗口分离，此时 IDE 窗口内的文件将被关闭。

2.3.19 方法分隔线

要对文件中显示的方法进行分隔,打开配置窗口并找到 Editor→General→Appearance 选项卡,勾选 Show method separators 选项即可,如图 2.87 所示。

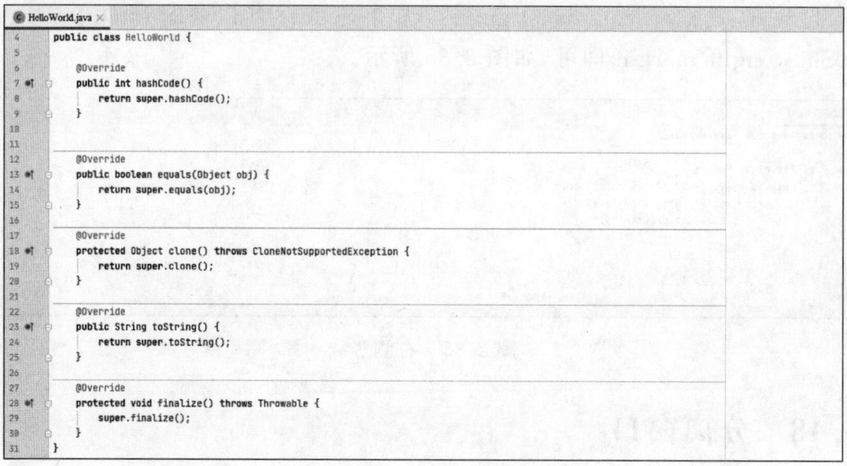

图 2.87 方法分隔线

需要注意的是,此分隔线在接口文件中无效。

2.3.20 选项卡的固定与取消

当在编辑器中同时打开多个文件时,用户可能需要关闭一些不需要的文件,但同时又想保留某些文件,这种情况该怎么处理呢?

IntelliJ IDEA 提供了选项卡的锁定与取消功能。右击需要保留的选项卡,然后选择 Pin Tab(引脚)选项,如图 2.88 所示。

当需要批量关闭文件时,在选项卡右击菜单,选择 Close All but Pinned 选项即可,如图 2.89 所示。

如果用户选择了 Close 或 Close All,则那些被锁定的选项卡仍然会被关闭。如果要取消选项卡的锁定状态,则需要再次单击选项卡并选择 Unpin Tab 选项,如图 2.90 所示。

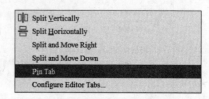

图 2.88 锁定选项卡

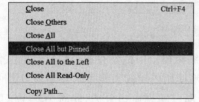

图 2.89 保留锁定的文件

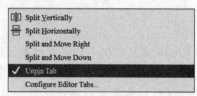

图 2.90 取消锁定

在菜单 Window→Editor Tabs 下同样提供了选项卡操作，如图 2.91 所示。

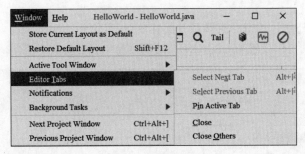

图 2.91　选项卡操作

2.3.21　自动管理导入

如果需要对程序中的导入进行自动管理，则可以在系统配置窗口中找到 Editor→General→Auto Import 选项，将 Insert imports on paste 选为 All，同时勾选 Add unambiguous imports on the fly（快速添加导入）和 Optimize imports on the fly（for corrent project）（快速优化导入），如图 2.92 所示。

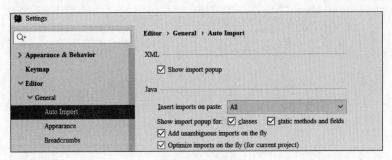

图 2.92　导入管理

配置完成后 IntelliJ IDEA 会自动优化导入，并将无效的导入去除。其中，Optimize imports on the fly（for corrent project）仅对当前工程有效。

如果用户没有配置导入自动管理，则可以将光标放置在无效引入处，IntelliJ IDEA 会自动弹出相关提示，单击 Optimize import 即可移除所有无效的导入，如图 2.93 所示。

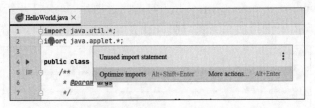

图 2.93　移除无效导入

2.3.22 项目窗口管理

执行菜单 File→Settings 命令打开系统配置窗口，定位到 Appearance & Behavior→System Settings 选项卡，此处可以设置 IntelliJ IDEA 的项目窗口打开方式，如图 2.94 所示。

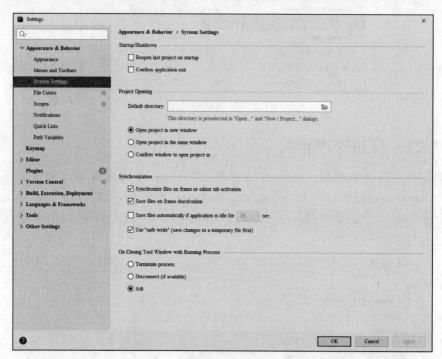

图 2.94 管理项目窗口打开方式

其中，
- Reopen last project on startup：勾选此选项后，IntelliJ IDEA 启动后默认会打开上次使用的项目。
- Open project in new window：勾选此选项后，每次打开新项目时都会使用新的窗口。
- Open project in the same window：勾选此选项后，每次打开新项目时都会替换原有项目，仅保留一个项目窗口。
- Confirm window to open project in：勾选此选项后，每次打开新项目时都会弹出提示窗口，用户需要选择使用新窗口打开或替换当前项目窗口，如图 2.95 所示。

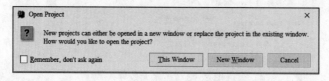

图 2.95 选择项目窗口打开方式

2.4 代码编辑与管理

2.4.1 模板管理

模板主要分为实时模板（Live Templates）和文件与代码模板（File and Code Templates）两种，如图 2.96 所示。

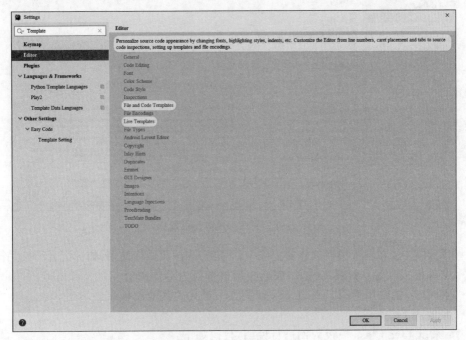

图 2.96　模板类型（一）

1. 文件与代码模板

在新建文件时，通过选择模板类型可以在相应的文件中预设代码内容，如新建 Java 类文件或接口文件等，如图 2.97 所示。

要配置文件代码模板，则应打开配置窗口并找到 Editor→File and Code Templates 选项，如图 2.98 所示。

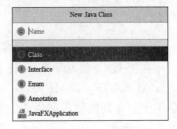

图 2.97　模板类型（二）

一般 IDE 中使用的文件类型都有对应的文件代码模板作为支持，其中 Files 标签页列出了常用的文件模板，Other 标签页下还有更多类型的模板，所以大多数文件类型都已经覆盖到了。

在 IntelliJ IDEA 中，文件代码模板是用速度模板语言（Velocity Template Language，VTL）编写的，如图 2.98 中的 ♯if … ♯end 和 ♯parse 都是 VTL 的语法。

VTL 模板中主要包含以下几个部分：

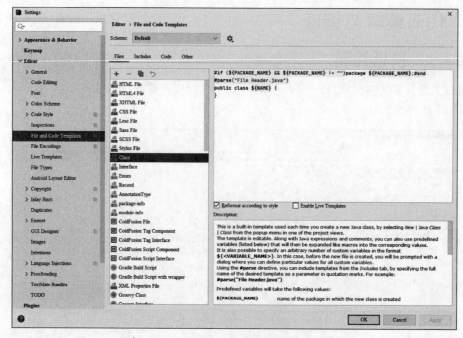

图 2.98　文件与代码模板配置

- 固定文本：在基于模板创建的文件中，固定文本按照原样使用，如标记、代码、注释等。
- 文件模板变量：新建文件时，模板变量被替换为具体的值。
- ♯parse 指令用于引入 Includes 标签页中定义的其他模板。
- 其他 VTL 结构。

接下来以 Java Class 模板为例进行说明，代码如下：

```
#if( ${PACKAGE_NAME} && ${PACKAGE_NAME} != "" )package ${PACKAGE_NAME};#end
#parse("File Header.java")
public class ${NAME} {
}
```

在上述模板中，第一行使用 ♯if 伪指令对包结构是否存在进行判断。其中 ${PACKAGE_NAME} 和 ${NAME} 是模板变量，分别代表包名称与类名称；♯parse 指令用于包含其他模板文件头。File Header.java 是包含在 Includes 标签页的预设模板，如图 2.99 所示。

在模板标签页中可以看到 4 个按钮，其含义分别如下：

- Create Template：新建文件代码模板。
- Remove Template：删除文件代码模板。系统中预设的模板是不允许删除的，因此只能删除预设模板之外的其他模板。
- Copy Template：基于选择的模板复制生成新的文件代码模板。

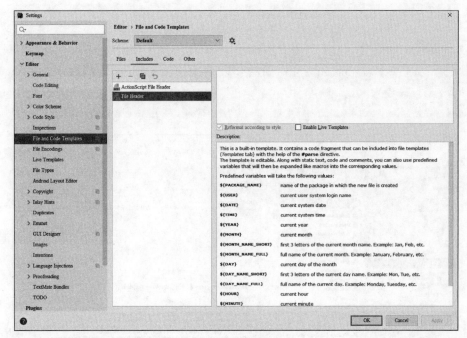

图 2.99　预设模板

- Reset To Default：如果预设的文件代码模板被修改，则可以将其恢复到默认状态。

Includes 标签页中包含的模板是独立出来的公用内容，可以作为其他模板的组成部分被引入，这与 JSP 页面中的 include 指令相似。

Code 标签页包含自动生成某些代码时引用的独立模板，这些模板是预设的且无法新建或删除，但允许对其进行修改或还原操作。注意：内部模板的名称以黑色显示，已修改的自定义模板和预定义模板的名称以蓝色显示。

用户可以使用文件代码模板预设的变量，IntelliJ IDEA 在用户操作模板时会给出这些变量的提示。

2．自定义模板

接下来创建一个 Singleton 单例模式模板。单击 **+** 按钮新建文件代码模板，指定模板名称 Singleton 和文件扩展名 java，如图 2.100 所示。

单击应用保存后模板名称会变为 Singleton，代码如下：

```
//第2章/Singleton.java
#if ( ${PACKAGE_NAME} && ${PACKAGE_NAME} != "" )package
${PACKAGE_NAME};#end
#parse("File Header.java")

public class ${NAME}{
private ${NAME}() {}
```

```java
    private static class ${NAME}Handler{
        private static ${NAME} singleton = new ${NAME}();
    }
    public static ${NAME} getInstance() {
        return ${NAME}Handler.singleton;
    }
}
```

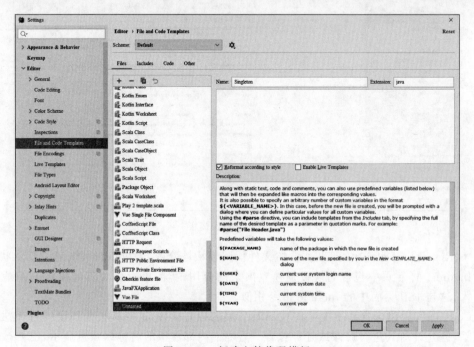

图 2.100　新建文件代码模板

保存并退出。当新建 Java Class 文件时可以看到自定义模板,如图 2.101 所示。

输入文件名称 Singleton 并按 Enter 键确认,生成如图 2.102 所示的文件。

自定义模板中使用了单例模式。单例模式在开发过程中会经常用到,除了单例模式外还有如代理模式、享元模式、装饰者模式、观察者模式等多种模式。

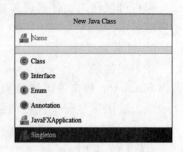

图 2.101　自定义模板

上面示例中使用内部类来维护单例的实现,这样既可以做到延迟加载,也不必使用同步关键字 synchronized,从而避免时间损耗,是一种比较完善的实现。对设计模式更好地掌握也是对开发者提出的要求。由于这些模式不在本书范围内,因此不进行过多讨论。

```
Singleton.java ×
1  package com.java.example;
2
3  public class Singleton {
4      private Singleton() {
5      }
6
7      private static class SingletonHandler {
8          private static Singleton singleton = new Singleton();
9      }
10
11     public static Singleton getInstance() {
12         return SingletonHandler.singleton;
13     }
14 }
```

图 2.102　生成 Singleton 文件

3．文件存储为模板

用户可以将现有的文件存储为模板。执行菜单 Tools→Save File as Template 命令打开另存为模板对话框，如图 2.103 所示。

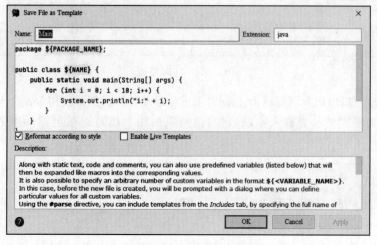

图 2.103　文件另存为模板

4．实时模板

顾名思义，实时模板是在进行文件编写过程中可以即时使用的快捷模板，如输入 sout 可以快速生成打印输出语句，输入 fori 可以快速生成循环迭代等。

要管理实时模板，则应打开配置窗口并找到 Editor→Live Templates 选项，如图 2.104 所示。

IntelliJ IDEA 中包含 3 种类型的实时模板：简单模板、参数化模板及环绕模板。

简单实时模板包含一些扩展成纯文本的固定代码。在编辑器中使用模板时会将指定的模板代码自动插入指定位置。

参数化实时模板允许用户输入纯文本和变量。在扩展模板后变量将在编辑器中显示为输

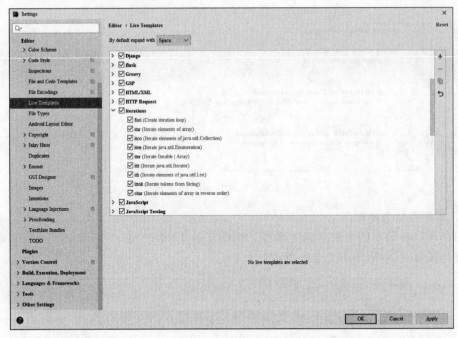

图 2.104　实时模板

入字段，它的值可以由用户填写或由 IntelliJ IDEA 自动计算。例如使用 fori 命令调用迭代 for 循环模板时，变量 i 显示为输入字段，它的值可以由用户填写以指定循环次数，如图 2.105 所示。

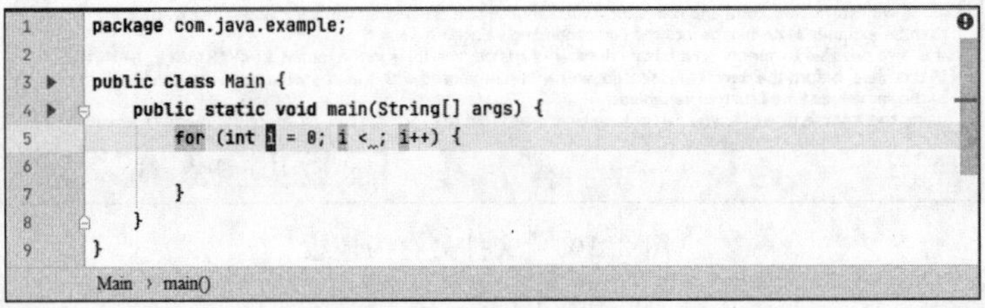

图 2.105　使用实时模板

当在编辑器中调用和扩展参数化实时模板时，IntelliJ IDEA 可以在变量的输入位置建议一些预定义的值。例如，如果参数化模板包含迭代的代码，则在扩展模板时，IntelliJ IDEA 将提示：

(1) 索引变量名称（i、j 等）。
(2) 当前范围（如数组）中所有合适变量的列表，作为迭代容器的表达式。
(3) 用于保存当前容器元素的已分配变量的名称。
(4) 迭代容器中元素的类型。

例如，用于生成 fori 循环的代码如下：

```
for(int $INDEX$ = 0; $INDEX$ < $LIMIT$; $INDEX$++) {
    $END$
}
```

打开模板变量定义可以看到其中变量的定义及使用的预定义函数，如图 2.106 所示。

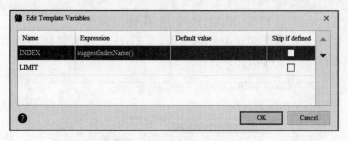

图 2.106　编辑模板变量

IntelliJ IDEA 中的实时模板变量由表达式定义，这些变量表达式可能用于代表双引号中的字符串常量，或是定义的其他变量名称，还有可能是带有参数的预定义函数。

环绕实时模板用于在指定位置的代码片断前后添加包装内容。可以在 surround 选项分类下查看系统中定义的环绕模板，如图 2.107 所示。

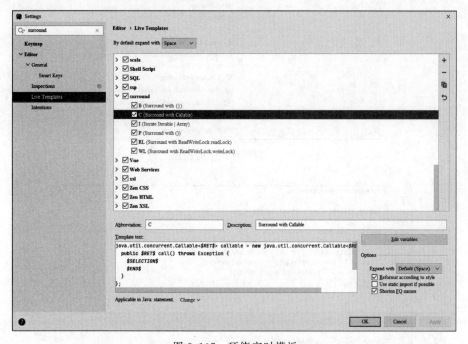

图 2.107　环绕实时模板

当光标定位在某一位置时，使用快捷键 Ctrl+Alt+T 可以从模板列表中选择需要的模板并添加到当前位置，如图 2.108 所示。

当选择某一区域时，使用快捷键 Ctrl+Alt+T 可以增加更多的选择，如图 2.109 所示。

环绕模板中可以使用两个预定义变量 END 和 $SELECTION$，并且这两个变量不可再编辑。其中 $SELECTION$ 变量代表要包装的代码片段，END 代表扩展模板后的光标位置，添加模板后的代码如图 2.110 所示。

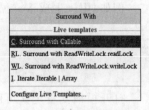

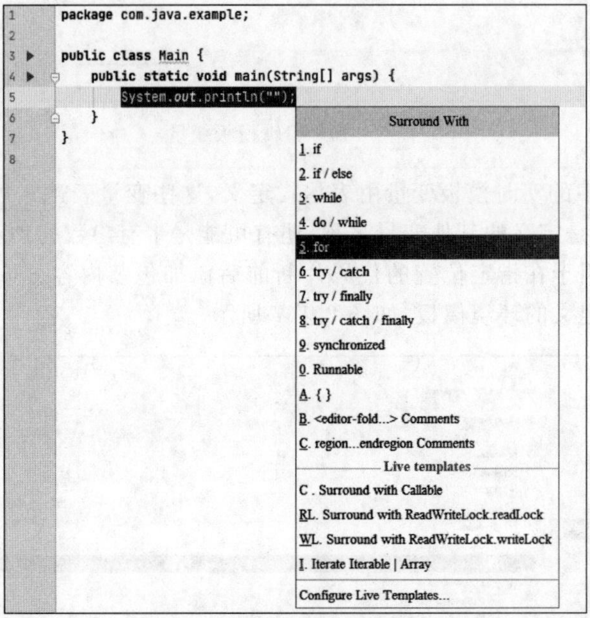

图 2.108 调用环绕实时模板（一）

图 2.109 调用环绕实时模板（二）

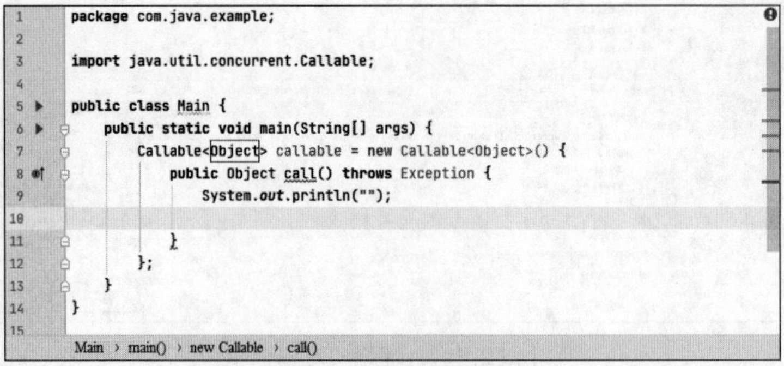

图 2.110 添加环绕实时模板

2.4.2 快速生成

IntelliJ IDEA 提供了生成操作,可以快速生成如构造方法、toString()方法、getter()与 setter()方法、重载与重写方法、当前类的测试类等。

添加自定义类 Example.java,然后按快捷键 Alt+Insert 或在编辑器中右击并选择 Generate 菜单,如图 2.111 所示。

快速生成操作与类是紧密相关的。为当前类添加成员变量 param 并执行 Alt+Insert 快捷操作,可以看到此时添加了更多的操作,如图 2.112 所示。

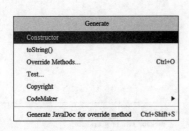

图 2.111 快速生成(一)

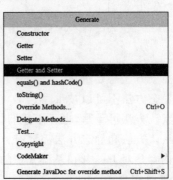

图 2.112 快速生成(二)

这间接体现了 Java 对象的特征。我们知道,Object 类是 Java 中所有类的基类,并且所有类都继承了 hashCode()和 equals()两种方法,而 hashCode()为判断两个对象在内存中是否相同提供了重要的参考依据。

在类中内容为空的时候生成菜单中并没有显示 hashCode()方法,但事实上对象中依然存在此方法,只是因为对象的内容为空,以及没有了能够影响判断对象是否相同的依据,所以便没有相关的菜单提示了。

2.4.3 接口与实现

IntelliJ IDEA 中接口的创建十分简单,执行菜单 File→New→Class 命令弹出新建列表,选择 Interface 选项并填写接口名称,如图 2.113 所示。

创建自定义接口文件 MyInterface.java,如图 2.114 所示。

在接口里面分别定义了普通方法、抽象方法、静态方法、默认方法与主方法。如果要使用抽象类实现上述接口,则可以不必重写接口的方法或只重写一部分方法。如果使用一个普通类实现接口,则对于上述的几个接口存在以下

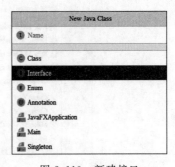

图 2.113 新建接口

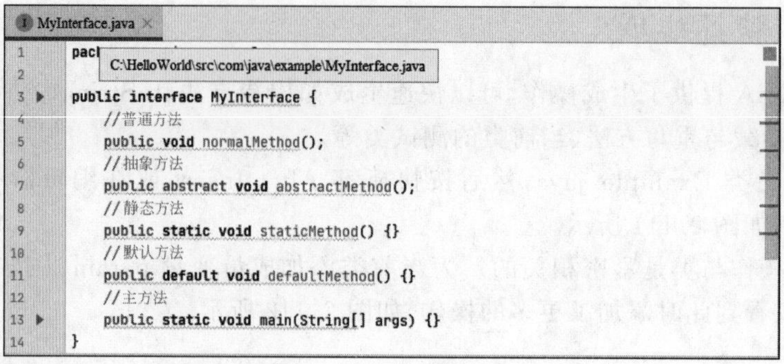

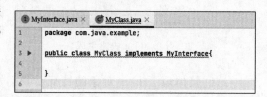

图 2.114　自定义接口

几种情况。

（1）抽象方法需要重写。

（2）静态方法不可以被重写。

（3）默认方法可重写，也可不重写。

（4）默认方法和静态方法需要有方法体。

上面内容是对 Java 接口基础知识的回顾，接下来创建普通实现类 MyClass.java，如图 2.115 所示。

可以看到文件中有红色波浪底线的标示，这意味着程序中存在问题。将光标重新定位到提示行会看到 IntelliJ IDEA 中给出了相关提示，如图 2.116 所示。

图 2.115　MyClass.java

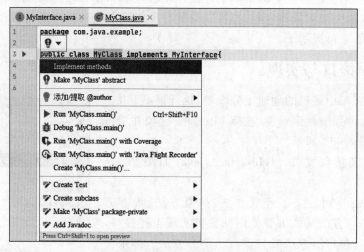

图 2.116　添加实现方法

接口中有需要被实现的方法,单击 Implement methods 菜单弹出方法实现窗口,如图 2.117 所示。

IntelliJ IDEA 提供了默认的选择,其中 defaultMethod()方法可以不实现,但是抽象方法与普通方法一定要实现,这符合前面的讨论。勾选 Copy JavaDoc 复选框以便从接口中提取 JavaDoc 注释,最后单击 OK 按钮完成创建工作。

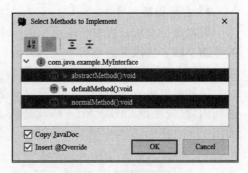

图 2.117　添加实现方法

之所以借助提示实现方法是为了体验 IntelliJ IDEA 智能提示的功能,这种提示方式我们会经常遇到并且愿意使用。除此之外,还可以借助菜单与快捷键重复上面的过程。

单击菜单 Code→Implement methods 同样可以实现上面的操作,或者在编辑器中右击并选择 Generate 或使用快捷键 Alt+Insert,然后选择 Implement methods 打开方法实现窗口。

细心的读者可能已经发现,使用快捷键 Ctrl+I 就可以直接弹出方法实现窗口。还有一种快速创建接口实现类的方法,将光标定位到接口名称上,同时按住 Alt+Enter 键弹出如图 2.118 所示的窗口。

单击 Implement interface 弹出创建实现类窗口,如图 2.119 所示。

图 2.118　生成实现类

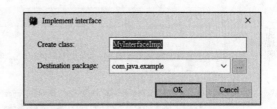

图 2.119　指定实现类名称及包结构

指定实现类名称与包结构,单击 OK 按钮即可快速创建实现类。

2.4.4　重构提取

重构是对已有项目结构和代码的高级优化与调整,通过使用重构可以更好地组织项目与代码结构,增强代码的可读性与交互性,从而更好地提供服务。

IntelliJ IDEA 中包含了大量的重构技巧,这些技巧可以基于字段、方法、类或包等进行结构的调整,这也是重构含义的由来。

1. 常量提取

提取常量重构是提取字段重构的一个特例，其提供了一种快速、简便的方法来创建最终的静态字段。提取常量重构不仅可以统一引用以提高可读性，还可以消除数值类型带来的魔法值影响。

例如可以将方法中使用的字符串常量提取出来。选择要提取的内容或将光标定位在其区间内，按快捷键 Ctrl＋Alt＋C 或是从上下文菜单中选择 Refactor→Extract→Constant，如图 2.120 所示。

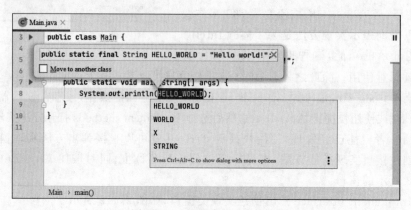

图 2.120　提取常量重构（一）

IntelliJ IDEA 为提取的常量提供了合适的命名，用户可以选择使用。当类中有多处相同的常量可供提取时，IntelliJ IDEA 会给出相应的选项 Replace all occurrences 以确认是否仅对当前常量进行替换，如图 2.121 所示。

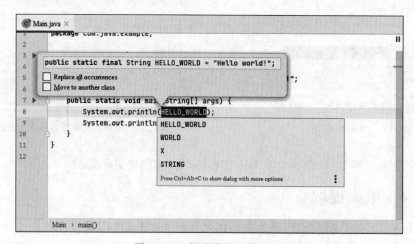

图 2.121　提取常量重构（二）

2. 字段提取

提取字段重构通常针对方法中的其他依赖性返回（如字段或方法）进行提取，其会声明一个新的字段并用选定的表达式初始化它，同时将原始表达式替换为新声明的字段。

如图 2.122 所示，main() 方法中分别使用了 InnerClass 类的 String 类型变量与带有 String 返回值类型的方法。

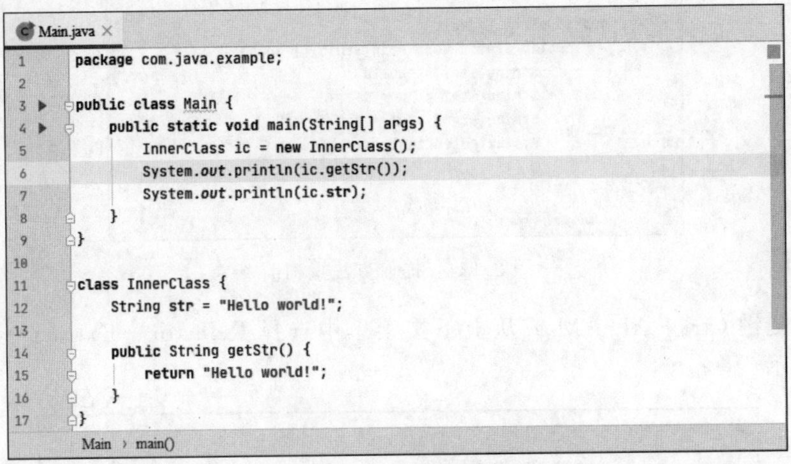

图 2.122 提取字段重构前

为了对 String 类型的字段（包括变量与方法）进行提取，可以使用快捷键 Ctrl+Alt+F 或从上下文菜单中选择 Refactor→Extract→Field，如图 2.123 所示。

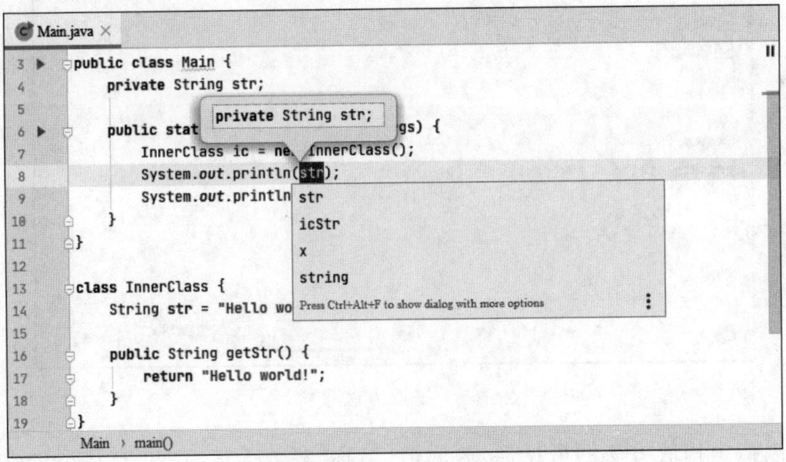

图 2.123 提取字段重构

3. 方法提取

在进行提取方法重构时，IntelliJ IDEA 会分析选定的待重构代码并检测其应该具有的输入及输出参数。如果检测到只有一个输出类型,则它将作为提取方法的返回值类型。如果有多个输出类型,则表明提取方法重构出错。

例如,在图 2.124 所示的代码中,可以将 str 变量的生成作为方法提取出来。

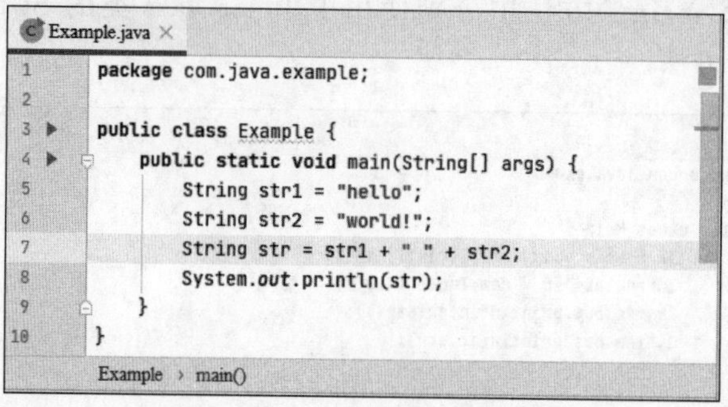

图 2.124　提取方法重构前

使用快捷键 Ctrl＋Alt＋M 或从上下文菜单中选择 Refactor→Extract→Method,如图 2.125 所示。

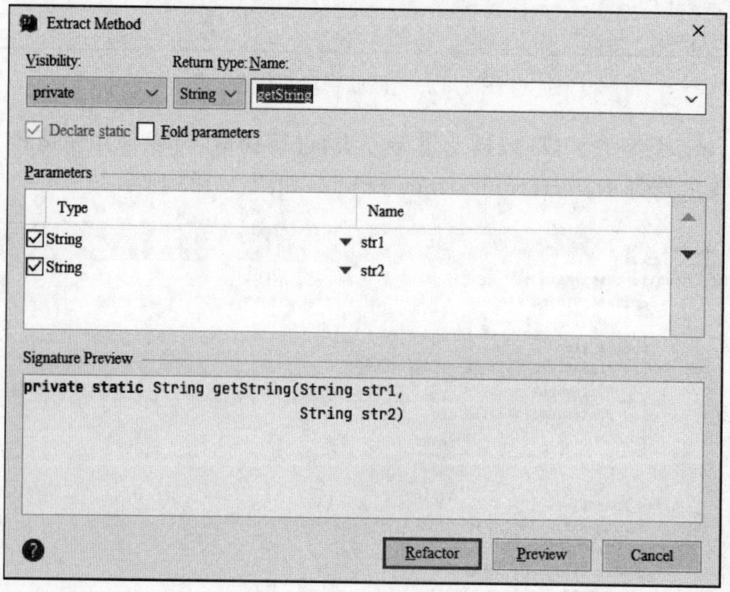

图 2.125　提取方法重构(一)

此处可以指定提取方法的可见性、返回值、名称、参数等信息,单击 Preview 按钮预览提取后的效果,如图 2.126 所示。

最后,单击 Refactor 按钮执行重构。

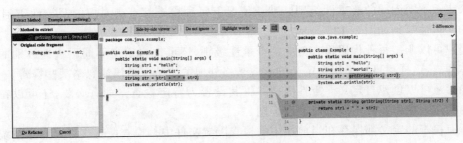

图 2.126　提取方法重构(二)

2.4.5　代码检查

IntelliJ IDEA 通过代码检查来对程序进行错误排查与修正。IntelliJ IDEA 中存在大量的代码检查,这些检查可以帮助开发者全面地检测各种问题,包括编译错误及效率低下的代码,如无法访问的代码、未使用的代码、非本地化的字符串、未解决的方法、内存泄漏及拼写问题等都可以通过代码检查来发现并定位。

代码检查覆盖了多种编程语言及脚本,执行菜单 File→Setting 命令打开配置窗口,定位到 Editor→Inspections 检查选项卡,如图 2.127 所示。

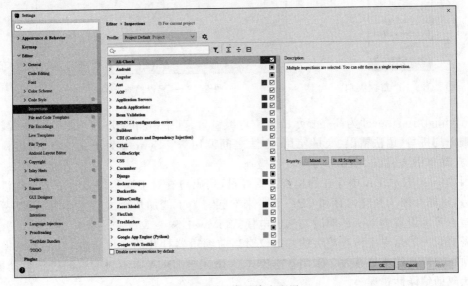

图 2.127　代码检查配置

除了系统自带的代码检查外,IntelliJ IDEA 还可以集成多种代码检查工具来扩展其功能集成,如 Ali-check 和 FindBugs 等。用户可以随时启用或禁用某一检查插件,以及调整检查对应的严重性级别配置等。

严重性级别用以表示代码问题对项目的影响程度,IntelliJ IDEA 代码检查使用不同的颜色来表示不同问题的严重性级别。默认情况下每种检查都有其对应的严重性级别，Java 语言的严重性级别如图 2.128 所示。

用户可以调整每种代码检查对应的严重性级别，还可以自定义不同严重性级别的颜色和字体样式，这样就可以采用自定义的方式来格外地关注某一错误或忽略某些警告。

最后还可以创建自定义严重性级别并将其设置为特定检查。如有必要，还可以在不同范围内为同一检查设置不同的严重性级别。

所有检查的定义都保存在当前使用的检查配置文件中。检查配置文件可能是系统默认的，也可能是用户自定义创建的，由用户来决定项目使用哪个检查配置文件更为合适。

1. 文档检查

IntelliJ IDEA 中的代码检查默认为全项目配置的，也就是说项目中所有的文件都统一接受相同的检查定义。

IntelliJ IDEA 对于文件的代码检查具有不同的等级程度。用户可以单击编辑器右下方的 图像来打开当前页面的代码检查配置，如图 2.129 所示。

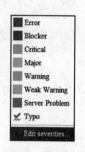

图 2.128　严重性级别

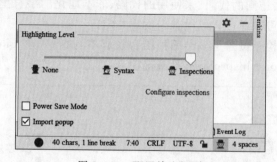

图 2.129　配置检查级别

Highlighting Level 为高亮显示的检查等级设置，其中 Inspections 为最高检查等级，可以检查单词拼写、语法错误、变量使用、方法之间调用等。Syntax 为语义检查，可以检查单词拼写、简单语法错误。None 为不设置检查。

因为 IntelliJ IDEA 中存在的检查过多，所以代码检查对于源码较多的单个文件没有太大优势，这样会因为消耗内存和 CPU 而带来卡顿。为了能加快大文件的读写，可以考虑暂时将检查等级设置为 None，同时勾选省电模式(Power Save Mode)来缓解。

需要说明的是对于检查等级的修改仅对当前编辑器打开的文件有效，但是省电模式却是对项目中所有的文件有效。采用省电模式后 IntelliJ IDEA 将不再对代码进行自动提示，包括代码的编译性错误等。

Import popup 用于指定当输入类的声明没有被导入时是否弹出导入对话框，通常它与编辑器的 Auto Import 选项配合使用，如图 2.130 所示。

Configure inspections 选项用于单独打开检查配置窗口，如图 2.131 所示。

2. 检查的启用与关闭

IntelliJ IDEA 可以随时启用或关闭某些检查。例如在安装了 Ali-Check 插件之后默认

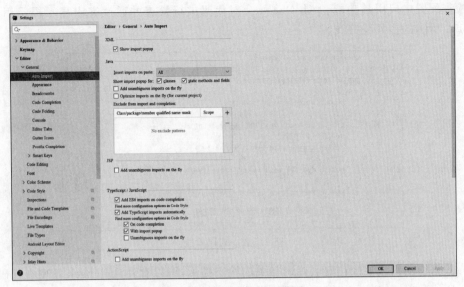

图 2.130　Auto Import 配置

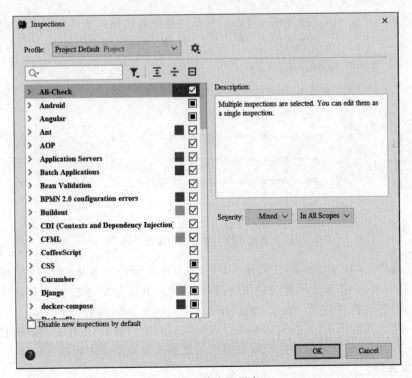

图 2.131　检查配置窗口

会在检查配置中启用其功能。Ali-Check 会对代码进行检查并通过突出显示提示用户,如图 2.132 所示的多处波浪线。

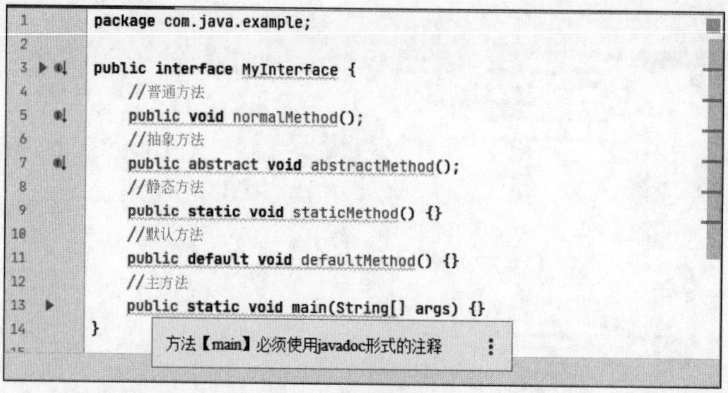

图 2.132 代码检查

将鼠标移动到波浪线位置会弹出相关的检查提示,可以看到 Ali-check 希望在代码处看到 JavaDoc 形式的注释。如果不希望使用此插件提供的检查功能,则可以打开检查配置窗口并将图 2.132 中所示的 Ali-Check 取消掉。

取消完成后单击 OK 按钮确定,可以看到编辑器中的代码检查提示消失了,如图 2.133 所示。

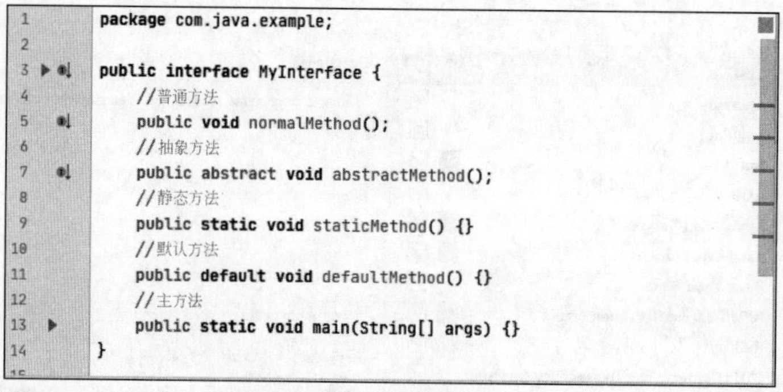

图 2.133 禁用代码检查

观察工具栏上的按钮,它们是 IntelliJ IDEA 在安装完 Alick-Check 后添加的快捷操作方式,可以单击来关闭实时的代码检测,关闭后其图标变为。当再次单击后可重新启用代码的实时检测功能。注意:此操作在 Ali-Check 禁用的情况下无效。

对于一些开发者来讲,虽然关闭检查可以带来更舒服的体验,但还是建议将代码检查保持在打开状态,因为这样能够更好地获取提示信息并及时修复潜在问题与错误。

3. 配置文件

可以将 IntelliJ IDEA 中的检查配置保存为文件,用户可以修改现有的检查配置文件(包括默认配置文件)并创建新的配置文件,还可以共享、导入和导出检查配置文件。

IntelliJ IDEA 中的检查配置分为 IDE 配置文件和项目配置文件两种,前者是基于 IDE 进行的配置,后者是基于项目进行的配置。

IDE 中的配置文件保存在应用程序配置目录中并且可用于任何项目,其对应位置一般为.IntelliJIdea/config/inspection。基于项目的配置文件保存在项目.idea 目录中,其位置一般为项目文件夹中的.idea/inspectionProfiles。

在图 2.131 中,Project Default 就是默认的基于项目的检查配置,其对应的文件就是上面提到的位置。单击图 2.131 中右侧的下拉按钮展开操作菜单,如图 2.134 所示。

Copy to IDE 可以将当前配置存储为 IDE 检查配置文件。

Duplicate 用于从当前检查配置快速创建副本,对副本重命名后按 Enter 键即可保存。用户可以在副本配置文件中定制检查配置规则并启用,此时项目默认的检查配置将不再生效。

图 2.134 代码检查配置操作

Rename 可以对当前配置文件进行重命名操作。

Add Description 用于对当前检查配置添加注释说明,如图 2.135 所示。

图 2.135 添加配置描述信息

Restore Defautls 用于恢复当前检查配置的默认初始状态或创建时状态。

此外,还可以对检查配置进行导入与导出操作。Export 可以将当前的检查配置导出为 XML 配置文件,以便在需要恢复(Import Profile)时从外部进行导入。

我们已经知道,检查配置分为 Stored in Project 与 Stored in IDE 两种,如图 2.136 所示。

对于 Stored in Project 类型的检查配置,IntelliJ IDEA 允许在不需要的时候对其进行删除,但是对于 Stored in IDE 类型的检查配置则不允许对其进行删除。检查配置可以不被启用,但一定要存在。

IDE 配置与 Project 配置可以互相转换,只需将其进行复制,如图 2.137 所示。

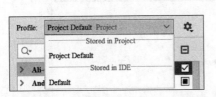 

图 2.136 两种代码检查配置(一)　　图 2.137 两种代码检查配置(二)

4．代码检查

单击菜单 Analyze→Inspect Code 可以对代码进行检查操作，如图 2.138 所示。
在执行代码检查时，会弹出范围选择窗口，如图 2.139 所示。

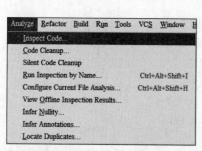

图 2.138　执行代码检查

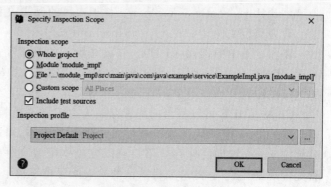

图 2.139　选择检查范围

用户可以根据需要决定在项目、当前文件或自定义范围内进行代码检查操作，同时指定使用哪种检查配置（包括使用配置中添加的插件）来执行检查操作，如图 2.140 所示。

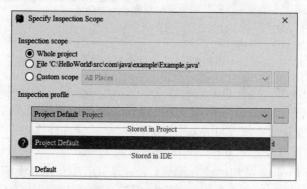

图 2.140　选择检查配置

单击 OK 按钮执行检查，操作完成后会在 Inspection Results 窗口显示检查执行结果，如图 2.141 所示。

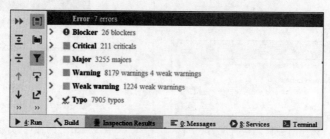

图 2.141　检查结果

可以看到图2.141中检查结果分为几类，接下来对这些类别进行说明。

在标准定义中对Bug进行划分通常有优先级（Priority）和严重程度（Severity）两个指标。其中严重程度一般分为5个等级，分别是Blocker、Critical、Major、Minor和Trivial；而优先级同样也分为5个等级，分别是Immediate、Urgent、High、Normal和Low。

严重程度（Severity）各等级说明如下。

Blocker级别是崩溃级别，即系统无法执行、崩溃或资源严重不足、应用模块无法启动或异常退出、无法测试、系统不稳定等，以下情况都是Blocker级别。

(1) 严重花屏。
(2) 内存泄漏。
(3) 用户数据丢失或破坏。
(4) 系统崩溃/死机/冻结。
(5) 模块无法启动或异常退出。
(6) 严重的数值计算错误。
(7) 功能设计与需求严重不符。
(8) 其他导致无法测试的错误，如服务器500错误。

Critical级别是严重级别，即影响系统功能或操作，主要功能存在严重缺陷但不会影响到系统稳定性等，以下情况都是Critical级别。

(1) 功能未实现。
(2) 功能错误。
(3) 系统刷新错误。
(4) 数据通信错误。
(5) 轻微的数值计算错误。
(6) 影响功能及界面的错误字或拼写错误。
(7) 安全性问题。

Major级别是重要级别，即界面、性能缺陷或兼容性问题等，以下情况都是Major级别。

(1) 操作界面错误（包括数据窗口内列名定义、含义是否一致）。
(2) 边界条件错误。
(3) 提示信息错误（包括未给出信息、信息提示错误等）。
(4) 长时间操作无进度提示。
(5) 系统未优化（性能问题）。
(6) 光标跳转设置不好，鼠标（光标）定位错误。
(7) 兼容性问题。

Minor和Trivial级别是易用性及建议性问题级别，在这种级别下对系统或功能产生的影响不大，以下情况都是Minor和Trivial级别。

(1) 界面格式等不规范。
(2) 辅助说明描述不清楚。

(3)操作时未给用户提示。
(4)可输入区域和只读区域没有明显的区分标志。
(5)个别不影响产品理解的错别字。
(6)文字排列不整齐等问题。

优先级(Priority)各等级说明如下:
- Immediate:表示问题必须马上解决,否则系统根本无法达到预定的需求。
- Urgent:表示问题的修复很紧要,很急迫,关系到系统的主要功能模块能否正常。
- High:表示有时间就要马上解决,否则系统偏离需求较大或预定功能不能正常实现。
- Normal:表示问题虽然不影响需求实现,但是影响了其他方面,如页面调用出错等。
- Low:表示问题在系统发布以前必须确认解决或确认可以不予解决。

5. 离线检查

用户还可以通过命令行执行代码检查,此操作在检查过程中要求 IntelliJ IDEA 处于关闭状态。检查命令如下:

```
"C:\Program Files\JetBrains\IntelliJ IDEA 2020.1\bin\inspect.bat" C:\HelloWorld\ C:\HelloWorld\.idea\inspectionProfiles\Project_Default.xml C:\HelloWorld\inspection-results\ -v2
```

其中第一项为 IntelliJ IDEA 安装目录中的检查命令启动文件 inspect.bat;第二项为待检查的项目目录路径;第三项为项目中检查配置文件所在的路径,用户可以选择 IDE 级别的配置文件或 Project 级别的配置文件;第四项为检查结果的存储位置。-vX 参数指定了检查输出的详细级别,其中 X 为静音,1 为噪声,2 为额外噪声。

运行命令后进行文件检查并提示,如图 2.142 所示。

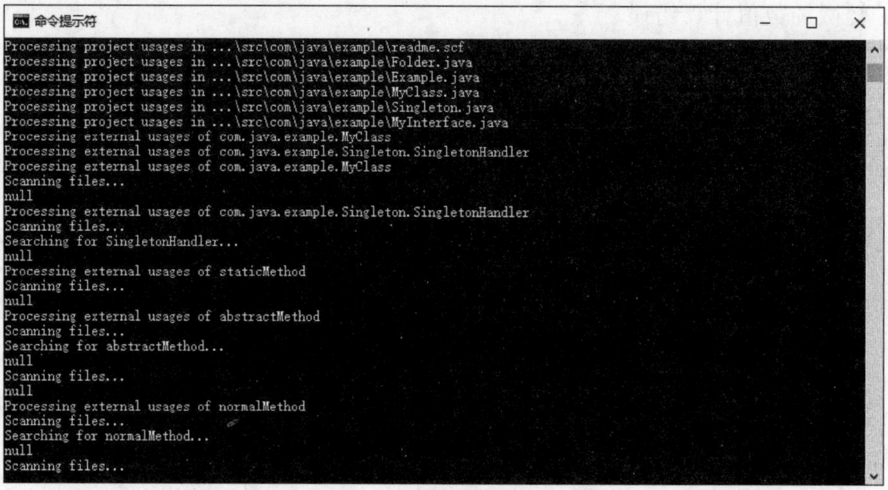

图 2.142 检查文件

命令运行完成后,在检查结果输出目录生成如图 2.143 所示的文件,这些文件包含了每种检查方式下的结果信息。

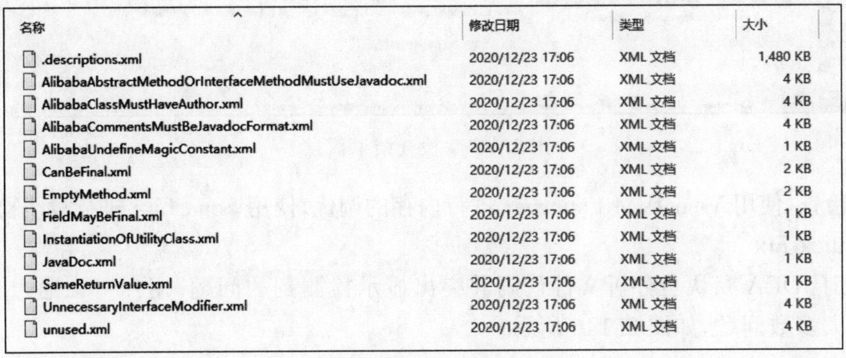

图 2.143 生成的检查结果文件

执行菜单 Analyze→View Offline Inspection Results 命令打开检查结果文件加载窗口,如图 2.144 所示。

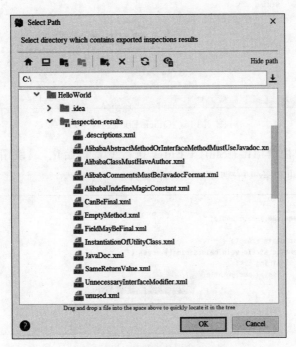

图 2.144 加载检查结果文件

单击 OK 按钮确认,IntelliJ IDEA 会对检查结果文件进行加载并显示具体的检查结果信息,如图 2.145 所示。

除此之外,读者还可以使用 Alibaba 代码规范检查插件、CheckStyle、FindBugs、PMD 等进

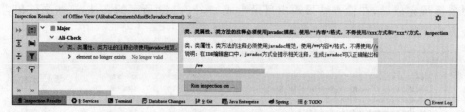

图 2.145　检查结果信息

行规范性检查,使用 VisualVM Launcher 进行内存的调优,使用 SonarLint 进行离线检查等。

6. Quick Fix

IntelliJ IDEA 默认会分析文件代码并突出显示检测到的问题,用户可以通过 Quickfix 功能修复大多数问题,如图 2.146 所示。

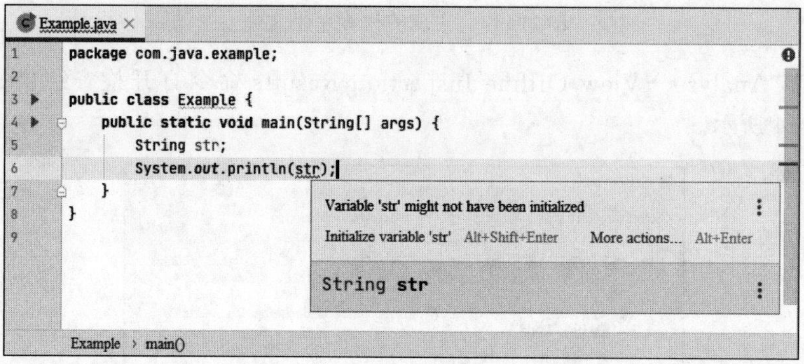

图 2.146　Quick Fix 提示(一)

用户可以使用快捷键 Alt＋Shift＋Enter 执行变量初始化,或使用快捷键 Alt＋Enter 弹出更多处理建议,如图 2.147 所示。

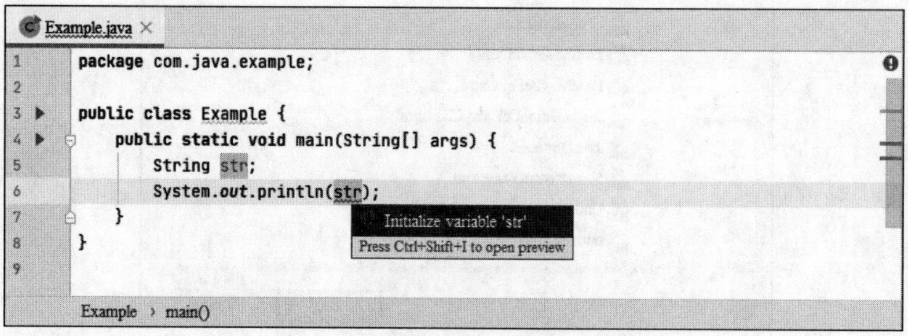

图 2.147　Quick Fix 提示(二)

2.4.6　跳转与引用

在进行项目开发时,开发者经常需要在接口与实现类之间进行跳转,也可能需要查看某一方法或 Field 都在哪里被进行过引用。

在接口定义中，单击左侧 Gutter 区域中的向下箭头可以快速跳转到实现类中的对应类名或方法名位置，如图 2.148 所示。

也可以单击实现类中方法左侧的向上箭头快速跳转到接口方法定义，如图 2.149 所示。

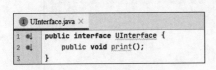

图 2.148　快速跳转到实现类　　　　　　图 2.149　快速跳转到接口

当接口被多个类同时实现时会弹出下拉列表以供选择，如图 2.150 所示。

要查看方法在哪些位置被引用，按住 Ctrl 键并将鼠标覆盖到方法名称前便可得到如图 2.151 所示的提示。按住 Ctrl 键并单击方法名称会跳转到对应的引用位置。

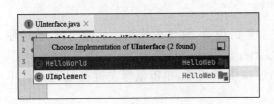 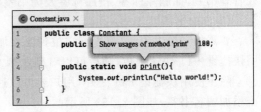

图 2.150　多个可跳转实现类　　　　　　图 2.151　查看方法引用

此操作不仅在 Java 文件中有效，在其他类型文件（如 JavaScript 文件、Python 文件）中也同样适用。当有多个引用位置时，用户需要根据实际需要进行选择。

2.5　书签与收藏夹

1. 书签

IntelliJ IDEA 中通过书签可以快速跳转到对应的文件位置。注意：书签定位的位置不仅仅是文件，还是文件中的行。

IntelliJ IDEA 中的书签分为两种：匿名书签与标记书签。其中，

- 匿名书签，可以生成无数个，使用快捷键 F11 快速生成。
- 可以用数字或字母标记书签，所以只能生成 10 个数字及 26 个字母的标记书签，使用快捷键 Ctrl+F11 生成。

可以同时为文件添加多个书签，包括匿名书签与标记书签。匿名书签在左侧 Gutter 区标记为对号。标记书签在左侧 Gutter 区标记为一个数字或字母。如果使用标记书签，则最多可以标记 36 个书签，包括 10 个数字与 26 个字母。

注意：在同一代码行匿名书签与标记书签最多只能存在一个，它们不可以同时存在。

要查看书签，执行菜单 Navigate→Bookmarks→Show Bookmarks 命令或使用快捷键 Shift+F11 打开书签管理窗口，如图 2.152 所示。

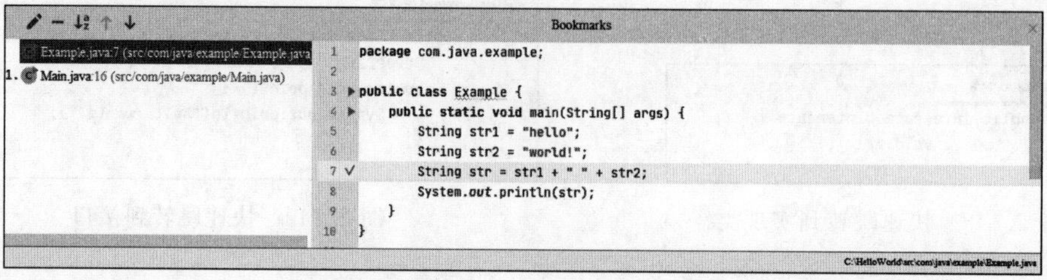

图 2.152　书签管理窗口

在书签管理窗口中左侧为目标书签，右侧为书签在文件中的位置缩略图，用户可以在此处管理书签，如删除标签、排序标签及为书签添加描述等。

1）添加书签

要添加匿名书签，可将光标定位到要添加书签的位置，具体到代码中的指定行，然后使用快捷键 F11 快速生成，随后可以看到左侧 Gutter 区对应的位置添加了一个灰色的对号。

除了使用快捷键 F11 之外，用户还可以通过按住 Ctrl 键，单击鼠标左键在 Gutter 区单击添加匿名书签，如图 2.153 所示。

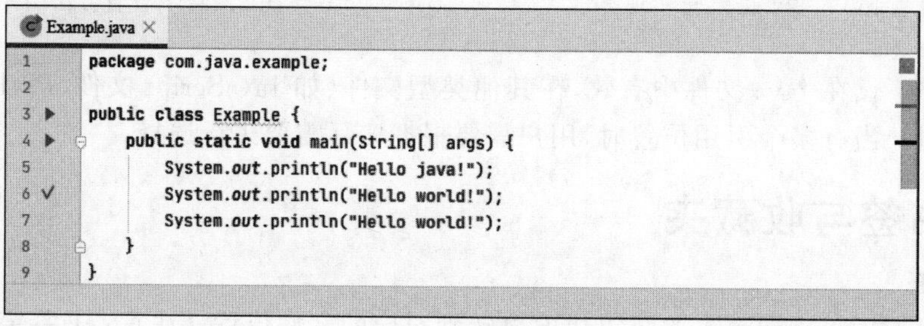

图 2.153　匿名书签

要添加标记书签，使用快捷键 Ctrl+F11 打开如图 2.154 所示的标记窗口，用户需要为书签显式指定标记名称。

单击任意字母或数字，可以在左侧 Gutter 区域添加与其一致的标记，如图 2.155 所示。

如果用户没有选择字母或数字，而是单击了其他位置，如当前行或其他行，则当前书签默认转换为匿名书签。

如果用户没有选择字母或数字，而是直接使用 ESC 键退出操作，则此次操作不成立，不添加书签。

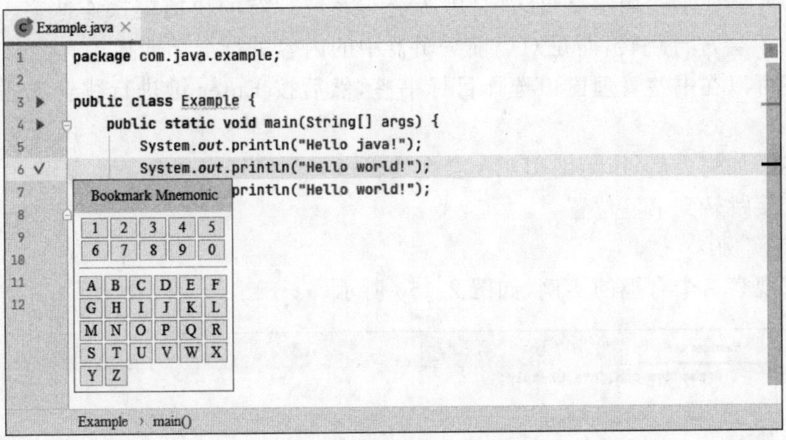

图 2.154　添加标记书签

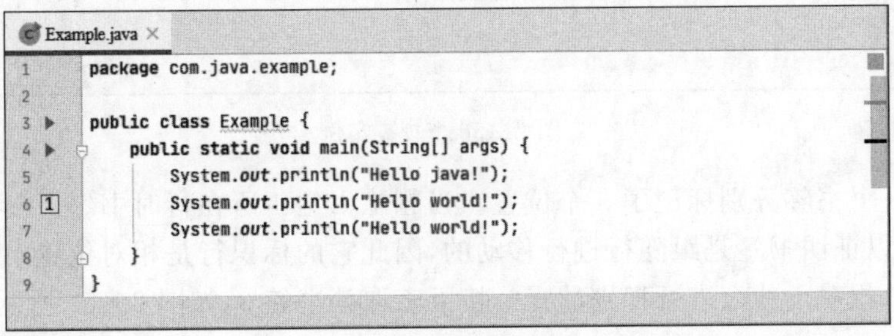

图 2.155　标记书签

2）移除书签

如果当前行书签已经存在，则再次使用快捷键 F11 会将当前行添加的书签取消，无论是匿名书签还是标志书签。

用户还可以在书签编辑窗口中单击选中待删除的书签，然后通过窗口上方的删除按钮或使用 Delete 快捷键删除书签。

3）调整书签

在书签编辑窗口中单击需要更改顺序的书签，然后单击窗口上方的上移或下移按钮以调整书签的顺序。

4）书签导航

使用书签可以快速跳转到文件或整个项目中的特定位置，IntelliJ IDEA 中书签操作主要集中在菜单 Navigate→Bookmarks 下。

执行菜单 Navigate→Bookmarks→Next/Previous Bookmark 命令即可在书签之间进行跳转，访问书签的顺序取决于书签管理窗口中书签集合的顺序。

对于使用数字标记的标签，可以使用 Ctrl+N（此处 N 为数字键）快速跳转到对应书签进行查看。此操作不适用于字母,这是因为会与系统现有的快捷键操作冲突。例如 Ctrl+A 组合键并不会进行跳转,而是对当前编辑器中的内容进行全部选择。

用户还可以在书签管理窗口选择目标书签,然后按 Enter 键进行跳转或是直接双击进行跳转。

在书签添加完成后,IntelliJ IDEA 会在编辑区右侧区域以黑色条纹显示,用户可以通过单击条纹直接跳转到书签位置。

5) 书签实例

接下来观察一个有趣的实例,如图 2.156 所示。

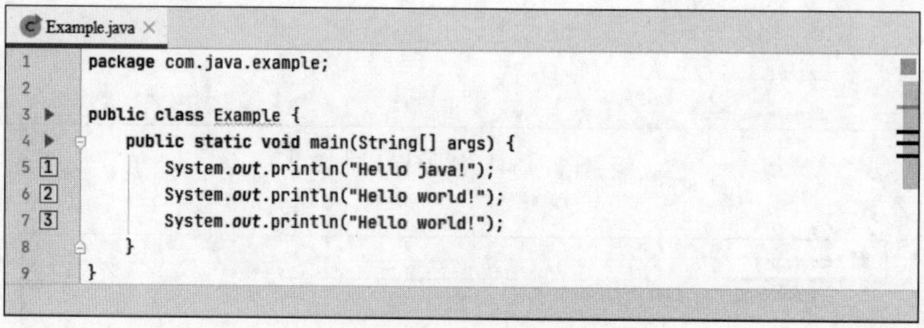

图 2.156 书签实例

图中用 3 个书签分别标记了 3 个位置。当删除书签 1 所在行时书签 2 与书签 3 会全部上移,因此可以证明书签是跟随行进行移动的,因此它的标识行是相对位置。

那么它是相对于什么进行识别的呢?接下来取消书签 3,如图 2.157 所示。

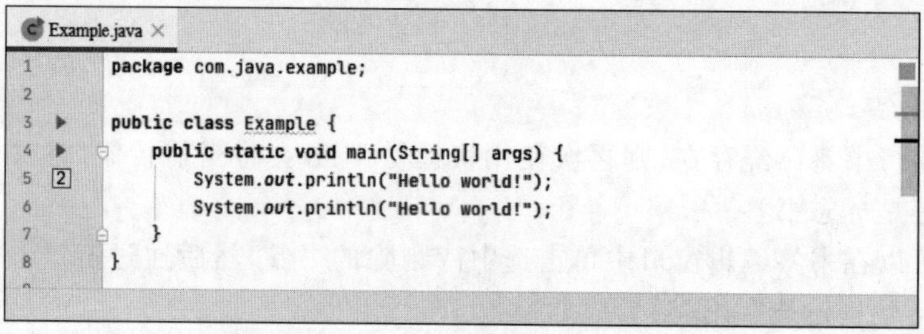

图 2.157 查看书签(一)

删除书签 2 所在行后其下一行上移,同时发现书签 2 成为下一行的书签标记,如图 2.158 所示。

当对删除的内容进行恢复时,发现书签 2 已经跟随原来书签 3 所在行,如图 2.159 所示。

由此可见,书签的添加与所在行位置的代码内容有关。当代码内容一致时,相邻的未添加书签行可以获得已经被删除行的书签标记。

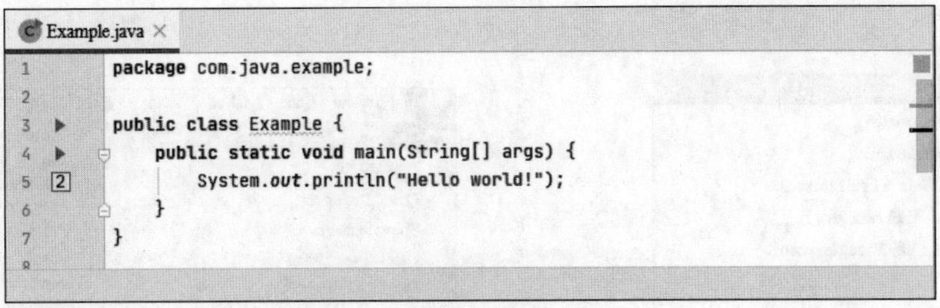

```
Example.java ×
1   package com.java.example;
2
3 ▶ public class Example {
4 ▶     public static void main(String[] args) {
5 ②         System.out.println("Hello world!");
6       }
7   }
```

图 2.158　查看书签（二）

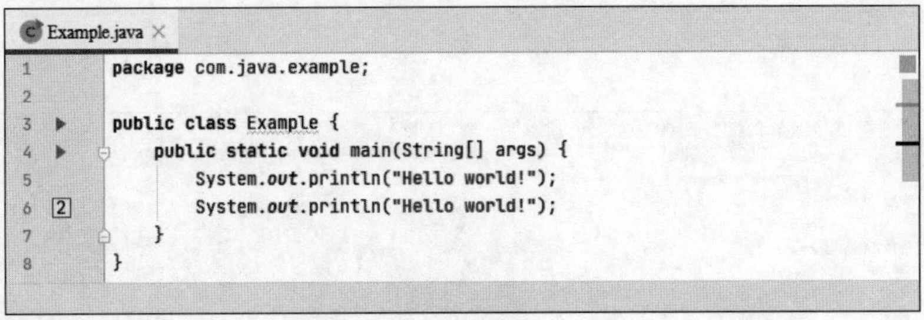

```
Example.java ×
1   package com.java.example;
2
3 ▶ public class Example {
4 ▶     public static void main(String[] args) {
5       System.out.println("Hello world!");
6 ②     System.out.println("Hello world!");
7       }
8   }
```

图 2.159　查看书签（三）

2．断点

断点执行程序是调试过程中自动进入中断模式的一个标记。在调试模式下，当程序运行到断点时会中断执行，同时进入调试状态。

通过使用断点，可以准确地跟踪程序执行过程中产生的异常等信息并定位问题原因。本节不讲解程序的调试与跟踪，具体操作可参考第 5 章调试与运行。

要查看系统中存在的断点，可以在 Favorites 工具选项卡中找到 Breakpoints 列表，如图 2.160 所示。

3．收藏夹

在 IntelliJ IDEA 中有一个用于管理收藏夹的 Favorites 工具选项卡，位于左侧边栏下方，用户可以使用收藏夹对目录或文件进行收藏管理，收藏夹同时还包括了书签和断点，如图 2.157 所示。

要访问收藏夹，还可以执行菜单 View→Tool Windows→Favorites 命令或使用快捷键 Alt＋2 快速打开 Favorites 列表，如图 2.161 所示。

1）将项目添加到收藏夹

右击要添加到收藏夹的项目并选择 Add to Favorites 菜单。由于添加到收藏夹中的内容需要进行分组管理，如果用户之前没有建立过分组，则只有 Add To New Favorites List 菜单，如图 2.162 所示。

单击 Add To New Favorites List 菜单后弹出新建收藏列表窗口，用户需要输入一个分组名称或接受默认设置，如图 2.163 所示。

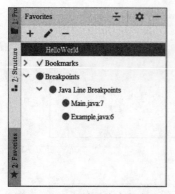

图 2.160 查看系统中的断点

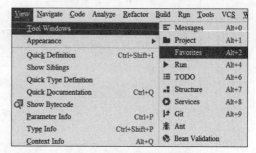

图 2.161 打开收藏夹

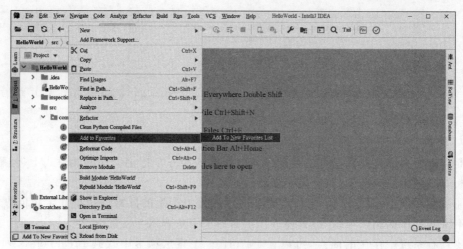

图 2.162 将项目添加到收藏夹

单击 OK 按钮完成添加。再次观察收藏列表窗口,当前项目已经被添加到收藏夹,如图 2.164 所示。

如果用户之前建立过分组,则在 Add to Favorites 菜单下会显示分组名称,用户可以选择将项目添加到已有分组或通过 Add To New Favorites List 菜单建立新分组。

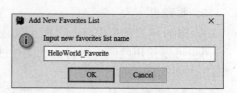

图 2.163 新建收藏夹分组

用户还可以在选择项目后使用快捷键 Shift+Alt+F,将当前项目快速添加到收藏夹中,如图 2.165 所示。

2) 将文件添加到收藏夹

右击需要收藏的文件,然后在弹出菜单中选择 Add to Favorites 或在编辑器中打开文件,然后右击编辑器选项卡并选择 Add to Favorites,操作同上。

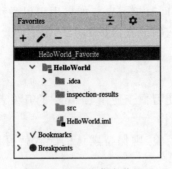

图 2.164　收藏夹分组　　　　图 2.165　快速添加到收藏夹

如果要将编辑器中打开的所有文件添加到收藏夹中，可选择 Add All To Favorites 操作，如图 2.166 所示。

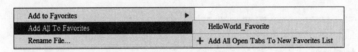

图 2.166　将全部已打开的文件添加到收藏夹

3）管理收藏夹

要访问收藏夹管理窗口，单击 Favorites 工具标签或使用快捷键 Alt＋2。

在收藏夹管理窗口单击 ＋ 按钮或使用快捷键 Alt＋Insert 可以建立一个新的收藏列表，还可以对收藏列表进行重命名操作，右击要更改名称的收藏列表并选择 Rename Favorites List 或直接单击铅笔图标，即可进行重命名操作。

对于已经添加到收藏列表中的内容，可以将其在不同列表间进行移动。右击要移动的列表项，然后选择 Send To Favorites 进行移动，此时可以选择已有收藏列表或再次新建收藏列表，如图 2.167 所示。

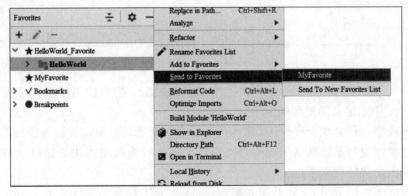

图 2.167　移动收藏内容

还有一种最直接的方式就是在不同收藏列表之间直接拖曳。如果用户想要移除收藏列表，则可以在选择收藏列表后单击窗口上方的移除按钮或直接按 Delete 键。

2.6 快捷键

IntelliJ IDEA 提供了强大且丰富的快捷键，即使习惯于使用 Eclipse 的开发者也不用担心，因为 IntelliJ IDEA 提供了完全兼容的快捷键操作。

如果用户没有使用 IntelliJ IDEA 开发工具的经验，则保持默认的配置就可以了，这样可以更好地适应 IntelliJ IDEA 的相关操作。

2.6.1 映射及副本

要管理 IntelliJ IDEA 的快捷键配置，可打开配置窗口并切换到 Keymap 选项，如图 2.168 所示。

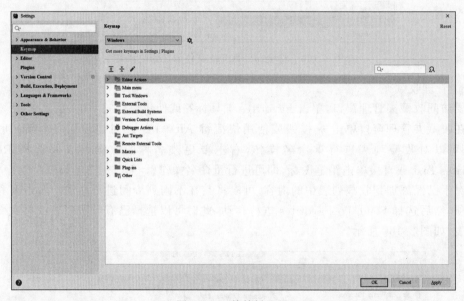

图 2.168 快捷键配置

在 Keymap 列表中，Windows 代表了当前系统预定义的快捷键配置。需要说明的是，IntelliJ IDEA 中预定义的键盘映射不可编辑。

当添加或修改任意快捷操作时，都将自动创建当前选定的预定义键盘所映射的副本，所以当用户想要创建与系统默认配置不符且专属于自己行为习惯的快捷键时，一定要创建并启用一个或多个快捷键副本。

对于习惯于使用 Eclipse 的开发者来讲，可以在下拉列表中选择名为 Eclipse 的快捷键映射，这样就可以将当前环境的快捷键切换为符合 Eclipse 操作的快捷键，如图 2.169 所示。

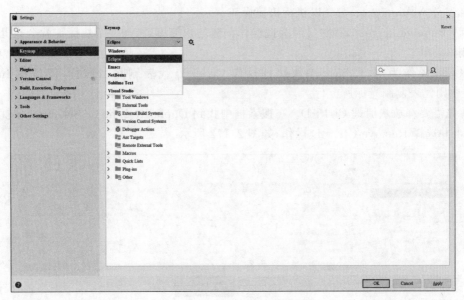

图 2.169　切换 Eclipse 快捷键

对于系统默认包含的快捷键映射,单击右侧的齿轮标志时只允许对其进行 Duplicate 操作,从而快速复制一个与当前映射集相同的副本。用户可以在这个副本中进行快捷键调整并启用,如图 2.170 所示。

例如,创建一个 Windows 映射副本并将其命名为 User Define Keymap,如图 2.171 所示。

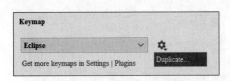

图 2.170　创建映射副本

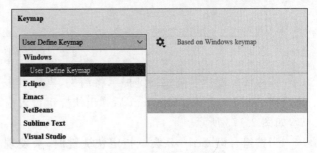

图 2.171　示例映射副本

2.6.2　定义快捷键

IntelliJ IDEA 中会列出所有的可定义快捷操作,用户只需为其指定对应的快捷键。右击可定义快捷操作,在弹出菜单中可进行如下操作:

(1) Add Keyboard Shortcut,此菜单代表为当前操作指定快捷键操作。

(2) Add Mouse Shortcut,此菜单代表为当前操作指定鼠标快捷操作。

(3) Add Abbreviation,此菜单主要用于在使用 Search Everywhere 功能的时候,通过

输入自定义 Abbreviation 命令以执行快捷操作。

（4）Remove keymap，移除已经为此操作创建的快捷键，添加几个快捷键就会有几个对应的删除菜单。

以删除操作为例，Eclipse 中快捷键操作 Ctrl＋D 代表删除当前行，但是在 IntelliJ IDEA 中则代表复制光标所在行。

首先需要释放快捷键 Ctrl＋D。在搜索框中找到 Duplicate Line or Selection 快捷键操作，右击并选择 Remove Ctrl＋D 操作，如图 2.172 所示。

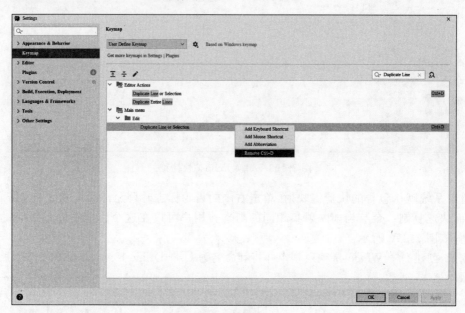

图 2.172　释放快捷键

移除快捷键后右侧快捷键提示将消失，再次右击并选择 Add Keyboard Shortcut 后弹出快捷键设置窗口，如图 2.173 所示。

当按组合键 Ctrl＋P 尝试指定快捷键时，会发现当前快捷键已经被占用，如图 2.174 所示。其中，Second stroke 用于设置一个备用快捷键。

再次尝试快捷键 Alt＋P，会发现此快捷键空闲，表示可以使用，如图 2.175 所示。

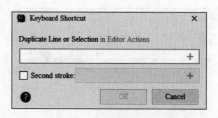

图 2.173　配置快捷键

单击 OK 按钮确认。接下来找到快捷键 Ctrl＋Y，采用相同的操作，先将其删除，然后为其重新指定快捷键 Ctrl＋D，应用并保存。回到编辑器内尝试一下 Ctrl＋D 与 Alt＋P 操作，会发现所定义的快捷键配置已经生效。

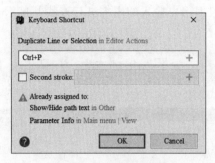
图 2.174 快捷键被占用

图 2.175 指定快捷键

当然,在定义快捷键的过程中肯定会遇到被占用的情况,可以单击图 2.174 中的 OK 按钮继续执行。此时由于使用者的意愿比较强烈,因此 IntelliJ IDEA 会给出如图 2.176 所示的提示。

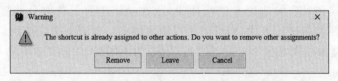
图 2.176 移除已经分配给其他操作的快捷键

如果单击 Remove 按钮,则 IntelliJ IDEA 会将已经分配给其他操作的快捷键强制删除,所以此操作一定要谨慎执行。

2.6.3 快捷键的使用

接下来讲解一些常用快捷键的使用方式。

1. 全局搜索

全局搜索是经常使用的一种搜索方式,使用全局搜索可以快速定位到想要查找的类、资源、配置项、方法等。在 IntelliJ IDEA 中双击 Shift 键打开全局搜索对话框,如图 2.177 所示。

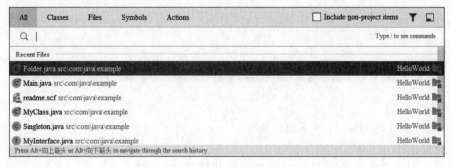
图 2.177 全局搜索

输入要查找的类名或文件名，IntelliJ IDEA 会根据用户输入的内容进行查找并显示，如图 2.178 所示。

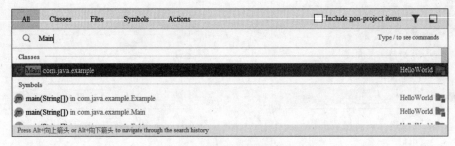

图 2.178　全局搜索

全局搜索不仅可以搜索项目内的文件，还可以对草稿中的文件进行搜索，关于草稿的内容见 2.7 小节。

用户可以切换到对应的选项卡进行搜索，或在 All 选项下获取全部搜索结果的汇总。如果用户想要按照类名进行查找，则可以使用快捷键 Ctrl＋N 直接切换到 Classes 选项下进行搜索。注意：搜索的类名称不一定是文件名称，如内部类，如图 2.179 所示。

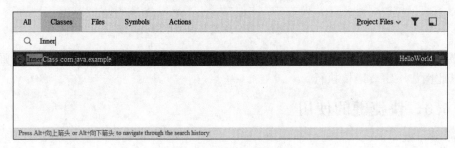

图 2.179　全局搜索类

还可以使用全局搜索快速进行文件目录的查找，只需要在待搜索目录名称后面添加"/"便可以完成对文件目录的搜索，如图 2.180 所示。

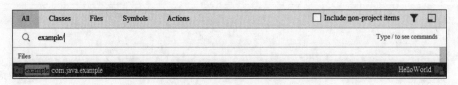

图 2.180　全局搜索目录

此查找在 All 与 Files 标签下均可执行。

2. 全文查找

Ctrl＋Shift＋F 是与全局搜索同样重要的快捷操作，它用于在全文或全项目内搜索某个内容的使用。相比于 Eclipse 中的 Ctrl＋H 操作，IntelliJ IDEA 的速度优势更加明显，这与创建项目时建立的缓存是分不开的。如果查找功能出现了异常,则用户可以考虑是否需要刷新并重新生成缓存内容。

执行菜单 Edit→Find→Find in Path 命令执行全文搜索功能,如图 2.181 所示。

在使用全文查找时既可以在整体项目(In Project)内进行查找,也可以按照组成项目的模块(Module)进行查找,如图 2.182 所示。

在使用模块查找时会展示组成项目的模块列表,用户需要选择待查找的模块。通常分块查找更具有针对性,这在大型项目结构中体现得更为明显,如图 2.183 所示。

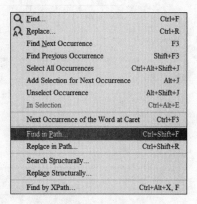

图 2.181 全文搜索

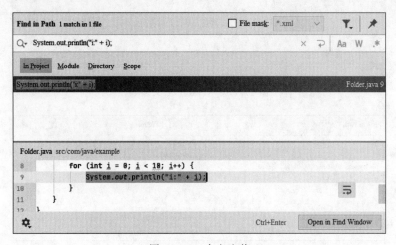

图 2.182 全文查找

按目录查找允许用户手工定位到本地项目的某一目录下进行具体查找,如图 2.184 所示。

单击右侧的定位按钮并在弹出窗口中定位到想要进行查找的目录,如图 2.185 所示。

单击 OK 按钮后 IntelliJ IDEA 会自动在选择的目录下进行查找,最后单击想要进入的目标文件即可在编辑器中打开此文件。

除了全局查找外,用户还可以使用快捷键 Ctrl+F 执行当前文件内的查找功能。

2.6.4 快捷键

IntelliJ IDEA 下默认的各种快捷键如表 2.1~表 2.8 所示。

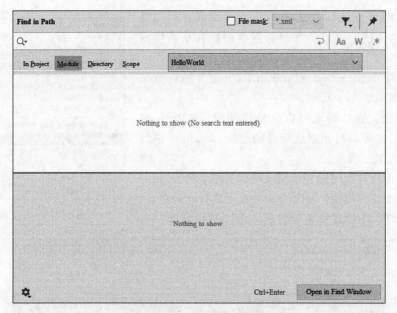

图 2.183　Module 全文搜索

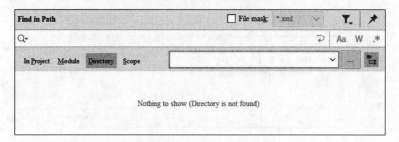

图 2.184　Directory 全文搜索

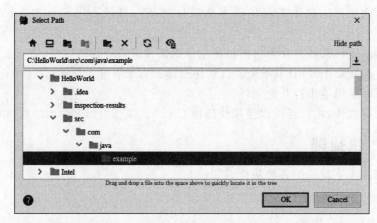

图 2.185　选择目录

表 2.1　Ctrl 类快捷键

快 捷 键	含 义
Ctrl+B	进入光标所在位置类与方法的定义处或变量的使用处,等同于 Ctrl+左键单击
Ctrl+C	复制光标所在行或选择的内容
Ctrl+D	复制光标所在行或选择的内容,同时将复制内容插入光标位置下面
Ctrl+E	显示最近打开的文件记录列表
Ctrl+F	在当前文件内进行文本查找
Ctrl+G	在当前文件内跳转至指定行
Ctrl+H	显示当前类的层次结构
Ctrl+I	选择添加可实现的方法
Ctrl+J	插入动态代码模板
Ctrl+K	提交到版本库
Ctrl+N	根据类查找类文件
Ctrl+O	选择并重写方法
Ctrl+Q	显示光标所在位置的变量/类/方法等目标提示信息
Ctrl+R	在当前文件中进行文本替换
Ctrl+T	更新加入版本控制的项目
Ctrl+U	前往光标所在方法的父类中方法/接口的定义
Ctrl+W	递进式选择代码块
Ctrl+X	剪切光标所在行或选择的内容
Ctrl+Y	删除光标所在行或选中的内容
Ctrl+Z	撤销操作
Ctrl++	代码展开
Ctrl+-	代码折叠
Ctrl+/	注释光标所在行或选择代码段
Ctrl+[	将光标移动到当前代码所在的花括号开始位置
Ctrl+]	将光标移动到当前代码所在的花括号结束位置
Ctrl+F1	在光标所在错误位置显示错误信息
Ctrl+F3	调转到选中词的下一处引用位置
Ctrl+F4	关闭当前编辑器中处于激活状态的文件
Ctrl+F8	在 Debug 模式下,为光标所在行添加或移除断点
Ctrl+F9	构建工程
Ctrl+F11	选中文件/文件夹后,添加或取消书签
Ctrl+F12	弹出当前文件的组成结构并进行筛选
Ctrl+Tab	快速进行工具窗口切换,同时可结合左右方向键移动焦点并打开文件,还可以使用 Delete 键关闭文件
Ctrl+End	跳转到文件结束位置
Ctrl+Home	跳转到文件开始位置
Ctrl+Space	基础代码补全(Windows 系统需要自定义以避免输入法占用)
Ctrl+Delete	删除光标后面的单词或字符
Ctrl+BackSpace	删除光标前面的单词或字符
Ctrl+1,2,3,…,9	定位到数值对应的书签位置

续表

快捷键	含义
Ctrl+左键单击	在编辑器选项卡上显示目标文件路径 单击类名称时进入类定义 单击方法/变量时跳转或显示引用位置
Ctrl+左方向键	光标以词或分隔符为单位向左跳转
Ctrl+右方向键	光标以词或分隔符为单位向右跳转
Ctrl+前方向键	向前同步移动
Ctrl+后方向键	向后同步移动

表2.2　Alt 类快捷键

快捷键	含义
Alt+`	显示版本控制常用操作
Alt+F1	显示当前文件可以执行的快捷工具目标操作
Alt+F3	查找相同文本并高亮显示
Alt+F7	查找光标所在位置方法/变量/类的调用位置
Alt+F8	在 Debug 模式下,查看或计算选中的对象内容
Alt+Home	显示到当前文件的浏览位置
Alt+Enter	根据光标所在位置进行提示及提供修复建议
Alt+Insert	代码自动生成
Alt+左方向键	向左切换窗口中的子视图或编辑器中的选项卡
Alt+右方向键	向右切换窗口中的子视图或编辑器中的选项卡
Alt+前方向键	跳转到光标所在的前一方法名位置
Alt+后方向键	跳转到光标所在的后一方法名位置
Alt+1,2,3,…,9	显示对应数值的工具选项卡

表2.3　Shift 类快捷键

快捷键	含义
Shift+F2	跳转到上一个高亮错误或警告位置
Shift+F3	在查找模式下,查找匹配上一个
Shift+F4	在新窗口中打开选择的文件
Shift+F6	对选择的文件/文件夹进行重命名操作
Shift+F7	在 Debug 调试模式下智能步入
Shift+F8	在 Debug 调试模式下跳出
Shift+F9	以 Debug 模式启动应用或测试程序
Shift+F10	以 Run 模式启动应用或测试程序
Shift+F11	打开书签
Shift+Tab	取消缩进
Shift+Esc	隐藏最后激活的工具窗口
Shift+End	选中从光标所在位置至行尾的内容
Shift+Home	选中从光标所在位置至行首的内容
Shift+左键单击	单击编辑器选项卡可关闭文件
Shift+滚轮前后滚动	当前文件沿横轴左右滚动

表 2.4 Ctrl+Alt 类快捷键

快 捷 键	含 义
Ctrl+Alt+B	跳转到实现类对应位置
Ctrl+Alt+C	快速提取常量
Ctrl+Alt+F	快速提取成员变量
Ctrl+Alt+H	查看程序调用层次
Ctrl+Alt+I	对光标所在行或选中内容自动进行代码缩进
Ctrl+Alt+J	对选中内容使用动态代码模板
Ctrl+Alt+L	对目标文件或目录执行格式化操作
Ctrl+Alt+O	对目标文件或目录执行导入优化
Ctrl+Alt+S	打开系统配置窗口
Ctrl+Alt+T	为选中内容添加环绕代码
Ctrl+Alt+V	快速提取变量
Ctrl+Alt+Y	同步、刷新
Ctrl+Alt+F7	显示目标的所有引用位置
Ctrl+Alt+Enter	光标所在行内容下移一行,光标定位在本行
Ctrl+Alt+Home	打开文件关联窗口
Ctrl+Alt+Space	类名自动完成提示
Ctrl+Alt+左方向键	跳转到上一个操作位置
Ctrl+Alt+右方向键	跳转到下一个操作位置
Ctrl+Alt+前方向键	在查找模式下跳转到上个匹配的位置,与 Alt+F7 快捷键结合使用
Ctrl+Alt+后方向键	在查找模式下跳转到下个匹配的位置,与 Alt+F7 快捷键结合使用
Ctrl+Alt+[	在打开多个项目窗口时切换到上一个项目窗口
Ctrl+Alt+]	在打开多个项目窗口时切换到下一个项目窗口

表 2.5 Ctrl+Shift 类快捷键

快 捷 键	含 义
Ctrl+Shift+F	查找整个项目或指定目录模块的匹配文件
Ctrl+Shift+R	查找整个项目或指定目录模块的匹配文件并进行内容替换
Ctrl+Shift+J	将下一行合并到当前行
Ctrl+Shift+Z	取消撤销操作
Ctrl+Shift+W	递进式取消代码选择
Ctrl+Shift+N	根据名称定位文件或目录,目录名称后以正斜杠/标识
Ctrl+Shift+U	对选中内容进行大小写转换
Ctrl+Shift+T	为当前类生成新的单元测试类或跳转到已存在的测试类
Ctrl+Shift+C	将当前文件磁盘路径复制至剪贴板
Ctrl+Shift+V	打开剪贴板
Ctrl+Shift+E	显示最近修改的文件列表
Ctrl+Shift+H	显示方法层次结构
Ctrl+Shift+B	跳转到类型定义
Ctrl+Shift+I	快速查看光标所在位置方法或类的定义

续表

快捷键	含义
Ctrl+Shift+A	查找动作
Ctrl+Shift+/	注释代码片断
Ctrl+Shift+[	选中光标位置至其就近顶部花括号开始位置内容
Ctrl+Shift+]	选中光标位置至其就近底部花括号结束位置内容
Ctrl+Shift++	展开所有代码内容
Ctrl+Shift+-	折叠所有代码内容
Ctrl+Shift+F7	高亮显示选中文本所有出现的位置,按Esc键退出
Ctrl+Shift+F8	在Debug模式下指定断点进入的条件
Ctrl+Shift+F9	编译选中文件/模块/包结构下的源文件
Ctrl+Shift+F12	编辑器最大与最小化切换
Ctrl+Shift+Space	代码智能提示
Ctrl+Shift+Enter	自动结束代码并在行末可添加分号位置补充分号
Ctrl+Shift+Backspace	回退到上次发生修改的位置
Ctrl+Shift+1,2,3,…,9	快速添加数值书签
Ctrl+Shift+左键单击	单击类变量进入类内部,也可按住Ctrl+鼠标左键直接单击类名进入
Ctrl+Shift+左方向键	以单词或有效分隔为单位向左移动光标并选择内容
Ctrl+Shift+右方向键	以单词或有效分隔为单位向右移动光标并选择内容
Ctrl+Shift+前方向键	调整光标所在行或选择的内容向前移动
Ctrl+Shift+后方向键	调整光标所在行或选择的内容向后移动

表2.6　Alt+Shift类快捷键

快捷键	含义
Alt+Shift+N	选择/添加Task
Alt+Shift+F	添加到收藏夹
Alt+Shift+C	查看最近操作的变化情况
Alt+Shift+I	查看当前文件检查结果
Alt+Shift+F7	在Debug模式下执行下一步并进入当前方法体内,此操作可强制进入内嵌方法
Alt+Shift+F9	打开可选调试操作
Alt+Shift+F10	打开可选运行操作
Alt+Shift+左键双击	按住不放可以连续选择多个单元文本
Alt+Shift+前方向键	移动光标所在行或选择内容向上移动
Alt+Shift+后方向键	移动光标所在行或选择内容向下移动

表2.7　Ctrl+Shift+Alt类快捷键

快捷键	含义
Ctrl+Shift+Alt+V	无格式粘贴
Ctrl+Shift+Alt+N	前往指定的变量/方法
Ctrl+Shift+Alt+S	打开当前项目结构

表 2.8 其他快捷键

快 捷 键	含 义
F2	跳转到下一个高亮错误或警告位置
F3	在查找模式下,定位到下一个匹配位置
F4	编辑文件源
F7	在 Debug 模式下执行下一步,如果当前行断点是一种方法,则进入当前方法体内。如果该方法体还有其他方法,则不会进入该内嵌的方法中
F8	在 Debug 模式下执行下一步,如果当前行断点处为方法,则不进入方法体
F9	在 Debug 模式下恢复程序运行,如果断点后有其他断点,则停在下一个断点处
F11	添加书签
Esc	退出当前打开的工具窗口
双击 Shift	打开 Search Everywhere 弹出窗口

表 2.8 中 F 类快捷键需要注意与 Fn 功能键的配合使用。

2.7 草稿

在项目开发过程中,有时需要编写额外的代码片段以实现逻辑验证,通常可以采用单元测试或 main()方法实现一段验证逻辑并且在验证完成之后删除文件。

IntelliJ IDEA 提供了草稿(Scratch)来管理这些临时性操作并将它们从项目中独立出来,草稿中的内容可在所有项目中共享访问,如图 2.186 所示。

使用 Scratches and Consoles 不会把临时性操作片断保存到工程中,这些 Scratch 文件并不隶属于任何项目,而是被所有项目共享。在任意项目窗口中创建的 Scratch 文件都可以在另一个项目中查看。

IntelliJ IDEA 提供了两种临时性的文件编辑环境,通过这两种临时性的编辑环境,用户可以编写文本内容或者代码片段。

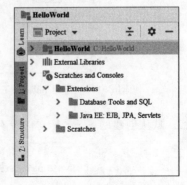

图 2.186 草稿

Scratch files 主要用来编写代码片断并拥有完整的运行和调试功能,这些文件需要指定编程语言类型及文件后缀。Scratch files 支持语法高亮、自动补全等特性,这些特性与用户创建的文件类型有关,例如 Java 类型文件支持运行/调试,而 Html 类型文件仅可以被编辑预览。

Scratch buffers 是文本类文件,它主要用于进行临时性记录,所以不需要指定编程语言及文件后缀,其默认文件类型是 .txt。

Scratch 草稿文件通常存储在用户目录下的\config\scratches 文件夹内,如:C:\Users\username\.IntelliJIdea2020.1\config\scratches。

2.7.1 Scratch Files

创建 Scratch files 有以下几种方式：
(1) 执行菜单 File→New→Scratch File 命令。
(2) 使用快捷键 Ctrl+Shift+Alt+Insert。
(3) 在 Project 窗口中右击，然后选择 New→Scratch File。
(4) 使用快捷键 Ctrl+Shift+A，输入 scratch file/buffer 进行搜索并创建 Scratch File。
接下来会弹出文件类型窗口，如图 2.187 所示。

以 Java 类型文件为例。旧版本 IntelliJ IDEA 会生成 scratch_<number>.<extension>的文件并按序号递增，如图 2.188 所示。

图 2.187 新建 Scratch File(一)

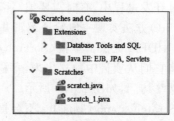
图 2.188 新建 Scratch File(二)

默认创建的 Scratch 文件带有 main()方法体，代码如下：

```
class Scratch {
    public static void main(String[] args) {

    }
}
```

创建出来的 Scratch files 可以单独地调试与运行，并且没有被 public 修饰为公共类，这样默认所有的 Scratch files 都能够以 Scratch 作为类名。接下来在 main()方法中添加测试代码，代码如下：

```
//第 2 章 scratch.java
import com.java.example.Example;

class Scratch {
```

```
    public static void main(String[] args) {
        Example example = new Example();
        example.print();
    }
}
```

注意：Scratch 文件中可以引入项目中的类。接下来在源码编辑器中右击并选择 Run 'Scratch.main()'，如图 2.189 所示。

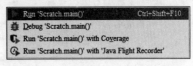

图 2.189　运行 Scratch File

程序运行后并没有按照预期执行，而是产生了运行时异常，如图 2.190 所示。

图 2.190　Scratch File 运行异常

既然 Scratch 中可以识别到引入类，那为什么运行时没有找到呢？单击工具栏上的 Edit Configuration 打开运行/调试配置，如图 2.191 所示。

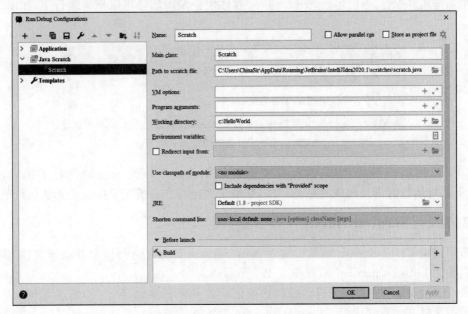

图 2.191　Scratch File 运行配置

前面提到过 Scratch 文件并不在项目中,因此当程序运行时会从项目中加载依赖,需要为其指定对应的路径配置以便将项目功能引入进来。

在 Use classpath of module 中选择需要使用的模块 HelloWorld,如图 2.192 所示。

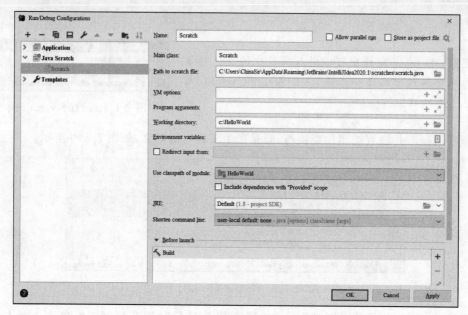

图 2.192　添加模块依赖

单击应用并保存,再次运行 Scratch 应用程序便会发现已经可以正常运行了,如图 2.193 所示。

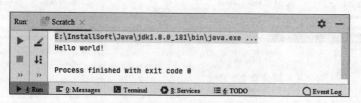

图 2.193　加载依赖并运行

如果依然运行不了,则需要检查被依赖的工程或模块是否已经进行了编译,因为 Scratch File 运行时需要加载的是类文件,在类文件不存在的情况下应用是无法运行的。

2.7.2　Scratch Buffer

按快捷键 Ctrl+Shift+A,然后输入 New Scratch Buffer 进行搜索并新建文件,生成的文件名称为 buffer<number>,如图 2.194 所示。

Scratch buffers 主要用于进行临时性的记录且最多只能创建 5 个,超过 5 个以后将重用以前的文件并重置其内容。

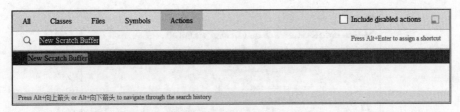

图 2.194　Scratch Buffer

2.7.3　其他类型文件

Scratch files 里面可以创建很多类型的文件，例如 JSON 文件、Yaml 文件、JavaScript 文件等。如果需要对废弃的文件再次使用，则可以根据用途修改 Scratch file 的语言。

在编辑器右击要修改的文件，选择"Change Language（当前语言）"更改目标文件的适配语言，同时会将当前文件名后缀更改为指定语言所匹配的文件后缀名，如图 2.195 所示。

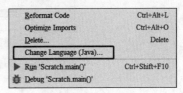

图 2.195　更改语言

2.7.4　重命名、移动与删除

可以对 Scratch 文件进行重命名、移动与删除等操作。右击 Scratch 文件，在弹出菜单中选择 Refactor 进行具体操作，如图 2.196 所示。用户也可以在编辑器内右击执行以上操作。

要进行重命名操作，选择 Scratch 列表中的待操作文件并使用快捷键 Shift+F6 打开重命名窗口，如图 2.197 所示。

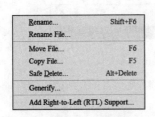

图 2.196　更多操作

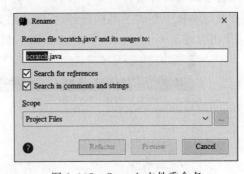

图 2.197　Scratch 文件重命名

要移动文件可以在选择文件后直接使用快捷键 F6，如图 2.198 所示。

使用快捷键 F5 还可以将文件快速复制到其他位置，如图 2.199 所示。

关于 Scratch 的使用不再过多讲解，以下是有关 Scratches 的重要注意事项。

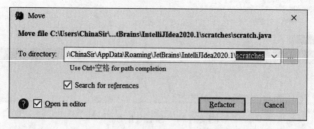

图 2.198　移动 Scratch 文件

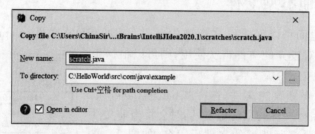

图 2.199　复制 Scratch 文件

(1) Scratch files 脚本语言中的临时代码是可调试和运行的。

(2) Scratch 支持本地历史记录,这与其他项目文件是一样的。

2.8　剪贴板

剪贴板用于存放复制或剪切的内容。IntelliJ IDEA 早期版本中默认剪贴板里面可以容纳的内容数量是 5 条,在新的版本里面这个限制已经不存在了。

剪贴板里既可以存放经过复制或剪切的文本,也可以存放复制过的文件。

要查看剪贴板中存放了哪些内容,可以在将要剪贴的区域(注意:光标焦点必须在编辑器里)使用组合键 Ctrl+Shift+V,弹出如图 2.200 所示的内容列表。

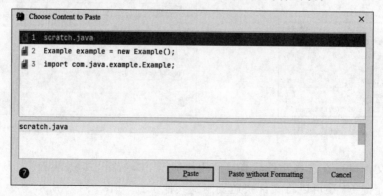

图 2.200　剪贴板

如果操作的对象是可编辑的文本,则直接进行复制与剪切即可。如果操作的对象是文件,则直接复制文件即可。

值得注意的是,在编辑器内进行粘贴操作的时候,如果粘贴的对象是文本,则可直接粘贴进来。如果操作的对象是文件,则粘贴进来的是文件名称。

当操作的焦点不是文本编辑区域而是文件夹或目录时,可使用快捷键 Ctrl+V 进行文件的粘贴,此操作对文本无效。

如果想要使用间隔性复制,则可以按住快捷键 Alt+Shift,然后通过双击或选择想要复制的内容,再通过快捷键 Ctrl+C 进行复制,可以看到选择的内容存放到了剪贴板中,如图 2.201 所示。

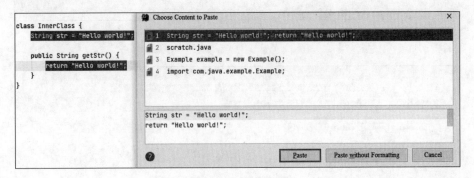

图 2.201 间隔复制

要删除剪贴板中的内容,首先需要选中要删除的目标,然后使用 Delete 或 Shift+Delete 快捷键即可完成删除。

2.9 HTTP Client

IntelliJ IDEA 中提供了 HTTP Client 工具以进行 Web 请求与测试。选择菜单 Tools→HTTP Client→Test RESTful Web Service 命令打开 REST Client 请求窗口,如图 2.202 所示。

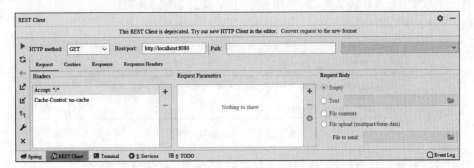

图 2.202 REST Client

配置请求地址与路径,在 Headers 选项下编写请求头信息,在 Request Parameters 选项下编辑请求参数并执行请求,如图 2.203 和图 2.204 所示。

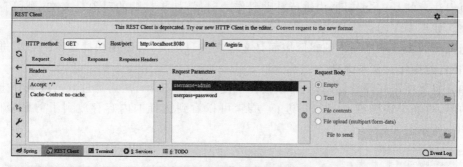

图 2.203 配置请求参数

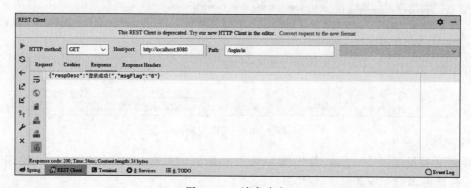

图 2.204 请求响应

单击窗口上方的 Convert request to the new format 提示可以在草稿中新建名为 rest-api_[N].http 的请求文件,其中 N 为根据文件数量递增的数字,如图 2.205 所示。

打开生成的 HTTP 请求文件,其中包含了配置的请求头信息与参数,如图 2.206 所示。

图 2.205 HTTP 请求文件

图 2.206 rest 请求文件

单击窗口左侧的运行按钮,选择已经配置的 Host/Port 请求服务,如图 2.207 所示。

请求执行后会打开运行输出窗口,如图 2.208 所示。

请求执行后会根据请求的响应类型生成对应的日志文件,同时还有 http-client.cookies

图 2.207　运行请求

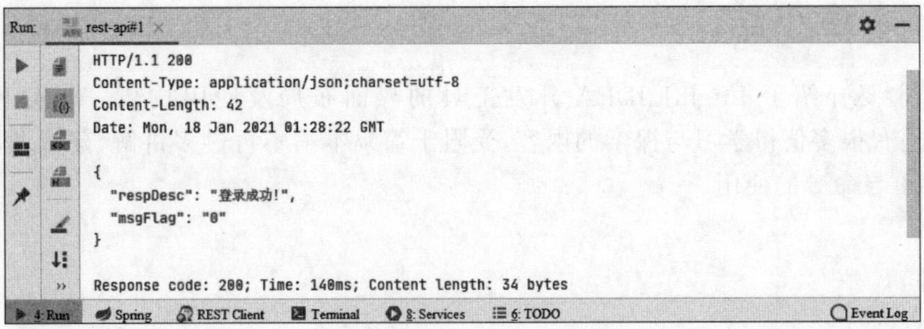

图 2.208　运行输出（一）

会话文件和 http-requests-log.http 日志文件，如图 2.209 所示。

在 http-requests-log.http 日志文件中记录了每次操作的请求信息及响应信息对应的存储文件，单击日志文件中每条请求记录前的运行按钮可以再次执行请求操作，如图 2.210 所示。

用户还可以执行其他 HTTP 操作，如 Convert cURL to HTTP Request 将 cURL 请求转换为 HTTP 请求，Open HTTP Requests Collection 打开 restClient 插件中内置的请求示例文件等，如图 2.211 所示。

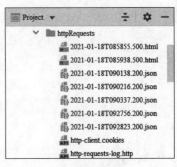

图 2.209　运行输出（二）

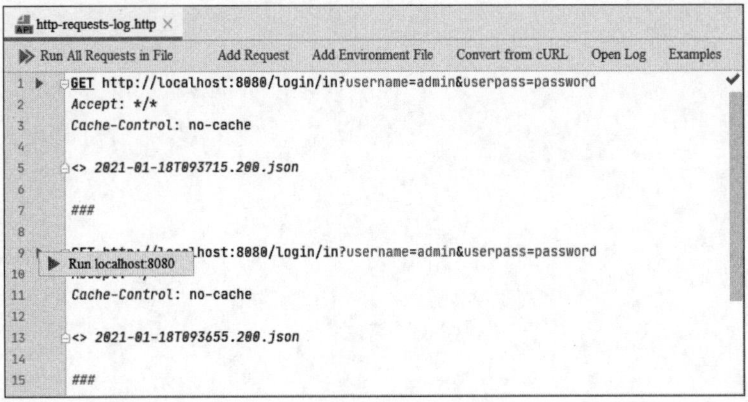

图 2.210　请求日志文件

图 2.211　其他操作

2.10　本章小结

本章主要介绍了 IntelliJ IDEA 开发工具的界面布局及使用技巧。事实上，IntelliJ IDEA 中还有很多值得学习与探索的内容，受限于篇幅本书不再过多讲解，建议读者自行尝试各种菜单与命令的使用。

第 3 章 项目与模块

我们知道,Eclipse 采用工作空间(Workspace)与项目(Project)的方式进行管理,在同一工作空间下可以有多个项目。Eclipse 中的项目不可再划分,如果需要使用其他外部的功能,则通常以引入外部项目归档文件(Java Archive)的方式进行,也就是引入外部 Jar 文件。

在这种情况下项目之间缺乏关联与结构化管理,同时项目本身可能由于应用功能的不断增加而变得庞大。对于单体结构的项目来讲,这将是一场噩梦。

IntelliJ IDEA 中不再有工作空间的概念,同时在项目(Project)下使用了模块(Module)来对其进行划分,因此可以将一个项目划分为多个模块,以不同的模块来管理不同的功能。

读者可能会认为,一个工作空间下有多个项目与一个项目下有多个模块,既然都是一对多的管理方式,那么它们本身应该没有太大的差别。事实并不是这样,因为在 Eclipse 中项目是运行时的单位,而 IntelliJ IDEA 中模块才是运行时的基本单位,它对项目进行了更加细化的运行时管理,而且模块间的依赖关系也变得更加灵活和高效。

在最简单的情况下,一个模块就是一个项目。模块作为一种组成项目的构件,它既可以独立运行,也可以与其他模块组合在一起使用,只需维护好这些模块之间的依赖关系。

3.1 项目结构

项目结构(Project Structure)用于对项目进行设置,如 Modules、Libraries、Facets、Artifacts 和 SDK。了解项目结构可以帮助开发者更好地管理、分析与调试项目。

项目结构窗口只有在项目处于打开状态时才可以进行访问并操作,如图 3.1 所示。

要打开 Project Structure 窗口,可以采用如下方式:

(1) 选择菜单 File→Project Structure 命令或使用快捷键 Ctrl+Shift+Alt+S。

(2) 单击工具栏上的 按钮。

在 Project Structure 窗口中包含了与项目配置(Project Settings)和平台配置(Platform Settings)相关的众多选项,接下来逐一进行说明。

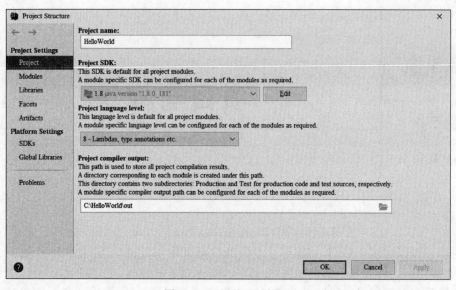

图 3.1　Project Structure

3.1.1　工程

在工程(Project)选项卡中主要包含以下内容：
(1) Project name 指定项目的名称。
(2) Project SDK 指定项目运行需要的 SDK。
(3) Project language level 指定 SDK 的语言级别。

Java JDK 的每个新版本都会有新特性发布，而新版本一般也会向下兼容旧版本的特性。IntelliJ IDEA 中列出了对 JDK 新特性的支持，如图 3.2 所示。

可以看到，最新版本的 IntelliJ IDEA 已经支持 JDK 14 的特性。通常在 SDK 选取完成之后，IntelliJ IDEA 会提供一个 SDK 默认的语言级别。如果目标级别没有明确定义，则认为它与源语言级别相同。

例如，如果使用的是 JDK 1.8，则只能兼容 JDK 1.8 及其以下的特性，此时语言级别为 SDK default(8-Lambdas, type annotations etc.)，如图 3.3 所示。

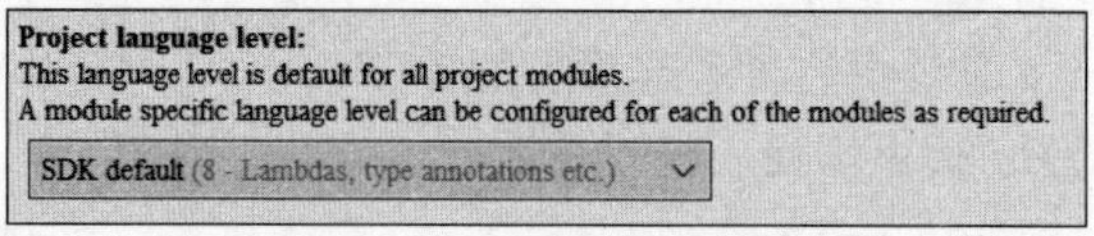

图 3.2　支持的 JDK 特性

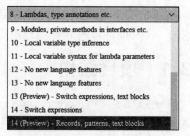

图 3.3　默认语言级别

如果项目配置了 JDK 1.8，但是只使用了 JDK 1.7 的特性，则语言级别可以选择为 7-Diamonds，ARM，multi-catch etc.。如果项目中使用了 JDK1.8 的新特性（如 Lambda 语法），但是使用的却是 JDK 1.7，即使 Project language level 选择了 8-Lambdas，type annotations etc. 也是没意义的，同样会产生编译错误。

所以 Project language level 用来限定项目编译检查时最低要求的 JDK 特性。具体使用哪种语言特性不仅取决于当前项目的 JDK 依赖，还需要开发者对 JDK 特性有比较深入的了解。

Project compiler output 用于指定当前项目编译结果的全局输出目录，同时各模块还可以自定义编译输出目录。如果模块不进行编译输出目录的定义，则将继承并使用全局的编译输出目录。

在上述内容中，Project SDK、Project language level 和 Project compiler output 都是基于项目级别进行的定义。在大型且复杂的项目中通常包含了很多模块，并且每个模块使用的 Project SDK 和 language level 很有可能是不同的，因此可以对不同模块进行更细级别的配置来覆盖项目级别的配置以实现兼容。

如果项目中使用了 Maven 构建管理工具并且在 pom.xml 文件中指定了编译器版本，则将会对项目中（包括模块内）指定的编译器级别产生限定，这种强制性的指定有可能会导致编译错误，此时需要修改 pom.xml 文件并重新刷新 Maven 配置。

3.1.2 模块

模块（Modules）选项卡用于对项目中的模块进行管理，它可以覆盖 Project 级别的选项配置并将配置的粒度细化，如图 3.4 所示。

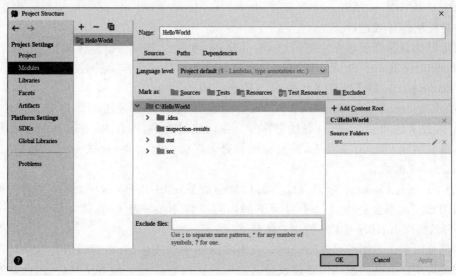

图 3.4　Modules 模块管理

Modules列出了当前项目管理的所有模块,默认新建的项目就是一个模块。

用户可以将其他项目引入当前项目作为一个子模块,也可以在当前项目中新建一个子模块(项目)。这样做是有好处的,通过模块化管理可以轻松地将各种功能独立开来,这种类似单元组装的方式可以最大限度地实现组件的复用,也便于对项目进行更好的组织管理。后续会讲解如何创建与管理模块。

选择模块列表中的某一模块(如HelloWorld)后,窗口右侧会展示该模块的具体信息。对于项目来讲,其子模块所在的存储位置并没有统一的要求,通常组成项目的各模块都位于当前工程目录下的多个子目录中,子模块与项目在磁盘上的存储位置没有必要的联系。

在右侧的模块信息中,首先展示了模块在当前项目中的名称。如果一个模块出现在多个项目中,则它可能在这些项目中具有不同的名称,但事实上还是同一个模块所对应的项目。

Sources选项卡下指定了模块使用的语言级别,Project标签下设置的语言级别是整个项目的语言级别,而当前模块下可以对项目级别的设置进行覆盖,毕竟很多时候一个项目所需要的各个模块可能是在不同版本或不同语言级别的JDK下开发完成的。

Sources选项卡下还提供了Mark标记管理。这些标记用于标识工程中的各种内容,IntelliJ IDEA根据这些标记进行相应内容的识别,如哪些目录用于存放源代码、哪些目录用于存放静态文件、哪些目录用于存放测试代码、哪些目录被排除编译等。

在Mark标记主区域展示了模块的工程结构,通过选择区域内的某一目录并单击区域上方(Mark as部分)的不同标签,可以将其标记为某个指定用途的目录,打标成功的目录会变为与标记相同的颜色。

例如,对于标记为Sources的目录,IntelliJ IDEA会使用javac命令去编译其中的源码文件。如果模块中无Sources标记,则其中的源码文件通常会显示为 图标,这表明源码没有加入IntelliJ IDEA的Source管理,即Java class located out of the source root状态,此时源文件将无法编译或运行。

被标记的目录会展示在右侧的Content Root列表下,各种标记的含义如下:

(1) Source Roots/Source Folders:标记为此类的目录会作为构建过程的一部分进行编译,Source Roots的子文件夹代表Java的包结构。

(2) Resource Roots/Resource Folders:标记为此类的目录用于管理资源文件,如图片、xml配置文件和properties属性文件等。在构建过程中,所有Resources标记目录下的资源会被复制到Output文件夹,并且在项目打包时会被复制到jar或war中,同时忽略标记为Excluded的内容。

(3) Excluded Roots:标记为此类的目录会被IntelliJ IDEA忽略,同时在进行搜索时IntelliJ IDEA也不会去查找这个目录下的内容。将一些不重要的目录标记为Excluded Roots可以提高IntelliJ IDEA的用户体验。

用户可以单击右侧的修改路径图标或删除图标来管理标记,也可以通过Mark as按钮组标记或取消。有些时候用户新建或导入的项目在内容标记上是不完整的,因此需要手工进行处理。

Paths 选项卡指定了模块的编译输出路径,用户可以保持继承自项目的默认配置,也可以手工指定项目类与测试类的编译输出路径,如图 3.5 所示。

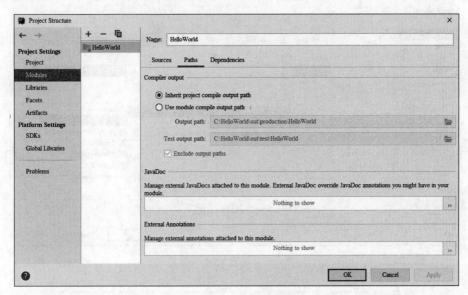

图 3.5　Paths 路径配置

在 Compiler output 选项下,Inherit project compile output path 会继承项目的编译输出路径,也就是在 Project 选项中设置过的 Output 路径。Use module compile output path 用于手工指定源码与测试类的编译输出路径,其中 Output path 代表源码的编译输出路径。Test output path 代表测试代码的编译输出路径。Exclude output paths 可以排除输出目录。

JavaDoc 用于管理与模块关联的外部存储位置的 JavaDoc 列表,并对模块内的 JavaDoc 进行覆盖。

External Annotations 用于管理外部注解以将其与模块关联。

Dependencies 选项卡中 Module SDK 用于从系统配置的 SDK 中进行选择并指定模块级别的 SDK 版本。如果需要的 SDK 不在列表中,则可执行菜单 Add SDK 命令,然后选择所需的 SDK 类型,如图 3.6 所示。

以添加 JDK 为例,在打开的对话框中选择 JDK 主目录,然后单击 OK 按钮确定,如图 3.7 所示。

单击右侧的 Edit 按钮可以查看或编辑 SDK。还可以对依赖项及依赖应用范围进行配置,如图 3.8 所示。

用户可以在 Scope 选项列指定依赖的应用范围以使其在不同运行环境下生效,如编译、测试或运行时等,其具体含义如下。

(1) Compile:对项目类和测试类来讲,编译和运行都有效。

(2) Test:仅对测试类来讲,编译和运行都有效。

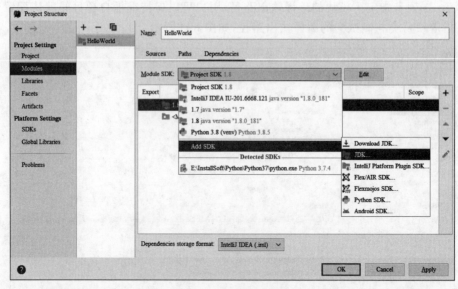

图 3.6　配置模块 SDK

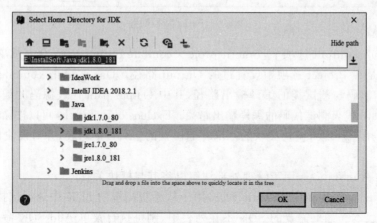

图 3.7　添加 JDK

(3) RunTime：对项目类和测试类来讲，仅运行时有效。

(4) Provided：对项目类来讲，仅编译时有效，而对测试类来讲，构建和运行时有效。

最后在 Dependencies storage format 中选择用于存储依赖关系的格式（IntelliJ IDEA 模块或 Eclipse 项目），该选项会对使用不同开发工具的团队提供帮助。

3.1.3　类库

类库（Libraries）选项卡列出了当前项目使用的外部资源类库，这些资源既可以直接加载使用，也可以通过项目管理工具（如 Apache Maven）来管理并使用，如图 3.9 所示。

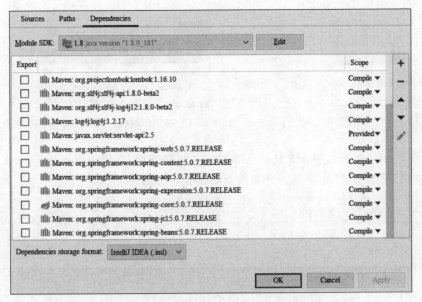

图 3.8 管理依赖（非 HelloWorld 项目截图）

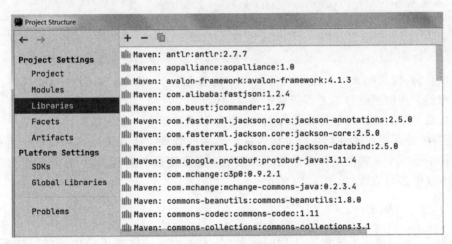

图 3.9 管理依赖

如果当前项目需要添加新的类库，则可单击资源列表上方的 + 按钮或使用快捷键 Alt+Insert，如图 3.10 所示。

用户根据需要选择添加类库的方式，选择 Java 方式可以直接加载外部资源。如果使用了构建管理工具，则可以采用 From Maven 的管理方式，关于 Maven 的使用可参考第 6 章。选择 Java 方式后打开如图 3.11 所示的对话框。

因为 IntelliJ IDEA 采用了模块管理的方式，所以在多模块项目中添加资源时需要指定将资源应用于哪些模块，选择完成后单击 OK 按钮确认。

图 3.10 添加依赖

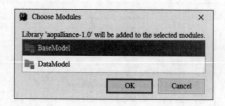

图 3.11 指定模块(第 3 章 HelloWorld 示例)

那么模块如何知道哪些资源是自己的呢？之前提到过，在模块下的同名.iml 文件中存放了模块的配置信息，打开同名.iml 文件查看配置，代码如下：

```
//第 3 章/DataModel.iml
< component name = "NewModuleRootManager" inherit - compiler - output = "true">
  < exclude - output />
  < content URL = "file:// $ MODULE_DIR $ ">
    < sourceFolder URL = "file:// $ MODULE_DIR $ /src" isTestSource = "false" />
    < sourceFolder URL = "file:// $ MODULE_DIR $ /test" isTestSource = "true" />
  </content>
  < orderEntry type = "JDK" JDKName = "1.8" JDKType = "JavaSDK" />
  < orderEntry type = "sourceFolder" forTests = "false" />
  < orderEntry type = "library" name = "antlr - 2.7.7" level = "application" />
  < orderEntry type = "module" module - name = "BaseModel" />
</component>
```

可以看到，模块配置中加载了外部资源并将其指定为 library 类型。level 属性指定了这些资源的应用范围究竟是工程级别还是应用级别。

每次通过手工方式添加外部依赖时，IntelliJ IDEA 都会自动为依赖内容生成一个类库名称，选择的外部资源文件都会自动加入这个类库的管理。通常类库名称会依据所选择的目标文件中第一个文件的名称来命名。如果用户想要更改其名称，则可在右侧窗口上方的名称文本框中进行修改，如图 3.12 所示。

3.1.4 特性

特性(Facets)描述了模块中使用的框架、技术和语言并体现了模块的应用特征，这些 Facets 特性让 IntelliJ IDEA 知道如何对待模块中的内容，并与相应的框架和语言保持一致，如图 3.13 所示。

Facets 分类整理了项目的各种特性，如项目基于 Spring 进行构建同时又是 Web 项目，所以此时会同时展示 Spring 与 Web 选项。

大多数 Facets 可以无冲突地添加到项目中，它是自动且隐蔽的。IntelliJ IDEA 可以很好地识别出项目的特性并进行归类管理，以 Web 特性为例进行说明。

在图 3.13 中，Name 用于定义 Web 特性的名称，也可以使用系统默认提供的名称。Deployment Descriptors 描述符主要用于管理应用的部署描述。其中 Type 是只读字

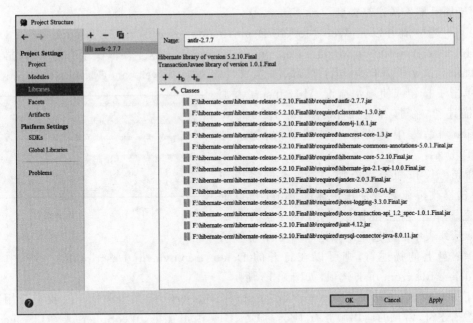

图 3.12 Libraries 类库

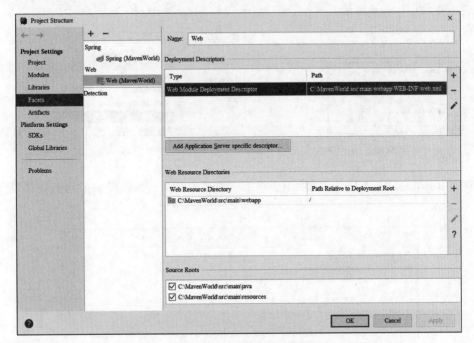

图 3.13 Facets 特性管理

段,用于展示部署描述符类型。

Type 类型值可以是 Web Module Deployment Descriptor、EJB Module Deployment Descriptor 或 Application Module Deployment Descriptor,这主要取决于当前项目的类型。

Path 只读字段用于展示项目的部署配置文件的位置,如 web.xml 或 application.xml 等。

单击 + 按钮或使用快捷键 Alt+Insert 添加部署描述符,在打开的 Deployment Descriptor Location 对话框中选择部署描述符的位置,如图 3.14 所示。

图 3.14 新建部署描述符

单击 OK 按钮完成添加。要修改部署描述符,单击修改按钮 ✏ 或使用快捷键 Enter 可以重新配置。单击删除按钮或使用快捷键 Alt+Delete 从列表中删除选定的描述符。如果希望同时删除磁盘上的描述符,则可以在打开的 Delete Deployment Descriptor 对话框中勾选 Also delete file from disk 选项,如图 3.15 所示。

在图 3.13 中,Add Application Server specific descriptor 用于添加一个支持应用服务的部署描述符,常见的应用服务有 JBoss 服务、Glassfish 服务、WebSphere 服务、Tomcat 服务、Jetty 服务和 Weblogic 服务等。如果用户拥有应用服务开发经验,则一定会知道其中的一种或几种,如图 3.16 所示。

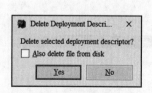

图 3.15 删除部署描述符

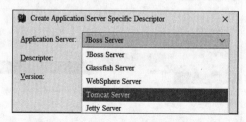

图 3.16 应用部署描述

Web Resource Directories 选项用于将第三方或未分类资源路径映射到部署根目录,如图 3.17 所示。

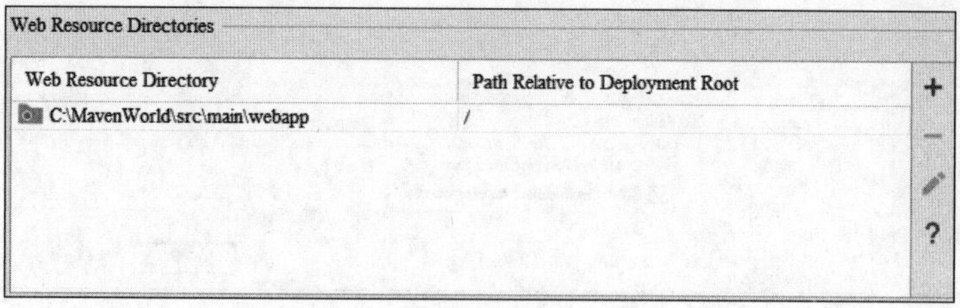

图 3.17 Web Resource Directories

其中 Web Resource Directory 用于指定 Web Resource 所在的本地目录。在 Web Resource 目录下包含了 Web 开发所需的文件，如 JSP、HTML、XML 等。

Path Relative to Deployment Root 用于展示 Web Resource 相对于 Web 根目录部署的相对路径，如"/"代表 Web 根目录。Web Resource 目录下的内容会被复制到由 Path Relative to Deployment Root 所指定的 Web 模块部署目录中。

单击 ＋ 按钮或使用快捷键 Alt＋Insert 打开 Web Resource Directory Path 对话框，如图 3.18 所示。

最后是 Source Roots 选项，这部分内容展示当前模块中的 source root 列表，如 Web 项目的源码路径及资源路径等。

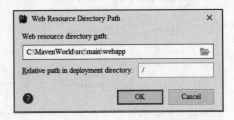

图 3.18　新建 Web Resource 目录映射

还有一些 Facet 是继承自其他 Facet 的，要添加这些 Facets 就必须先完成对其父 Facet 的添加，同时这些 Facets 也依赖于 IntelliJ IDEA 的相关插件是否已开启。

Facets 特性主要用于配置工程结构以便应用于 Artifacts 中，也可以这么说：特性的定义是为了发布做准备。

3.1.5　项目生成

项目生成（Artifacts）代表了项目应用的目标，如可进行部署的 War 文件、应用归档文件（Java Archive File）等。对于可运行项目来讲，在 Artifacts 创建完成后就可以将其部署到应用服务器了。

项目的 Artifacts 可能是一个归档文件或者目录。在部署 Tomcat 应用时通常会在 webapps 目录下放置一个项目文件夹，这个文件夹就是标准的 Artifacts 结构。如果项目最终需要生成 JAR 文件供外部使用，那么它也是一种 Artifacts。

那么如何对 Artifacts 进行创建呢？单击 Artifacts 列表上方的 ＋ 按钮或使用快捷键 Alt＋Insert，打开如图 3.19 所示的列表。

根据需要选择合适的生成目标，如果当前项目只是一个普通应用，那么可以选择 JAR 类别，此操作类似于从 Eclipse 中导出 JAR 资源的操作，如图 3.20 所示。

在图 3.20 中，如果要导出带有可运行方法（主方法与测试用例）的 JAR 文件，就要使用 Runnable JAR file 了。

IntelliJ IDEA 中提供了类似的操作，它同样支持生成不同类型的 JAR 文件。用户首先需要选择待导出的模块，或是将全部模块一起导出，如图 3.21 所示。

如果待导出模块中并不包含可运行方法（主方法与测试用例），则 Main Class 位置可以为空。如果需要包含可运行方法，则用户可以单击右侧的文件夹图标，在弹出的方法列表里选择将要使用的方法或直接输入待运行方法。

在 JAR files from libraries 选项下，如果选择 extract to the target JAR 选项，则会生成

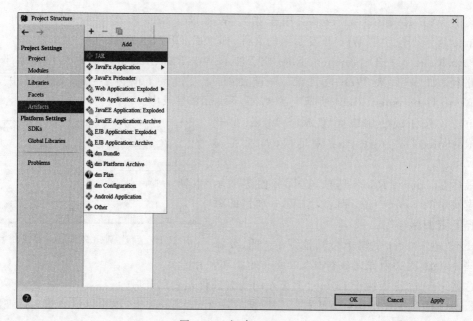

图 3.19 新建 Artifacts

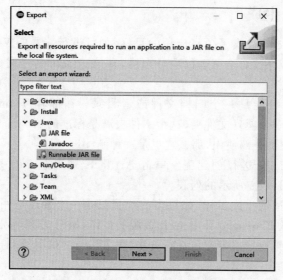

图 3.20 Eclipse 下导出 JAR 文件

对应的 JAR 文件。如果选择 copy to the output directory and link via manifest 选项，则下方的 Directory for META-INF/MANIFEST.MF 会变为可编辑状态，以便为项目生成启动文件 MANIFEST.MF，并放置到项目中用户指定的目录位置。如果 Main Class 中包含内容，则 Directory for META-INF/MANIFEST.MF 一定会处于可编辑状态。

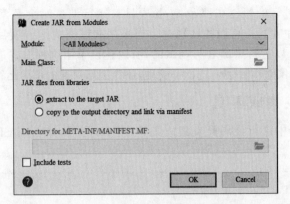

图 3.21　IntelliJ IDEA 导出 JAR File

选择目标 Artifacts 可以对其进行设置，如图 3.22 所示。

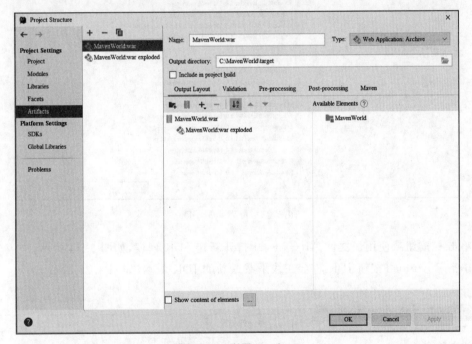

图 3.22　配置 Artifacts

其中 Name 用于指定 Artifacts 配置的名称，用户可以保持默认或自定义。Type 用于指定 Artifacts 的类型。Output directory 用于指定执行构建时 Artifacts 将被放置的目录。

在 Artifacts 配置完成后，执行菜单 Build→Build Artifacts 命令手工执行目标的构建工作，或通过执行 Run/Debug 的方式来构建一个 Artifacts，前提是用户已经建立了 Artifacts 任务，此时在执行 Run/Debug 配置的时候 Artifacts 会自动构建。

基于 Artifacts 进行的构建在部署 Web 项目与运行调试时会经常用到，通常会有 war 和 war exploded 两种方式。它们的区别在于当采用调试模式运行项目时，以 war exploded 形式发布的应用是可以进行热部署与调试的，所以建议采用这种方式进行应用的发布。

项目结构窗口不仅对项目结构进行了管理，还为项目后期的部署运行提供了定义与准备。

3.1.6 开发集成工具

在 SDKs 选项卡中进行全局开发集成工具（SDK）配置，如 Java SDK、Python SDK 等，如图 3.23 所示。

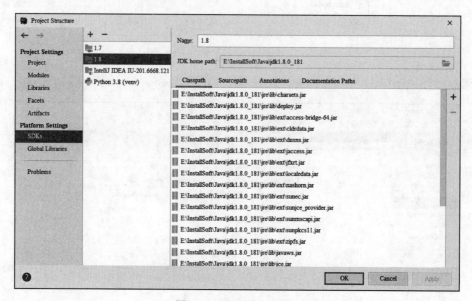

图 3.23　配置全局 SDK

单击 + 按钮或使用快捷键 Alt＋Insert 打开新建 SDK 列表，如图 3.24 所示。
单击 Download 按钮 JDK 将会在线下载最新的 JDK 版本，如图 3.25 所示。

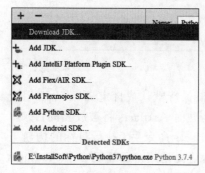

图 3.24　新建 SDK

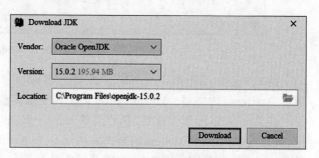

图 3.25　在线下载 JDK

用户也可以手工进行其他 SDK 的安装，第 1 章中我们已经进行过相关操作，因此不再过多描述。

3.1.7 全局类库

全局类库（Global Libraries）中配置了全局可用的类库，如图 3.26 所示。

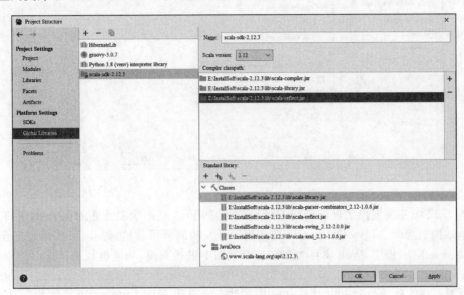

图 3.26　全局类库

全局类库可以被模块共用，用户也可以在项目中配置单独使用的类库。

3.2　模块的创建与使用

在 IntelliJ IDEA 中项目（Project）是由多个模块（Module）组成的，模块既是独立的功能单位，同时彼此之间又存在联系，所以项目中 Project 是规模范围定义的目录，Module 才是项目里面的真正内容。

模块可以独立地编译、运行、测试和调试，它提供了一种降低大型项目复杂性的方法，还可以作为公用部分被多个项目共同使用。在每个模块目录下都存在一个后缀为 .iml 的文件，此文件包含了模块的配置信息，如依赖等。

IntelliJ Idea 项目默认为单 Module 的（模块即项目），开发者既可以为项目创建新的模块，也可以导入已经存在的项目作为模块。

3.2.1 新建模块

要管理项目中的模块，首先需要保证项目存在且处于打开状态。要创建新的模块，执行菜单 File→New→Module 命令打开新建模块窗口，如图 3.27 所示。

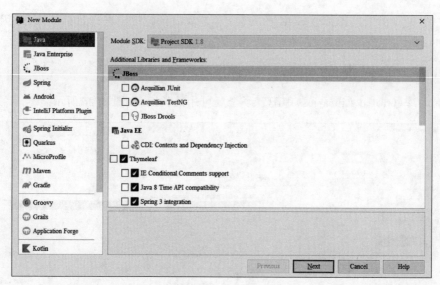

图 3.27　新建模块

图 3.27 中左侧列出了可以创建的模块视图，如 Java 视图代表普通的 Java 程序，它适用于简单结构的项目。Java Enterprise 视图用于开发和部署可移植、健壮、可伸缩且安全的服务器端 Java 应用程序，Web 项目大多在这个视图中进行开发，功能也较为丰富。

注意：社区版（Community）的 IntelliJ IDEA 是没有 Java Enterprise 选项的。

除了上述两种视图外，用户还可以在 Spring 视图下创建标准的 Spring 项目，在 Spring Initializr 下创建基于 Spring Boot 的微服务项目。如果选项卡中没有此项，则旗舰版的用户需要安装对应的 Spring Boot 插件并重启，而社区版用户需要将软件更换为旗舰版。

在新建窗口右侧指定模块的 SDK 版本，同时在 Additional Libraries and Frameworks 列表中勾选需要附加的类库或框架。如要创建带有 Hibernate 持久化功能的模块，则应在功能列表中勾选 Hibernate 选项，如图 3.28 所示。

勾选 Create default hibernate configuration and main class 选项可以为项目模块创建默认的 Hibernate 配置及示例类。

在 Libraries 选项下可以指定使用本地 Hibernate 类库或是在线下载，选择 Use libraray 并单击 Create 按钮选择本地类库文件，如图 3.29 所示。

选择所有文件后单击 OK 按钮完成添加，然后继续向下执行模块创建，如图 3.30 所示。

3.2.2　导入模块

虽然 IntelliJ IDEA 支持多模块管理，但是不推荐将没有任何关联的项目以模块的形式添加到同一项目中。

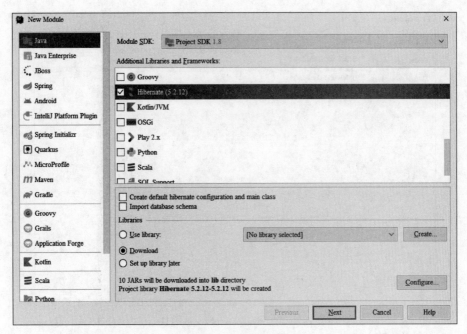

图 3.28　附加功能

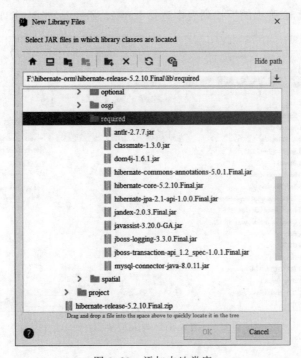

图 3.29　添加本地类库

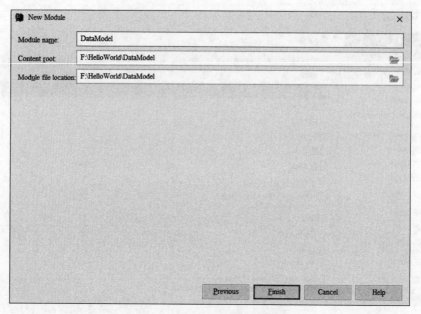

图 3.30　创建 DataModel 模块

要导入已经存在的模块,可在 Project Structure 窗口的 Modules 选项卡下单击 + 按钮或使用快捷键 Alt+Insert,在弹出的下拉列表中选择 Import Module,如图 3.31 所示。

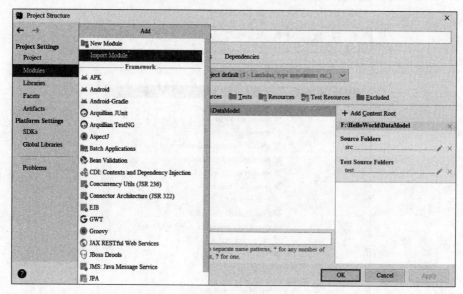

图 3.31　导入模块

选择本地模块项目所在位置，如果项目中存在.iml 文件，则可以直接选择，如图 3.32 所示。

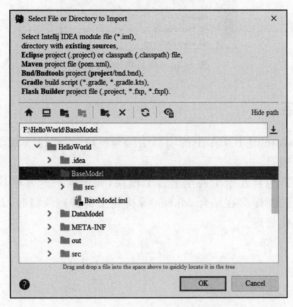

图 3.32　导入本地项目作为模块

可以看到，IntelliJ IDAE 对于不同类型项目的支持十分丰富，图 3.32 中列出了引入项目时可以加载的关键配置文件类型。导入时项目类型如图 3.33 所示。

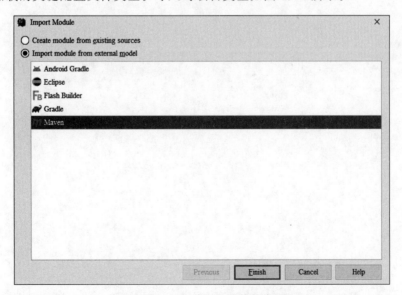

图 3.33　选择待引入的模块类型

模块导入完成后的项目结构如图 3.34 所示。

图 3.34 项目模块结构

3.3 本章小结

本章主要介绍了 IntelliJ IDEA 中的项目结构与模块,对于这些概念的理解可以帮助读者更好地组织与管理项目。

在大型项目中通常包含几十个甚至上百个模块,如何维护这些模块之间的结构关系将会是一件具有挑战性的工作。在结合 Maven 等构建工具管理项目时,开发者一定要规划好项目结构并实现最优化管理。

第 4 章

编译、部署与运行

4.1 缓存和索引

IntelliJ IDEA 通过为项目文件建立缓存和索引,在进行代码查找、代码提示等操作时能明显加快查询与响应的速度。

在新建项目或首次加载项目时 IntelliJ IDEA 会为其创建索引,所以项目的大小与规模(即文件数量)决定了索引创建的时间。在索引创建过程中项目中的代码是无法运行的,通常会显示为图标。

我们知道,IntelliJ IDEA 在安装之后会创建一个名为 .IntelliJIdea 的目录,在.IntelliJIdea 版本目录下有名为 config 与 system 的两个子目录。

在默认情况下,IntelliJ IDEA 中的缓存和索引就存放在 system 子目录的 caches 和 index 文件夹下,如图 4.1 所示。

虽然这些目录的大小会随着项目数量的增加和时间的推移而增长,但是它们是可以配置的。找到 IntelliJ IDEA 安装位置 bin 目录中的 idea.properties 配置文件,可以看到有关这些目录的配置,代码如下:

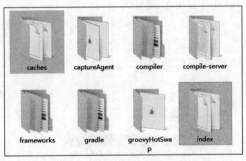

图 4.1 缓存与索引目录

```
//第 4 章/idea.properties
# Use ${idea.home.path} macro to specify location relative to IDE installation home
# Use ${xxx} where xxx is any Java property (including defined in previous lines of this file)
# to refer to its value
# Note for Windows users: please make sure you're using forward slashes (e.g. c:/idea/system)

# -----------------------------------------------------------------------
# Uncomment this option if you want to customize path to IDE config folder. Make sure you're
```

```
# using forward slashes
# -----------------------------------------------------------------------
# idea.config.path=${user.home}/.IntelliJIdea/config

#
# -----------------------------------------------------------------------
# Uncomment this option if you want to customize path to IDE system folder. Make sure you're
# using forward slashes
# -----------------------------------------------------------------------
# idea.system.path=${user.home}/.IntelliJIdea/system

#
# -----------------------------------------------------------------------
# Uncomment this option if you want to customize path to user installed plugins folder. Make
# sure you're using forward slashes
# -----------------------------------------------------------------------
# idea.plugins.path=${idea.config.path}/plugins

#
# -----------------------------------------------------------------------
# Uncomment this option if you want to customize path to IDE logs folder. Make sure you're using
# forward slashes
# -----------------------------------------------------------------------
# idea.log.path=${idea.system.path}/log
```

此处仅列出属性文件的关键部分,其中 idea.config.path 和 idea.system.path 代表了默认的存储目录,只不过它们此时处于被注释的状态。如果想要修改缓存和索引的存储配置,则可以手工将这两个路径修改为自定义的路径并将前面的#号去掉,然后重新启动 IntelliJ IDEA 即可。

如果要清除缓存与索引,则可执行菜单 File→Invalidate Caches/Restart 命令,如图 4.2 所示。

执行菜单命令后会弹出确认窗口,其中 Invalidate and Restart 会彻底清除掉缓存与索引并重新启动 IDE,如图 4.3 所示。

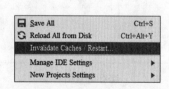

图 4.2 清除缓存与索引(一)

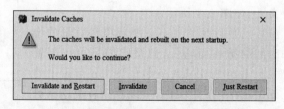

图 4.3 清除缓存与索引(二)

IntelliJ IDEA 为本地文件添加了除版本控制系统之外的本地历史记录功能,开发者可以在编辑器中右击并选择 Local History→Show History 菜单查看文件的本地历史记录,如图 4.4 所示。

在清除索引和缓存时会使 IntelliJ IDEA 的本地历史记录丢失。如果用户需要保留项目文件的历史记录,则建议备份 system 目录下的 Local History 文件夹并在清除缓存索引后进行还原。

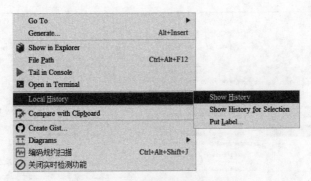

图 4.4　查看文件本地历史记录

用户也可以删除整个 system 目录，在 IntelliJ IDEA 再次启动时会重新创建新的 system 目录及对应项目的缓存和索引文件。

在一些特殊情况下 IntelliJ IDEA 的缓存和索引文件也会受到损坏，如断电、蓝屏等引起的强制关机。当用户重新打开 IntelliJ IDEA 时可能会产生各种莫名其妙的错误或项目无法打开，此时也可以选择清除缓存与索引或采用直接删除 system 目录的方式来恢复运行。

4.2　IntelliJ IDEA 的编译方式

自动编译与手动编译是 IntelliJ IDEA 的两种编译方式，不过自动编译比较消耗计算资源，所以建议开发者尽量使用手动编译方式。

4.2.1　自动编译

IntelliJ IDEA 中配置自动编译的方式十分简单，打开系统配置窗口并找到 Compiler 选项卡，勾选 Build project automatically 即可打开自动编译功能，如图 4.5 所示。

注意：勾选的自动编译功能仅对当前打开的项目有效。勾选自动编译后，当文件发生变化时界面下方会出现 Problems 工具选项界面并显示对应的编译问题，如图 4.6 所示。

4.2.2　手动编译

IntelliJ IDEA 中的手动编译有以下 3 种方式：

（1）执行菜单 Build→Recompile 命令对选定的 Java 目标文件进行编译操作，通常选定的目标是当前编辑器中激活的 Java 文件，如图 4.7 所示。

还可以使用快捷键 Ctrl+Shift+F9 快速进行编译。如果当前编辑器窗口中的文件已全部被关闭且最后一个打开的文件是程序文件，则此文件为编译目标。如果最后一次打开的文件为非程序文件，则 Recompile 命令禁用，如图 4.8 所示。

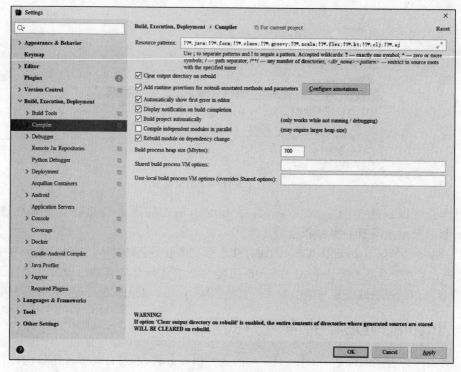

图 4.5　自动编译

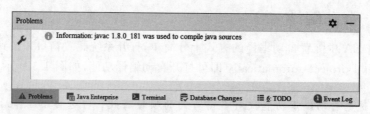

图 4.6　Problems 工具窗口

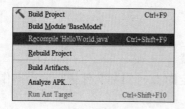 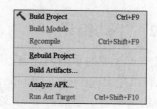

图 4.7　编译文件　　　　　　　　图 4.8　编译命令失效

此外编译操作是与项目关联的,当编辑器中无任何打开文件且最后一次打开的文件为程序文件时,Project 工程窗口需要保持打开状态。如果工程窗口已关闭,则编译操作失去关联目标而无法执行。

（2）执行菜单 Build→Rebuild 命令对项目进行强制性编译而不考虑目标内容是否被修改。由于编译的是整个工程，所以重新编译的时间会比较长。

（3）执行菜单 Build→Build Project 或 Build Module 命令对选定的项目或模块进行编译，此操作只编译发生过修改的文件，没有修改过的文件不会被编译，此编译方式在开发大型项目时可以节省编译时间。另外，Build Module 定向操作的模块是根据用户最后访问的模块来确定的。

4.3　部署与运行

IntelliJ IDEA 提供了运行/调试配置工具，用户可以根据需要配置待运行的测试或待启动的应用。关于调试与运行的相关操作用户可以参考第 5 章的内容，本章主要讲解应用的配置与启动。

以配置与启动 Tomcat 应用为例，首先在本地新建 Web 类型的项目，如图 4.9 所示。

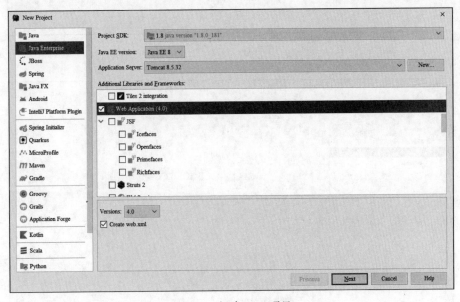

图 4.9　新建 Web 项目

注意勾选 Web Application(4.0)选项以添加 Web 特性，单击 Next 按钮执行下一步，配置项目名称及磁盘位置，如图 4.10 所示。

单击 Finish 按钮完成项目的创建。项目创建完成后打开工具栏上的运行/调试配置列表，找到 Tomcat Server 分类并新建本地(Local)运行配置，如图 4.11 所示。

在运行配置中，Name 用于指定当前运行配置的名称，Server 选项下可以进行 JDK、Tomcat 与端口等相关的设置，如图 4.12 所示。

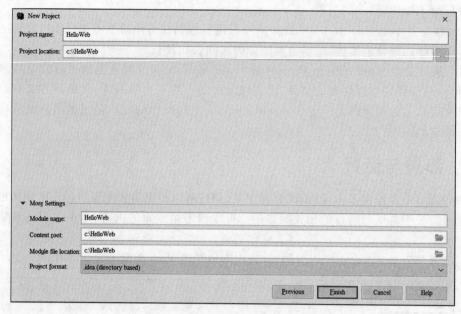

图 4.10　配置项目

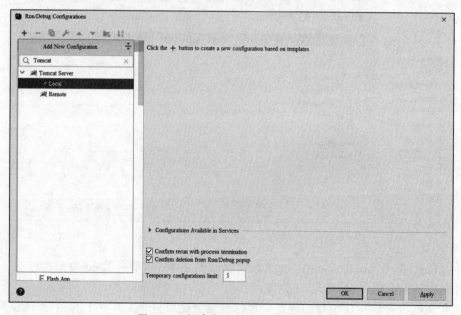

图 4.11　新建本地 Tomcat 运行服务

其中 Application server 用于指定待使用的 Tomcat 服务器，Web 项目在创建时就可以指定待使用的服务器。单击右侧的 Configure 按钮打开应用服务器配置，如图 4.13 所示。

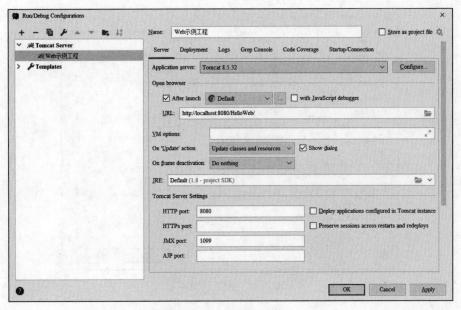

图 4.12　配置应用服务器(一)

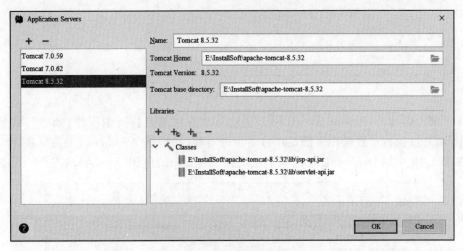

图 4.13　配置应用服务器(二)

在图 4.12 中的 Open browser 选项下指定了应用启动后默认使用的浏览器,用户可以根据使用习惯对其进行调整,如图 4.14 所示。

URL 网址代表了用户通过浏览器访问应用的网址,其构成方式为本机地址:端口号/服务名称。其中服务名称为用户在 Deployment 选项卡下配置的服务地址,此服务地址会根据用户的配置自动同步到 Server 选项卡下的 URL 网址中,如图 4.15 所示。

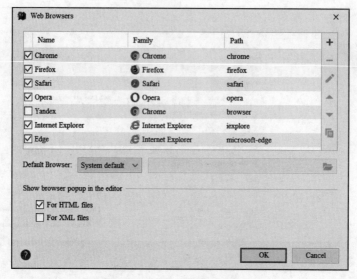

图 4.14　配置浏览器

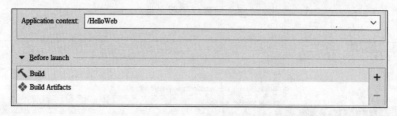

图 4.15　应用上下文及前置操作

除了服务名称外，Before launch 用于指定每次应用前置执行的操作，如进行项目的构建操作等，通过执行前置操作来满足项目运行的需要，如构建 Artifact 以避免缺失。

在图 4.12 中的 Deployment 选项下还配置了待发布的应用 Artifact，如图 4.16 所示。

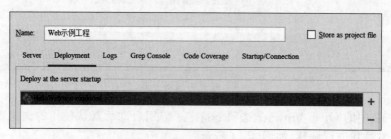

图 4.16　部署项目的 Artifact

还记得我们在第 3 章中学习过的内容吗？对于项目来讲，其内部的 Facets 和 Artifacts 应该被定义，它们代表了项目可以发布的特性，其结构如图 4.17 和图 4.18 所示。

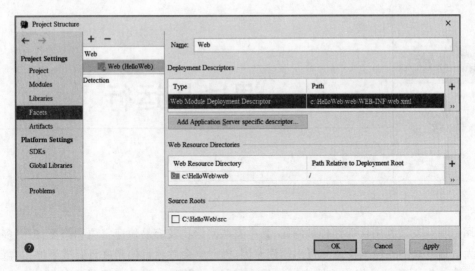

图 4.17　项目的 Facets

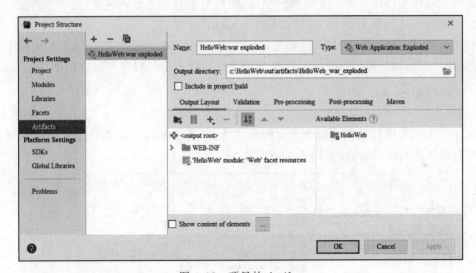

图 4.18　项目的 Artifact

配置完成后即可启动并运行 Web 应用。

4.4　本章小结

本章主要介绍了项目的编译、部署与运行，但要让项目真正运行起来并提供服务，还依赖于项目具体使用的技术与框架。只有不断加深对各种技术的理解与认知，才能创造出更好的应用并提供更好的服务。

第 5 章 调试与运行

用户在开发过程中会遇到各种问题,其中有些问题比较容易快速定位和修复,但更多的问题却无法通过观察或经验快速分析出错误原因,因此学会对项目代码进行调试显得尤为重要。

通常情况下项目是作为整体来运行的,而调试过程则主要是基于代码片断进行局部分析。在调试目标由整体下降到了局部级别后,使用最多的就是单元测试,而由于测试方式的不同又可以分为运行模式(Run)与调试模式(Debug)两种。

在 IntelliJ IDEA 中运行与调试都是基于配置进行的,每种配置都对应于某个特定调试目标的属性集合,用户可以创建不同类型的配置以运行对应的程序并进行调试。

5.1 测试目录

IntelliJ IDEA 项目结构中包含指定的测试目录,开发者通常会将自定义的测试用例放在测试目录下进行统一管理,如图 5.1 所示。

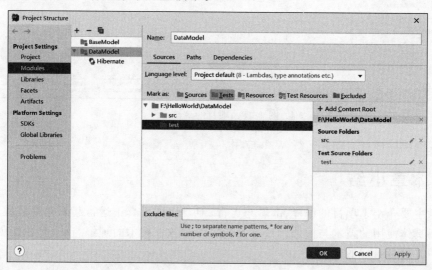

图 5.1 指定测试目录

5.2 运行/调试配置

运行/调试的基础是配置,IntelliJ IDEA 提供了运行/调试配置工具来创建与测试相关的配置。执行菜单 Run→Debug Configuration 命令打开运行/调试配置窗口,如图 5.2 所示。

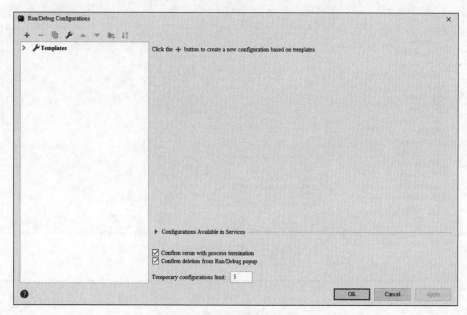

图 5.2 运行/调试配置窗口

除了上述方式外,单击工具栏的运行/调试配置列表也可以打开配置对话框。在未添加任何配置时运行/调试配置列表默认显示 Add Configuration,如果配置存在,则可下拉选择 Edit Configuration 菜单打开运行/调试配置窗口,如图 5.3 所示。

图 5.3 工具栏配置

在运行/调试配置窗口中单击 + 按钮或使用快捷键 Alt+Insert 展开配置类型列表,如图 5.4 所示。

选择需要的配置类型。如果需要创建 JUnit 单元测试,就选择 JUnit 配置类型。如果需要创建可运行程序,就选择 Application 配置类型,如图 5.5 所示。

其中,Name 用于指定测试配置的名称,默认为 Unnamed,配置完成并保存后此名称会显示在工具栏中的运行/调试配置列表中。

Allow parallel run 选项用于指定是否允许多实例运行,此选项通常在需要开启多个实例同时测试的时候使用,默认使用单实例方式测试。

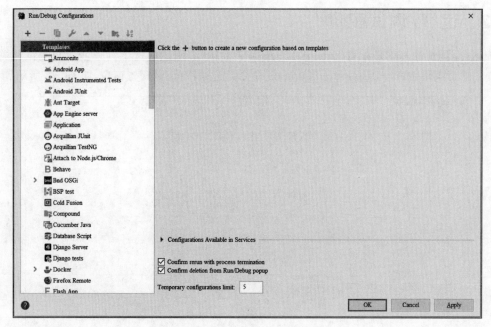

图 5.4 选择配置类型

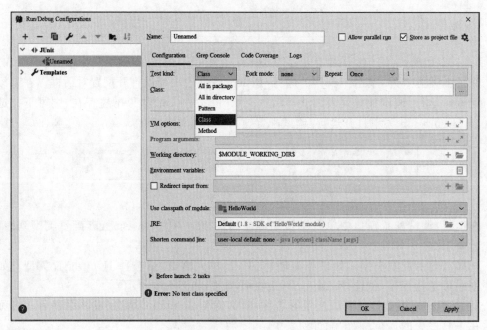

图 5.5 自定义配置(一)

Testkind 指定测试实例的来源类型,其中 All in packages 指定固定包下的所有可执行测试用例,使用此选项时需要指定整个项目级别或模块级别的完整包路径,如图 5.6 所示。

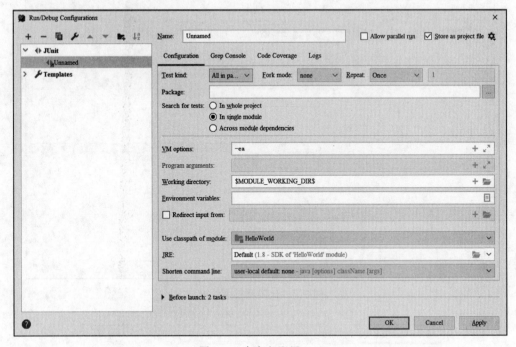

图 5.6　自定义配置(二)

Package 文本框内用于指定对应访问的目录或通过右侧快捷访问窗口进行选择。

Fork Mode 分叉模式可以选择 None、Method 或 Class 3 种,其含义为"不使用""以方法级别"或"以类级别"启动线程来运行测试用例。

Repeat 用于指定重复执行的次数,其值为 Once(一次)、N Times(多次)、Until Failure(直至失败)和 Until Stopped(直至停止)4 种。如果选择 N Times 则需要在右侧输入具体的执行次数,默认为 1 次。

Code Coverage 选项卡用于代码覆盖率配置,其中指定了多个代码覆盖率检测插件,默认为 IntelliJ IDEA 自带插件,通过这些插件可以进行代码的行覆盖率、方法覆盖率、类覆盖率、元素覆盖率等多种统计,如图 5.7 所示。

当测试程序运行时可以选择带有代码覆盖率检测的运行方式,如图 5.8 所示。

当程序运行完成后会生成统计数据,如图 5.9 所示。

用户还可以将生成的统计测试结果导出到 HTML 中生成统计测试报告,如图 5.10 所示。

Logs 选项卡指定了程序运行/调试生成的日志输出等配置,如输出到控制台或保存到指定输出文件中,如图 5.11 所示。

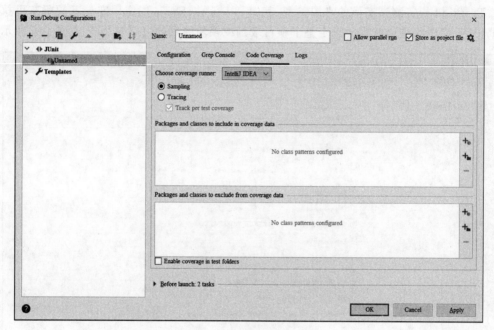

图 5.7 代码覆盖率选项

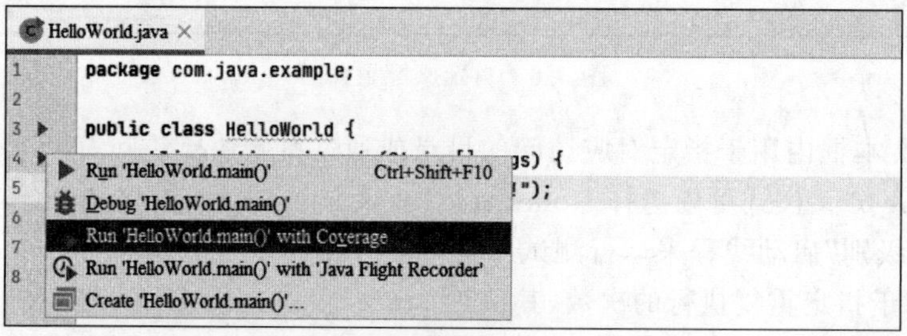

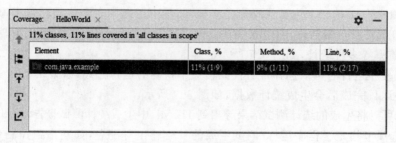

图 5.8 执行代码覆盖率方法

图 5.9 代码覆盖率统计

第5章 调试与运行 165

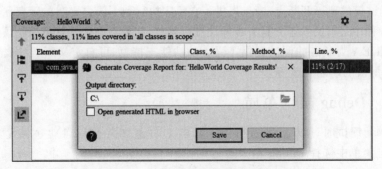

图 5.10 导出代码覆盖率统计报告

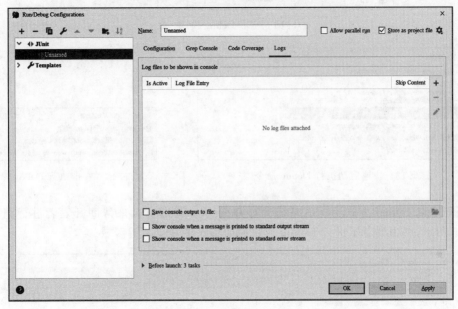

图 5.11 配置日志选项

5.3 Debug 调试

Debug 模式用来追踪程序运行并进行细粒度分析，最终定位到异常发生的位置。在调试过程中可以实时观察到各项参数值的变化，还可以根据需要进行参数的动态调整与计算。

结合其他框架进行调试时，Debug 模式还可以深入到框架内部追踪执行过程并定位问题。例如作者在基于 Spring 框架访问 Rest 服务的过程中，外部服务响应只返回了 gzip 压缩标识而并未对内容进行压缩，而 Spring RestTemplate 在识别到 gzip 压缩标识时会自动解压返回的报文内容，因此产生了难以定位的异常问题。如果没有 Debug 强大的调试功能，则这种问题通常很难被发现，尤其是在多级服务分离的环境下。

Debug 调试模式离不开断点，断点提供了在程序执行到不同位置时的阻塞状态，用户可以基于断点查看程序运行的状态并且有步骤地进行调试，并最终确定调试结果与预期是否一致。

IntelliJ IDEA 为断点的调试提供了强大的功能支持，如可自定义断点的属性、表达式的实时计算、变量值的动态更改等。

5.3.1　Debug 窗口布局

在进行单元测试时，Debug 模式可由工具栏上的 图标按钮启动并触发，也可以在快速启动或右击菜单中选择 Debug 命令运行，如图 5.12、图 5.13、图 5.14 所示。

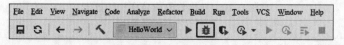

图 5.12　Debug 模式

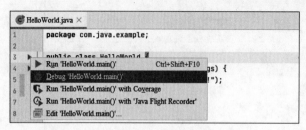

图 5.13　快速启动执行 Debug 命令

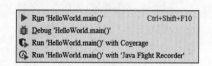

图 5.14　右击执行 Debug 命令

当程序以 Debug 方式运行后系统会展开 Debug 调试窗口来帮助开发者进行调试，如图 5.15 所示，图中展示了进行 Debug 调试时所涉及的几个关键区域。

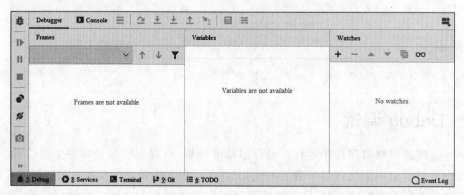

图 5.15　Debug 调试窗口

断点是进行 Debug 调试的前提，它标示了调试的具体位置。当程序运行到断点之后会自动停止并交由用户来完成后续的执行步骤，通过在调试过程中随时观察与修改具体的参数以发现异常位置及产生原因。

所以在使用 Debug 方式进行调试的时候至少需要一个断点。如果以 Debug 方式运行的项目没有设置任何断点，则它与运行模式的效果是一致的，只有添加了断点才可以进行具体的调试工作。

5.3.2 按钮与快捷键

接下来对 Debug 窗口进行说明。

1．服务按钮

在 Debug 调试窗口中最左侧是服务按钮组，它们主要负责关闭/启动服务，以及设置断点等，各按钮功能如下：

（1）按钮 ![] 是 Debug 模式的启动按钮，在程序停止后可再次单击此按钮启动 Debug 模式运行。在启动之后它会变为 ![] 按钮，单击此按钮后程序会自动跳过所有的断点重新运行并且在第一个遇到的断点处停止。

（2）按钮 ![] 是 Debug 模式的恢复按钮，单击此按钮后程序将从中断状态恢复并继续向下执行直至遇到下一个断点或运行结束，它可以跳过当前的断点。

（3）按钮 ![] 是 Debug 模式的暂停按钮，单击此按钮后可以在程序当前运行位置发起暂停，当暂停发起时如果当前执行位置没有设置断点，则依然可以启动断点的调试功能或使用恢复按钮继续向下执行。由于行级程序单步执行速度比较快，因此很难捕捉到一个准确的执行时间点，但是对于线程等运行时间较长的任务比较有效。

（4）按钮 ![] 用于终止当前程序的运行，终止运行的程序可以通过 ![] 按钮再次启动调试。

（5）按钮 ![] 用于查看程序中所有的断点，如图 5.16 所示。

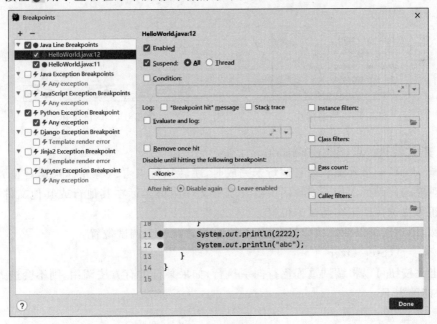

图 5.16　查看断点

（6）按钮 用于对断点执行静音操作，单击后会使所有未执行的断点在当前运行环境中失效从而让程序快速执行到最后，当再次运行调试时所有断点将会再次生效。

（7）按钮 可以获取当前系统运行的快照。如图 5.17 所示，当前程序只有主程序处于运行状态。

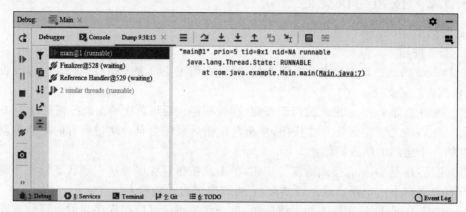

图 5.17　查看快照

（8）按钮 用于进行额外的操作，如显示行内值、恢复被静音的断点等，如图 5.18 所示。

（9）按钮 用于固定当前标签页。

2．调试按钮

调试按钮组包含 8 个主要的操作按钮，主要用于断点调试过程中的追踪、跳跃等操作，如图 5.19 所示。

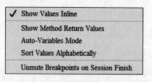

图 5.18　辅助操作

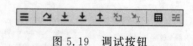

图 5.19　调试按钮

1）跳转执行点（Show Execution Point）

当调试窗口处于调试状态且运行未完成时，跳转执行点可以将光标快速定位到当前调试位置对应的代码行。如果编辑区中打开多个文件使得光标在其他行或其他文件中，则单击此按钮可快速找到正在调试的位置。

当然，用户还可以使用快捷键 Alt+F10 来快速跳转到调试位置。

2）步过（Step Over）

单击此按钮可以将调试过程逐行向下执行，如果某行上有方法调用，则不会进入方法内部，其快捷键为 F8。

3) ⬇ 步入(Step Into)

当调试步骤执行到某一行时,如果当前行有方法调用,则会进入方法内部,这些方法通常为用户的自定义方法,不会进入官方类库的方法,其快捷键为 F7。

4) ⬇ 强制步入(Force Step Into)

强制步入与步入一致且其图标为红色,当调试步骤执行到某一行时可以强制进入任何方法,此操作对于调试查看框架底层源码或官方类库十分有用,也是对步入的功能补充,其快捷键为 Alt+Shift+F7。

5) ⬆ 步出(Step Out)

当执行步出操作时会将步入的方法执行完毕,然后退出到方法调用处,只是还没有完成赋值,其快捷键为 Shift+F8。

6) 丢帧(Drop Frame)

在进行调试操作时,如果不小心跳过了某一步骤,则可以采用丢帧操作来"回退"到之前的堆栈帧并再次对该步骤进行调试,这相当于对时间进行追溯。

丢帧操作并不是一种真实的回退,它不会撤销对全局状态(如静态变量)进行的更改,只会重置局部变量,这可能会带来对应步骤二次调试的差异化。

7) 运行至光标(Run to Cursor)

用户可以将光标定位到指定行,使用这个功能时代码会运行至光标行处且不需要打断点。

8) 表达式计算(Evaluate Expression)

此操作可以在调试过程中计算某个表达式的值,而不用再去打印信息。当使用此功能时,单击"计算"按钮或使用快捷键 Alt+F8 打开表达式计算窗口,如图 5.20 所示。

图 5.20　表达式计算窗口

在弹出的表达式计算窗口中输入选中某个表达式或变量,单击 Evaluate 执行计算,如图 5.21 所示。

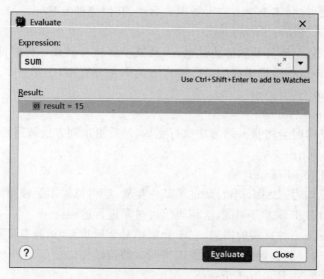

图 5.21 计算变量表达式

当然,也可以先选中某个表达式再使用快捷键 Alt+F8,此时表达式或变量被自动填充到表达式区域。

值得说明的是,表达式不仅可以是一般变量或参数,还可以是方法。当代码中调用了方法时,可以通过这种方式查看某种方法的返回值,如图 5.22 所示。

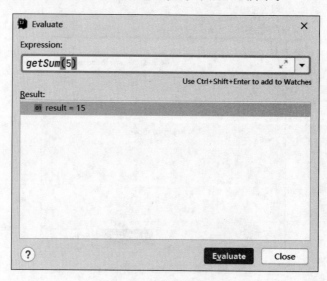

图 5.22 计算方法表达式

表达式计算窗口还可以动态地设置某些变量或结果的值,这对于依赖性计算十分有帮助,在对某些值进行动态调整后就可以按照不同的预期进行各种不同的调试。如将变量 sum 的值动态更改为 20,就可以按图 5.23 所示的方式设置。

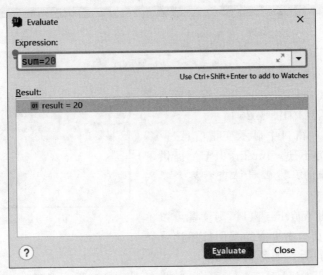

图 5.23　修改表达式的值

在通过赋值运算符调整表达式的值后按 Enter 键,新的值就被注入相应的变量或方法中。

3. 查看变量

在调试过程中开发者需要对变量进行跟踪以观察程序运行是否达到了预期,IntelliJ IDEA 中提供了多种查看变量的方式。

在进行 Debug 调试时,IntelliJ IDEA 会在代码的行末显示出已经计算出来的表达式的值。这种方式对于值的观察比较直观,如图 5.24 所示。

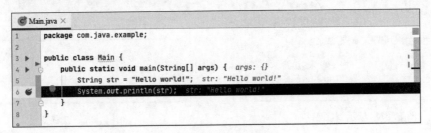

图 5.24　值的直观显示

上述显示方式对于赋值类计算比较直接,但由于某些操作并不是赋值操作,如深度调用,因此这些值无法直接显示。

如果需要观察某些参数的变化,则可以将光标悬停到参数上,此时 IntelliJ IDEA 也会显示当前变量(或对象)的信息,如图 5.25 所示。

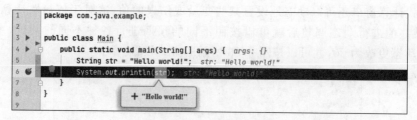

图 5.25 值的悬停显示

IntelliJ IDEA 提供了 Variables 变量窗口来查看所有变量的信息,如图 5.26 所示。

如果 Variables 窗口中显示变量信息过多,则对其查看也极为不便。IntelliJ IDEA 提供了 Watches 窗口来辅助开发者具体查看某个感兴趣的变量信息。

如果无法找到 Watches 窗口,则读者可以单击 Debugger 标签窗口右上方的视图按钮选择需要的视图窗口进行展示,如图 5.27 所示。

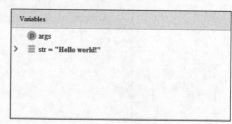

图 5.26 变量窗口

在低版本的 IntelliJ IDEA 上可能并没有图 5.27 所示的窗口查看按钮,但是在 Variables 窗口左侧有一系列图标按钮。当单击 ∞ 按钮时会单独打开 Watches 窗口,同时 Variables 窗口左侧的所有图标迁移到 Watches 窗口中。

用户可以从 Variables 窗口里拖曳选择的变量到 Watches 窗口里进行查看,也可以单击 New Watch 按钮在 Watches 窗口下方添加一个文本输入区域,用户在其中输入需要查看的变量后按 Enter 键即可,如图 5.28 所示。

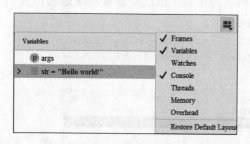

图 5.27 显示视图窗口

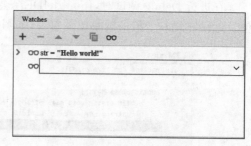

图 5.28 查看变量

右击待查看的变量,单击弹出菜单 Customize Data Views 打开定制数据视图窗口,如图 5.29 所示。

找到 Enable alternative view for Collections classes 交互视图选项,建议取消勾选此选项,因为它会引发很多对集合操作时的异常问题。为了观察方便先保持其勾选状态,然后通过实例演示存在哪些异常问题。

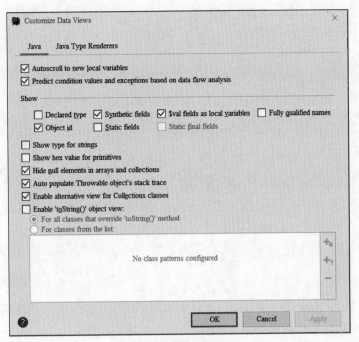

图 5.29 定制数据视图

首先以 Debug 模式运行示例程序,代码如下:

```java
//第5章/ConcurrentLinkedQueueTest.java
import java.lang.reflect.Field;
import java.util.concurrent.ConcurrentLinkedQueue;

public class ConcurrentLinkedQueueTest {
    public static void main(String[] args) {
        ConcurrentLinkedQueue<String> queue = new ConcurrentLinkedQueue<>();
        print(queue);
        queue.offer("item1");
        print(queue);
        queue.offer("item2");
        print(queue);
        queue.offer("item3");
        print(queue);
    }

    private static void print(ConcurrentLinkedQueue queue) {
        Field field = null;
        boolean isAccessible = false;
        try {
            field = ConcurrentLinkedQueue.class.getDeclaredField("head");
```

```
            isAccessible = field.isAccessible();
            if (!isAccessible) {
                field.setAccessible(true);
            }
            System.out.println("head: " + System.identityHashCode(field.get(queue)));
        } catch (Exception e) {
            e.printStackTrace();
        } finally {
            field.setAccessible(isAccessible);
        }
    }
}
```

正常情况下,无论是在 Run 模式运行还是在 Debug 无断点模式运行,输出的每个 head 值都是相同的,Run 模式运行输出结果如下:

```
head: 356573597
head: 356573597
head: 356573597
head: 356573597
```

Debug 模式运行输出结果如下:

```
head: 766572210
head: 766572210
head: 766572210
head: 766572210
```

当在每个输出位置添加断点后,Debug 模式运行输出结果如下:

```
head: 766572210
head: 1020391880
head: 1020391880
head: 1020391880
```

为什么会这样?还记得在使用 Debug 模式运行时 IntelliJ IDEA 界面上显示的变量值吗?没错,为了显示这些变量的信息,IntelliJ IDEA 会调用对象的 toString() 方法。虽然在正常情况下不会有任何影响,但是在 Debug 模式下它可能会带来意想不到的结果。

当调用 ConcurrentLinkedQueue 类的 toString() 方法时会获取队列的迭代器,而创建迭代器时会调用队列的 first 方法,在 first 方法里会修改 head 的属性,从而导致输出的结果不一致。

为了不影响调试结果,需要关闭 IntelliJ IDEA 在 Debug 模式下的 toString() 特性预览。执行菜单 File→Settings→Build, Execution, Deployment→Debugger→Data Views→Java 命令打开数据预览窗口,如图 5.30 所示,它与图 5.29 所示的配置其实是相同的。

取消勾选 Enable alternative view for Collections classes 和 Enable 'toString()' object

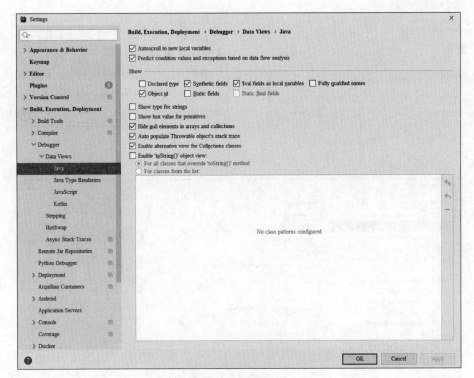

图 5.30　数据预览窗口

view 选项,保存后再次执行 Debug 调试并观察输出结果,此时可以看到输出结果正常了。

因为 ConcurrentLinkedQueue 是一个集合,选项 Enable alternative view for Collections classes 会在 Debug 调试时造成队列迭代器的遍历,只有把这两个特性一同关掉才会真正解决上面的问题。

5.3.3　设置断点条件

在进行调试时某些操作可能是在递归或遍历中进行条件判断的,在这种情况下很难控制进入指定的层次。通过设置断点条件以在满足条件时停在断点处,可以更有效地调试。

设置断点条件十分简单,右击需要设置条件的断点便可弹出条件设置窗口,如图 5.31 所示。

例如,在循环变量 i 为 3 时停在断点处,此时就可以按图 5.32 所示设置。

带有条件的断点图标会变为 ●,当程序运行到断点处时图标会变为 ●。还可以在断点管理窗口设置断点执行条件,使用快捷键 Ctrl+Shift+F8 打开断点管理窗口,如图 5.33 所示。

在图 5.33 中勾选 Log 选项会将当前执行的断点行信息输出到控制台,这对于定位程序运行位置十分有帮助。勾选 Evaluate and log 选项可以在执行代码时计算表达式的值并将结果输出到控制台。

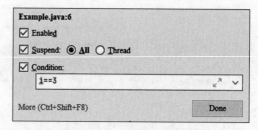

图 5.31 设置断点条件(一)　　　　图 5.32 设置断点条件(二)

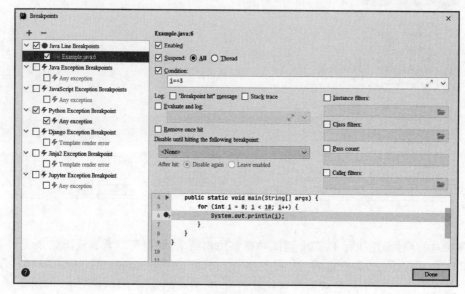

图 5.33 设置断点条件(三)

5.3.4 多线程调试

当进行某个 Debug 调试运行时可能需要发起另一个 Debug 调试,因为当前的 Debug 调试还没有停止,因此 IntelliJ IDEA 会弹出提示对话框并由用户来选择是否终止当前正在运行的调试,如图 5.34 所示。

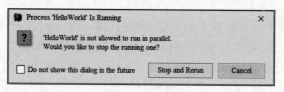

图 5.34 Debug 阻塞

IntelliJ IDEA 在进行 Debug 调试时默认阻塞级别是 ALL，因此会阻塞其他线程而导致无法再次发起调试，只有在当前调试线程运行完或终止时才可以发起其他调试线程。

在图 5.33 中可以观察当前调试的阻塞级别，为了能够以多线程的方式运行调试，需要将 Suspend 的值更改为 Thread。勾选后会显示 Make Default 按钮，直接确认后将多线程方式设置为默认方式，如图 5.35 所示。

图 5.35 修改 Debug 阻塞级别

5.4 远程调试

IntelliJ IDEA 提供了对远程调试的支持，通过远程调试可以直接跟踪远程服务器上的程序运行状态并快速定位故障原因。虽然使用远程调试是直接对服务器上的应用进行定位，但是远程调试可能造成服务器上的请求阻塞，因为请求都被切换到了本地调试。

在进行远程调试时，远程服务器需要支持调试请求的连接。以 Linux 系统上的 Tomcat 服务器为例，其需要在 catalina.bat 文件中设置 JVM 相关运行的参数变量，参数设置如下：

export JAVA_OPTS = '-agentlib:jdwp=transport=dt_socket,server=y,suspend=n,address=8000'

在远程服务启动后访问浏览器可以看到响应页面可正常显示，如图 5.36 所示。

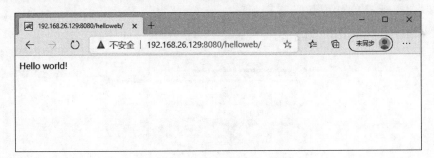

图 5.36 远程服务已运行

为了与远程服务器进行连接，需要在 IntelliJ IDEA 的运行/调试配置窗口添加远程连接配置。单击 + 按钮新建 Remote 远程配置，如图 5.37 所示。

接下来打开远程配置详情，填写远程连接的名称、Host 地址及调试端口，此端口不同于服务器端口，如图 5.38 所示。

Debugger mode 用于指定调试的模式，其默认值为 Attach to remote JVM。Debugger mode 各配置含义如下：

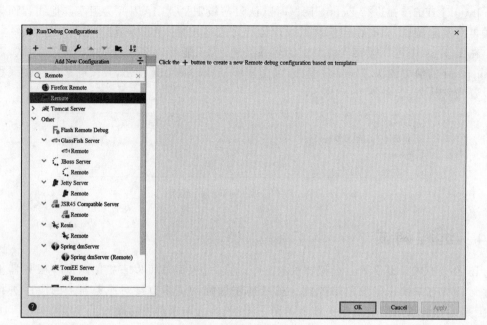

图 5.37 新建远程连接配置

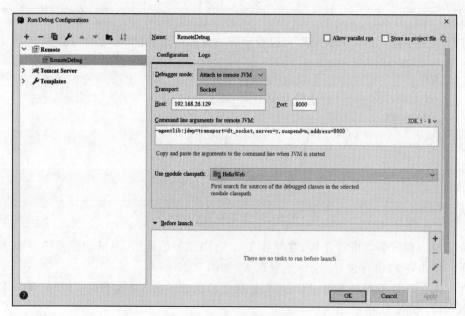

图 5.38 远程调试配置

（1）Attach to remote JVM：此模式下调试服务器端（被调试远程运行的服务）启动一个端口等待调试客户端的连接。

（2）Listen to remote JVM：此模式下调试客户端负责监听端口，当调试服务器端准备完成后会进行连接。

Transport 用于设置传输方式，其默认值为 Socket。Transport 下的配置含义如下。

（1）Socket：macOS 及 Linux 系统使用此种传输方式。

（2）Shared memory：Windows 系统使用此种传输方式。

配置完成后工具栏会添加对应的调试配置，如图 5.39 所示。

图 5.39　远程调试配置

单击调试按钮启动远程服务器连接，连接成功后会显示如图 5.40 所示的连接信息。

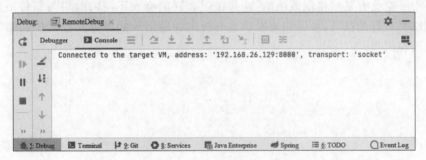

图 5.40　远程调试连接成功

在本地程序中添加断点，断点在 Debug 调试模式运行前后添加均可生效，如图 5.41 所示。

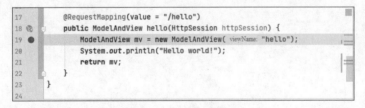

图 5.41　添加断点

在浏览器中访问请求对应的网址，发现浏览器响应处于响应等待状态，如图 5.42 所示。

图 5.42　响应等待

本地 IntelliJ IDEA 调试窗口成功接收请求并执行到断点位置，如图 5.43 所示。

此时可以进行 Debug 模式下的远程调试工作了。

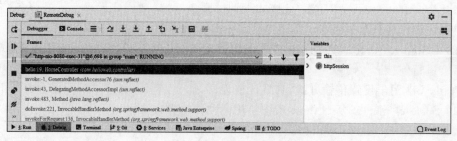

图 5.43　开始远程调试

5.5　本章小结

项目中一定会有某些错误或缺陷，这些错误和缺陷会在不同的时机与条件下出现。掌握项目调试与运行的技巧，可以快速准确地分析出问题出现的原因并及时排除影响项目稳定运行的潜在因素。

第 6 章 构建工具之 Maven

在 Maven 出现之前,由于项目中需要引入各种依赖资源,经常会遇到不同依赖资源及版本间出现冲突的情况。这不仅造成了时间的浪费,而且严重地降低了开发效率与项目稳定性,因此,对于依赖资源的管理成为一项需求之外的"需求"。

Apache Maven 是一款十分优秀的项目管理和构建自动化工具,能够很好地解决项目依赖的问题,用户不需要担心依赖资源之间的冲突问题,默认情况下 Maven 会为用户提供可靠的版本。

在 Maven 出现之前,开发人员使用 Ant 作为 Java 项目的标准构建工具,但是这并不能满足绝大多数开发人员的需求。Maven 不仅具备 Ant 的构建功能,还可以自动管理项目的编译、测试、运行、打包和部署等,从而更好地对项目进行管理。

6.1 安装与配置

6.1.1 安装 Maven

在使用 Apache Maven 之前需要先对其进行安装与配置。登录 Apache Maven 官网网址 https://maven.apache.org/,单击 Download 链接进入下载页面,如图 6.1 所示。

找到 Files 下载区域,此区域列出了当前可供下载的最新 Maven 版本,如图 6.2 所示。

在图 6.2 中,apache-maven-3.6.3-bin.tar.gz 是 Linux 环境下的安装版本,apache-maven-3.6.3-bin.zip 是 Windows 环境下的安装版本。

根据需要选择合适的版本进行下载。如果需要使用以前的版本,则可单击 Previous Releases 区域的 Maven Releases History 链接进入历史版本页面。

文件下载后解压缩到本地目录,本书使用示例为 Apache Maven 3.3.9。

右击"计算机"→"属性"→"高级系统设置"→"高级"→"环境变量",弹出环境变量设置窗口,如图 6.3 所示。

单击"系统变量"下的"新建"按钮,弹出新建系统变量对话框。输入系统变量名称 MAVEN_HOME 并将其变量值设置为解压缩后的 Maven 目录路径,如图 6.4 所示。

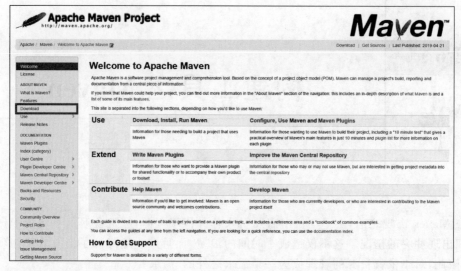

图 6.1　Apache Maven 官网

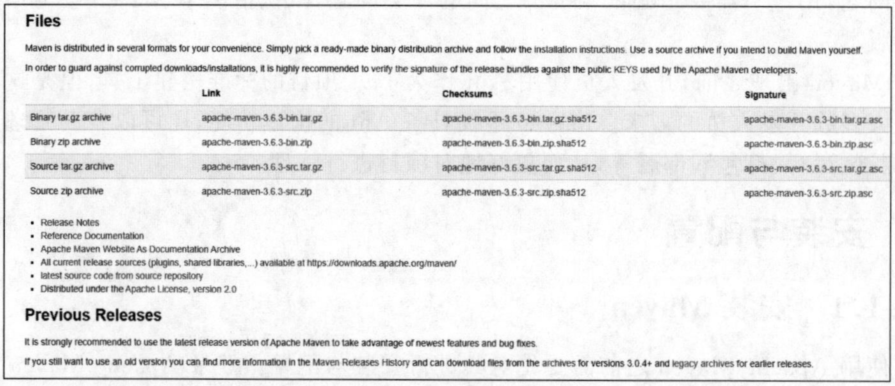

图 6.2　下载 Apache Maven

单击"确定"按钮完成配置，打开 Path 系统变量并单击右侧"新建"按钮，在下方编辑区域内输入"；%MAVEN_HOME %\bin"，单击"确定"按钮完成配置，如图 6.5 所示。

注意：Path 环境变量可以被多个应用共享使用。在 Windows 7 以前的系统中，Path 系统变量是写在一起且以英文分号分隔的。如果 Path 环境变量中包含其他应用的相关配置，则可以在其后进行追加而不是进行直接覆盖。如果是 Windows 7 以后的系统，则因为每一项都是一个单独的条目，所以不会产生覆盖的影响。

配置完成后验证 Maven 是否安装成功。打开 CMD 命令行窗口并输入 mvn -v 命令，显示如图 6.6 所示信息则代表安装成功。

第6章 构建工具之Maven

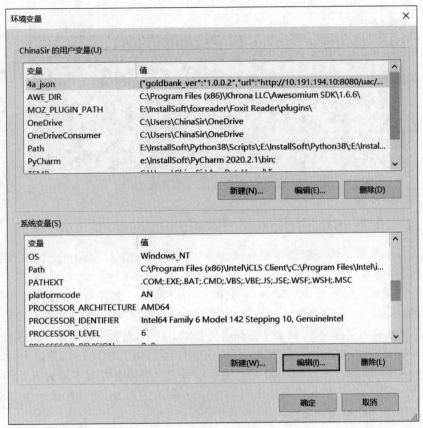

图 6.3 环境变量配置窗口

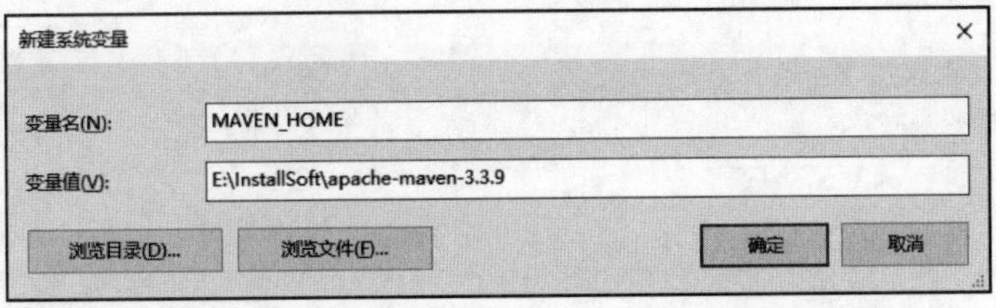

图 6.4 MAVEN_HOME 环境变量

图 6.5 配置 Path 环境变量

图 6.6　验证 Maven 安装成功

6.1.2　配置本地仓库

Maven 安装完成后需要修改本地仓库的位置，Maven 提供了 settings.xml 配置文件用于配置本地仓库。

本地仓库用来存储及管理 Maven 下载的相关资源（Jar 文件）。当项目需要从 Maven 中获取资源时，Maven 首先会在本地仓库中查找资源是否存在，如果存在则直接使用。如果本地仓库没有相应的资源文件，就会从远程中央仓库中获取，然后下载并保存到本地仓库。

Maven 默认的本地仓库位置为"C:\Users\用户名.m2"文件目录，在这个目录下放置了仓库文件夹 repository。在 Maven 安装完成以后用户可能会发现本地目录下不存在.m2 文件夹，这是因为用户还没有执行过任何与 Maven 相关的命令，只有在执行过 Maven 命令之后才会创建出.m2 目录。

打开 Maven 安装目录中 conf 文件夹下的 settings.xml 配置文件，在文件中搜索并找到 <localRepository>配置，代码如下：

```
//第 6 章/默认未启用本地仓库配置
<!-- localRepository
   | The path to the local repository maven will use to store artifacts.
   |
   | Default: ${user.home}/.m2/repository
 -->
```

<localRepository>标签用于配置本地仓库，这个标签默认是注释掉的。打开注释并配置本地仓库的位置，代码如下：

```
<localRepository>E:\InstallSoft\maven</localRepository>
```

配置完成后保存文件。关于本地仓库将在 6.4 节中继续学习。

6.1.3　在 IntelliJ IDEA 中配置 Maven

Maven 安装完成后，用户需要在 IntelliJ IDEA 中对其进行配置。打开系统配置窗口并定位到 Maven 选项卡，如图 6.7 所示。

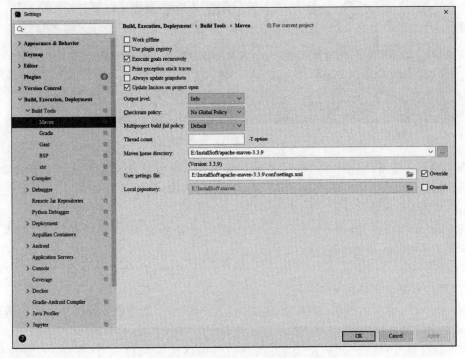

图 6.7 在 IntelliJ IDEA 中配置 Maven

在 Maven home directory 中输入环境变量中的 MAVEN_HOME 路径，或直接单击右侧 按钮选择目标位置。

指定安装目录后，IntelliJ IDEA 会自动加载目标位置 conf 文件夹下的 settings.xml 配置文件。如果需要使用自定义的 settings.xml 配置文件来代替 Maven 中的配置文件，则可以在 User settings file 文本框中输入新的文件位置并勾选 Override 复选框以实现自定义配置对默认配置的覆盖。

用户同时需要注意 Maven 的应用范围为 For current project，即对当前项目有效。

6.1.4 使用命令行创建示例程序

Maven Archetype 是 Maven 项目的原型模板，通过使用 Maven Archetype 可以快速创建基于 Maven 的项目结构。

Maven 通过使用插件 maven-archetype-plugin 提供 Maven Archetype 的所有功能。由于原型使用范围广泛，因此在很多 IDE 中集成了 Archetype 特性以便快速创建项目。

打开 CMD 命令窗口并输入 mvn archetype:generate 命令，Maven Archetype 插件会输出带有编号的 Archetype 列表以供选择，如图 6.8 所示。

用户可以根据需要选择不同的 Archetype 模板（默认使用编号为 7 的模板），输入待使

图 6.8　Maven Archetype 创建工程

用的模板编号并按 Enter 键,接下来会提示一系列用于配置项目信息的元素,各配置如下:

(1) Define value for property 'groupId':此处需要指定项目的 GroupId,输入 org.example 并按 Enter 键确认。

(2) Define value for property 'artifactId':此处需要指定项目的 artifaceId,输入 helloworld 并按 Enter 键确认。

(3) Define value for property 'version' 1.0-SNAPSHOT:此处需要指定项目的当前版本,用户可自定义或直接按 Enter 键。

(4) Define value for property 'package' org.example:此处需要指定项目的包结构,输入 com.example.java 并按 Enter 键。

(5) 最后会展示用户之前配置的所有信息,确认无误后输入 Y 或按 Enter 键确认,Maven 会自动执行项目的初始化操作,如图 6.9 所示。

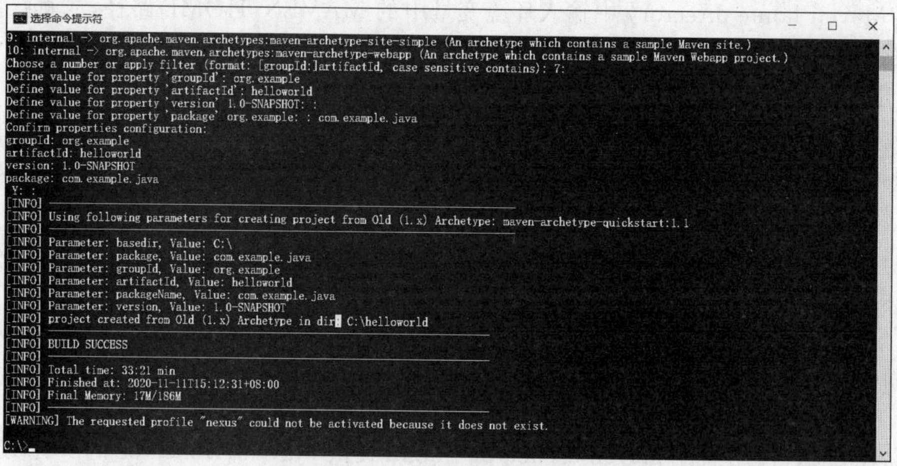

图 6.9　指定工程创建参数

至此,一个基于 Maven Archetype 的项目创建完毕,Maven Archetype 为快速创建项目提供了有效支持,通过使用 Maven Archetype 可以建立高效的项目模型。

6.1.5 在 IntelliJ IDEA 中创建示例程序

接下来在 IntelliJ IDEA 中创建 hellomaven 示例程序,通过示例程序来学习如何在项目中使用 Maven。

执行菜单 File→New→Project 命令打开新建工程窗口并切换到 Maven 选项,指定项目运行需要的 Project SDK,如图 6.10 所示。

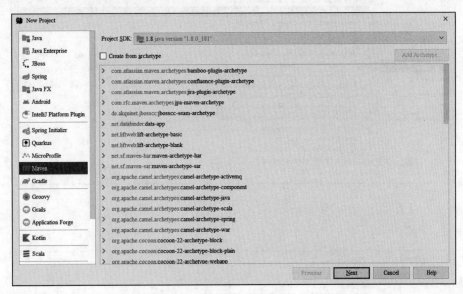

图 6.10 新建 Maven 项目(一)

勾选 Create from archetype 复选框以使用 Maven Archetype 原型模板快速创建项目,如图 6.11 所示。

在模板列表中,maven-archetype-quickstart 模板可以创建带有简单示例的 Maven 工程,而 maven-archetype-webapp 模板则用来创建 Web 工程。

选择 maven-archetype-quickstart 模板,单击 Next 按钮继续执行下一步,输入项目名称及存储位置,Maven 默认指定了项目的 groupId、artifactId 和 version,此处保留默认配置,如图 6.12 所示。

单击 Next 按钮执行下一步,检查确认新建项目信息,如图 6.13 所示。

单击 Finish 按钮开始创建项目,IntelliJ IDEA 在项目创建完成后会自动打开新建的项目。此处列出 Maven 项目的完整结构,如图 6.14 所示。

项目创建完成后,在主程序目录(main)与测试程序目录(test)下分别生成了示例程序 App.java 与测试程序 AppTest.java,如图 6.15 所示。

如果示例程序的图标如图 6.16 所示,则当前程序并没有加入 IntelliJ IDEA 的源码文件管理,用户需要手动对其进行配置。

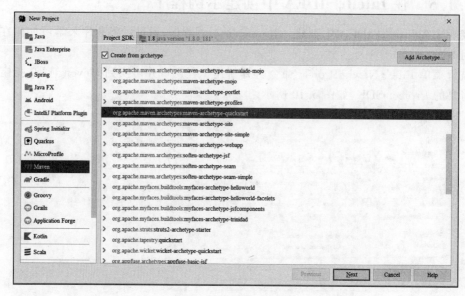

图 6.11 使用原型模板

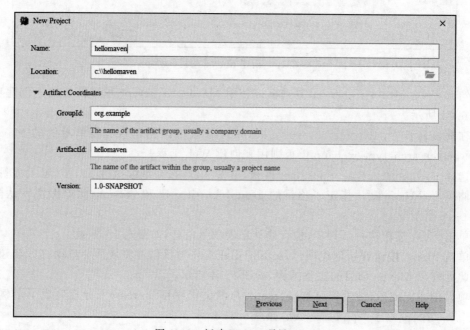

图 6.12 新建 Maven 项目(二)

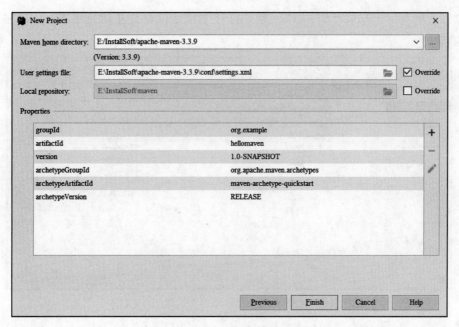

图 6.13　确认项目信息

```
hellomaven工程
        |---src                      源码
        |---|---main                 存放主程序
        |---|---|---java             存放Java源文件
        |---|---|---resources        存放框架或其他工具的配置文件
        |---|---test                 存放测试程序
        |---|---|---java             存放Java测试的源文件
        |---|---|---resources        存放测试的配置文件
        |---pom.xml                  Maven工程的核心配置文件
```

图 6.14　Maven 项目结构

```
package org.example;

/**
 * Hello world!
 *
 */
public class App
{
    public static void main( String[] args ) { System.out.println( "Hello World!" ); }
}
```

图 6.15　Maven 示例程序

执行菜单 File→Project Structure 命令打开工程结构窗口并切换到 Modules 选项，如图 6.16 所示。

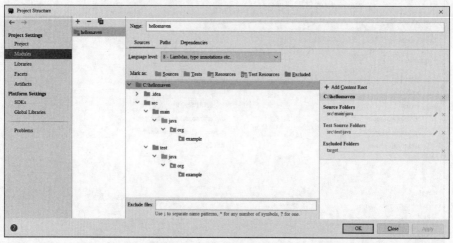

图 6.16　Maven 项目模块

选择 main 目录下的 java 文件夹并将其标记为 Sources（蓝色），选择 test 目录下的 java 文件夹并将其标识为 Tests（绿色）。保存配置后 Java 应用程序的图标变为 ⓒ，此时可以正常编译并运行。

由于在 AppTest 示例程序中使用了 JUnit 单元测试，因此 Maven 将自动引入 JUnit 的相关依赖并添加在 pom.xml 配置文件中。打开 pom.xml 配置文件并找到如下配置。

```
//第 6 章/JUnit 依赖
<dependencies>
<dependency>
<groupId>junit</groupId>
<artifactId>junit</artifactId>
<version>4.11</version>
<scope>test</scope>
</dependency>
</dependencies>
```

pom.xml 配置文件是 Maven 用来配置并管理对应依赖的核心文件，关于 pom.xml 文件的使用将在后面学习。

6.2　生命周期与插件

Maven 生命周期是对项目开发过程中涉及的构建过程的抽象和统一，其中包含了项目的清理、初始化、编译、测试、打包、集成测试、验证、部署、站点生成等几乎整个构建过程。由于 Maven 的生命周期是抽象的，所以具体的工作实际上是通过插件去完成的。

在 Maven 中插件是一个或多个操作目标的集合。也可以这么理解，插件实际上就是一个已经封装好了并拥有多个功能的 Jar 组件,而执行的目标就是对应于 Jar 组件中的某个功能。

接下来深入学习 Maven 中的生命周期与插件。

6.2.1　Maven 生命周期

Apache Maven 的生命周期(Life Cycle)有 3 种,分别是 clean、default、site。这 3 种生命周期彼此相互独立又相互配合,通常一个生命周期中又会包含若干个阶段。读者可以通过图 6.17 对 Maven 的生命周期有一个整体的认知。

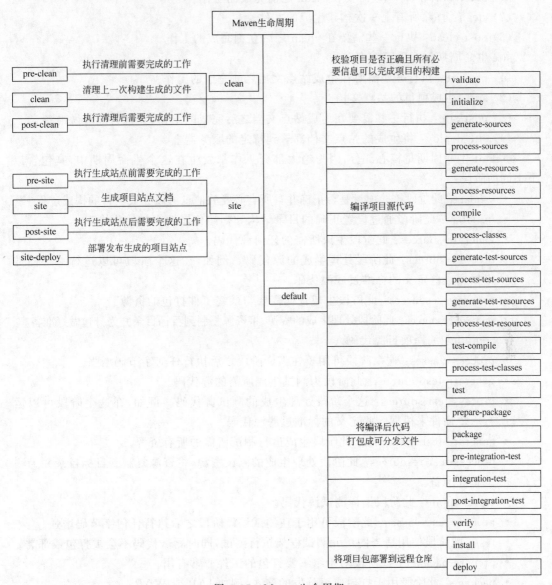

图 6.17　Maven 生命周期

这 3 种生命周期包含了项目从构建之前到构建结束的完整过程，各周期作用如下：
- clean 生命周期在真正构建之前进行一些清理工作。
- default 生命周期是项目构建的核心部分，包含项目编译、测试、打包、部署等。
- site 生命周期负责生成项目报告，以及发布站点等。

在上述生命周期中，每个生命周期又包含了多个阶段。其中，clean 生命周期包含以下 3 个阶段：

（1）pre-clean：执行一些需要在 clean 之前完成的工作。

（2）clean：移除所有上一次构建生成的文件。

（3）post-clean：执行一些需要在 clean 之后立刻完成的工作。

site 生命周期包含以下 4 个阶段：

（1）pre-site：执行一些需要在生成站点文档之前完成的工作。

（2）site：生成项目的站点文档。

（3）post-site：执行一些需要在生成站点文档之后完成的工作，并且为部署做准备。

（4）site-deploy：将生成的站点文档部署到特定的服务器上。

default 生命周期是核心部分，因为绝大部分工作都发生在这个生命周期中，其包含以下不同的阶段：

- validate：此阶段校验项目是否正确并且所有必要的信息可以完成项目的构建过程。
- initialize：此阶段通过设置正确的目录结构和初始化属性来初始化构建。
- generate-sources：此阶段生成所需的任何源代码。
- process-sources：此阶段处理生成的源代码。例如，在这个阶段可以运行一个插件来根据一些定义的标准过滤源代码。
- generate-resources：此阶段生成任何需要与最终工件打包的资源。
- process-resources：此阶段处理生成的资源，将资源复制到目标目录并为打包做好准备。
- compile：编译项目源代码。
- process-classes：这个阶段可用于在编译阶段之后执行任何字节码增强。
- generate-test-sources：此阶段为测试生成所需的源代码。
- process-test-sources：这个阶段处理生成的测试源代码。例如，在这个阶段可以运行一个插件来根据一些定义的标准过滤源代码。
- generate-test-resources：此阶段生成运行测试所需的所有资源。
- process-test-resources：此阶段处理生成的测试资源，将资源复制到目标目录并为测试做好准备。
- test-compile：此阶段编译测试源代码。
- process-test-classes：此阶段可用于在测试编译阶段之后执行任何字节码增强。
- test：此阶段使用适当的单元测试框架执行测试，同时测试代码不会被打包或部署。
- prepare-package：此阶段对于组织要打包的工件非常有用。
- package：此阶段用于打包成可分发的格式，例如 JAR 或 WAR。

- pre-integration-test：此阶段在运行集成测试之前执行所需的操作（如果有）。这可以用于启动任何外部应用程序服务器，并将构件部署到不同的测试环境中。
- integration-test：此阶段运行集成测试。
- post-integration-test：此阶段可用于在运行集成测试后执行任何清理任务。
- verify：此阶段验证包的有效性。检查有效性的标准需要由相应的插件定义。
- install：此阶段将包安装至本地仓库以便于其他项目依赖使用。
- deploy：此阶段将最终的包复制部署到远程仓库以便与其他开发人员与项目共享。

一个生命周期中的各个阶段是有先后顺序的，后一个阶段任务的执行依赖于前一个阶段任务的完成。当用户通过命令行执行某一阶段任务时，Maven 会自动把同一生命周期中前置阶段的任务自动依次执行完成。

例如，执行编译阶段的 compile 命令时，因为 compile 命令位于 default 生命周期内，因此在执行 compile 命令之前会将 default 生命周期内的 validate、initialize、generate-sources、process-sources、generate-resources、process-resources 等阶段依次执行，最后执行 compile 命令。

由于这 3 种生命周期相互独立，因此执行某一个生命周期的阶段任务时不会对其他生命周期产生任何影响。

Maven 中的命令既可以作为单独的目标运行，也可以作为构建的一部分和其他命令一起运行，不同生命周期的命令可以组合使用。例如执行 mvn clean install 命令将会调用 clean 生命周期的 pre-clean、clean 阶段，以及 default 生命周期的从 validate 至 install 的所有阶段。

6.2.2 Maven 插件

生命周期是一种抽象的概念，其各阶段的工作都是通过与之对应的 Maven 插件去执行完成的。一个 Maven 插件可以具备多种功能，我们将这些插件功能称为目标（Goal）。

以 maven-dependency-plugin 插件为例进行说明，通过此插件可以执行查看依赖列表、以树形结构图查看依赖、分析依赖等操作。与这些操作对应的目标分别为 dependency：list、dependency：tree 和 dependency：analyze。在插件目标的写法中，冒号前为插件前缀，冒号后为插件的目标。

还记得之前使用的 mvn archetype：generate 命令吗？在这个命令中，archetype 代表的就是一个命令的标识，而 generate 就是一个操作的目标。

Maven 中有很多插件，每个插件下都有一个或多个目标以帮助开发者实现特定的功能。例如，Maven 中的编译任务对应 default 生命周期的 compile 阶段，而 maven-compiler-plugin 这一插件的 compile 目标能够完成该任务。通过将生命周期中的某一阶段与插件的目标相互绑定，就可以完成实际的构建任务。

在运行目标的过程中，可以通过配置属性来定制目标的具体行为。例如，maven-compiler-plugin 插件的 compile 目标定义了一组配置参数，它们允许设置目标的 JDK 版本或选择是否启用编译优化。

在使用 mvn archetype：generate 命令时，可以添加参数-Dpackage、-DgroupId 和-DartifactId 向 maven-archetype-plugin 插件的 create 目标传入 packageName、groupId 和 artifactId 的值。如果忽略了 packageName 参数，则包名默认与 DgroupId 相同。

用户可以在 IntelliJ IDEA 右侧窗口的 Maven 标签选项卡中查看生命周期及插件，如图 6.18 所示。

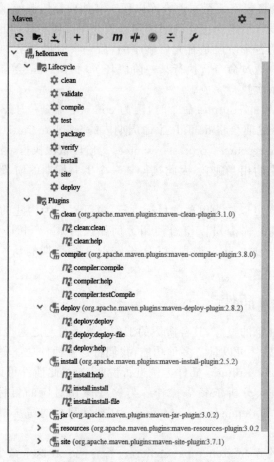

图 6.18　生命周期与插件

Maven 中插件的绑定方式主要有两种，分别是内置绑定与自定义绑定。

1. 内置绑定

Maven 的生命周期需要绑定插件后才可以产生作用。内置绑定是由 Maven 对各个生命周期的不同阶段绑定了默认的插件及目标，从而最大程度降低用户的配置和使用难度。用户通过直接在命令行中调用 Maven 的相关生命周期阶段即可执行相应的构建任务。

此外，由于项目打包会产生如 JAR、WAR 等不同类型的文件，因此 default 生命周期阶段内置绑定的插件目标与最终打包的类型有关。

以打包 JAR 目标类型为例，Maven 对各生命周期的内置绑定如表 6.1 所示。

表 6.1 内置绑定

生命周期	阶 段	插 件 目 标
clean	clean	maven-clean-plugin：clean
default	process-resources compile process-test-resources test package install deploy	maven-resources-plugin：resources maven-compiler-plugin：compile maven-resources-plugin：testResources maven-surefire-plugin：test maven-jar-plugin：jar maven-install-plugin：install maven-deploy-plugin：deploy
site	site site-deploy	maven-site-plugin：site maven-site-plugin：deploy

2．自定义绑定

除了基础绑定外，如果用户需要完成其他的构建任务，则可以通过自定义绑定的方式将某个插件目标绑定到指定生命周期的某个阶段上。

例如很多项目的配置文件会放在某个统一的资源目录内进行管理，而 Maven 在对项目进行构建时默认只能读取资源目录文件夹下的资源，因此在对项目进行编译的过程中，一些其他额外的配置文件并不能被添加到生成的项目结构（如 War Exploded）中。为了在项目构建完成后能够成功读取配置文件，需要将它们移动到指定的目录结构内，此时就需要用到 maven-resources-plugin 插件。

可以采用如下所示的自定义配置：

```
//第6章/自定义绑定
<plugin>
    <artifactId>maven-resources-plugin</artifactId>
    <executions>
        <execution>
            <id>copy-resources</id>
            <phase>compile</phase>
            <goals>
                <goal>copy-resources</goal>
            </goals>
            <configuration>
                <outputDirectory>${project.build.directory}/config</outputDirectory>
                <resources>
                    <resource>
                        <directory>${basedir}/src/main/other</directory>
                    </resource>
```

```
            <resource>
                <directory>${basedir}/src/main/resources/${profiles.active}</directory>
                    <filtering>true</filtering>
            </resource>
        </resources>
      </configuration>
    </execution>
  </executions>
</plugin>
```

当执行 Life Cycle 生命周期中的 Compile 命令时就可以对配置文件进行移动了,构建过程如图 6.19 所示。

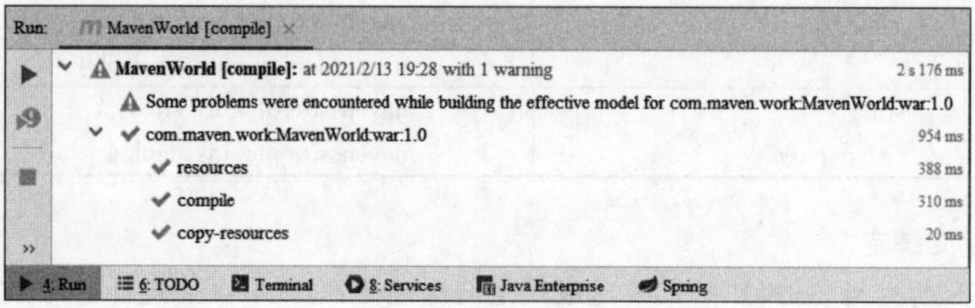

图 6.19 自定义绑定

Maven 关心的是对项目的管理与构建,它并不负责处理执行目标中的细节,甚至不清楚如何去编译代码或打包文件,这些任务都由插件来完成。

Maven 通过管理 pom.xml 文件从而在需要使用某些功能插件的时候将其从中央仓库下载下来并且定时进行更新。

Maven 下载下来的只是一些管理构建的工具,而底层更为细节的构件都存储在中央仓库中。这种分离的方式是有好处的,开发者可以对这些独立出来的插件功能进行独立管理,甚至可以开发出属于自己的插件并在合适的时候将其加入项目中。

6.3 POM 配置文件

POM 配置文件(pom.xml)是 Maven 的核心配置文件,其全称是 Project Object Model (工程对象模型)。POM 文件包含了项目中各种配置信息的细节,Maven 通过 pom.xml 文件管理与构建项目。

当执行一个任务或者目标时,Maven 首先会查找项目根目录下的 pom.mxl 文件,从其中读取需要的配置信息并执行目标。下面预览一下 pom.xml 文件的整体结构,代码如下:

```
//第 6 章/pom.xml 文件结构
<project xmlns = "http://maven.apache.org/POM/4.0.0"
        xmlns:xsi = "http://www.w3.org/2001/XMLSchema - instance"
        xsi:schemaLocation = "http://maven.apache.org/POM/4.0.0
```

```xml
              http://maven.apache.org/xsd/maven-4.0.0.xsd">
    <modelVersion>4.0.0</modelVersion>

    <!-- 基本配置 -->
    <groupId>...</groupId>
    <artifactId>...</artifactId>
    <version>...</version>
    <packaging>...</packaging>

    <!-- 依赖配置 -->
    <dependencies>...</dependencies>
    <parent>...</parent>
    <dependencyManagement>...</dependencyManagement>
    <modules>...</modules>
    <properties>...</properties>

    <!-- 构建配置 -->
    <build>...</build>
    <reporting>...</reporting>

    <!-- 项目信息 -->
    <name>...</name>
    <description>...</description>
    <URL>...</URL>
    <inceptionYear>...</inceptionYear>
    <licenses>...</licenses>
    <organization>...</organization>
    <developers>...</developers>
    <contributors>...</contributors>

    <!-- 其他设置 -->
    <issueManagement>...</issueManagement>
    <ciManagement>...</ciManagement>
    <mailingLists>...</mailingLists>
    <scm>...</scm>
    <prerequisites>...</prerequisites>
    <repositories>...</repositories>
    <pluginRepositories>...</pluginRepositories>
    <distributionManagement>...</distributionManagement>
    <profiles>...</profiles>
</project>
```

可以看到 POM 文件主要由以上几部分内容组成。

6.3.1 基本配置信息

在创建示例程序时指定了 modelVersion、groupId、artifactId、version 和 packaging 等信息，这些信息对应了 POM 配置文件中的基础配置节点。

1. modelVersion

此标签代表 POM 模型版本,根据官方文档,Maven 2 和 Maven 3 只能为 4.0.0。

2. groupId

此标签代表项目所属的组织或公司,命名规则通常为组织或公司的域名反转再加上项目名称。例如 com.example.project,此标识同时代表了项目中源码的包管理路径。

3. artifactId

此标签代表项目模块的名称,可以和项目名保持一致并且是唯一的。IntelliJ IDEA 中是以模块的方式对项目进行管理的,如果一个项目下有多个模块就可以通过 artifactId 进行区分。

4. version

此标签代表当前项目的版本号,其格式为大版本.小版本.增量版本-限定版本号,SNAPSHOT 意为快照,说明该项目还处于开发中。

5. packaging

此标签代表项目的打包方式,可选值为 pom、jar、ejb、maven-plugin、war、ear 等,默认打包方式为 jar。

6.3.2 Maven 依赖管理

在项目管理中很少存在简单的依赖关系。随着系统规模的增长,一个项目中包含了大量模块,而这些模块彼此之间的依赖关系也变得愈加复杂。使用 Maven 的模块管理功能可以解决这一问题,它不仅可以有效地管理那些已经开源的公共资源,还能够管理由项目构建出来的且具有层级依赖关系的各种组件。

例如,一个具有日志功能的公共模块会被系统其他的模块所调用,那么为了保持日志接口的规范性,通常会选择使用 slf4j 进行日志管理,但是仅使用 slf4j 是不够的,它的底层还需要使用 log4j 或其他基础的日志组件才能够正常运行,因为 slf4j 仅仅是一种规范级别的组件,它需要有真正来执行任务的 log4j 或其他基础组件。

事实上运行在网络上的每种服务通常都会有自己的日志,上述描述方式仅仅是为了理解依赖关系所带来的影响,当然开发者也可以使用诸如 ELK 等工具进行日志信息的集成服务部署,但是依赖的关系真的很复杂,尤其是大型公司所使用的产品中有很多都会以模块的方式独立出来并提供给其他模块或系统使用,这也是模块化的优点。

Apache Maven 提供了对于依赖关系的管理以方便开发者轻松地引入需要的外部资源或模块。读者可以简单地理解为我们将要学习如何引入外部的 JAR 资源及管理模块间的依赖关系两部分。首先学习一下如何引入外部的 JAR 资源。

POM 配置文件中提供了< dependencies >标签来配置相关的依赖,它是一个依赖的集合,其中的每一项依赖都使用< dependency >标签实现。

例如,要使用 JUnit 插件来引入单元测试,那么就需要在 POM 文件中添加相应的依赖,见 6.1.5 小节。

其中,< groupId >、< artifactId >和< version >这 3 个标签不仅在本地创建 Maven 项目

结构时有用，当开发者将本地创建的项目组件打包成 JAR 文件或其他格式上传到远程公共或私有的 Maven 仓库之后，这 3 个标签也同样可唯一性地标识仓库中的组件。

为了理解这 3 个标签的含义，建议读者浏览一下 Maven 的官方仓库，官方仓库的网址为 http://mvnrepository.com/，如图 6.20 所示。

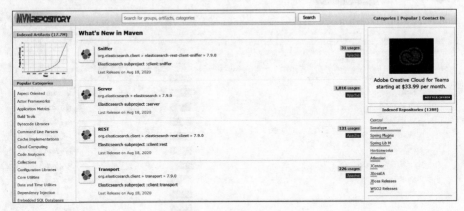

图 6.20　Maven Repository

读者可以轻松地找到自己最为熟悉的组件并查看其对外提供的依赖标识，我们以 Spring Boot 为例来查找一下需要的内容，如图 6.21 所示。

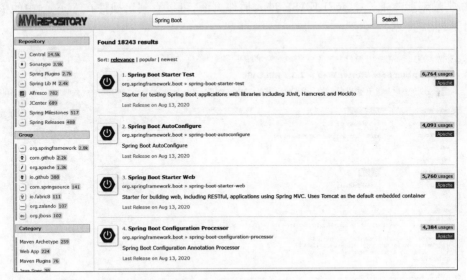

图 6.21　Spring Boot 依赖

spring-boot-starter-web 是在进行 Web 开发时经常会用到的自启动容器，单击 Spring Boot Starter Web 链接查看此插件下的多个版本，如图 6.22 所示。

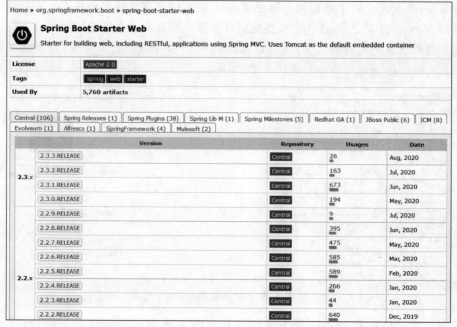

图 6.22 spring-boot-starter-web 插件列表

单击最新版本 2.3.3.RELEASE 进入插件页面,可以看到该插件在 Maven 中的依赖配置,如图 6.23 所示。

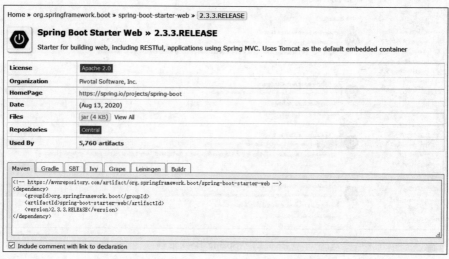

图 6.23 spring-boot-starter-web 依赖配置

开发者只需将文本域中的内容复制到 pom.xml 文件中便可以完成对此版本插件的引用,Maven 将自动下载并使用此插件。

所以依赖的引入十分简单,开发者只需找到目标组件并将其配置复制到pom.xml配置文件中就可以了,而如此简单的操作的背后其实有很多复杂的问题需要处理,但是这些问题都由Maven解决了。

继续讨论JUnit的相关配置,因为还有<scope>标签被我们忽略了。之所以单独对其进行说明,是因为它涉及了另一个问题:依赖范围。

Apache Maven中的每种依赖范围都有其特定的作用域,如表6.2所示。

表6.2 依赖范围

依赖范围	编译	测试	运行
compile	Y	Y	Y
test	N	Y	N
provided	Y	Y	N
runtime	N	Y	Y
system	Y	Y	N

通常在引入依赖时一定要准确地指定依赖范围,否则可能会导致意外的情况发生。例如将JUnit依赖范围指定为test的时候,会发现测试目录中AppTest.java应用程序可以正常运行,而App.java类却无法引入JUnit单元测试,如图6.24所示。

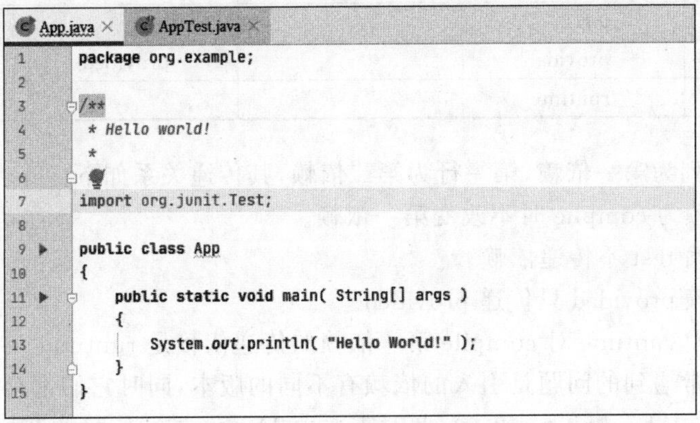

图6.24 无法引入JUnit依赖

这是因为JUnit组件的依赖范围为test,而主应用程序目录(main)中无法引入依赖范围为test的外部资源。

6.3.3 依赖传递与调节

Apache Maven不仅可以引入依赖,它还负责维护与管理依赖之间的关系传递,如图6.25所示。

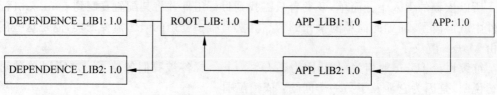

图 6.25 依赖的关系传递

从图 6.25 中可以看到：
- APP 依赖于 APP_LIB1 和 APP_LIB2。
- ROOT_LIB 是 APP_LIB1 和 APP_LIB2 的父项目。
- ROOT_LIB 依赖于 DEPENDENCE_LIB1 和 DEPENDENCE_LIB2。

其中涉及传递性依赖，即 A→B 和 B→C，则 A 对于 B 是第一依赖，B 对于 C 是第二依赖，而 A 对于 C 则是传递性依赖。

Maven 提供了对于传递性依赖的管理以帮助开发者在多级依赖情况下恰当地引入资源，如表 6.3 所示。

表 6.3 依赖传递

	compile	test	provided	runtime
compile	compile			runtime
test	test			test
provided	provided		provided	provided
runtime	runtime			runtime

表格中第一列为第一依赖，第一行为第二依赖，其传递关系如下：
(1) 第二依赖为 complie 时不改变第一依赖。
(2) 第二依赖 test 不传递依赖。
(3) 第二依赖 provided 只传递 provided。
(4) 第二依赖 runtime 对 compile 第一依赖的传递依赖是 runtime。

不过我们最常遇到的问题是引入的依赖有不同的版本，同时它们都存在传递性依赖，例如 a→b→c→x(1.0) 且 a→b→x(2.0)，此时需要由 Maven 进行依赖调节。

根据 Maven 依赖调节第一原则(最短路径原则)，使用的 x 包版本为 2.0。那么如果在 pom.xml 配置文件中同时引入两个不同版本的包依赖时要怎么办呢？这个时候就启动了第二原则，也就是优先声明原则。按照 pom.xml 配置文件中声明的顺序，优先声明的会被优先采用。

除此之外还有可选性依赖，即 a→b、b→x 和 b→y 的 optional 值都是 true，那么 a 对于 x 和 y 的依赖不会被传递，代码如下：

```
< dependencies >
  < dependency >
```

```
        <!--指定依赖是否被传递-->
        <optional>true</optional>
    </dependency>
</dependencies>
```

6.3.4 聚合与继承

模块化管理使得项目结构更加灵活和独立,但是也带来了新的问题。如果一个项目中的模块越来越多,则基于这些模块执行某些目标操作(如编译)将变得费时且低效。

Maven 提供了聚合的方式以把多个子模块聚集到一起,通过在聚合模块上执行目标来对其管理的所有子模块进行统一操作,因此,聚合模块作为一个独立的 Maven 项目也同样拥有自己的 POM 配置文件。因为聚合模块通过加载其他模块的 pom.xml 配置文件进行管理,所以聚合模块的打包方式为 pom,即<packaging>pom</packaging>。

在聚合模块中使用<modules>标签来标识引用不同的模块组件,其中每个<module>代表一个对应的 Maven 子模块。因为使用了聚合的方式进行管理,所以这些模块(包括聚合模块本身)都必须使用相同的模块版本。

为了便于项目管理,通常将聚合模块放在项目的外层,其他模块作为子目录存在。当打开项目时首先看到的就是聚合模块的配置,如图 6.26 所示。

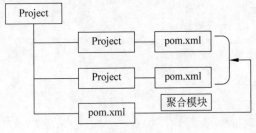

图 6.26 聚合模块

当然,也可以将聚合模块与其他模块放在平行结构,采用这种方式时需要调整聚合模块中定义的子模块位置,并且子模块所在目录应当与其 artifactId 一致,代码如下:

```
//第6章/多模块聚合
<modules>
        <module>../module_name1</module>
        <module>../module_name2</module>
        <module>../module_name3</module>
</modules>
```

<module>标签指定了子模块的位置,Maven 会去寻找每个子模块目录下的 pom.xml 配置文件。其中 module_name1 是第一个子模块的目录名称,一般也是该模块的 artifactId,但个别模块的设置可能会不一致。

这样就实现了聚合操作。在使用 IntelliJ IDEA 引入 Maven 项目之后，通过对聚合模块中 pom.xml 配置文件进行管理可以随时调整项目的模块工程结构。

聚合与继承通常是放在一起使用的，它们共同体现了高内聚低耦合的特点。如果多个子项目共用某些依赖，则可以把共用依赖提取到父项目中，子项目通过继承得到这些依赖，这样既减少了配置也方便了管理，例如升级、移除依赖等。

在项目顶层的 pom.xml 配置文件中，可以使用＜dependencyManagement＞标签元素来管理依赖版本，当子项目中引入相同依赖时不需要再指定依赖的版本号。Maven 会沿着父子层次向上寻找直至找到一个拥有＜dependencyManagement＞元素的项目并使用其中指定的版本号。此外，＜dependencyManagement＞元素中使用 optional 选项决定一个依赖是否可以被子模块继承，代码如下：

```
//第 6 章/依赖继承中的父类配置
<dependencyManagement>
    <dependencies>
        <!-- 子 pom 可以继承 -->
        <dependency>
            <groupId>com.alibaba</groupId>
            <artifactId>fastjson</artifactId>
            <version>1.2.47</version>
        </dependency>
        <!-- 子 pom 不可以继承 -->
        <dependency>
            <groupId>log4j</groupId>
            <artifactId>log4j</artifactId>
            <version>1.2.17</version>
            <optional>true</optional>
        </dependency>
    </dependencies>
</dependencyManagement>
```

用户可以直接使用＜dependencies＞标签而不是＜dependencyManagement＞标签来管理依赖，它们之间的区别在于：所有在父项目＜dependencies＞标签里声明的依赖，即使在子项目中没有写明，子项目依然会从父项目中全部继承依赖项，而＜dependencyManagement＞标签只是进行依赖的声明而不实现引入，因此子项目需要显式声明需要使用的依赖。

如果在子项目中没有声明依赖，则不会从父项目中继承下来。只有在子项目中引入依赖项并且没有指定具体版本时才会从父项目中继承该项，并且 version 和 scope 都读取自父项目的 pom.xml 配置文件。如果子项目中指定了版本号，则会使用子项目中指定的版本。

子项目的 pom.xml 文件配置如下：

```
//第 6 章/依赖继承中的子类配置
<?xml version="1.0" encoding="UTF-8"?>
<project xmlns="http://maven.apache.org/POM/4.0.0"
         xmlns:xsi="http://www.w3.org/2001/XMLSchema-instance"
```

```xml
            xsi:schemaLocation = "http://maven.apache.org/POM/4.0.0 http://maven.apache.org/
xsd/maven-4.0.0.xsd">
    <parent>
        <!-- 父项目坐标 -->
        <artifactId>父项目 artifactId</artifactId>
        <groupId>父项目 groupId</groupId>
        <version>父项目 version</version>
        <!-- 父项目 pom 文件路径 -->
        <relativePath>父项目 pom.xml</relativePath>
    </parent>
    <modelVersion>4.0.0</modelVersion>
    <artifactId>artifactId</artifactId>
    <dependencies>
        <!-- 不需要版本，会从父项目继承 -->
        <dependency>
            <groupId>com.alibaba</groupId>
            <artifactId>fastjson</artifactId>
        </dependency>
    </dependencies>
</project>
```

6.4 Maven 仓库

我们知道，Maven 中任何依赖或项目输出（如 JAR、WAR 等）都可称为构件，而每个构件都由唯一标识 groupId、artifactId 和 version 组成，因此 Maven 可以对构件进行版本控制与管理。Maven 仓库就是管理这些构件的地方。

从位置上划分，Maven 仓库主要分为本地仓库和远程仓库两种，其中远程仓库又可分为中央仓库和私服。

6.4.1 本地仓库

本地仓库是在用户计算机中为所有 Maven 工程服务的仓库。通常在 Maven 安装完成后并不会创建本地仓库，它需要在执行一次 maven 命令后才会被创建。

Mavan 本地仓库的默认位置位于 .m2 目录下的 repository 文件夹，用户可以在安装初始定义一个属于自己的本地仓库。在应用运行时 Maven 会尝试从本地仓库获取构件，如果构件在本地仓库中不存在，Maven 会从远程仓库下载构件至本地仓库，然后使用本地仓库的构件。

所以，本地仓库中的构件通常是从远程仓库复制到本地（或用户复制）的，但用户自定义的构件除外。如果要使用自定义构件，则可以执行 install 命令将项目生成的构件安装到本地仓库中，如图 6.27 所示。

install 命令负责将项目编译后生成的构件安装到本地仓库。双击 install 命令执行安装，IntelliJ IDEA 会列出构件的安装过程，所图 6.28 所示。

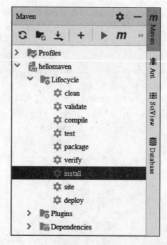

图 6.27 安装构件

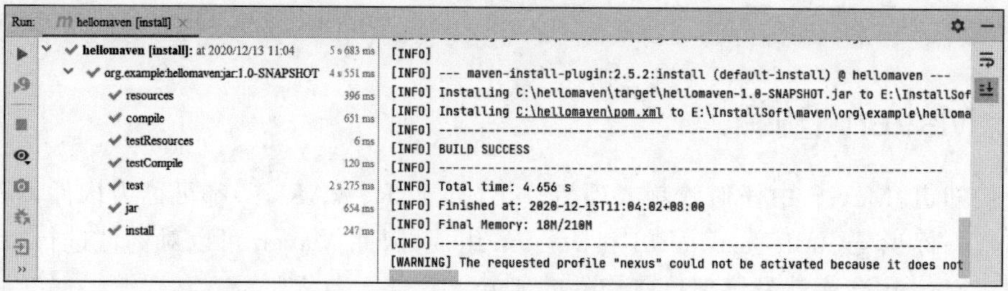

图 6.28 构件安装过程

安装完成后进入之前配置的本地仓库目录,查看一下构建出来的构件是否已经成功安装,如图 6.29 所示。

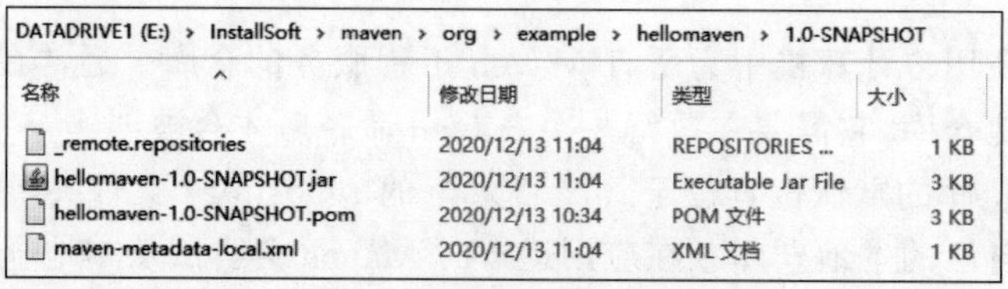

图 6.29 Maven 仓库中安装的构件

可以看到项目构件已经成功安装到本地仓库了,构件路径对应了 pom.xml 配置文件中的 groupId、artifactId 和 version 的组合,代码如下:

```
< groupId > org.example </groupId >
< artifactId > hellomaven </artifactId >
< version > 1.0 - SNAPSHOT </version >
```

如果构件的功能已经优先于仓库中之前下载或安装好的构件，则可以修改 pom.xml 配置文件重新定义构件坐标并在本地仓库中生成构件的其他版本。这样既可以提供给其他组件调用或调试，也可以在本地仓库保留构件的多个版本以便于配置随时进行切换，如图 6.30 所示。

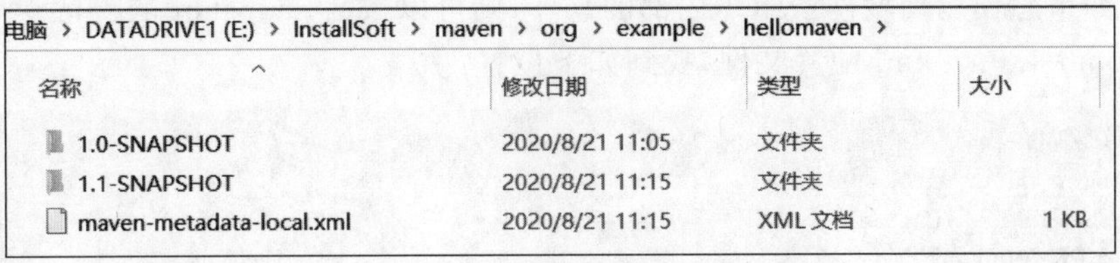

图 6.30　构件的多个版本

用户可以在 CMD 命令行下将构件安装至本地仓库，进入构件项目目录并执行 mvn install 命令即可。还可以将某些构件发布到远程仓库供外界使用，在这种情况下 Maven 会直接将其下载并存放到本地仓库。

6.4.2　中央仓库

中央仓库是 Maven 使用的默认仓库，其中包含了绝大多数的开源构件及源码、作者信息、SCM、许可证信息等，通常项目依赖的构件可以在这里获取。

Maven 默认中央仓库的网址为 https://repo.maven.apache.org/maven2/。如果读者感兴趣，可以找到 Maven 安装目录下的 lib 文件夹，其中有一个带有版本号的名为 maven-model-builder 的 JAR 文件。

用压缩软件打开此文件并在其目录 org\apache\maven\model 下找到名为 pom-4.0.0.xml 的配置文件。Maven 项目中所有的 pom.xml 配置文件均继承自此文件，此文件称为 Super Pom 文件，它是 Maven 项目配置文件的根文件。

打开 pom-4.0.0.xml 配置文件，找到如下位置：

```
//第6章/中央仓库配置
<repositories>
    <repository>
      <id>central</id>
      <name>Central Repository</name>
      <URL>https://repo.maven.apache.org/maven2</URL>
      <layout>default</layout>
      <snapshots>
        <enabled>false</enabled>
      </snapshots>
    </repository>
</repositories>
```

在 Super Pom 配置文件中，<repositories>标签配置 Maven 中央仓库的网址，其中包含一个 id 为 central 的默认远程仓库。

< enabled >标签告诉 Maven 可以从中央仓库下载 releases 版本的构件而不是 snapshot 版本的构件。禁止从公共仓库下载 snapshot 构件是推荐的做法，因为这些构件不稳定且不受控制，所以应该避免使用。

当然，如果想使用局域网中组织内部的仓库，则可以激活 snapshot 的支持。

打开 pom-4.0.0.xml 配置文件，找到如下位置：

```
//第 6 章/插件配置
< pluginRepositories >
    < pluginRepository >
        < id > central </ id >
        < name > Central Repository </ name >
        < URL > https://repo.maven.apache.org/maven2 </ URL >
        < layout > default </ layout >
        < snapshots >
            < enabled > false </ enabled >
        </ snapshots >
        < releases >
            < updatePolicy > never </ updatePolicy >
        </ releases >
    </ pluginRepository >
</ pluginRepositories >
```

< pluginRepositories >标签用于配置插件的下载网址，因为 Maven 中所有功能都是使用插件实现的，因此需要从特定的网址下载相应的插件。

用户可以在 pom.xml 配置文件中定义多个远程仓库，每个 repository 都具有唯一的标识 id、描述性名称 name 及远程仓库的 URL 网址。如果用户定义的仓库 id 为 central，则会覆盖默认的远程仓库设置。

6.4.3　其他远程仓库

除了中央仓库外，开发者通常会配置一些其他的远程仓库。这些仓库可能是其他公司或组织对外公布的仓库，也可能是开发者自己搭建的仓库。开发者自己构建的用于快速提供依赖管理的站点称为私服。

所以远程仓库不仅有中央仓库，也有其他公司或组织的远程仓库及用户自己的私服，但无论怎样划分，它们都是在 Maven 中配置管理的远程仓库。

在配置远程仓库时，我们总能听到"镜像"这样的词语，也会在 Maven 配置文件中看到许多< mirror >标签，这些标签同样配置了远程地址。这很让人困惑，到底应该如何使用远程仓库。

事实上镜像之所以称为"镜像"，是因为它是< repositories >标签中配置的远程仓库的替代方案。当 Maven 运行的时候，它首先会获取 pom.xml 里配置的所有 repository 的集合，然后获得每个 repository 的 id。

接下来 Maven 会在 settings.xml 配置文件里查找< mirrors >中定义的每个镜像元素，

如果< repository >标签的 id 和< mirror >标签的 mirrorOf 相同,则可使用该< mirror >标签指定的仓库地址代替该 repository 的仓库地址。如果该 repository 找不到对应的镜像,则继续使用其原来的配置并正常提供访问,如图 6.31 所示。

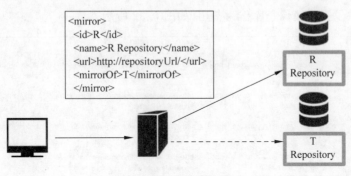

图 6.31　镜像的使用

可以理解为镜像覆写了对应 ID 的远程仓库,它相当于拦截器,其拦截所有 Maven 对远程仓库的请求并把请求中的远程仓库地址重定向到镜像里配置的地址,所以即使没有配置镜像仓库,而直接在远程仓库配置里指定镜像中对应的地址也是可以的。

例如使用阿里云作为中央仓库替代方案,代码如下:

```
//第 6 章/使用镜像
< mirror >
    < id > alimaven </ id >
    < name > aliyun maven </ name >
    < mirrorOf > central </ mirrorOf >
    < URL > http://maven.aliyun.com/nexus/content/groups/public</ URL >
</ mirror >
```

因为< mirrorOf >标签后面的值 central 是中央仓库的 id,所以可以使用阿里云仓库地址替代默认的 Maven 中央仓库。

千万不要忘记:镜像是在 Maven 对< repositories >标签进行扫描并对比时生效的,所以一定要在 pom.xml 文件中配置对应 id 的 repository,代码如下:

```
//第 6 章/配置镜像对应的远程仓库
< repositories >
    < repository >
        < id > alimaven </ id >
        < name > aliyun maven </ name >
        < URL >…</ URL >
        < releases >
            < enabled > true </ enabled >
        </ releases >
        < snapshots >
            < enabled > false </ enabled >
```

```
        </snapshots>
      </repository>
</repositories>
```

阿里云提供了很多镜像仓库作为备用,如图 6.32 所示。

仓库名称	阿里云仓库地址	阿里云仓库地址(老版)	源地址
central	https://maven.aliyun.com/repository/central	https://maven.aliyun.com/nexus/content/repositories/central	https://repo1.maven.org/maven2/
jcenter	https://maven.aliyun.com/repository/public	https://maven.aliyun.com/nexus/content/repositories/jcenter	http://jcenter.bintray.com/
public	https://maven.aliyun.com/repository/public	https://maven.aliyun.com/nexus/content/groups/public	central仓和jcenter仓的聚合仓
google	https://maven.aliyun.com/repository/google	https://maven.aliyun.com/nexus/content/repositories/google	https://maven.google.com/
gradle-plugin	https://maven.aliyun.com/repository/gradle-plugin	https://maven.aliyun.com/nexus/content/repositories/gradle-plugin	https://plugins.gradle.org/m2/
spring	https://maven.aliyun.com/repository/spring	https://maven.aliyun.com/nexus/content/repositories/spring	http://repo.spring.io/libs-milestone/
spring-plugin	https://maven.aliyun.com/repository/spring-plugin	https://maven.aliyun.com/nexus/content/repositories/spring-plugin	http://repo.spring.io/plugins-release/
grails-core	https://maven.aliyun.com/repository/grails-core	https://maven.aliyun.com/nexus/content/repositories/grails-core	https://repo.grails.org/grails/core
apache snapshots	https://maven.aliyun.com/repository/apache-snapshots	https://maven.aliyun.com/nexus/content/repositories/apache-snapshots	https://repository.apache.org/snapshots/

图 6.32 阿里云镜像

感兴趣的读者可以访问网址 https://maven.aliyun.com/mvn/guide 查看并试用。

通常远程仓库的地址可以直接在浏览器中访问,如图 6.33 所示。

不是所有的远程仓库都支持通过 URL 浏览仓库内容,例如阿里云仓库,但这并不影响项目的构建与使用。

如果仓库 A 可以提供仓库 B 存储的所有内容,则可以认为 A 是 B 的一个镜像。换句话说,任何一个可以从仓库 B 获得的构件,都能够从它的镜像 A 中获取,所以当读者再次看到镜像的时候,应该就不会那么迷惑了。

6.4.4 Super Pom 中的其他管理

再来看一下 Super Pom 中的其他配置,代码如下:

```
//第 6 章/Super Pom 中的路径配置
<build>
    <directory>${project.basedir}/target</directory>
    <outputDirectory>${project.build.directory}/classes</outputDirectory>
    <finalName>${project.artifactId}-${project.version}</finalName>
```

图 6.33 访问远程仓库

```
    <testOutputDirectory>${project.build.directory}/test-classes</testOutputDirectory>
    <sourceDirectory>${project.basedir}/src/main/java</sourceDirectory>
    <scriptSourceDirectory>${project.basedir}/src/main/scripts</scriptSourceDirectory>
    <testSourceDirectory>${project.basedir}/src/test/java</testSourceDirectory>
    <resources>
      <resource>
        <directory>${project.basedir}/src/main/resources</directory>
      </resource>
    </resources>
    <testResources>
      <testResource>
        <directory>${project.basedir}/src/test/resources</directory>
      </testResource>
    </testResources>
    ...
</build>
```

现在可以理解为什么 Java 程序都放置在项目的 src/main/java 目录下,而测试程序都放置在 src/test/java 目录下,因为这些配置都是约定好的。

6.5 多环境切换

你一定遇到过这样的情况:在一个项目中同时存在多种运行环境,如开发环境、测试环境、预发布环境(灰度环境)和生产环境等。这些环境的配置并不相同,如数据源配置、日志配置及其他基本配置和参数。

不要尝试准备多套程序来应对不同的环境配置,因为在这些环境之间进行应用同步会是一个无用且费时的过程。事实上,应用程序的功能在运行时应该保持一致并且不应该以 N 个存在的方式出现。

那么在应用每次上线部署之前修改相应的配置文件再发布出去不可以吗?可以,但是这样很容易出错,而且浪费时间与劳动力。

Maven 中的 Profile 提供了多环境下更好的处理方式。我们不仅可以通过使用 Profile 来适应不同环境的不同配置,还可以适时地根据环境来切换使用哪些远程仓库。

6.5.1 什么是 Profile

简单地说,Profile 是为不同环境定义的分类标签。Profile 定义完成之后可以在开发工具(如 IntelliJ IDEA)中直接看到相应的 Profile 环境标签列表。

通过激活不同环境的 Profile 即可使其对应的配置生效,从而简单方便地在不同环境之间进行快速切换,所以读者要明确一个事实:不同环境之间的差异不应该是代码,而是独立出来的配置。

为了更好地理解 Profile 的概念,先来观察如图 6.34 所示的 Profile 环境列表。其中包含了开发环境(dev)、灰度环境(gray)、生产环境(prod)和测试环境(test),并且当前使用的是 test 环境配置。

事实上,Profile 代表的仅是一个环境的标识,其中并不包含具体的配置内容,这些配置通常放在 resources 资源目录下,如图 6.35 所示。

因为当前应用激活了 test 环境,所以其使用了 testResource 目录下名为 config.properties 的配置文件,但是在选择 Profile 的时候项目是如何知道这些配置的位置并对其进行加载的呢?这种对应关系是如何实现的?

6.5.2 Profile 的种类

首先来了解一下配置的有效范围。Apache Maven 的配置主要在如下 3 个地方:

(1)项目中的 pom.xml 配置文件,其中声明的配置仅对当前项目有效。

(2)用户目录下的 .m2/settings.xml 配置文件,其中声明的配置对本机当前用户的所有 Maven 项目有效。

(3)Maven 安装目录 conf 下的 settings.xml 配置文件,对本机所有项目有效。

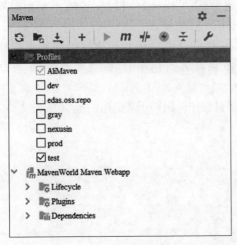
图 6.34　Profile 环境列表

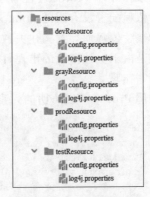
图 6.35　Profile 环境配置

用户可以在上述 3 个地方分别对 Profile 进行设置。为了不影响其他用户的操作且方便升级 Maven，一般建议修改项目的 pom.xml 配置文件而不是全局的 settings.xml 配置文件。

不同类型的 Profile 中可以声明的 POM 元素是不一样的。

在项目级 pom.xml 中定义的 Profile 能够跟随项目一起提交到代码仓库中。它能够被 Maven 安装到本地仓库并且部署到远程 Maven 仓库中，因此可以保证 Profile 伴随特定的 pom.xml 一起存在并在其中添加很多 POM 元素，代码如下：

```
//第 6 章/内部 Profile 包含的元素
< project >
    < repositories ></repositories >
    < pluginRepositories ></pluginRepositories >
    < dependencies ></dependencies >
    < dependencyManagement ></dependencyManagement >
    < modules ></modules >
    < properties ></properties >
    < reporting ></reporting >
    < build >
    < plugins ></plugins >
        < defaultGoal ></defaultGoal >
        < resources ></resources >
        < testResources ></testResources >
        < finalName ></finalName >
    </build >
</project >
```

如上所示，在项目级 pom.xml 中的 Profile 可以定义的元素较多，如插件配置、项目资源目录、资源目录配置、项目构建名称等。

除了 pom.xml 中定义的 Profile 外，其他外部的 Profile 可以配置的元素相对较少，因为外部 Profile 无法保证同项目中的 pom.xml 一起发布。

如果在外部 Profile 中配置了项目依赖，虽然用户可以在本地进行编译并完成构建，但是因为依赖配置没有跟随 pom.xml 一起发布并部署到仓库中，则当其他用户下载项目后会因为缺少依赖而导致构建失败。

正是由于上述情况的出现，因此很多在项目级 Profile 可以使用的元素不被允许在外部 Profile 中出现。

外部 Profile 可以声明的元素如下：

```
//第6章/外部 Profile 外含的元素
<project>
    <repositories></repositories>
    <pluginRepositories></pluginRepositories>
    <properties></properties>
</project>
```

这些外部 Profile 元素不足以影响项目的正常构建，只会影响项目的仓库和 Maven 属性。

6.5.3 示例工程

创建示例工程并基于 Profile 实现不同环境的切换。首先定义这样一个场景：应用需要发送请求到外界或下游接口，这些接口中定义了特定环境下功能的实现。当进行 Profile 环境切换时，对应的下游请求地址会跟随环境而改变。

首先定义下游服务在不同环境下的服务地址，地址如下：
- 测试环境：http://localhost:8080/test/testRequest。
- 开发环境：http://localhost:8081/dev/testRequest。
- 灰度环境：http://localhost:8082/gray/testRequest。
- 生产环境：http://localhost:8083/prod/testRequest。

将上述地址添加到不同环境的配置文件中。以测试环境为例，新建 config.properties 配置文件，然后将请求地址配置到文件中，配置如下：

```
baseURL = http://localhost:8080/test
requestURL = /testRequest
```

文件中请求地址是拆分开的，这么做是因为在配置数据较多的时候，通过分组可以更好地管理数据配置并进行维护，在请求时可以根据需要取出不同的属性拼接出需要的地址。分组后的配置文件如图 6.36 所示。

再来看 Maven 是如何激活并加载对应环境配置的，代码如下：

```
//第6章/Profile 多环境配置资源构建文件
<?xml version="1.0" encoding="UTF-8"?>
```

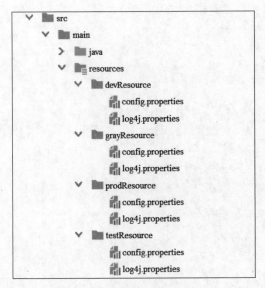

图 6.36　配置文件分组

```
< project xmlns = "http://maven.apache.org/POM/4.0.0" xmlns:xsi = "http://www.w3.org/2001/
XMLSchema - instance"
    xsi: schemaLocation = " http://maven.apache.org/POM/4.0.0 http://maven.apache.org/xsd/
maven - 4.0.0.xsd">
    <! --
    项目资源构建文件,可以被切换和激活,激活后修改构建处理,自动切换环境相关配置
    -->
< profiles >
    <! -- 根据环境参数或命令行参数激活某个构建处理 -->
    <! -- 测试环境 -->
    < profile >
        <! --
        构建配置的唯一标识符。既用于命令行激活,也用于在继承时合并具有相同标识符的 profile。
        -->
        < id > test </ id >
        < properties >
            < profiles.active > testResource </ profiles.active >
        </ properties >
        < activation >
            < activeByDefault > true </ activeByDefault >
        </ activation >
    </ profile >
    <! -- 开发环境 -->
    < profile >
        < id > dev </ id >
        < properties >
            < profiles.active > devResource </ profiles.active >
```

```xml
        </properties>
      </profile>
      <!-- 生产环境 -->
      <profile>
        <id>prod</id>
        <properties>
          <profiles.active>prodResource</profiles.active>
        </properties>
      </profile>
      <!-- 灰度环境 -->
      <profile>
        <id>gray</id>
        <properties>
          <profiles.active>grayResource</profiles.active>
        </properties>
      </profile>
    </profiles>

    <build>
      <finalName>MavenWorld</finalName>
      <!-- 资源文件夹,可配置多个 -->
      <resources>
        <resource>
          <!-- 资源文件目录 -->
          <directory>${basedir}/src/main/resources</directory>
          <!-- 资源根目录排除各环境的配置,防止在生成目录中有多余的其他目录 -->
          <excludes>
            <exclude>devResource/**</exclude>
            <exclude>prodResource/**</exclude>
            <exclude>grayResource/**</exclude>
            <exclude>testResource/**</exclude>
          </excludes>
        </resource>
        <!-- 根据当前激活的profile来把指定的配置文件加载到classpath下 -->
        <resource>
          <directory>${basedir}/src/main/resources/${profiles.active}</directory>
        </resource>
      </resources>
    </build>
</project>
```

在<profiles>标签内配置了多个环境,其中id属性标识当前环境的名称,这些名称对应了Maven选项卡下的资源列表,如图6.37所示。

在环境列表中test构建资源时被激活,pom.xml配置文件中的activeByDefault属性用于指定当前资源是否处于激活状态。

<properties>标签下的 profiles.active 属性用于环境对应的资源目录名称,在进行资源打包操作时会对此目录下的资源进行打包。

<resources>标签下的<directory>标签指定了项目在构建打包时需要加载的资源路径,路径中配置的${profiles.active}变量即是用户在激活资源时动态取得的<properties>标签下的 profiles.active 属性。

在应用启动后,处于激活状态环境的对应配置将会被加载并使用。CommonConfig.java 用于获取这些属性,代码如下:

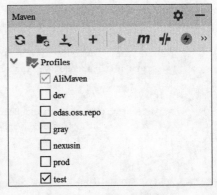

图 6.37　Maven 环境列表

```java
//第 6 章/加载配置属性 CommonConfig.java
public class CommonConfig {
    //编码方式
    public final static String charset = "UTF-8";
    private static final Properties config;

    static {
        config = new Properties();
        InputStream in = CommonConfig.class.getResourceAsStream("/config.properties");
        try {
            config.load(in);
        } catch (IOException e) {
            e.printStackTrace();
        }
    }

    /* 接口 BASE-URL */
    private final static String BASE_URL = config.getProperty("baseURL").trim();

    //获取接口地址
    public static String getInterfaceURL(String URLKey) {
        return BASE_URL + config.getProperty(URLKey).trim();
    }

    public static String getConfig(String key) {
        return config.getProperty(key);
    }
}
```

通过读取 config.properties 配置文件获取全部的属性,然后通过 getConfig()方法获取对应属性的值,而通过 getInterfaceURL()方法则可以获取带有地址前缀的完整接口地址。

通过单例模式实现用于发送请求的服务程序 CommonServer.java,在每次切换激活环境后,当执行请求操作时将会向不同的接口地址发送请示并获得响应,代码如下:

```java
//第6章/实现请求逻辑 CommonServer.java
public class CommonServer implements CommonService {

    public static CommonService getInstance() {
        return InstanceHolder.instance;
    }

    private static class InstanceHolder {
        private static final CommonService instance = new CommonServer();
    }

    @Override
    public JSONObject commonDo(String URL, Map<String, Object> params) {
        String link_URL = CommonConfig.getInterfaceURL(URL);
        try {
            post(link_URL, Map.class, com.alibaba.fastjson.JSONObject.toJSONString(params));
        } catch (Exception e) {
            e.printStackTrace();
        }
        return new JSONObject();
    }

    private <T> T post(String URL, Class<T> responseType, String msg) throws Exception {
        RestTemplate template = new RestTemplate();
        try {
            String key = CommonConfig.getConfig("key");
            String secret = CommonConfig.getConfig("secret");
            HttpEntity<?> params = ReqUtil.setRequestMap(msg, key, secret);
            ResponseEntity<T> responseEntity = template.exchange(URL, HttpMethod.POST, params, responseType);
            return responseEntity.getBody();
        } catch (Exception e) {
            throw e;
        }
    }
}
```

示例中使用 Spring RestTemplate 来发送请求，同时封装了简单的鉴权操作以便于接收端进行验证，读者可以参照本书源码中的内容进行学习。

6.6 模块化示例

模块化是一种很好的开发方式，它有效地解决了单体应用由于成长过快而带来的种种弊端。通过对功能进行解耦，模块化提高了应用的可维护性与可测试性，同时还便于定位与解决问题。

IntelliJ IDEA 对项目的模块化管理提供了很好的支持，同时结合 Apache Maven 等构建工具实现了强大的构建管理功能。不仅如此，模块化也为微服务的应用与展开提供了基础,越来越多的企业与开发者开始采用模块化来管理它们的项目。

本节通过示例来深入学习项目的模块化构建过程,以便于读者更好地理解模块化的概念与实现。

执行菜单 File→New→Project 命令打开新建工程窗口并选择 Maven 选项卡,不要勾选 Create from archetype 选项,因为在模块化结构项目中外层项目仅是一个用于装载内部模块的容器,如图 6.38 所示。

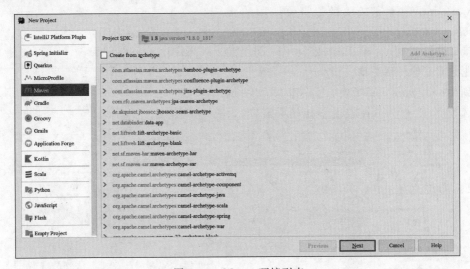

图 6.38　Maven 环境列表

单击 Next 按钮执行下一步,输入项目名称 MultiWork 并指定其存储位置,在下方设置项目的 GroupId、ArtifactId 和 Version,单击 Finish 按钮完成父类工程的创建,如图 6.39 所示。

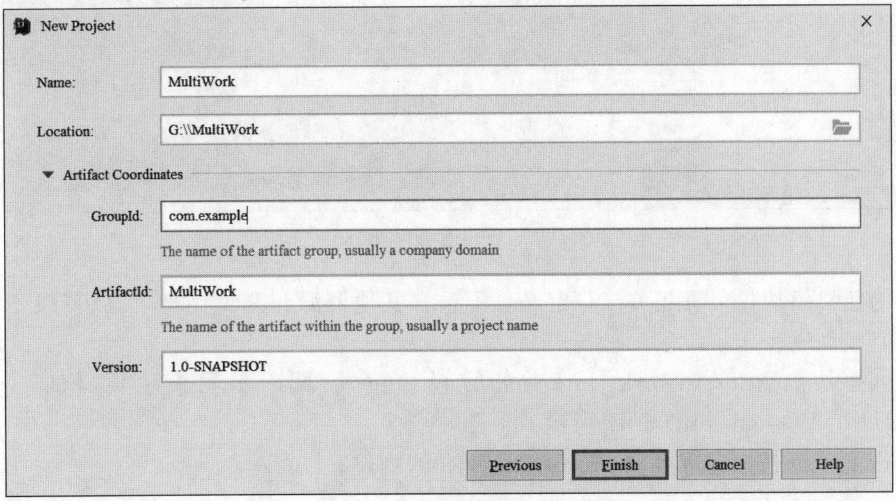

图 6.39　配置项目属性

创建完成的工程结构如图 6.40 所示。由于父类工程不需要任何代码实现,因此可以直接删除 src 目录,但是一定要保留 pom.xml 配置文件,因为它将用于模块的配置与管理。

首先定义 3 个子模块工程 multiwork_intf、multiwork_impl 与 multiwork_service。其中 multiwork_intf 用于定义项目中需要使用的接口,multiwork_impl 用于对 multiwork_intf 中定义的接口进行实现,而 multiwork_service 则用来处理业务或其他外部逻辑。

创建 multiwork_intf 子模块。右击 MultiWork 项目选择 New→Module 打开新建模块窗口,如图 6.41 所示。

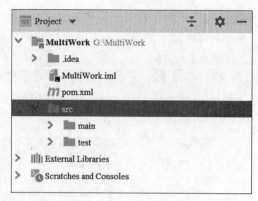

图 6.40 父类工程结构

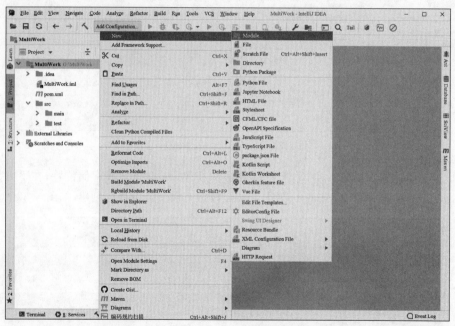

图 6.41 新建子模块

因为接口模块仅负责相关接口定义且不包含其他资源与测试用例,因此可以不使用任何模板直接创建。

输入模块名称 multiwork_intf 并指定模块位置,同时填写模块项目的 GroupId、ArtifactId 和 Version,如图 6.42 所示。

单击 Finish 按钮完成模块 multiwork_intf 的创建。

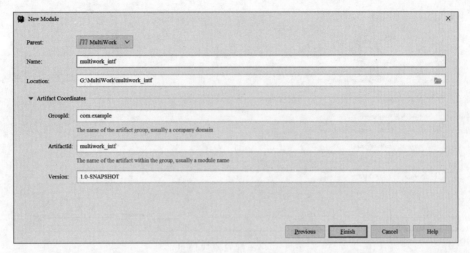

图 6.42　配置子模块

模块 multiwork_impl 的创建步骤与上述一致，在进行模板选择时可以使用 maven-archetype-quickstart 原型模板，如图 6.43 所示，单击 Next 按钮执行下一步。

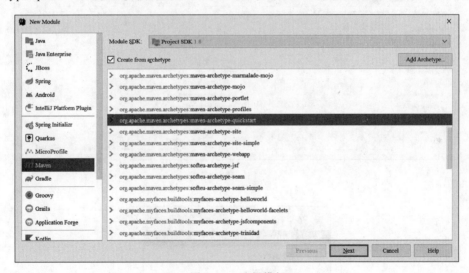

图 6.43　选择模板

输入模块名称 multiwork_impl 并指定其存储位置，在下方填写模块项目的 GroupId、ArtifactId 和 Version，如图 6.44 所示。

单击 Next 按钮执行下一步，确认 Maven 安装目录及配置，同时根据需要对 Properties 列表中的属性进行调整，如图 6.45 所示。

单击 Finish 按钮完成 multiwork_impl 模块的创建。multiwork_service 模块的创建过程与 multiwork_impl 模块类似，因此不再过多描述。创建后的项目结构如图 6.46 所示。

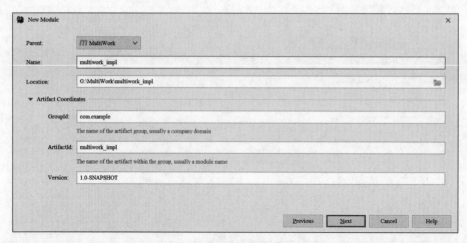

图 6.44　配置模块信息

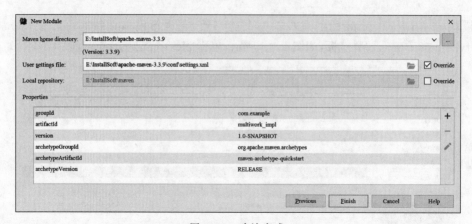

图 6.45　确认完成

图 6.46　多模块项目结构

打开根目录下的 pom.xml 配置文件，可以看到 multiwork_impl、multiwork_intf 与 multiwork_service 3 个模块全部加入了父类工程的管理，如图 6.47 所示。

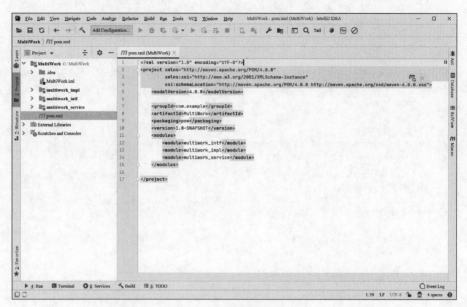

图 6.47　多模块聚合

在填充内容之前先确定模块的相关依赖。对于系统通用的依赖都可以放在父类工程中由子工程继承。我们抽取了一些依赖，将这些依赖添加到父类工程的 pom.xml 中，代码如下：

```xml
//第6章/pom.xml 多模块管理
<?xml version="1.0" encoding="UTF-8"?>
<project xmlns="http://maven.apache.org/POM/4.0.0"
         xmlns:xsi="http://www.w3.org/2001/XMLSchema-instance"
         xsi:schemaLocation="http://maven.apache.org/POM/4.0.0 http://maven.apache.org/xsd/maven-4.0.0.xsd">
    <modelVersion>4.0.0</modelVersion>

    <groupId>com.example</groupId>
    <artifactId>MultiWork</artifactId>
    <packaging>pom</packaging>
    <version>1.0-SNAPSHOT</version>
    <modules>
        <module>multiwork_intf</module>
        <module>multiwork_impl</module>
        <module>multiwork_service</module>
    </modules>

    <dependencies>
        <dependency>
```

```xml
        <groupId>org.projectlombok</groupId>
        <artifactId>lombok</artifactId>
        <version>1.16.10</version>
</dependency>

<dependency>
        <groupId>org.slf4j</groupId>
        <artifactId>slf4j-api</artifactId>
        <version>1.8.0-beta2</version>
</dependency>

<dependency>
        <groupId>org.slf4j</groupId>
        <artifactId>slf4j-log4j12</artifactId>
        <version>1.8.0-beta2</version>
</dependency>

<dependency>
        <groupId>log4j</groupId>
        <artifactId>log4j</artifactId>
        <version>1.2.17</version>
        <type>zip</type>
</dependency>

<dependency>
        <groupId>javax.servlet</groupId>
        <artifactId>servlet-api</artifactId>
        <version>2.5</version>
        <scope>provided</scope>
</dependency>

<dependency>
        <groupId>org.springframework</groupId>
        <artifactId>spring-web</artifactId>
        <version>5.0.7.RELEASE</version>
</dependency>

<dependency>
        <groupId>org.springframework</groupId>
        <artifactId>spring-context</artifactId>
        <version>5.0.7.RELEASE</version>
</dependency>

<dependency>
        <groupId>org.springframework</groupId>
        <artifactId>spring-core</artifactId>
        <version>5.0.7.RELEASE</version>
</dependency>

<dependency>
        <groupId>org.springframework</groupId>
        <artifactId>spring-beans</artifactId>
```

```xml
            <version>5.0.7.RELEASE</version>
        </dependency>

        <dependency>
            <groupId>junit</groupId>
            <artifactId>junit</artifactId>
            <version>4.11</version>
        </dependency>
    </dependencies>

    <build>
        <plugins>
            <plugin>
                <groupId>org.apache.maven.plugins</groupId>
                <artifactId>maven-compiler-plugin</artifactId>
                <version>3.8.0</version>
                <configuration>
                    <source>1.8</source>
                    <target>1.8</target>
                </configuration>
            </plugin>
        </plugins>
    </build>
</project>
```

用户完全不必担心子工程在继承父工程的依赖后会产生冗余,在模块构建打包后它只会包含其需要的内容,不需要的内容是不会被添加到子模块中的。

接下来为模块 multiwork_intf 定义相关的接口。如果模块中的目录结构没有被 IntelliJ IDEA 有效地识别,则读者需要手工设置工程结构下的源码目录、资源目录与测试目录。

在 multiwork_intf 模块的 src 目录下新建包结构 com.multiwork.intf,同时为其添加接口文件 MultiworkIntf.java,代码如下:

```java
//第6章/接口文件 MultiworkIntf.java
package com.multiwork.intf;

public interface MultiworkIntf {
    /**
     * 前置执行方法
     */
    void before();
    /**
     * 正式执行方法
     */
    void execute();
    /**
     * 后置执行方法
     */
    void after();
}
```

接口定义完成后在 multiwork_impl 模块中添加其实现。首先打开 multiwork_impl 模块的 pom.xml 配置文件并添加对模块 multiwork_intf 的依赖，代码如下：

```xml
//第6章/定义依赖配置
<?xml version="1.0" encoding="UTF-8"?>
<project xmlns="http://maven.apache.org/POM/4.0.0" xmlns:xsi="http://www.w3.org/2001/XMLSchema-instance"
  xsi:schemaLocation=" http://maven.apache.org/POM/4.0.0 http://maven.apache.org/xsd/maven-4.0.0.xsd">
  <modelVersion>4.0.0</modelVersion>
  <groupId>com.example</groupId>
  <artifactId>multiwork_impl</artifactId>
  <version>1.0-SNAPSHOT</version>
  <name>multiwork_impl</name>
  <!-- FIXME change it to the project's website -->
  <URL>http://www.example.com</URL>
  <dependencies>
    <dependency>
      <groupId>com.example</groupId>
      <artifactId>multiwork_intf</artifactId>
      <version>1.0-SNAPSHOT</version>
      <scope>compile</scope>
    </dependency>
  </dependencies>
</project>
```

接下来在模块 multiwork_impl 中添加包结构 com.multiwork.impl，然后创建实现类文件 MultiworkImpl.java，代码如下：

```java
第6章/定义实现类文件 MultiworkImpl.java
package com.multiwork.impl;

import com.multiwork.intf.MultiworkIntf;
import lombok.extern.slf4j.Slf4j;
import org.springframework.stereotype.Service;

@Service
@Slf4j
public class MultiworkImpl implements MultiworkIntf {
    /**
     * 前置执行方法
     */
    public void before() {
        log.info("执行前置操作");
    }

    /**
     * 执行方法
     */
    public void execute() {
        log.info("执行方法");
```

```java
    }
    /**
     * 后置执行方法
     */
    public void after() {
        log.info("执行后置操作");
    }
}
```

程序代码中使用了 lombok 插件，读者需要在 IntelliJ IDEA 中自行安装 lombok 插件。关于插件的安装及使用可参照第 16 章插件的使用与管理。

在实现类 MultiworkImpl.java 中，我们使用了 Spring 的 @Service 注解将当前类标记为服务，这样就可以在 multiwork_service 中通过使用 Spring 的上下文环境将当前类加载进来并使用，这也是多模块应用中常用的开发方式。

接下来对 multiwork_service 模块进行实现。首先打开 multiwork_service 模块下的 pom.xml 文件并添加依赖，代码如下：

```xml
//第 6 章/定义服务依赖
<?xml version="1.0" encoding="UTF-8"?>
<project xmlns="http://maven.apache.org/POM/4.0.0" xmlns:xsi="http://www.w3.org/2001/XMLSchema-instance"
         xsi:schemaLocation="http://maven.apache.org/POM/4.0.0 http://maven.apache.org/xsd/maven-4.0.0.xsd">
    <parent>
        <artifactId>MultiWork</artifactId>
        <groupId>com.example</groupId>
        <version>1.0-SNAPSHOT</version>
    </parent>
    <modelVersion>4.0.0</modelVersion>
    <artifactId>multiwork_service</artifactId>
    <name>multiwork_service</name>
    <!-- FIXME change it to the project's website -->
    <url>http://www.example.com</url>
    <properties>
        <project.build.sourceEncoding>UTF-8</project.build.sourceEncoding>
        <maven.compiler.source>1.7</maven.compiler.source>
        <maven.compiler.target>1.7</maven.compiler.target>
    </properties>

    <dependencies>
        <dependency>
            <groupId>junit</groupId>
            <artifactId>junit</artifactId>
            <version>4.11</version>
            <scope>test</scope>
        </dependency>
        <dependency>
            <groupId>com.example</groupId>
            <artifactId>multiwork_intf</artifactId>
```

```xml
            <version>1.0-SNAPSHOT</version>
        </dependency>
        <dependency>
            <groupId>com.example</groupId>
            <artifactId>multiwork_impl</artifactId>
            <version>1.0-SNAPSHOT</version>
        </dependency>
    </dependencies>
</project>
```

在 pom.xml 文件中添加了依赖的模块。新建包结构 com.multiwork.service 并创建 SpringConfiguration.java 文件,代码如下:

```java
//第6章/初始化容器 SpringConfiguration.java
package com.multiwork.service;
import lombok.extern.slf4j.Slf4j;
import org.springframework.context.annotation.ComponentScan;
import org.springframework.context.annotation.Configuration;

@Configuration
@ComponentScan(basePackages = {"com.multiwork"})
@Slf4j
public class SpringConfiguration {
    public SpringConfiguration(){
        log.info("启动初始化Spring容器…");
    }
}
```

SpringConfiguration.java 文件中通过使用 ComponentScan 注解的 basePackages 属性指定了待扫描组件的目录。

接下来创建文件 MultiworkService.java 并为其添加测试用例,代码如下:

```java
//第6章/测试用例 loadContext()
package com.multiwork.service;

import lombok.extern.slf4j.Slf4j;
import org.junit.Test;
import org.springframework.context.ApplicationContext;
import org.springframework.context.annotation.AnnotationConfigApplicationContext;

@Slf4j
public class MultiworkService {
    @Test
    public void loadContext() {
        ApplicationContext context = new AnnotationConfigApplicationContext(SpringConfiguration.class);
        for (String beanName : context.getBeanDefinitionNames()) {
            log.info("bean: " + beanName);
        }
    }
}
```

测试用例运行成功后执行打印输出,如图6.48所示。

```
[com.multiwork.service.SpringConfiguration] - 启动初始化Spring容器...
[com.multiwork.service.MultiworkService] - beanName: org.springframework.context.annotation.internalConfigurationAnnotationProcessor
[com.multiwork.service.MultiworkService] - beanName: org.springframework.context.annotation.internalAutowiredAnnotationProcessor
[com.multiwork.service.MultiworkService] - beanName: org.springframework.context.annotation.internalRequiredAnnotationProcessor
[com.multiwork.service.MultiworkService] - beanName: org.springframework.context.annotation.internalCommonAnnotationProcessor
[com.multiwork.service.MultiworkService] - beanName: org.springframework.context.event.internalEventListenerProcessor
[com.multiwork.service.MultiworkService] - beanName: org.springframework.context.event.internalEventListenerFactory
[com.multiwork.service.MultiworkService] - beanName: springConfiguration
[com.multiwork.service.MultiworkService] - beanName: multiworkImpl
```

图6.48 运行测试用例(一)

如果程序已经执行但没有打印信息,则读者需要检查log4j.properties配置文件是否存在。

观察Spring上下文环境中获取的Bean实例,可以看到自定义的MultiworkService服务已经被加载了(以实现类的首字母小写命名)。

继续添加测试用例testService(),代码如下:

```
//第6章/测试用例 testService()
@Test
public void testService() {
    ApplicationContext context = new AnnotationConfigApplicationContext(SpringConfiguration.class);
    MultiworkIntf service = (MultiworkIntf)context.getBean("multiworkImpl");
    service.execute();
}
```

用例执行后的效果如图6.49所示。

```
[org.springframework.context.annotation.AnnotationConfigApplicationContext] - Refreshing org.springframework.context.annotation.AnnotationConfigA
[org.springframework.beans.factory.xml.XmlBeanDefinitionReader] - Loading XML bean definitions from class path resource [applicationContext.xml]
[com.multiwork.service.SpringConfiguration] - 启动初始化Spring容器...
[com.multiwork.impl.MultiworkImpl] - 执行方法
```

图6.49 运行测试用例(二)

本示例中实现了模块化项目的构建,但真实项目的规模会更加庞大且复杂。开发者可根据需要去创建模块,这些模块既可以是普通的Java应用,也可以是Web服务。

此外,项目中执行单元测试与日志输出的依赖全部是在父模块中定义的。通过在父模块中统一引用依赖使得每个子模块的pom.xml文件都十分简洁,每个子模块都尽量只去考虑与其他模块的继承依赖关系即可。建议开发者一定要仔细地配置模块之间的关联关系,以最简洁的配置搭建最高效的应用与环境。

6.7 使用Nexus构建私有仓库

除了中央仓库外,很多企业或用户都会搭建属于自己的私有仓库。这样不仅能够节省带宽和时间,同时还可以降低中央仓库的负荷。

Nexus是一种用于搭建私有仓库的工具,通过使用私有仓库可以部署一些无法从外部仓库获得的组件,同时企业私服还可以提供给其他依赖项目使用。

6.7.1 下载与安装

首先需要对 Nexus 进行下载与安装，其官网网址为 www.sonatype.com，如图 6.50 所示。

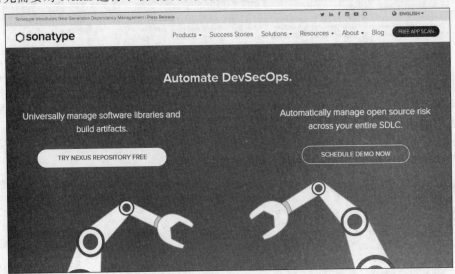

图 6.50 sonatype 官网(一)

单击 Products 菜单展开下拉列表，找到左侧下方的 Nexus Repository Manager 选项，如图 6.51 所示。

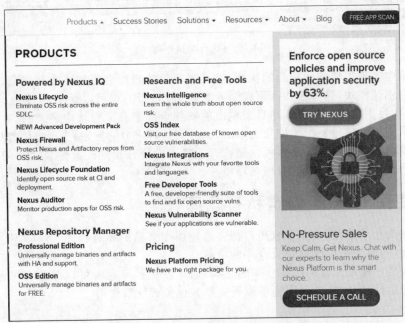

图 6.51 sonatype 官网(二)

Nexus 提供 Professional Edition(专业收费版)和 OSS Edition(免费版)两种版本,此处选择免费版。单击 OSS Edition 菜单打开 nexus repository oss 下载页面,如图 6.52 所示。

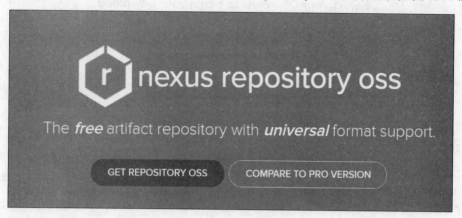

图 6.52　Nexus 下载页面(一)

单击 GET REPOSITORY OSS 按钮进入预下载页面,如图 6.53 所示。

图 6.53　Nexus 下载页面(二)

在预下载页面输入用户邮箱并选择用户类型,单击 DOWNLOAD 按钮进入对应的下载页面,用户可根据系统环境选择对应的版本完成下载,如图 6.54 所示。

下载完成后将文件解压至本地,如 C:\nexus-3.18.1-01-win64\。根目录下有两个文件夹,分别是 nexus-3.18.1-01 和 sonatype-work。

进入 nexus-3.18.1-01\etc 目录并找到文件 nexus-default.properties,此文件为默认的配置文件,修改文件内容如下:

```
application-port=8081
application-host=127.0.0.1
```

其中,application-host 用于指定 Nexus 服务监听的主机 IP 地址,application-port 用于指定 Nexus 服务监听的端口,还可以配置 nexus-context-path 指定 Nexus 服务上下文路径。

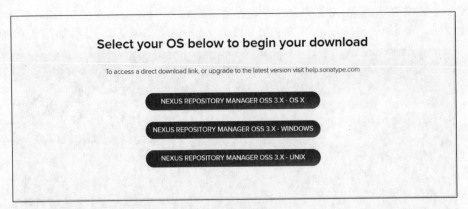

图 6.54　下载 Nexus

除了默认配置外，用户还可以对运行环境进行配置。进入 nexus-3.18.1-01\bin 目录并找到 nexus.vmoptions 文件进行配置更改，当然也可以保持默认。

bin 目录下有一个十分重要的文件 nexus.exe，它是 Nexus 应用运行的核心文件。完成上述配置后，用户必须以管理员身份打开 CMD 命令窗口并进入 bin 目录，然后执行命令 nexus.exe /run 启动应用。

应用正常启动后会在命令行提示启动完成，此时访问网址 http://127.0.0.1：8081 即可登录 Nexus 启动页并加载如图 6.55 所示的页面。

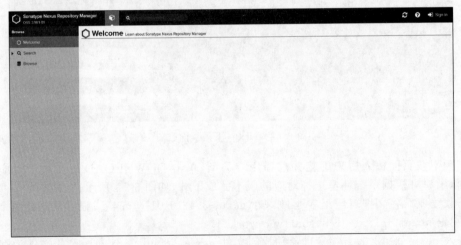

图 6.55　访问 Nexus

单击页面顶部的 Sign In 菜单弹出登录窗口，如图 6.56 所示。

第一次登录时系统会为用户分配默认的登录密码，用户名为 admin，登录密码存储在图中提示信息指定的 admin.password 文件中。

找到密码并进行登录，弹出如图 6.57 所示的提示窗口，直接单击 Next 按钮执行下一步。

登录后用户需要对原始登录密码进行重置,更改完成后单击 Next 按钮执行下一步,如图 6.58 所示。

接下来会询问是否允许匿名访问。在允许匿名访问的情况下,开发者只要知道用户的仓库地址就可以远程依赖并访问仓库中的资源。

此处不启用匿名访问,后面会讲解如何通过设置凭据访问的方式来限制用户访问远程依赖库。远程访问中最简单的一种就是基于用户名和密码的凭据访问,如图 6.59 所示。

图 6.56　Nexus 登录

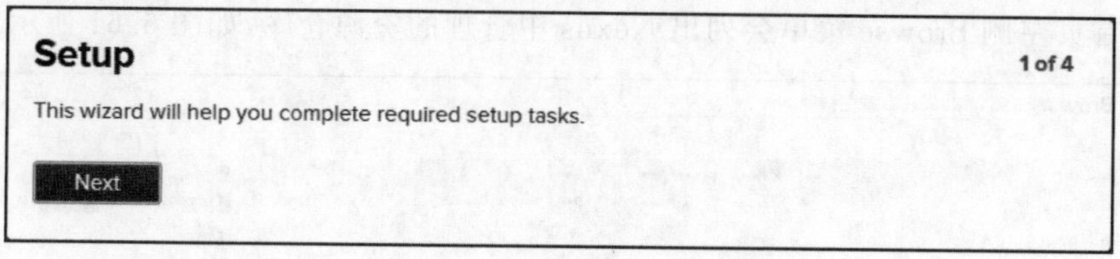

图 6.57　开始重置密码

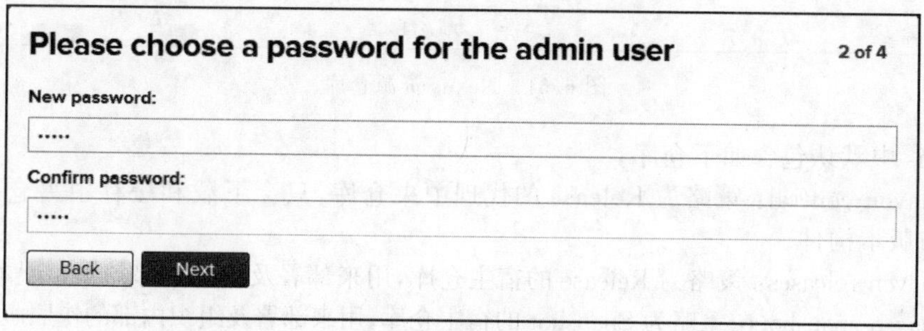

图 6.58　重置密码

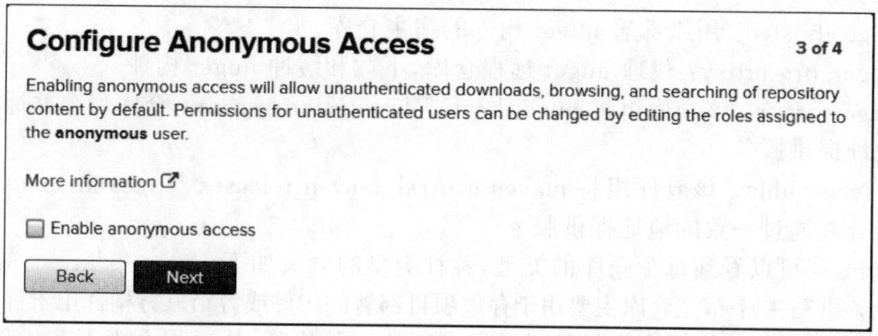

图 6.59　配置匿名访问

继续向下执行,最后单击 Finish 按钮完成安装,如图 6.60 所示。

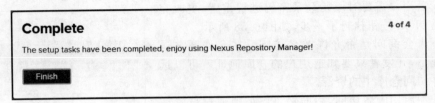

图 6.60 配置完成

6.7.2 Nexus 仓库说明

单击首页左侧 Browse 菜单会列出 Nexus 中管理的资源仓库,如图 6.61 所示。

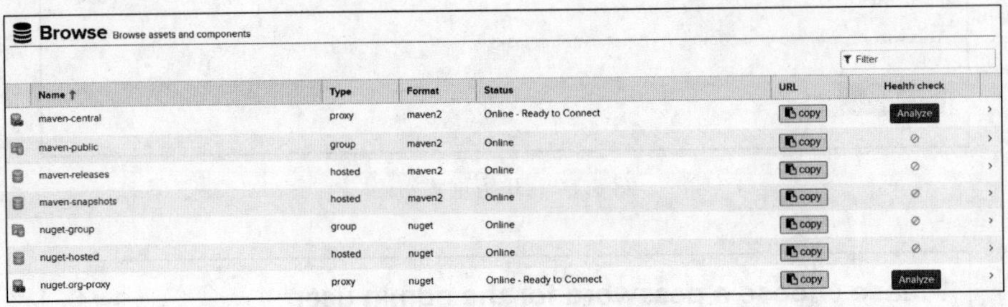

图 6.61 Nexus 资源仓库

Nexus 中默认包含如下仓库。

- maven-central:策略为 Release 的代理中央仓库,只会下载和缓存中央仓库中的发布版本构件。
- maven-releases:策略为 Release 的宿主仓库,用来部署及组织内部的发布版本内容。
- maven-snapshots:策略为 Snapshot 的宿主仓库,用来部署及组织内部的快照版本内容。
- maven-public:该仓库将上述所有策略为 Release 的仓库聚合并通过一致的地址提供服务。
- nuget-hosted:用来部署 nuget 构件的宿主仓库。
- nuget.org-proxy:代理 nuget 远程仓库,下载和缓冲 nuget 构件。
- nuget-group:该仓库组将 nuget-hosted 与 nuget.org-proxy 仓库聚合并通过一致的地址提供服务。
- maven-public:该仓库组将 maven-central、maven-releases 与 maven-snapshots 仓库聚合并通过一致的地址提供服务。

在 Type 列可以看到每个仓库的类型,各种类型的含义如下。

- hosted(宿主):宿主仓库主要用于存放项目部署的构件或者第三方构件用于提供下载。
- proxy(代理):代理仓库就是对远程仓库的一种代理,从远程仓库下载构件和插件,然后缓存在 Nexus 仓库中。
- group(仓库组):通常包含了多个代理仓库和宿主仓库,在项目中只要引入仓库组就可以下载代理仓库和宿主仓库中的构件。

为了更好地理解 Nexus 中的配置,接下来新建一个代理仓库,其使用阿里云作为公共仓库。单击顶部配置菜单并找到 Repository 下的 Repositories 列表,如图 6.62 所示。

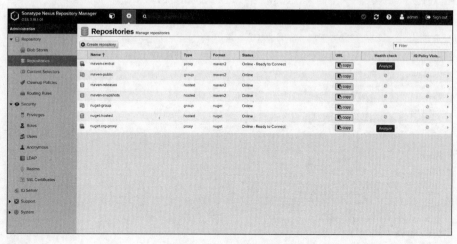

图 6.62　Nexus 资源仓库

单击 Create repository 按钮创建资源仓库,弹出类型选择列表,如图 6.63 所示。

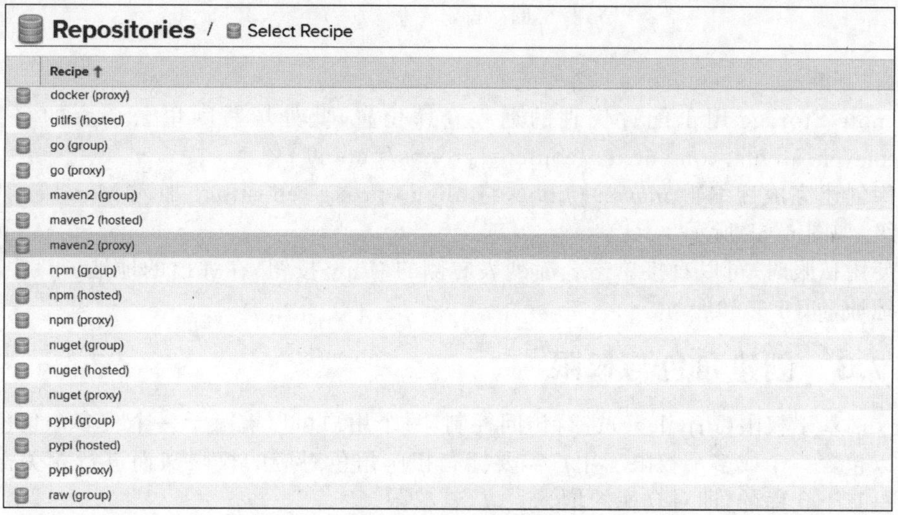

图 6.63　选择仓库类型

选择 maven2(proxy)类型,单击后会自动切换到配置窗口,如图 6.64 所示。

指定新建仓库的名称为 aliyun-proxy-repository。

Version policy(版本策略)用于指定存储的资源类型是 Release(正式版本)、Snapshot(快照版本)或 Mixed(混合模式)。

Layout policy(布局策略)有 Strict(严格)和 Permissive(宽松)两种,用于对所有路径进

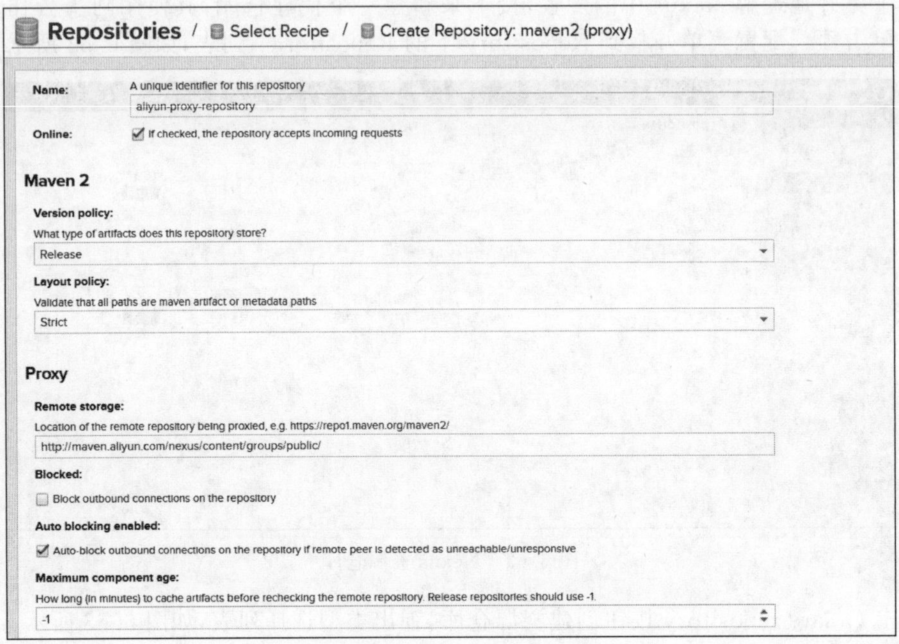

图 6.64 自定义仓库(一)

行验证，以判断是 Maven artifact 路径或 metadata 路径。

Remote Storage 用于配置代理的远程仓库位置，此处填写阿里云仓库的官方网址 http://maven.aliyun.com/nexus/content/groups/public/。

仓库创建完成后编辑 maven-public，将 aliyun-proxy-repository 加入 Members 中并调整优先级，如图 6.65 所示。

在使用私服时，可以直接单击仓库列表右侧的 Copy 按钮，在弹出的地址窗口中复制私服仓库地址，如图 6.66 所示。

6.7.3 创建角色与权限

Nexus 基于权限(Privilege)进行访问控制，一个用户可以被赋予一个或多个角色，一个角色可以包含一个或多个权限。用户需要拥有相应角色对应的权限从而进行相关操作，这些权限是基于仓库的，即对仓库的增、删、改、查权限。

在创建私有仓库之后，团队内部需要控制用户的访问权限以限制其只读或可编辑。如果用户希望能够自由地进行资源的上传与修改等功能，则一定要具有 nx-repository-view-maven2-*-edit 和 nx-repository-view-maven2-*-add 权限。

在 Nexus 3.x 版本中只预定义了两个重要的角色。

- nx-admin：拥有 Nexus 所有权限。
- nx-anonymous：匿名用户角色，拥有访问 Nexus 界面、浏览仓库内容和搜索构件的功能。

再次创建本地仓库 local-repository 并将其仓库类型设置为 maven2(hosted)，同时将部

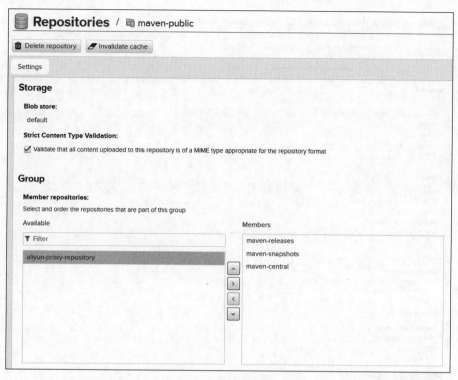

图 6.65　自定义仓库(二)

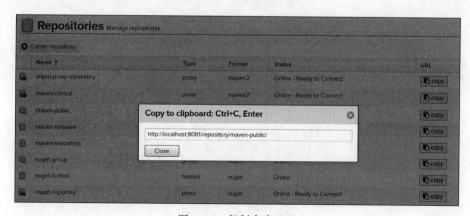

图 6.66　复制仓库地址

署策略设置为 Allow redeploy,如图 6.67 所示。

以 local-repository 仓库为基础新建一个访问者角色。单击 Roles 菜单弹出权限列表,然后单击 Create role 按钮弹出下拉列表,如图 6.68 所示。

列表中有两种创建角色的方式:Nexus role(本地角色)和 External role mapping(外部

图 6.67 新建本地仓库

图 6.68 新建角色

映射),选择 Nexus role 本地角色打开配置页面,搜索 localhost 匹配的权限并赋给当前角色,同时将 nx-admin 角色赋给当前角色,如图 6.69 所示。

创建用户 visiter 并设置描述信息和密码,同时将 local-role 角色赋给用户 visiter,如图 6.70 所示。

用户创建完成后,将新建用户的账户密码配置到 Maven 安装目录下的 settings.xml 配

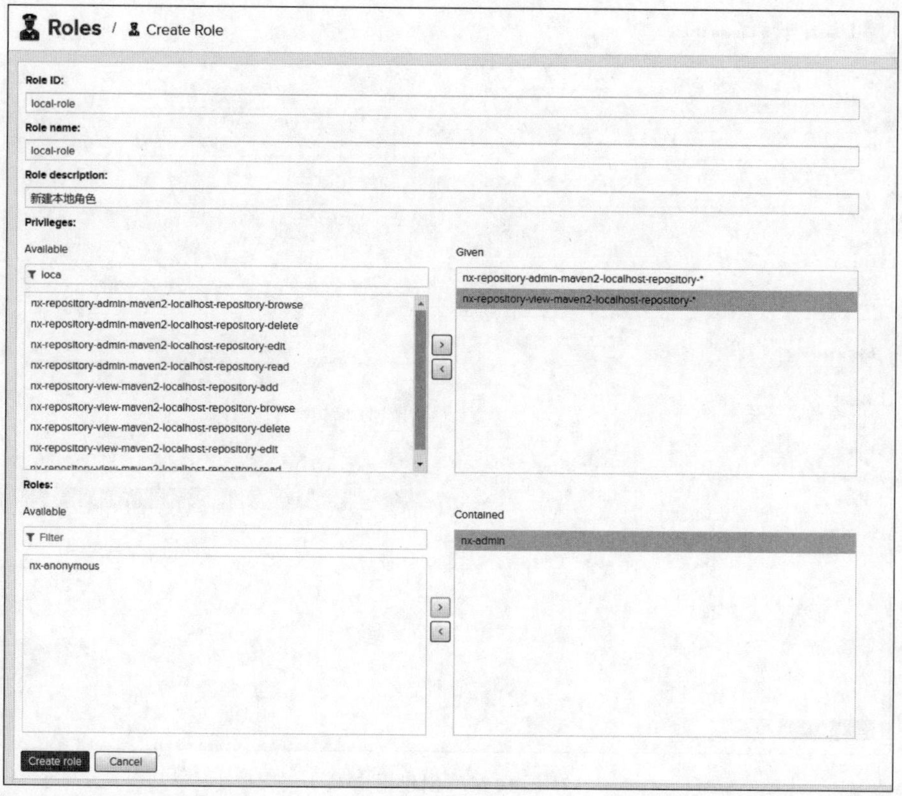

图 6.69 配置角色

置文件中,代码如下:

```
//第 6 章/配置用户名与密码
<server>
  <id>local</id>
  <username>visiter</username>
  <password>password</password>
</server>
```

复制远程仓库的 URL 链接并修改项目的 pom.xml 配置文件,代码如下:

```
//第 6 章/配置远程仓库地址
<distributionManagement>
  <repository>
    <id>local</id>
```

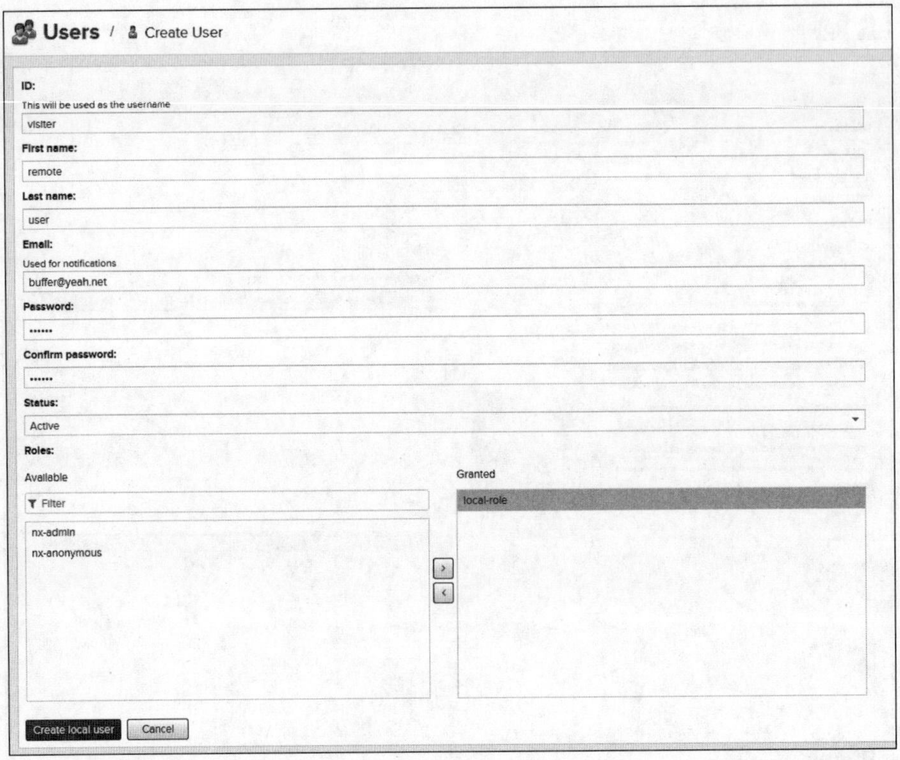

图 6.70 创建用户

```
    <name>Nexus Release Repository</name>
    <URL>http://localhost:8081/repository/localhost-repository/</URL>
  </repository>
</distributionManagement>
```

注意：settings.xml 配置文件中<server>标签下 id 的值必须与 pom.xml 中<repository>标签下的 id 值相同。这样在向远程仓库上传资源的时候会自动加载 settings.xml 配置文件中的用户名与密码进行安全认证，而且可以保证在项目上传或共享时账户信息的安全性。

双击 Maven 标签下的 install 命令，如图 6.71 所示。

登录 Nexus 并浏览远程仓库，可以看到相关资源已经成功上传到远程仓库中，如图 6.72 所示。

6.7.4　手工上传资源

除了使用 IntelliJ IDEA 执行上传命令外，手工执行 maven deploy 命令可以将资源上传至远程仓库，代码如下：

第6章 构建工具之Maven

图 6.71 资源上传成功

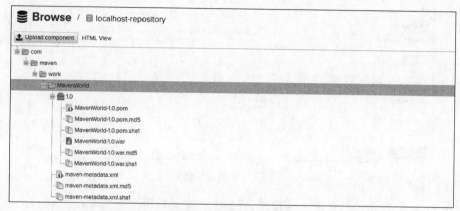

图 6.72 浏览远程资源

```
//第 6 章/使用命令行上传资源
mvn deploy:deploy-file
 -Dfile=E:\TraceWork\21Projects\MavenWorld\target\MavenWorld.war
 -DgroupId=com.maven.work
 -DartifactId=MavenWorld
 -Dversion=1.0
 -DURL=http://localhost:8081/repository/localhost-repository/
 -Dpackaging=war
 -DrepositoryId=localhost-repository
```

注意：在上述命令中没有换行符，为了观察方便因此使用换行符分隔，实际使用时需要将换行符替换为空格。另外，如果采用命令行方式进行上传，则在 pom.xml 配置文件与 settings.xml 配置文件中的 id 需要保持与远程资源仓库相同的名称。

用户还可以单击图 6.72 中的 Upload component 按钮打开资源上传页面，如图 6.73 所示。

单击 Browse 按钮选择需要上传的文件，Classifier 用于指定资源的补充标识（也可以不填写），Extension 用于指定上传文件的后缀。同时在下方输入资源的 GroupID、ArtifactID 和 Version。

Generate a POM file with these coordinates 选项用于生成 pom.xml 文件，此处应勾选。

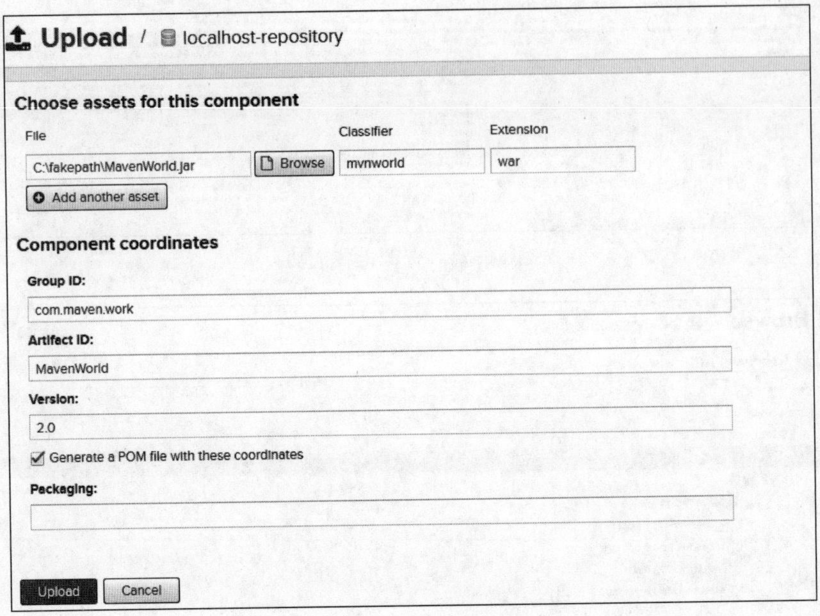

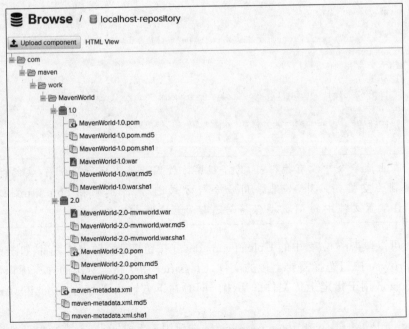

图 6.73　资源上传页面

单击 Upload 按钮执行资源上传操作，资源上传完成后再次浏览 localhost-repository 本地资源库，如图 6.74 所示。

图 6.74　浏览资源库

6.8 打包项目原型

开发者可能希望将创建的项目抽象为模板,这样不仅能够实现项目结构和内容的复用,还能够有效地节省构建项目的时间。

还记得使用 Maven Archetype 原型创建项目的过程吗?没错,将已有项目打包成原型就是与其相反的过程。Maven Archetype 插件不仅支持项目正向创建,还支持项目的反向打包操作。

打开 CMD 命令行窗口,在项目根目录(如 C:\HelloWorld)下运行命令 mvn archetype:create-from-project,命令运行结束后会在/target/generated-sources/archetype 目录中生成项目的原型文件。

进入 archetype 目录并运行 mvn install 命令,此命令可以将原型文件安装到本地仓库中,同时在本地仓库根目录生成名为 archetype-catalog.xml 的配置文件。当需要基于自定义的原型创建项目时,会使用 archetype-catalog.xml 中定义的 Archetype 来创建项目。

要使用自定义原型创建项目,则应运行命令 mvn archetype:generate-DarchetypeCatalog=local,如图 6.75 所示。

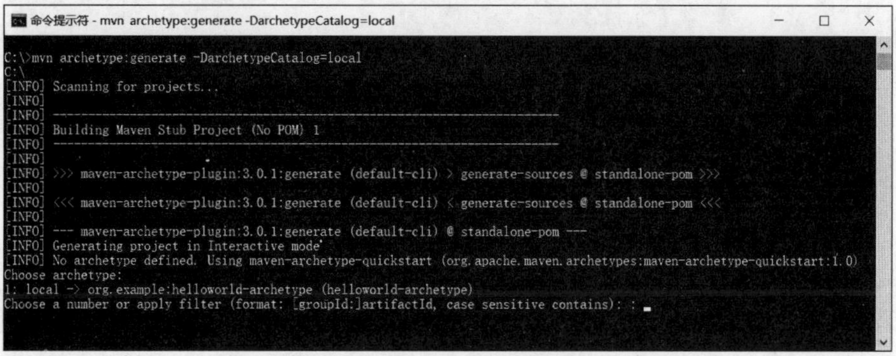

图 6.75 加载本地原型

可以看到,基于自定义原型创建项目的过程与创建标准项目的过程相同。那么如何将自定义项目原型加入标准的原型集合中呢?

在本地仓库中找到自定义项目原型并将其复制到 org\apache\maven\archetypes 目录,此目录用于存放创建项目时使用的 Archetype 模板,如图 6.76 所示。

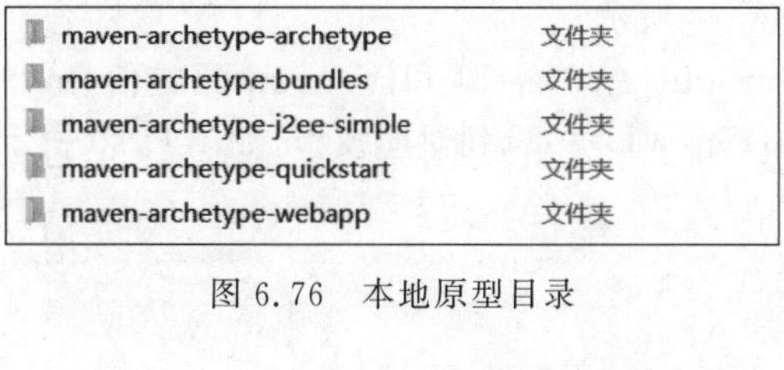

图 6.76 本地原型目录

再次执行 mvn：generate 命令，可以看到自定义原型已经添加到 Archetype 集合中，如图 6.77 所示。

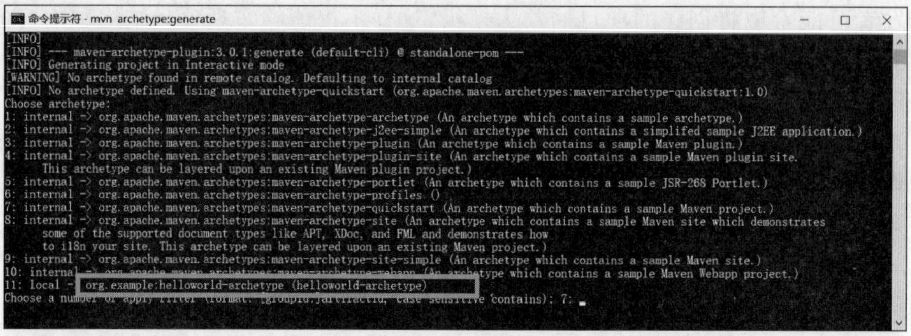

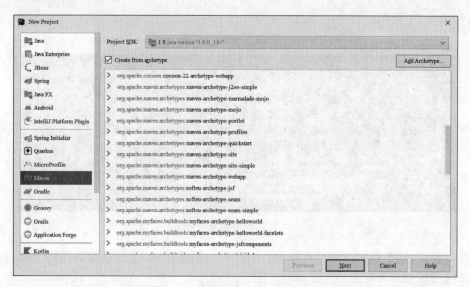

图 6.77　添加自定义 Archetype

虽然在命令行中可以找到自定义原型，但是在 IntelliJ IDEA 中并未展示自定义原型，如图 6.78 所示。

图 6.78　未展示自定义 Archetype

为了将自定义原型添加到 Archetype 列表中，单击 Add Archetype 按钮打开 Add Archetype 对话框，如图 6.79 所示。

输入原型项目的 GroupId、ArtifactId 和 Version 配置信息，单击 OK 按钮完成添加。添加完成后即可在 Archetype 列表中看到对应模板，如图 6.80 所示。

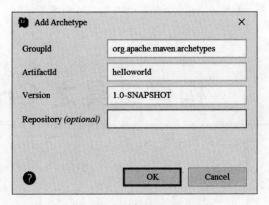

图 6.79 添加 Archetype

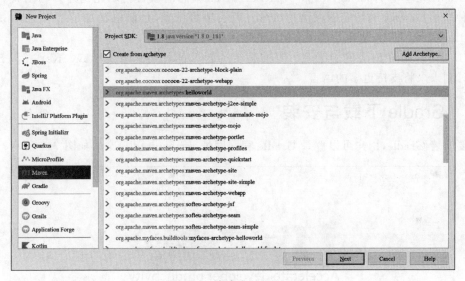

图 6.80 自定义 Archetype

6.9 本章小结

本章主要介绍了如何基于 Apache Maven 进行项目管理与构建。Apache Maven 作为优秀的项目构建管理工具，不仅可以很好地组织项目结构，还能解决项目的依赖与构建问题，极大地提升了应用开发的效率。

第 7 章 构建工具之 Gradle

Gradle 是基于 Apache Ant 和 Apache Maven 概念的项目自动化构建开源工具。它使用一种基于 Groovy 的特定领域语言(DSL)声明项目设置,目前也增加了基于 Kotlin 语言的 kotlin-based DSL,抛弃了基于 XML 的各种烦琐配置。

Gradle 以面向 Java 应用为主。当前其支持的语言限于 Java、Groovy、Kotlin 和 Scala,并且计划未来将支持更多的语言。

7.1 Gradle 下载与安装

要安装 Gradle,用户可以登录 Gradle 官网网址 www.gradle.org,如图 7.1 所示。

图 7.1 Gradle 官网

单击 Install Gradle 按钮进入安装页面,如图 7.2 所示。

选择需要的版本下载并解压缩,接下来将其配置到环境变量中。

右击"计算机"→"属性"→"高级系统设置"→"高级"→"环境变量",弹出"环境变量"设置窗口,如图 7.3 所示。

第7章 构建工具之Gradle 247

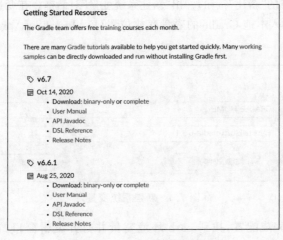

图 7.2 Gradle 安装指导页面

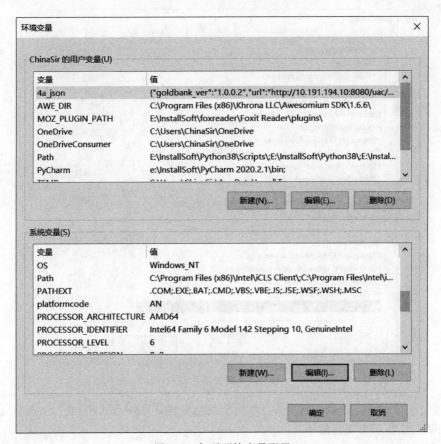

图 7.3 打开环境变量配置

单击"系统变量"下的"新建"按钮,弹出"新建系统变量"对话框。在变量名中输入 GRADLE_HOME,在变量值中输入本地 Gradle 的磁盘存放位置(E:\InstallSoft\gradle-6.5.1),如图 7.4 所示。

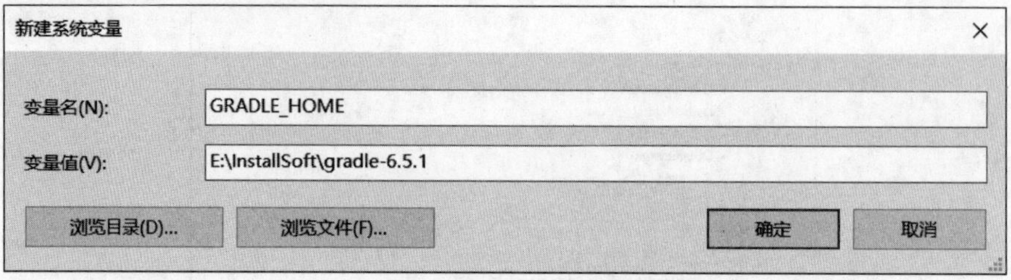

图 7.4 新建系统变量

单击"确定"按钮完成配置,找到 path 环境变量并打开编辑窗口,在下方编辑区域内输入%GRADLE_HOME%\bin,单击"确定"按钮完成配置,如图 7.5 所示。

图 7.5 配置系统变量

配置完成后需要验证 Gradle 是否已经安装成功。打开 CMD 命令行窗口并输入 gradle -v 命令,如图 7.6 所示为安装成功。

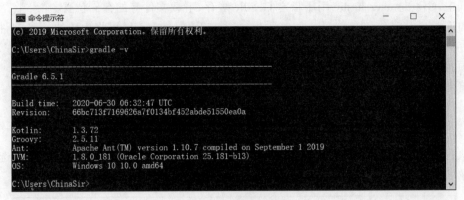

图 7.6 安装成功

7.2 配置 Gradle

在 IntelliJ IDEA 中打开系统配置窗口并找到 Build,Excecution,Deployment→Gradle 选项卡,如图 7.7 所示。

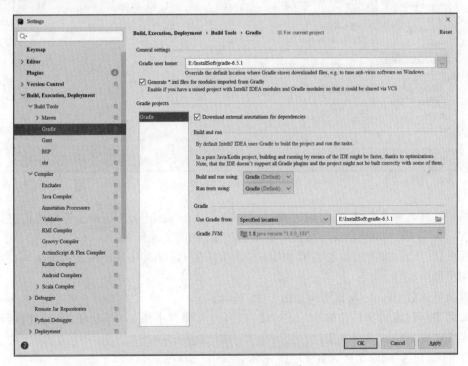

图 7.7 打开 Gradle 选项卡

其中，Gradle user home 用于指定 Gradle 缓存、下载文件等的存储位置。

勾选 Create *.iml files for modules imported from Gradle 可将生成的.iml 文件和库文件存储在.idea 目录中。由于 IntelliJ IDEA 首先读取.iml 文件，然后开始导入过程，因此打开项目时可以更快地访问它。

将 Use Gradle from 选项设置为 Specified location 以便启用本地 Gradle。

7.3 创建 Gradle 工程

执行菜单 File→New→Project 命令打开新建工程窗口并选择 Gradle 选项，勾选右侧 Java 语言支持，单击 Next 按钮执行下一步，如图 7.8 所示。

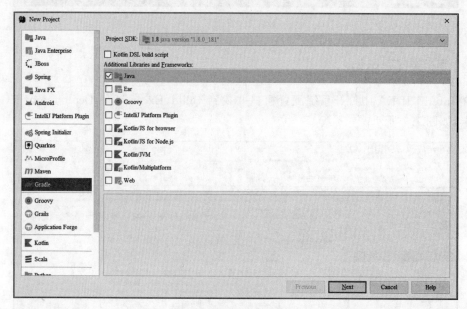

图 7.8 新建 Gradle 工程

填写项目名称及存储位置，同时指定 GroupId、ArtifactId 和 Version 等构建信息，此操作与 Maven 一致。单击 Finish 按钮完成项目创建，如图 7.9 所示。

在项目启动时读者可能会看到如图 7.10 所示的 Gradle：Importing maven repository data 相关提示。

启动完成后 Gradle 项目结构如图 7.11 所示。

如果用户创建的项目中缺少 src 目录，则可以在项目中添加 Task 任务，通过执行任务的方式来创建 source 文件夹。

打开 build.gradle 文件，如图 7.12 所示。

在 build.gradle 构建文件中创建 Task 任务，代码如下：

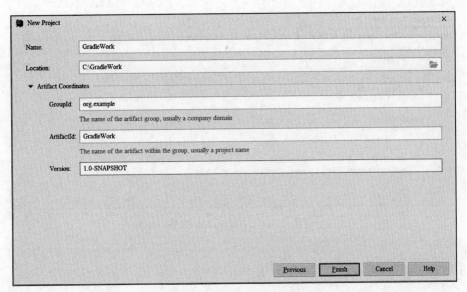

图 7.9　配置 Gradle 工程信息

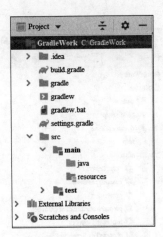

图 7.11　Gradle 工程结构

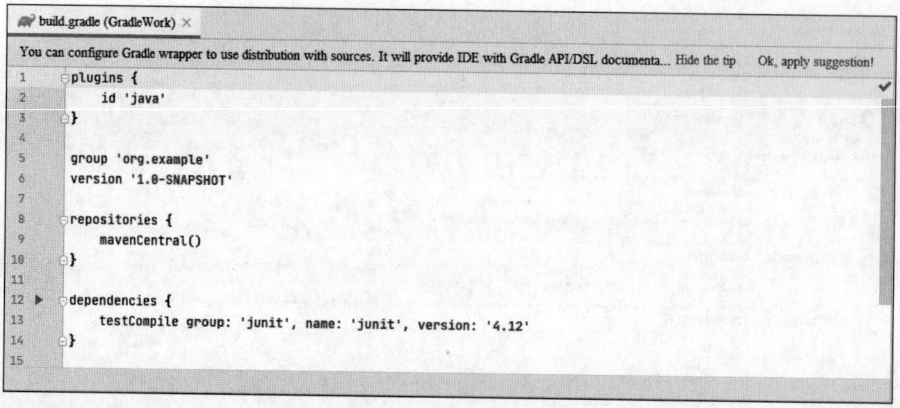

图 7.12 build.gradle 文件

```
//第 7 章/创建任务
task "create-dirs" {
    doLast {
        sourceSets*.java.srcDirs*.each {
            it.mkdirs()
        }
    }
}
```

接下来单击 浮窗中的刷新按钮,或使用快捷键 Ctrl+Shift+O 执行 Import changes 操作。刷新后展开右侧 Gradle 选项卡,在 other 分类下可以看到刚刚创建的 create-dirs 任务,如图 7.13 所示。

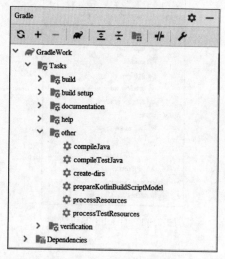

图 7.13 Gradle 任务列表

双击 create-dirs 执行任务，任务执行完成后 src 目录会自动生成。

7.4 构建脚本 build.gradle

build.gradle 是 Gradle 的默认构建脚本文件。当执行 Gradle 命令时 Gradle 会去寻找 build.gradle 文件，如果无法找到此文件则提示相应的帮助信息。

项目中通常会有一个以上的 build.gralde 构建文件，其中一个 build.gradle 文件存放于项目根目录，其他 build.gradle 构建文件则存放于项目的每个模块之中。由于在单模块项目中模块目录即是根目录，因此只有一个 build.gradle 构建文件。

Gradle 使用通用语言 Groovy 编写其 build.gradle 脚本文件。在 build.gradle 构建文件中可以为其添加一系列任务(Task)，任务是主要的工作执行者，而每个任务又由多个 Action 组成，因此在 Gradle 中 Task 与 Action 是其最重要的两个元素。

以 helloworld 输出为例，在 build.gradle 中添加一个打印输出的任务，代码如下：

```
//第 7 章/打印输出任务
task "helloworld" {
    doLast {
        println 'helloworld!'
    }
}
```

打开 Terminal 窗口并执行命令 gradle -q helloworld，运行效果如图 7.14 所示。

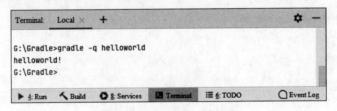

图 7.14　执行 Gradle 任务

还可以采用 tasks.create 方法创建任务，代码如下：

```
//第 7 章/tasks.create 创建任务
tasks.create('hellogradle') {
    doLast {
        println "Hello Gradle!"
    }
}
```

打开 Terminal 窗口并执行 Gradle 命令 gradle -q hellogradle，运行效果如图 7.15 所示。

图 7.15　运行 hellogradle 任务

不同 Task 任务间可能具有依赖关系，Gradle 会确保被依赖的任务在定义该依赖的任务之前运行。创建任务 hiworld，代码如下：

```
//第 7 章/依赖任务
task "hiworld"(dependsOn:[helloworld]) {
    doLast {
        println "Hello Gradle!"
    }
}
```

可以看到，hiworld 任务的运行需要依赖于 helloworld 任务的运行，再次打开 Terminal 窗口并运行任务，如图 7.16 所示。

```
Terminal: Local × +
C:\GradleWork>gradle -q hiworld
helloworld!
Hello Gradle!
C:\GradleWork>
```

图 7.16　运行 hiworld 任务

7.5　本章小结

本章简单介绍了 Gradle 的安装与使用。Gradle 是高效且优秀的构建管理工具，开发者需要深入学习才能对其更好地掌握。

第 8 章 Git 版本控制管理

8.1 什么是 Git

Git 是优秀的版本控制管理系统，与传统的 CVS/SVN 等集中式版本管理系统不同，Git 可以实现项目的分布式协作管理。

集中式版本管理系统中各节点关系如图 8.1 所示。

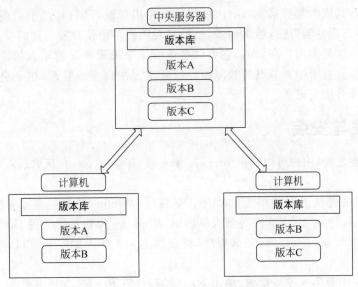

图 8.1 集中式版本管理系统

在集中式版本管理系统中，版本库存放在中央服务器上。开发者首先需要从中央服务器取得最新的版本，然后在本地将内容修改后再将变更推送回中央服务器。这种系统在运行时不仅受限于网络环境，而且在中央服务器出现故障时很有可能带来巨大的损失。

分布式版本控制管理系统中各节点关系如图 8.2 所示。

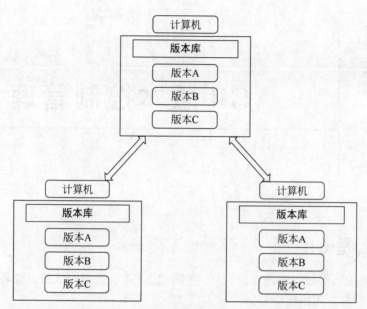

图 8.2 分布式版本管理系统

在使用分布式版本管理系统(Git)时,每一台主机都既可以作为"中央服务器"使用,也可以从其他"中央服务器"进行版本同步,从而实现项目的协作开发与代码交换。

这种管理方式是实用且高效的,它可以避免由于中央服务器的单点故障所带来的诸多问题。这样既不会由于中央节点的故障而导致版本无法提交或管理,也不会因为磁盘故障而丢失项目的所有历史记录。

8.2 下载与安装

在开始安装之前,用户可以访问 https://www.git-scm.com/ 获取最新的安装程序,如图 8.3 所示。

Git 官方网站提供了两种类型的程序:安装版(Windows Setup)与便携版(Windows Portable)。本书以 Git 2.30.0 安装版为例讲解 Windows 操作系统下的 Git 安装。

双击 Git-2.30.0-64-bit.exe 安装程序,打开如图 8.4 所示的安装窗口,单击 Next 按钮执行下一步。

指定 Git 应用程序的安装位置,单击 Next 按钮执行下一步,如图 8.5 所示。

选择待安装的组件,建议勾选 Git Bash Here 和 Git GUI Here 选项,如图 8.6 所示。

选择快捷方式在开始菜单的位置,保持默认即可,如图 8.7 所示。

指定 Git 使用的默认编辑器,如图 8.8 所示。

用户也可以选择其他类型的编辑器,如图 8.9 所示。

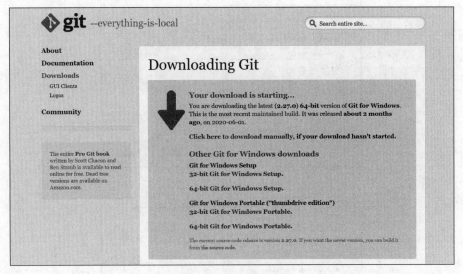

图 8.3　获取安装程序

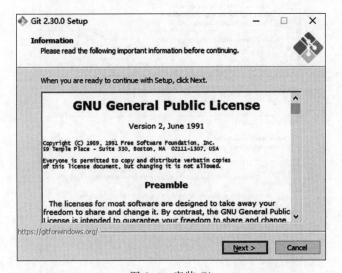

图 8.4　安装 Git

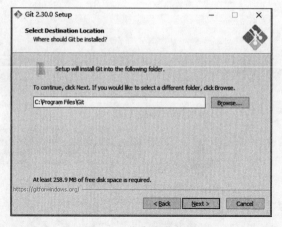

图 8.5　指定安装位置

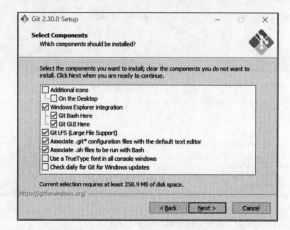

图 8.6　选择组件

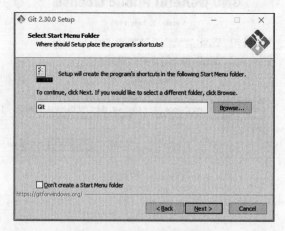

图 8.7　选择开始菜单位置

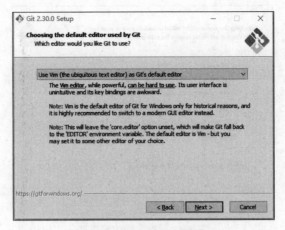

图 8.8　指定默认编辑器

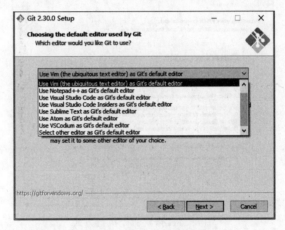

图 8.9　其他类型编辑器

指定由 Git 来决定默认分支的名称（默认为 master），也可以对默认分支名称进行自定义，如图 8.10 所示。

使用 Windows 系统的命令行工具或其他第三方软件来执行 Git 操作，建议保持默认配置。如果选择同时配置，则会将 Windows 系统中的 find.exe 和 sort.exe 工具覆盖，如图 8.11 所示。

选择 HTTPS 传输后端。如果使用 OpenSSL 库，则服务器证书将使用 ca-bundle.crt 文件进行验证。如果使用本地 Windows 安全通道库，则服务器证书将使用 Windows 证书存储验证，如图 8.12 所示。

配置换行格式转换，此配置用于指定是否对换行符进行检查并转换，在检出文件时 Git 会将 LF 转换为 CRLF，在提交文件时 Git 会将 CRLF 转换为 LF。对于跨平台项目来讲这是 Windows 系统推荐的设置，如图 8.13 所示。

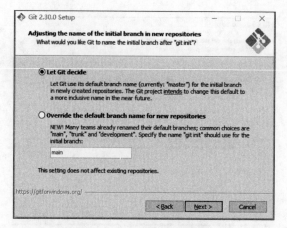

图 8.10　指定默认编辑器

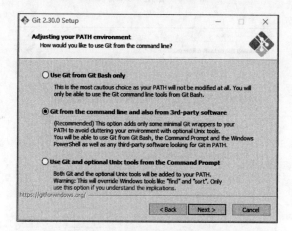

图 8.11　指定命令执行方式

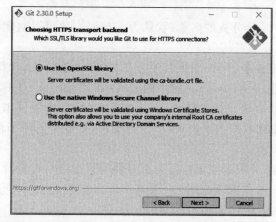

图 8.12　指定 HTTPS 传输后端

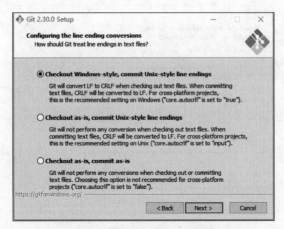

图 8.13　配置换行格式转换

配置终端模拟器以使用 Git Bash，如图 8.14 所示。

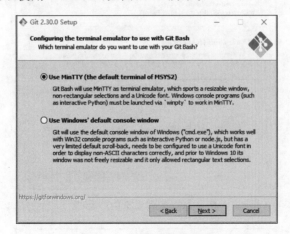

图 8.14　配置终端模拟器

配置 Git 在进行推送时的默认行为，如图 8.15 所示。

配置 Git 安全中心验证，如图 8.16 所示。

配置其他额外选项，如启用文件系统缓存等，如图 8.17 所示。

配置测试选项，如启用伪控制台等，如图 8.18 所示。

单击 Install 按钮开始执行安装，如图 8.19 所示。

单击 Finish 按钮完成安装，如图 8.20 所示。

Git 安装完成后，系统中会添加两个右击菜单 Git GUI Here 和 Git Bash Here，如图 8.21 所示。同时，Git 开始菜单中也会添加对应的菜单项，如图 8.22 所示。

Git GUI 以图形界面的形式提供了快速创建、复制和打开仓库的功能，如图 8.23 所示。

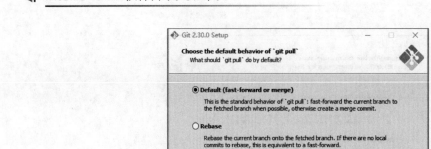

图 8.15　指定默认推送行为

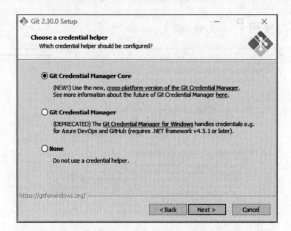

图 8.16　配置安全中心验证

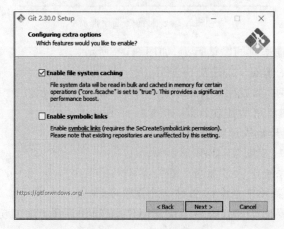

图 8.17　配置额外选项

第8章　Git版本控制管理

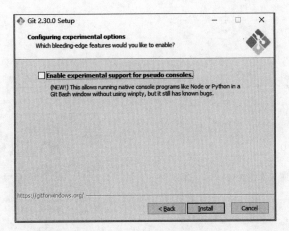

图 8.18　配置测试选项

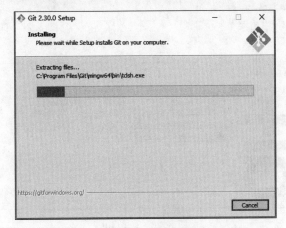

图 8.19　执行安装

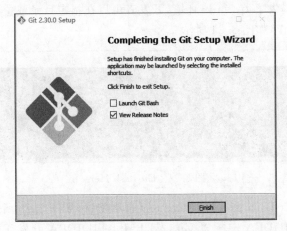

图 8.20　Git 安装完成

图 8.21 Git 右击菜单

图 8.22 Git 开始菜单

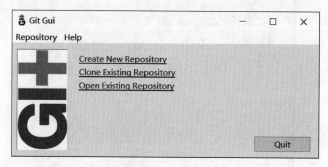

图 8.23 Git Gui

Git Bash Here 提供了类 Linux 环境,开发者可以在指定目录或位置右击访问环境并进行 Git 相关的管理操作,如图 8.24 所示。

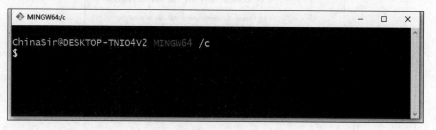

图 8.24 Git Bash Here

用户可以右击 Git Bash 窗口打开 Options 选项配置,如图 8.25 所示。

接下来在 IntelliJ IDEA 中配置 Git。打开 IntelliJ IDEA 开发工具,执行菜单 File→

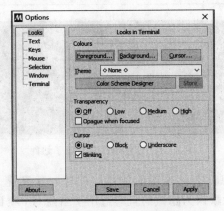

图 8.25　Git Bash 选项

Settings 命令打开系统配置窗口并定位到 Version Control→Git 选项卡。

在 Path to Git Executable 中指定 git.exe 所在的目录位置,单击右侧 Test 按钮进行校验,校验成功后会在文本框底部显示 Git 版本号,如图 8.26 所示。

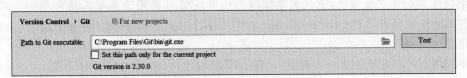

图 8.26　IntelliJ IDEA 集成 Git

现在已经可以在 IntelliJ IDEA 中使用 Git 了。

8.3　Git 配置管理

8.3.1　配置用户名与邮件

首先进行 Git 初始化配置。初始化配置十分重要,它们将出现在 Git 提交历史中以便于其他开发人员查看、定位或沟通。

现在使用第一个 Git 命令设置用户名与电子邮件,代码如下:

```
git config --global user.name "username"
git config --global user.email "email"
```

用户既可以在 Git Bash 环境下执行此命令,也可以在 CMD 命令行窗口中执行此命令,如图 8.27 所示。

git config 命令用来管理 Git 配置文件,这些配置文件在本地磁盘中都有对应的存储位置,并且 Git 中包含了三类配置级别:仓库(local)级别、用户(global)级别和系统(system)级别。

```
MINGW64:/c
ChinaSir@DESKTOP-TNI04V2 MINGW64 /c
$ git config --global user.name "qiaoguohui"

ChinaSir@DESKTOP-TNI04V2 MINGW64 /c
$ git config --global user.email "buffer@yeah.net"

ChinaSir@DESKTOP-TNI04V2 MINGW64 /c
$
```

图 8.27　设置用户名与电子邮件

仓库级别的优先级最高，它代表当前项目的配置。其配置文件为当前项目目录下的 .git/config 文件，这个目录默认为隐藏的且只适用于当前 Git 项目。在使用 git config 命令时默认为仓库级别，也可以使用 --local 选项指定。

用户级别的优先级次之，它代表用户级的配置文件且只适用于当前用户。其对应位置为宿主目录下的 ${HOME}/.gitconfig 文件，在执行 git config 命令时要使用 --global 选项指定用户级别。

系统级别的优先级最低，它代表系统范围内的配置且适用于系统内所有用户。其配置文件是 Git 安装目录下的 /etc/gitconfig 文件，在执行 git config 命令时要使用 --system 选项指定系统级别。

不同级别的配置可能会产生覆盖，其覆盖顺序为 .git/config → ${HOME}/.gitconfig → /etc/gitconfig。例如，.git/config 的配置会覆盖 /etc/gitconfig 中的同名配置。

注意：用户可以为不同级别指定不同的用户名和电子邮件。

8.3.2　查看配置

git config 命令可以用来查看不同级别的配置，代码如下：

```
git config [--local|--global|--system] --list
```

其中，--list 选项可以简写为 -l。要查看所有配置，可以使用如下命令：

```
git config --list
```

如果某一关键字出现多次，这是因为 Git 从不同级别的配置文件中读取了相同的关键字。在这种情况下显示的顺序依次是系统级别、用户级别、仓库级别，Git 使用最后出现的那个关键字的值，如图 8.28 所示。

还可以查看具体指定的属性，如图 8.29 所示。

需要注意的是，当执行 git config --local 命令查看配置时，Git 提示了错误信息。这是因为当前工作目录不在仓库目录下，因此无法查询仓库级别的配置，如图 8.30 所示。

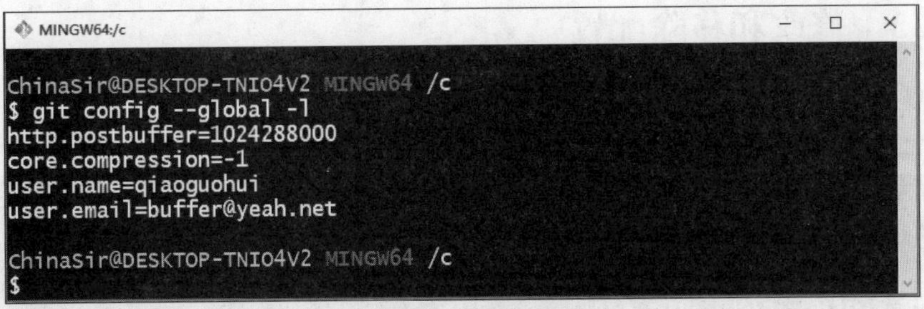

图 8.28 查看 Git 配置

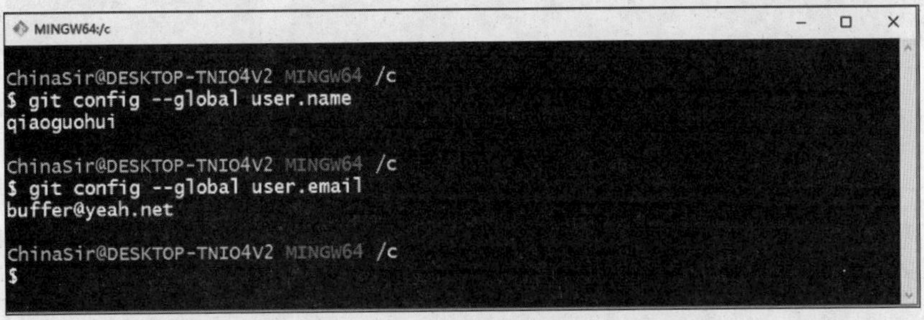

图 8.29 查看属性

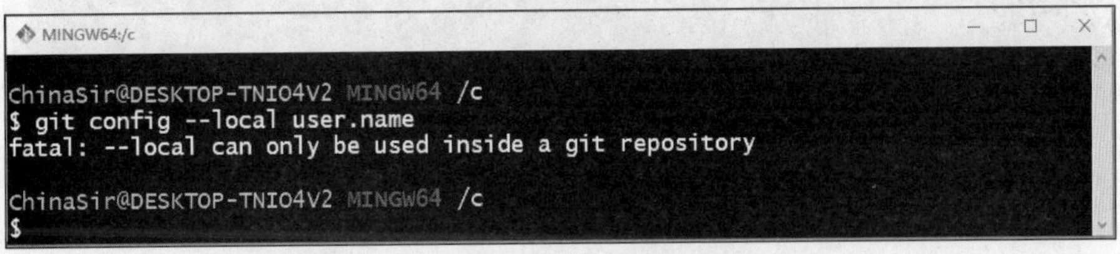

图 8.30 查看仓库配置

Git 提供了命令参数--get 用来获取指定配置项，命令如下：

```
git config [--local|--global|--system] --get section.key
```

例如查询配置的用户名，如图 8.31 所示。

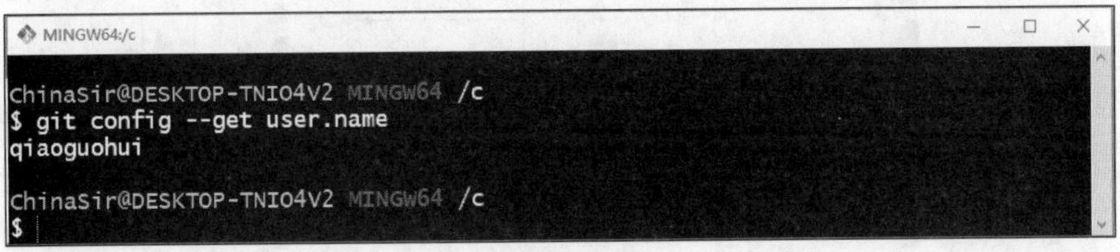

图 8.31 获取配置属性

8.3.3 修改和移除配置

要修改 Git 中的配置，可以直接对其进行赋值，如图 8.32 所示。

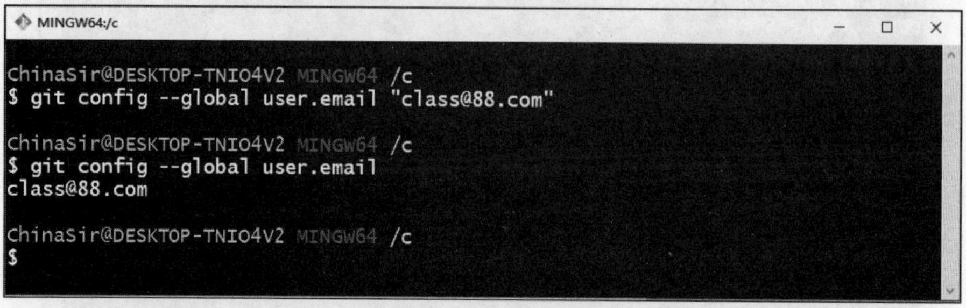

图 8.32 修改 Git 配置

要移除 Git 中的配置，可以使用命令参数--unset，如图 8.33 所示。

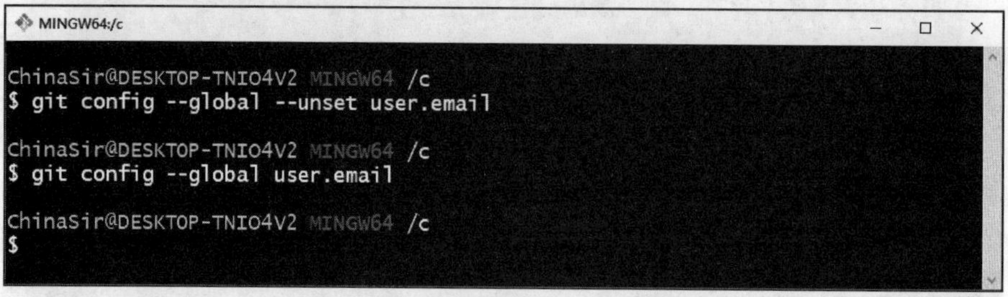

图 8.33 移除 Git 配置

8.4 版本库、工作区与暂存区

为了更好地理解版本库、工作区和暂存区的概念，观察图 8.34 所示的结构。

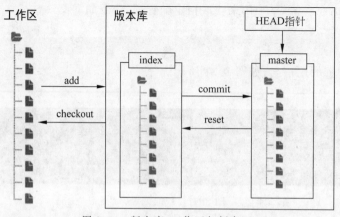

图 8.34 版本库、工作区与暂存区

工作区是所有项目文件的集合，其本质是项目工程的根目录。工作区内部包含了所有的文件，如资源文件、源码文件等。

版本库是对工作区中构成项目发布所需要的有效文件的抽取与标识。工作区中有一个隐藏的.git目录，这个目录就是Git的版本库。

Git版本库包含很多内容，其中最重要的就是暂存区。它存放在.git目录下的index文件中，所以暂存区也叫index或stage，它主要用于暂存被修改过的文件。

暂存区介于工作区与版本库之间，用户将工作空间内变化的内容（主要是变化的文件）提交到暂存区，再由暂存区持久化到版本库中。

之所以使用暂存区，是因为它可以对开发者认可的变更操作进行收集管理并保证清晰的变更历史。这样不仅有利于程序的提交和回滚，而且经由暂存区提交到版本库的内容都将正式化。

在项目开发过程中会产生大量修改，如果将这些修改内容一次性地全部提交，不仅数量庞大而且容易产生提交错误，如提交了错误的变更，因此建议开发者在开发过程中有阶段性、选择性地进行提交。

在提交内容到达暂存区之后，如果修改的内容无误，则可以将暂存区内容正式同步到版本库中。如果发现提交的内容有误，则可及时将提交内容由暂存区回退到工作区，便于修改与再次提交。

8.4.1　版本库初始化

版本库中包含了最终要发布到生产环境的程序，用户可以追溯版本库的提交历史并进行各种文件操作。

使用git init命令对目录进行初始化操作，此目录为项目的根目录，建议最好使用空目录且路径中不包含中文与空格，如图8.35所示。

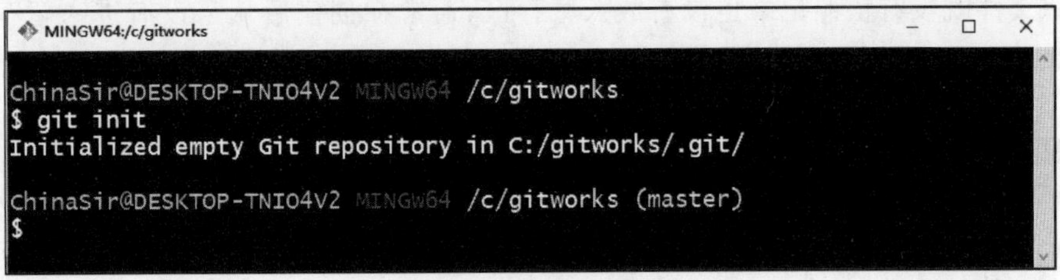

```
MINGW64:/c/gitworks

ChinaSir@DESKTOP-TNIO4V2 MINGW64 /c/gitworks
$ git init
Initialized empty Git repository in C:/gitworks/.git/

ChinaSir@DESKTOP-TNIO4V2 MINGW64 /c/gitworks (master)
$
```

图8.35　初始化版本库

版本库创建后会在根目录下生成.git隐藏目录，此目录是版本库的最终形态并保持对版本管理的追踪操作，版本库目录结构如图8.36所示。

版本库创建后会生成一个默认分支（主分支），也叫master分支。项目中通常会基于主分支创建一系列子分支，这些子分支围绕主分支进行扩展并且在合适的时候将自身的特性合并到主分支中。

如果将分支看作一条时间线,则版本提交就是时间线上不同的点,它们随着时间的推移而逐渐增加。分支线上有一个 HEAD 指针指向版本库中当前使用的提交版本,也就是分支线上对应的点,此点不一定是最新的,如图 8.37 所示。

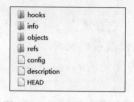

图 8.36 版本库目录结构

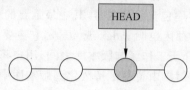

图 8.37 HEAD 指针

虽然用户可能在不同的分支上进行操作,但某一时刻只能有一个分支在使用,因此也只有一个实时指针(HEAD 指针),它可以在任何分支和版本之间进行移动,通过移动指针可以将数据还原至指定版本。

由于版本库中默认只有 master 分支,所以在版本库初始化完成以后,HEAD 指针指向 master 分支的当前版本。

8.4.2 文件管理

Git 中的文件有已跟踪(tracked)和未跟踪(untracked)两种状态。对于任何一个文件来讲,它们首先出现在工作区,然后进入暂存区,最后提交到版本库成为待发布项目的一部分。

已跟踪文件是已经加入 Git 管理的文件,新文件在进入暂存区后即成为已跟踪状态。在文件经由暂存区进入版本库后,即使将其从暂存区清除也依然是已跟踪状态,除非将这个文件删除。

对于已跟踪文件来讲,其可能处于未修改、已修改(未进入暂存区)或已暂存 3 种状态,而未跟踪文件既没有快照记录也没有放入暂存区,通常在创建后从来没有进入暂存区或版本库的文件都是未跟踪文件。

注意:当前既不在暂存区,也不在版本库当前版本中的文件都是未跟踪文件。

在工作区新建文件 readme.txt 并添加内容"Hello git!",然后执行 git status 命令查看工作区中文件的状态,其主要与暂存区进行对比,如图 8.38 所示。

在图 8.39 中,readme.txt 文件被标识为 Untracked files,此时文件 readme.txt 是未跟踪状态,即未加入 Git 的管理。

执行 git add 命令可以将未跟踪文件加入暂存区,此时文件变为已跟踪状态并同时加入 Git 的管理,如图 8.39 所示。

加入暂存区中的文件处于待提交状态,如图 8.40 所示。

执行 git commit 命令将暂存区内容提交至版本库,如图 8.41 所示。

第8章　Git版本控制管理　　271

```
ChinaSir@DESKTOP-TNIO4V2 MINGW64 /c/gitworks (master)
$ git status
On branch master

No commits yet

Untracked files:
  (use "git add <file>..." to include in what will be committed)
        readme.txt

nothing added to commit but untracked files present (use "git add" to trac
k)

ChinaSir@DESKTOP-TNIO4V2 MINGW64 /c/gitworks (master)
$
```

图 8.38　查看文件状态

```
ChinaSir@DESKTOP-TNIO4V2 MINGW64 /c/gitworks (master)
$ git add readme.txt

ChinaSir@DESKTOP-TNIO4V2 MINGW64 /c/gitworks (master)
$ git status
On branch master

No commits yet

Changes to be committed:
  (use "git rm --cached <file>..." to unstage)
        new file:   readme.txt


ChinaSir@DESKTOP-TNIO4V2 MINGW64 /c/gitworks (master)
$
```

图 8.39　将文件加入暂存区

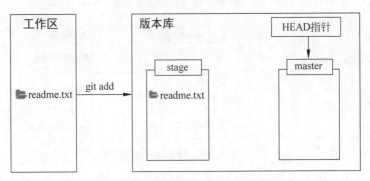

图 8.40　将文件添加到暂存区

```
MINGW64:/c/gitworks
ChinaSir@DESKTOP-TNI04V2 MINGW64 /c/gitworks (master)
$ git commit -m '提交文件到版本库'
[master (root-commit) f77d7a2] 提交文件到版本库
 1 file changed, 1 insertion(+)
 create mode 100644 readme.txt

ChinaSir@DESKTOP-TNI04V2 MINGW64 /c/gitworks (master)
$
```

图 8.41 提交到版本库

版本库中存在的文件一定处于跟踪状态,但版本库中不存在的文件则可能处于跟踪状态,这主要取决于文件是否在暂存区。再次执行 git status 命令,此时工作区与暂存区无差异,如图 8.42 所示。

```
MINGW64:/c/gitworks
ChinaSir@DESKTOP-TNI04V2 MINGW64 /c/gitworks (master)
$ git commit -m '提交文件到版本库'
[master (root-commit) f77d7a2] 提交文件到版本库
 1 file changed, 1 insertion(+)
 create mode 100644 readme.txt

ChinaSir@DESKTOP-TNI04V2 MINGW64 /c/gitworks (master)
$ git status
On branch master
nothing to commit, working tree clean

ChinaSir@DESKTOP-TNI04V2 MINGW64 /c/gitworks (master)
$
```

图 8.42 查看工作区状态

在将暂存区内容提交到版本库后,系统状态如图 8.43 所示。

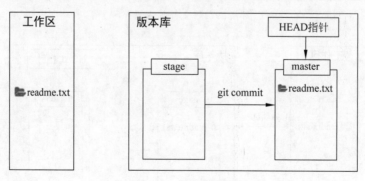

图 8.43 版本库状态

在将暂存区内容提交到版本库后,Git 会清空暂存区中的内容。如果文件在添加到暂存区以后再次发生变化,则这些变化将保留在工作区中。

为了理解上述内容，修改 readme.txt 文件并追加内容"First operation!"。执行 git diff 命令对比文件差异，如图 8.44 所示。

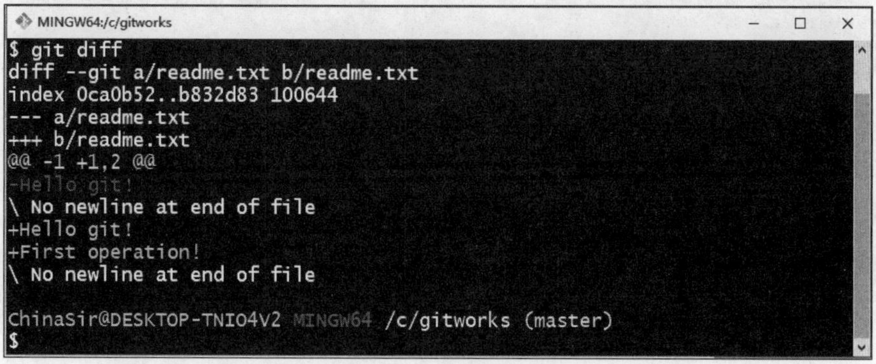

图 8.44 对比文件差异（一）

将文件 readme.txt 添加到暂存区并执行 git status 命令查看其状态，如图 8.45 所示。

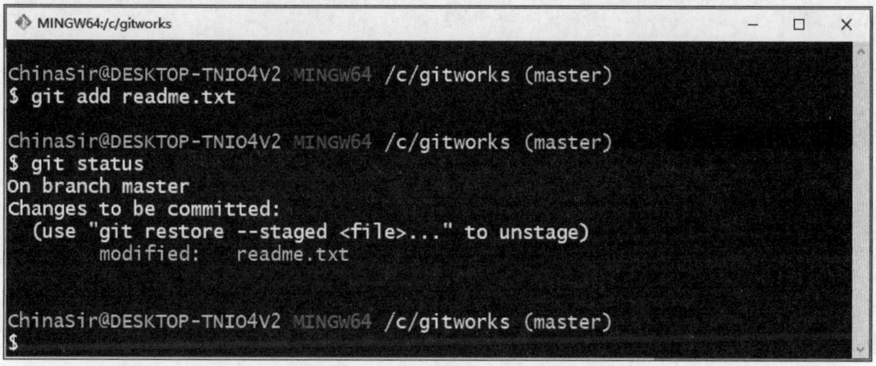

图 8.45 将文件添加到暂存区

在提交到版本库之前，修改 readme.txt 文件并追加内容"Second operation!"，再次执行 git diff 命令查看文件差异，如图 8.46 所示。

将暂存区内容提交到版本库后，再次执行 git diff 命令对比文件差异，如图 8.47 所示。

可以看到文件差异依然存在，这证明 Git 跟踪管理的是变化的内容而非文件本身，但是在执行 git diff 命令时暂存区里已经没有内容了，那么文件差异又是如何对比产生的呢？

事实上，暂存区内容在提交到版本库后依然保留着快照，因此在执行 git diff 命令时比较的是工作区和暂存区快照之间的差异，也就是还没有被暂存起来的内容。

注意：在文件由暂存区提交到版本库后，当工作区与暂存区进行比较时，采用的是暂存区保留的快照。

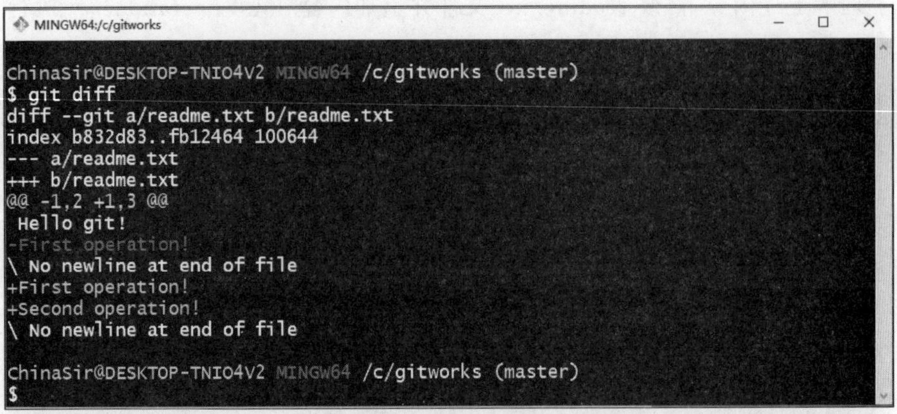

图 8.46 对比文件差异(二)

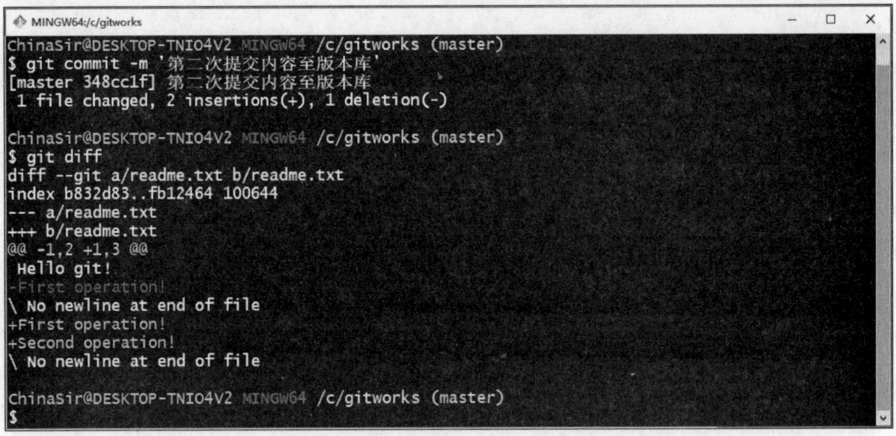

图 8.47 对比提交后文件差异

8.4.3 Git 提交

在使用 git commit 命令进行提交时，Git 会在版本库中生成一个 40 位的哈希值 commit-id，commit-id 属于某次提交的特殊标识。

commit-id 相当于快照，它不仅标识了某次具体的提交，而且在进行版本回退时非常有用，用户可以在未来任意时间点通过 git reset 命令回退到这里。

git commit 命令如下：

```
git commit -m [message]
```

这种提交方式是 Git 中比较常见的用法，通过使用-m 参数附加关于当次提交的描述信息，在进行历史追溯时可以直观了解某次提交带来的变化与影响。

再次将文件 readme.txt 添加到暂存区中,执行 git commit 命令并且不带有任何参数。命令会触发调用系统内的编辑器(如 vim)来输入 message,如图 8.48 所示。

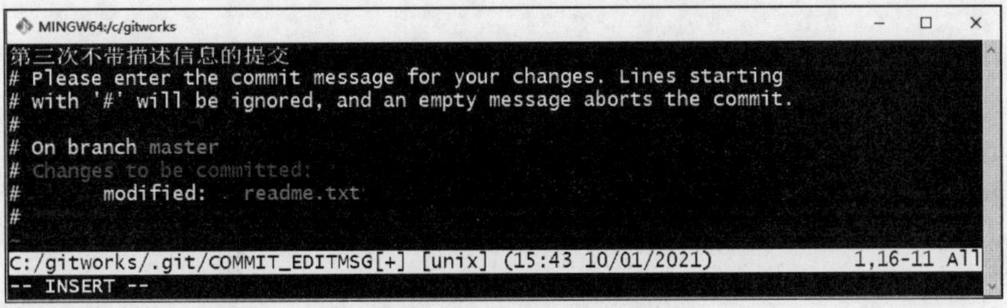

图 8.48 调用 vim 编辑器

保存描述内容并退出后返回命令行入口,Git 会进行提交操作并显示提交信息,如图 8.49 所示。

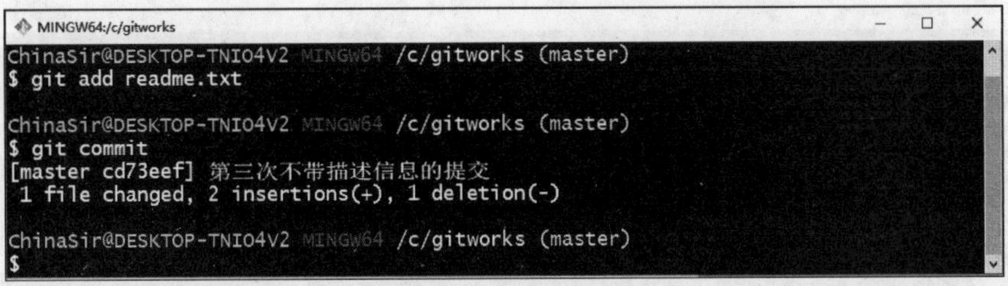

图 8.49 无描述提交

执行 git log 命令查看提交历史并按照提交时间由近到远排序,如图 8.50 所示。

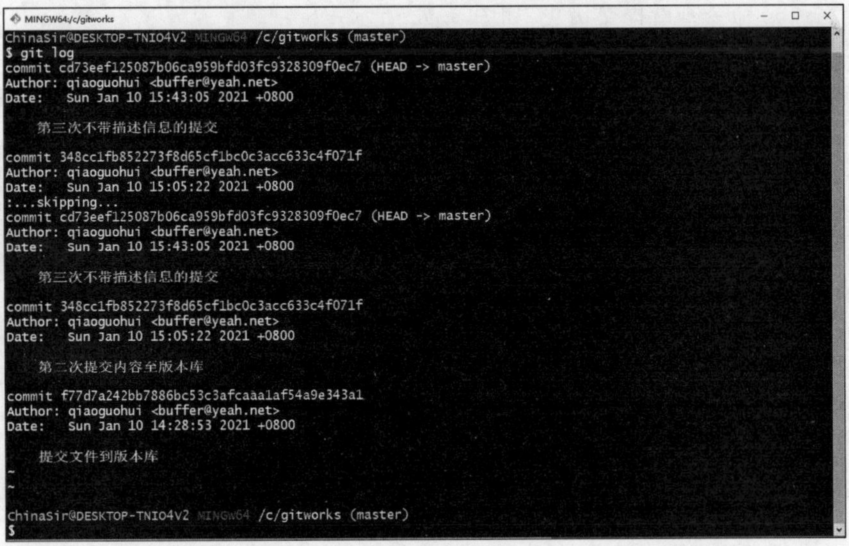

图 8.50 查看提交历史

如果要对所有已加入跟踪状态的文件进行提交，则可以使用如下命令：

```
git commit -a -m [massage]
```

在这个命令中，-a 参数可以将所有已跟踪文件中发生的变化提交到本地仓库，即使它们没有经过暂存区。在进行 Git 管理时，建议读者按照正常步骤先将内容添加到暂存区，再提交到本地版本库。

如果用户已经进行了某次提交，同时又不想保留提交记录，则可以使用如下命令：

```
git commit --amend -m [massage]
```

此命令会将本次提交的内容追加到上一次提交中并产生新的 commit-id。采用这种方式可以很好地清除之前错误的提交并删除提交历史。

例如，添加新文件 helloworld. txt 并将其以上述方式进行提交，如图 8.51 所示。

```
MINGW64:/c/gitworks
ChinaSir@DESKTOP-TNIO4V2 MINGW64 /c/gitworks (master)
$ git add helloworld.txt

ChinaSir@DESKTOP-TNIO4V2 MINGW64 /c/gitworks (master)
$ git commit --amend -m '追加新的文件进行提交'
[master b674b61] 追加新的文件进行提交
 Date: Sun Jan 10 15:43:05 2021 +0800
 2 files changed, 2 insertions(+), 1 deletion(-)
 create mode 100644 helloworld.txt

ChinaSir@DESKTOP-TNIO4V2 MINGW64 /c/gitworks (master)
$
```

图 8.51 追加提交

执行 git log 命令查看提交历史，如图 8.52 所示。

```
MINGW64:/c/gitworks
ChinaSir@DESKTOP-TNIO4V2 MINGW64 /c/gitworks (master)
$ git log
commit b674b61027a23a9e855f06b93f7da0238aa70cfa (HEAD -> master)
Author: qiaoguohui <buffer@yeah.net>
Date:   Sun Jan 10 15:43:05 2021 +0800

    追加新的文件进行提交

commit 348cc1fb852273f8d65cf1bc0c3acc633c4f071f
Author: qiaoguohui <buffer@yeah.net>
Date:   Sun Jan 10 15:05:22 2021 +0800

    第二次提交内容至版本库

commit f77d7a242bb7886bc53c3afcaaa1af54a9e343a1
Author: qiaoguohui <buffer@yeah.net>
Date:   Sun Jan 10 14:28:53 2021 +0800

    提交文件到版本库

ChinaSir@DESKTOP-TNIO4V2 MINGW64 /c/gitworks (master)
$
```

图 8.52 追加后的提交记录

原提交记录被新提交记录所取代,看起来就像是版本回退,只是回退的方向与正常方向相反。Git 中进行回退的方式有很多,我们将在后续内容中讲解。

8.4.4 Git 文件对比

git diff 命令用于在工作区、暂存区和版本库之间进行文件的差异化对比,其默认命令格式如下:

```
git diff
```

git diff 默认对比工作区与暂存区之间的差异,而不是工作区与版本库之间的差异,所以在文件添加到暂存之后,运行 git diff 命令不会有任何差异。

要查看暂存区与版本库之间的差异,可以使用如下命令:

```
git diff --cached[path]
```

在 Git 1.6.1 以上版本中还允许使用--staged 选项,其执行效果是相同的。

修改文件 helloworld.txt 并添加文本"Hello world!",将文件提交到暂存区后进行对比,如图 8.53 所示。

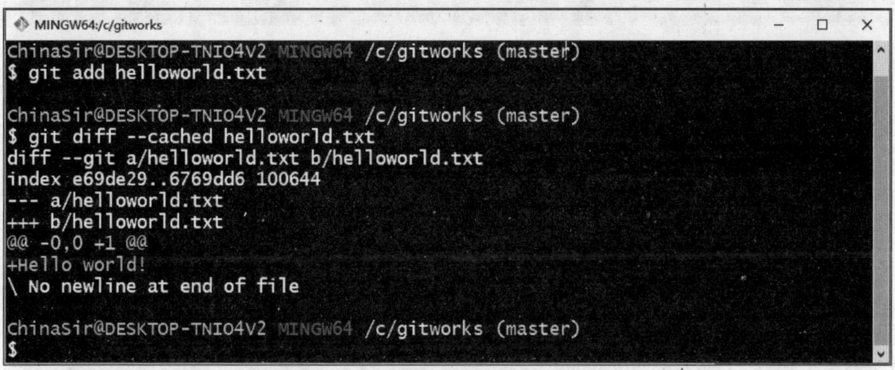

图 8.53 比较暂存区与版本库

前面提到过 HEAD 指针指向当前分支的当前版本,因此要查看工作区与版本库之间的差异,可以使用如下命令:

```
git diff HEAD [path]
```

对比效果如图 8.54 所示。

如果系统中存在多个分支且 HEAD 指针指向 master 分支,可以使用如图 8.55 所示的命令。

在进行过多次提交后,有时需要对比工作区与某次提交之间的差异。为了便于进行对比,首先需要获取某次提交的具体 commit-id。

图 8.54　比较工作区与版本库（一）

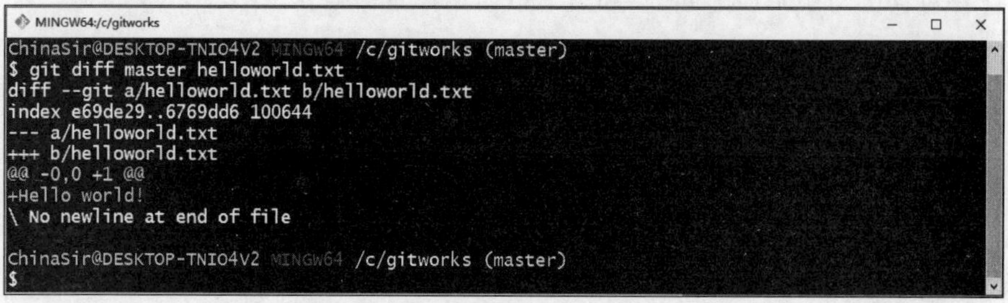

图 8.55　比较工作区与版本库（二）

可以使用 git log 命令得到某次具体提交的 commit-id，然后执行如下命令进行比较：

git diff commit-id[path]

以工作区与第一次提交进行差异性对比为例，如图 8.56 所示。

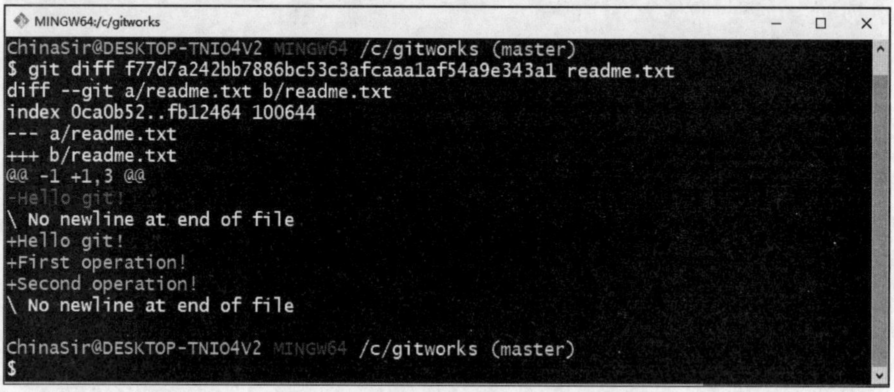

图 8.56　对比工作区与指定提交

还可以比较暂存区与某次具体提交之间的差异，如图 8.57 所示。

图8.57 对比暂存区与指定提交

要对比两次提交之间的差异，其命令格式如下：

```
git diff [commit-id] [commit-id]
```

例如，对比第一次提交与第三次提交之间的差异，如图8.58所示。

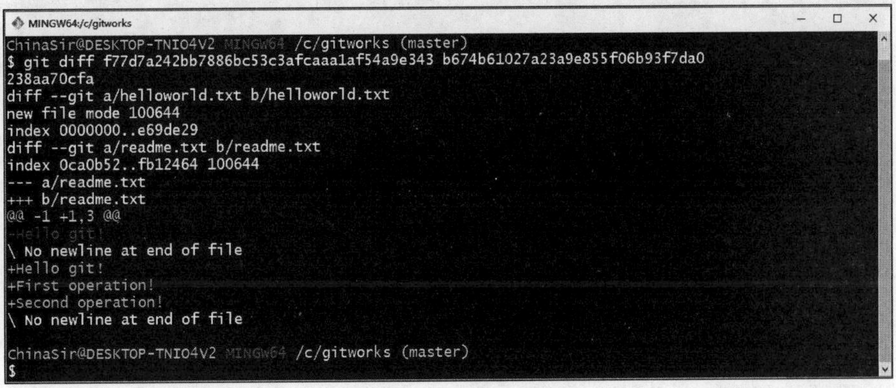

图8.58 分支对比

8.4.5 查看历史

git log命令用于查看提交历史记录信息，如图8.59所示。

使用--reverse选项可以反序显示提交历史记录，如图8.60所示。

使用--oneline选项可以查看提交历史记录的简洁信息，其中commit-id被显示为可以区分不同提交的简短位数，如图8.61所示。

要查看最近 n 次的提交历史，如最近2次，可以使用如下命令：

```
git log -n2 [--oneline]
```

图 8.59　查看提交历史记录(一)

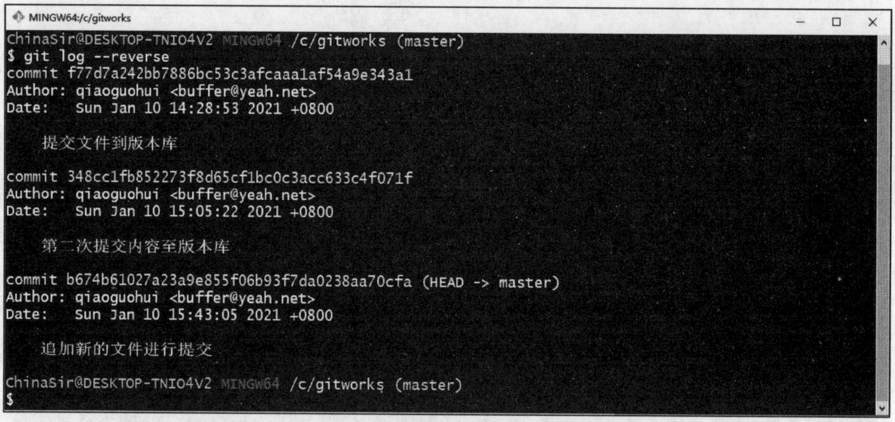

图 8.60　查看提交历史记录(二)

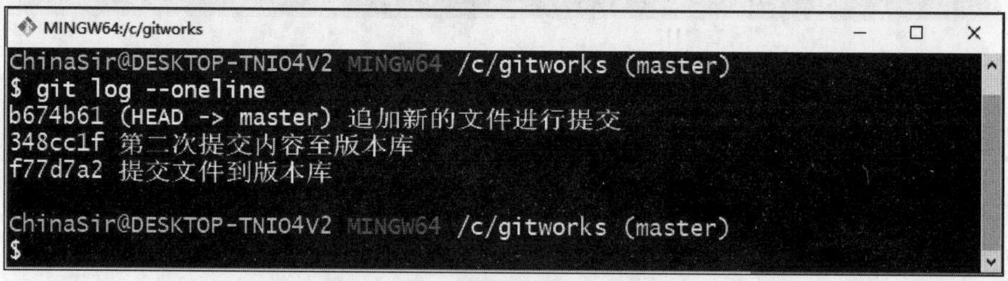

图 8.61　查看简洁提交历史

要查看指定分支的提交历史,可以使用如下命令:

```
git log [ -- oneline] branch
```

要查看指定用户的提交历史,可以使用如下命令:

```
git log --author=user [--oneline]
```

为了观察整个版本的演进历史,还可以使用图形化的查看方式,命令如下:

```
git log --graph
```

此命令在多人多分支开发中特别实用,通过观察分支的图形化结构可以清楚地了解分支的处理过程。

以上是基于单分支进行的操作,要同时查看多个分支的提交历史,命令如下:

```
git log --all
```

要查看所有分支最近 2 次的变更记录,命令如下:

```
git log [--oneline] --all -n2
```

用户还可以通过 Web 方式查看某一命令的具体内容,命令如下:

```
git help --web log
```

在本地 Git 中包含了 Web 说明文档以便需要时查看,其目录位置为 mingw64→share→doc→git-doc。

8.4.6 文件恢复

在版本管理过程中,开发者经常会遇到需要进行文件恢复的情况,如将错误的文件修改后提交到暂存区甚至版本库中。在正常情况下用户可以通过二次修改来覆盖提交的错误内容,或是通过恢复文件来修正错误并清除痕迹。

需要进行恢复的文件主要有以下三类:
- 想恢复的文件在本地工作区中。
- 想恢复的文件在暂存区中。
- 想恢复的文件已经提交到版本库。

只要知道被恢复文件的所在位置,就可以对其进行相应恢复处理。

1. 恢复工作区

要恢复工作区中的文件内容,可以使用如下命令:

```
git checkout [--]<path>
```

此命令可以放弃所有未加入暂存区的修改,即把文件在工作区中的修改全部撤销。此操作的前提是文件必须为已追踪状态,因此被恢复文件至少进入过暂存区。

在前面的操作中文件 helloworld.txt 中的内容被添加到了暂存区,接下来清空文件并执行 git diff 对比,如图 8.62 所示。

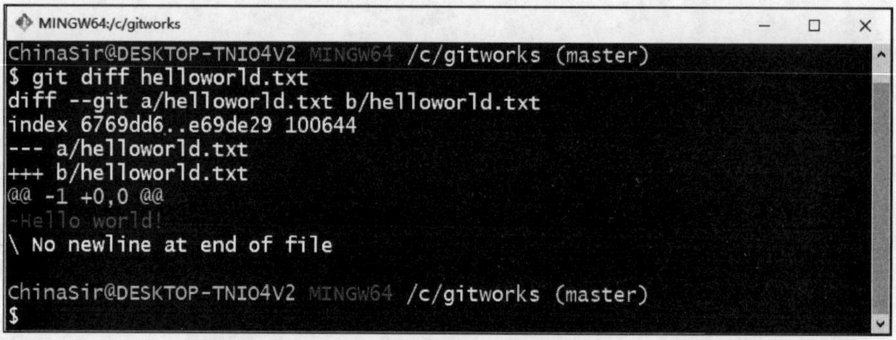

图 8.62 清空 helloworld.txt

执行 git checkout 命令以便执行恢复操作,文件将回到最近执行 git commit 或 git add 时的状态,如图 8.63 所示。

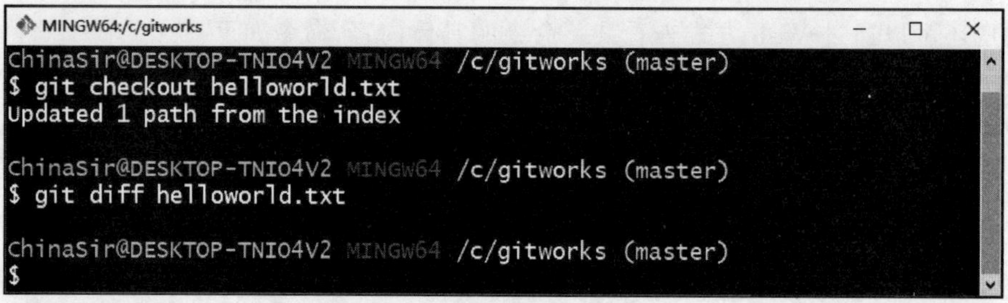

图 8.63 恢复工作区文件(一)

在进行文件恢复操作时,建议在命令中使用--符号,这样可以避免文件与分支同名所带来的切换问题,如图 8.64 所示。

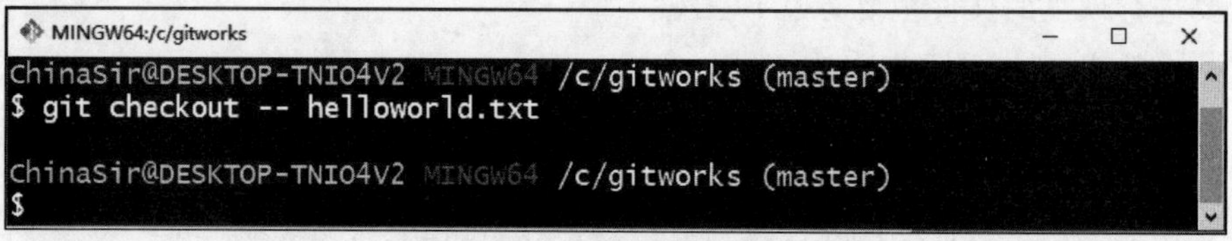

图 8.64 恢复工作区文件(二)

对于未加入 Git 管理的文件无法执行以上命令,如图 8.65 所示。

2. 恢复暂存区

要恢复暂存区中的文件内容,可以使用如下命令:

```
git reset HEAD path
```

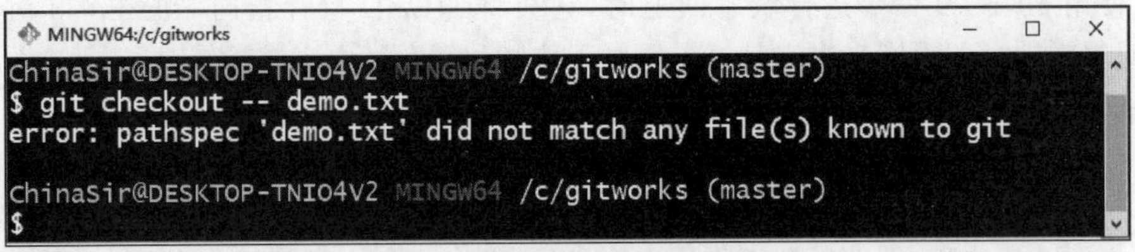

图 8.65　无法恢复未追踪文件

此命令将版本库中的文件内容恢复到暂存区,如果将未追踪文件加入暂存区,则在执行恢复后文件会重新变为 Untracked 状态,如图 8.66 所示。

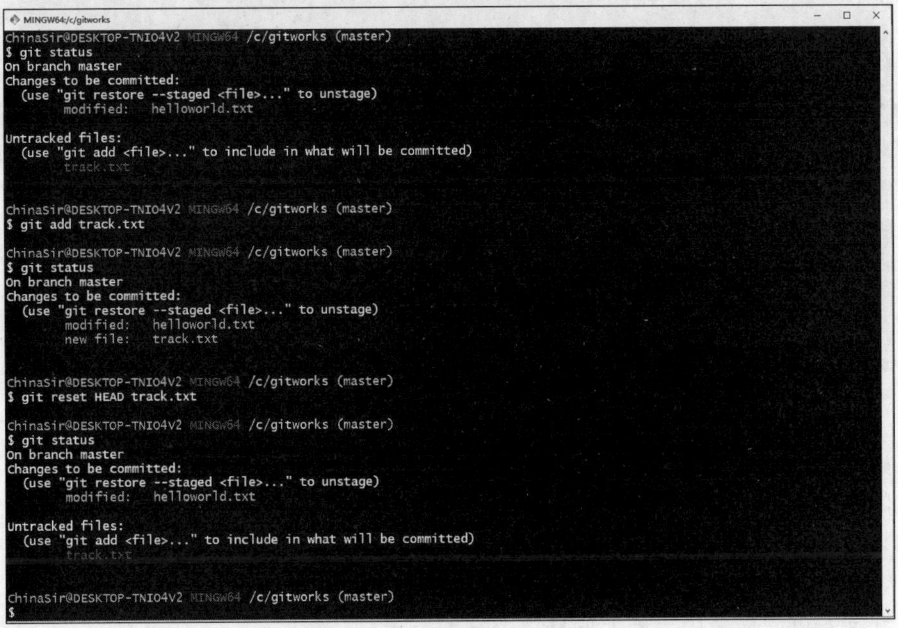

图 8.66　恢复暂存区文件

上述操作不会对工作区产生影响,工作区文件保持最后被修改的内容不变。在对工作区文件进行恢复时,可以使用 git reset 命令将版本库文件恢复到暂存区,然后结合 git checkout 命令将暂存区内容同步回工作区。

如果要放弃暂存区的内容,则可以使用如下命令:

```
git reset HEAD .
```

3. 恢复版本库

要对提交的版本信息进行回退操作,可以使用如下命令:

```
git reset [--soft|--mixed|--hard] [HEAD] [commit-id]
```

在使用 git reset 命令进行版本回退时，它会将 HEAD 指针指向 commit-id 对应的提交，同时根据选项的不同来决定是否需要对工作区和暂存区内容进行修改。

各选项作用如下。

- soft：改变 HEAD 所指向的 commit-id，工作区与暂存区都不变化。
- mixed：将暂存区更新为 HEAD 所指向的 commit 里包含的内容，工作区无变化。
- hard：版本库、暂存区和工作区内容一致，工作区中的 Untracked 文件不受影响。

接下来执行版本回退，如图 8.67 所示。

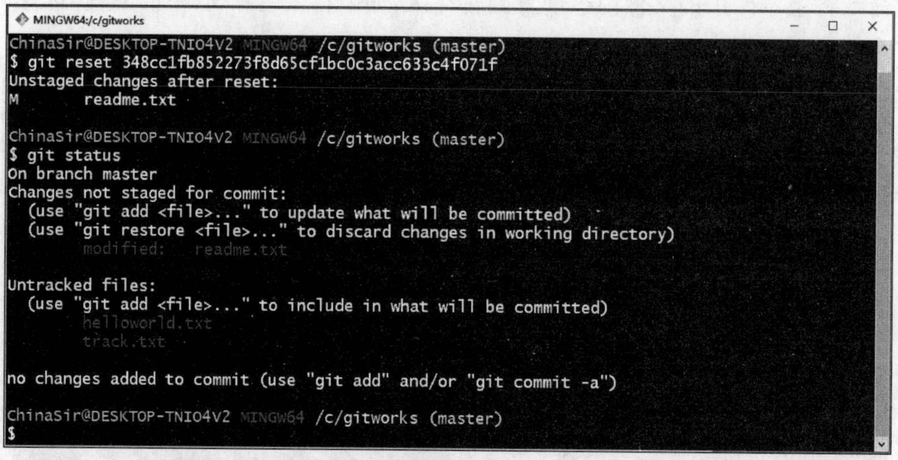

图 8.67　执行版本回退

可以发现最后一次提交的内容被回退了，同时工作区中的内容被保留了下来。在不指定参数的情况下 mixed 为默认选项，如果使用了 hard 选项，则暂存区与工作区都会被恢复。

如果某次提交已经被推送到远程仓库，则其他开发人员很有可能基于这次提交生成新的提交，因此在使用 git reset 命令恢复版本后建议不要再次推送到远程仓库中，这有可能造成其他开发人员的提交历史丢失或意想不到的后果。

8.4.7　删除文件

文件存在于工作区、暂存区和版本库中的某个位置。使用 git rm 命令可以执行文件的删除操作，命令如下：

```
git rm -- cached readme.txt
```

此操作会将暂存区中的文件删除，同时这个文件将再次被归类为 Untracked 文件，但本地工作区中的文件将会被保留。如果用户需要将工作区中的文件也一起删除，则可以使用如下命令：

```
git rm readme.txt
```

执行此命令后暂存区与工作区中的文件都会被删除,但删除之前用户需要保证文件在工作区、暂存区与版本库的一致状态。

8.5 分支管理

通过使用分支可以将不同的任务从开发主线上分离出来,在保持主线完整性与标准性的情况下独立地开发定制性任务,并且在合适的时机(如版本周期)将变化的内容同步到主线版本中并进行发布与测试。

可以这么理解:分支是扩展性的副本,它以独立的方式从主分支或其他分支扩展出来,从而避免对其源分支的干扰。

开发者基于新分支进行任务的开发是有好处的。在进行分布式开发时,如果某个开发者对版本管理系统的掌握并不透彻或不准确,则有可能产生错误的操作,如未更新就直接进行了提交,此时会覆盖已经被其他开发者重写的代码。

如果被影响的文件数量不多,则问题比较容易处理且能快速恢复到某一分支,但在众多开发人员共同进行版本维护的情况下这种操作是不现实的,因为每一次提交都不可能那么完美,它需要进行合并与解决冲突。

随着时间的推移,开发人员错误的提交会被后续的版本提交一层又一层地覆盖。此时想要进行精确恢复是极有难度的,这不仅是一场噩梦,而且会以损失众多有效提交为代价。这样不仅浪费了时间,也浪费了劳动力。

所以有效地保证程序版本的准确性十分重要。从主分支上分离出来不同环境的版本分支,再从版本分支上分离出来开发分支及应急分支,这种方式可以很好地保证核心版本的一致性与安全性,而且在一个版本发布之后,对应的主分支都应该被加锁,以权限控制的方式来避免其在下次版本发布前被错误地修改。

在创建分支之前,可以执行 git branch 命令查看所有的分支,如图 8.68 所示。

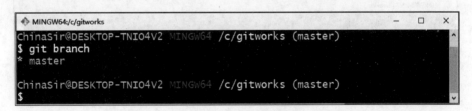

图 8.68 查看本地分支

Git 会列出所有的本地分支,并且在当前使用的分支前显示 * 号。接下来使用 git branch 命令为当前分支创建子分支 childbranch,如图 8.69 所示。

分支创建完成后不会自动检出,使用 git checkout 命令对当前分支进行检出操作,如图 8.70 所示。

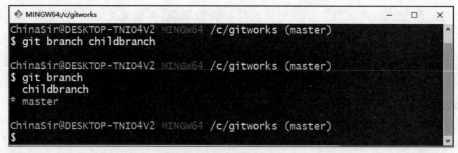

MINGW64:/c/gitworks
ChinaSir@DESKTOP-TNIO4V2 MINGW64 /c/gitworks (master)
$ git branch childbranch
ChinaSir@DESKTOP-TNIO4V2 MINGW64 /c/gitworks (master)
$ git branch
childbranch
* master
ChinaSir@DESKTOP-TNIO4V2 MINGW64 /c/gitworks (master)
$

图 8.69 创建分支

MINGW64:/c/gitworks
ChinaSir@DESKTOP-TNIO4V2 MINGW64 /c/gitworks (master)
$ git checkout childbranch
Switched to branch 'childbranch'
M readme.txt
ChinaSir@DESKTOP-TNIO4V2 MINGW64 /c/gitworks (childbranch)
$ git branch
* childbranch
master
ChinaSir@DESKTOP-TNIO4V2 MINGW64 /c/gitworks (childbranch)
$

图 8.70 检出分支

用户还可以同时创建并检出新的分支，命令如下：

```
git checkout -b branch
```

接下来查看 HEAD 指针的相关信息，如图 8.71 所示。

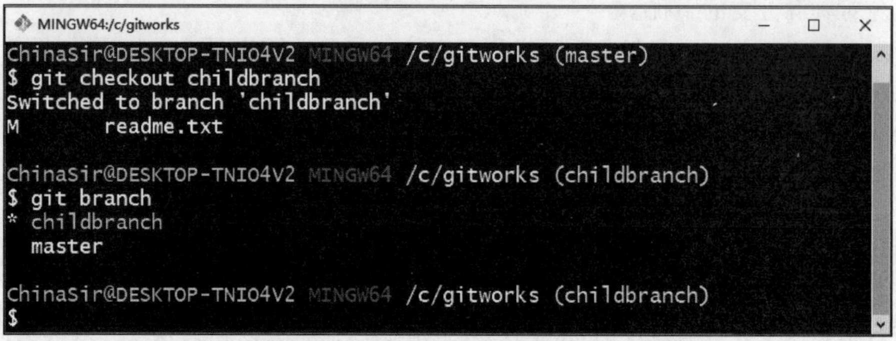

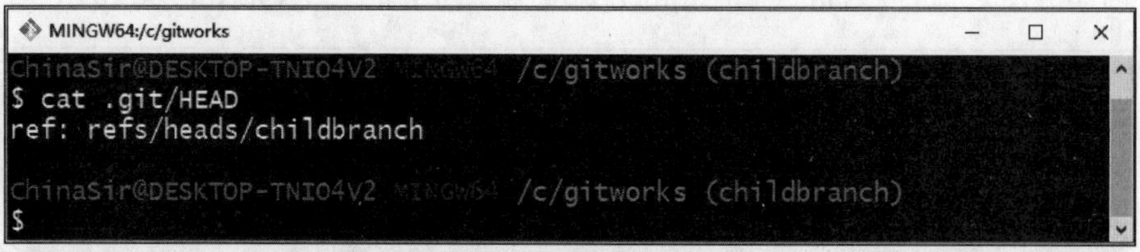

MINGW64:/c/gitworks
ChinaSir@DESKTOP-TNIO4V2 MINGW64 /c/gitworks (childbranch)
$ cat .git/HEAD
ref: refs/heads/childbranch
ChinaSir@DESKTOP-TNIO4V2 MINGW64 /c/gitworks (childbranch)
$

图 8.71 查看 HEAD 指针

HEAD 指针指向了 childbranch 分支。为了查看 HEAD 指针指向的 commit-id，可以执行如下命令：

```
cat .git/refs/heads/childbranch
```

图 8.72 中显示了当前分支所对应的哈希值。

对比 Git 的提交历史可以看到，当前分支的 commit-id 与 HEAD 指针所对应的哈希值是相同的，如图 8.73 所示。

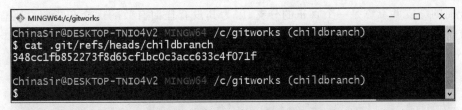

图 8.72 查看 HEAD 指针的哈希值

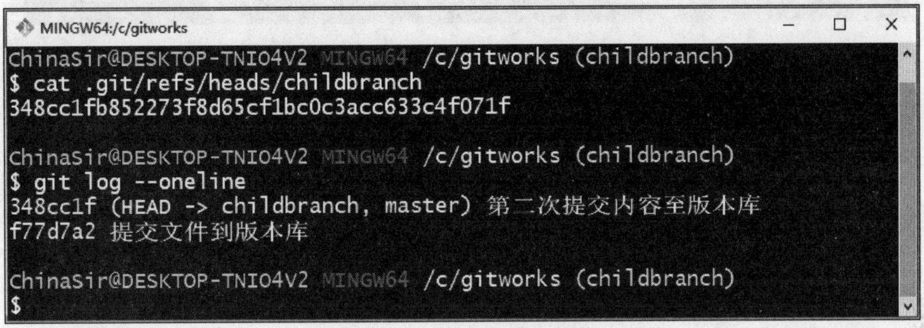

图 8.73 对比提交哈希值

在创建分支时,如果分支名称已经存在,则通常需要先删除旧分支再重新创建新的分支。Git 中提供了一种快速但强制的方式来创建分支,命令如下:

git checkout -B branch

使用这种方式可以强制创建新的分支并且会覆盖原来的分支。如果当前仓库中存在同名分支,则使用普通的 git checkout -b 命令会报错,且同名分支无法被创建。

新建的分支通常会带有源分支的提交历史,可以使用如下命令创建一个无提交历史记录的分支:

git checkout -- orphan branch

运行结果如图 8.74 所示。

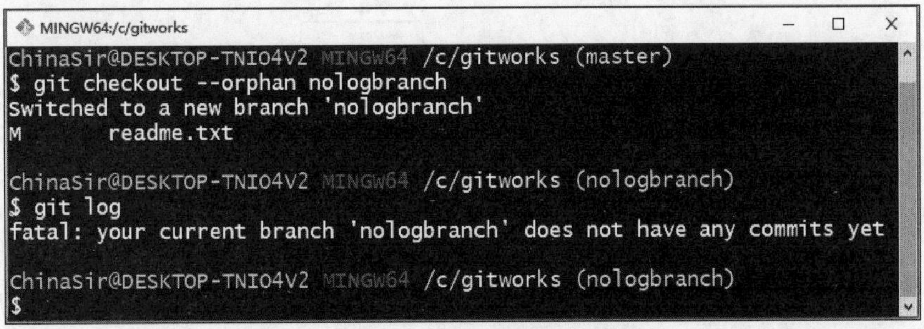

图 8.74 无日志的新分支(一)

此时的分支并不算是一个真正的分支,因为其没有任何有效的提交和指向。当查看系统分支时并没有将其列入其中,如图 8.75 所示。

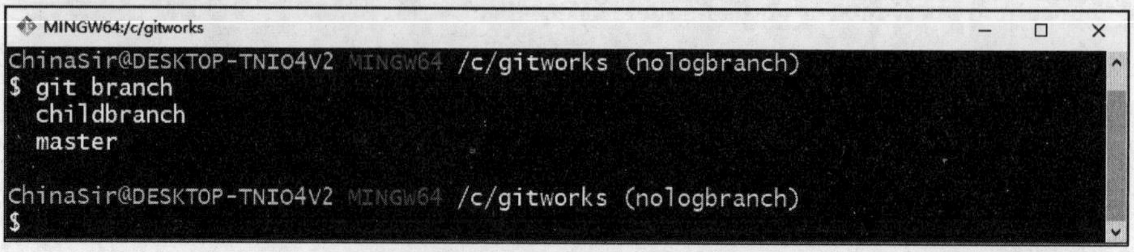

图 8.75　无日志的新分支(二)

只有在真正使用后此分支才会生效,此种创建方式有助于开发者在项目进行到指定时间节点时重新整理版本。

8.6　变基与合并

8.6.1　变基

变基操作用于将一个分支的修改合并到另一个分支中。为了更好地理解变基操作,首先观察合并操作的执行过程。

在图 8.76 中,基于分支 B_2 检出了两个不同的分支,且两个分支都产生了新的提交 B_3 与 B_4。

当使用 Git Merge 命令进行合并操作时,会对两个分支的最新提交(B_3 与 B_4)和两个分支的最近祖先(B_2)进行三方合并,合并后会产生一个新的提交,如图 8.77 所示。

在进行三方合并时,需要以一个提交历史作为依据并追加其他两次提交,Git Merge 使用两个分支的就近祖先(B_2)作为依据。

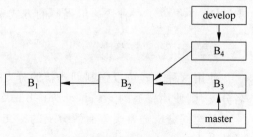

图 8.76　分支合并前

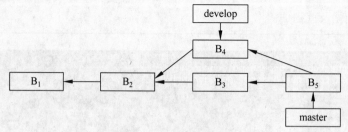

图 8.77　分支合并后

GitRebase 同样采用合并分支的方式整合分散的提交历史,不同的是合并时所依据的提交历史不同。Git Rebase 使用两个分支最新提交(B_3 和 B_4)中的一个作为依据(基),例如

以 B_3 为基，然后提取在 B_4 中引入的补丁和修改并应用于 B_3 上。

这个过程相当于改变了 B_4 的基底为 B_3，并将 B_4 上的修改依次应用于 B_3 上，生成新的提交 $B_{4'}$，这个过程就是所谓的变基，如图 8.78 所示。

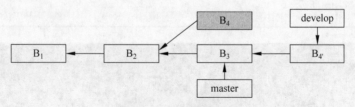

图 8.78　Git 变基操作

使用命令执行上述过程，首先检出 develop 分支，命令如下：

```
git checkout develop
```

接下来执行 git rebase 命令，命令如下：

```
git rebase master
```

命令执行后 Git 会将 develop 分支里的提交取消并临时保存为补丁（.git/rebase 目录中），然后将 master 分支上的更新同步到 develop 分支，最后把保存的这些补丁应用到 develop 分支上。

最后，检出 master 分支并将 develop 分支上后提交的内容合并到 master 中。

```
git checkout master
git merge develop
```

此时分支的提交历史将是一条线，如图 8.79 所示。

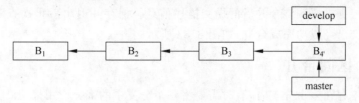

图 8.79　变基后的提交历史

事实上，无论是使用 Git Merge 进行合并还是使用 Git Rebase 进行变基，两种方法最后生成的结果是相同的，唯一的区别是它们生成的提交历史不同，但是变基使提交历史更加简洁直观。

8.6.2　合并多条记录

可以使用 git rebase 命令对分支上多次连续的提交进行合并，命令如下：

```
git rebase -i [begin] [end]
```

此命令将对一个前开后闭区间内的所有提交操作进行管理,命令执行时会弹出交互式编辑界面,如图 8.80 所示。

```
pick 348cc1f 第二次提交内容至版本库
pick 0c3c5df 第三次提交内容至版本库

# Rebase f77d7a2..0c3c5df onto f77d7a2 (2 commands)
#
# Commands:
# p, pick <commit> = use commit
# r, reword <commit> = use commit, but edit the commit message
# e, edit <commit> = use commit, but stop for amending
# s, squash <commit> = use commit, but meld into previous commit
# f, fixup <commit> = like "squash", but discard this commit's log message
# x, exec <command> = run command (the rest of the line) using shell
# b, break = stop here (continue rebase later with 'git rebase --continue')
# d, drop <commit> = remove commit
# l, label <label> = label current HEAD with a name
# t, reset <label> = reset HEAD to a label
# m, merge [-C <commit> | -c <commit>] <label> [# <oneline>]
#         create a merge commit using the original merge commit's
#         message (or the oneline, if no original merge commit was
#         specified). Use -c <commit> to reword the commit message.
#
# These lines can be re-ordered; they are executed from top to bottom.
```

图 8.80 变基后的提交历史

其中列出了本次 rebase 操作包含的所有 commit-id,用户可以指定每个提交的处理方式。例如要将第三次提交与第二次提交进行合并,那么可以将第三次提交前的 pick 标记更改为 s 标记,如图 8.81 所示。

保存并退出后切换到编辑提交信息界面,如图 8.82 所示。

用户可以根据需要调整合并后的提交描述信息。保存并退出后再次查看提交历史,此时最后两次提交已经成功完成合并,如图 8.83 所示。

8.6.3 区间合并

当在项目中存在多个分支时,有时需要将一个分支中的部分应用提交到其他分支中,如图 8.84 所示。

可以使用 git rebase 命令将 develop 分支中的 C~E 部分应用到 master 分支中,也可以使用 Cherry-Pick(樱桃拣选),命令如下:

```
git rebase [begin] [end] -- onto [branch]
```

其中--onto 选项指定了目标分支。命令执行完成后要检查目标分支的 HEAD 指针是否处于游离状态,产生游离状态的原因是由于分支指向与 HEAD 指针指向不一致造成的。

```
pick 348cc1f 第二次提交内容至版本库
s 0c3c5df 第三次提交内容至版本库

# Rebase f77d7a2..0c3c5df onto f77d7a2 (2 commands)
#
# Commands:
# p, pick <commit> = use commit
# r, reword <commit> = use commit, but edit the commit message
# e, edit <commit> = use commit, but stop for amending
# s, squash <commit> = use commit, but meld into previous commit
# f, fixup <commit> = like "squash", but discard this commit's log message
# x, exec <command> = run command (the rest of the line) using shell
# b, break = stop here (continue rebase later with 'git rebase --continue')
# d, drop <commit> = remove commit
# l, label <label> = label current HEAD with a name
# t, reset <label> = reset HEAD to a label
# m, merge [-C <commit> | -c <commit>] <label> [# <oneline>]
# .       create a merge commit using the original merge commit's
# .       message (or the oneline, if no original merge commit was
# .       specified). Use -c <commit> to reword the commit message.
#
# These lines can be re-ordered; they are executed from top to bottom.
```

图 8.81 压缩合并

```
# This is a combination of 2 commits.
# This is the 1st commit message:

第二次提交内容至版本库

# This is the commit message #2:

第三次提交内容至版本库

# Please enter the commit message for your changes. Lines starting
# with '#' will be ignored, and an empty message aborts the commit.
#
# Date:      Sun Jan 10 15:05:22 2021 +0800
#
# interactive rebase in progress; onto f77d7a2
# Last commands done (2 commands done):
#    pick 348cc1f 第二次提交内容至版本库
#    squash 0c3c5df 第三次提交内容至版本库
# No commands remaining.
# You are currently rebasing.
#
# Changes to be committed:
#       new file:   helloworld.txt
```

图 8.82 编辑提交信息

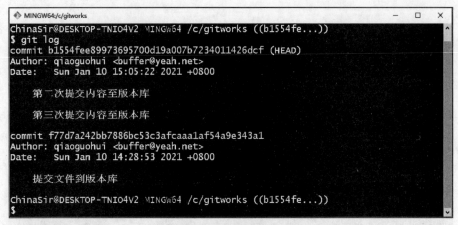

图 8.83　查看提交历史

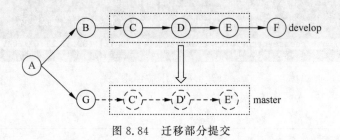

图 8.84　迁移部分提交

8.7　远程仓库

GitHub 与 GitLab 都是基于 Git 的代码仓库管理软件,其主要区别在于 GitHub 仓库项目基本上是开源的。用户可以在 GitHub 上创建私有的代码仓库,超过指定数量后将会收取一定的费用,适合于个人开发者和开源项目。GitLab 可以在企业内部搭建私有的代码仓库,更加适合于企业级的多人协作开发。

8.7.1　SSH 协议与密钥

GitHub 支持两种同步方式 HTTPS 和 SSH。其中 HTTPS 十分简单,用户基本不需要配置就可以直接使用,但是每次提交代码和下载代码时需要输入用户名和密码进行验证。

如果要使用 SSH 方式进行同步,则用户需要在客户端生成密钥对,然后将其中的公钥放到 GitHub 服务器上。我们推荐使用基于密钥的验证方式。

在生成密钥之前一定要配置 user.name 与 user.email 配置项,然后在 Git Bash 环境下执行如下命令:

```
ssh-keygen -t rsa
```

命令执行完成后会在本地用户的 .ssh 目录下生成公钥文件 id_rsa.pub 和私钥文件 id_rsa。登录 GitHub 账户并找到 Settings→SSH and GPG keys 配置项，如图 8.85 所示。

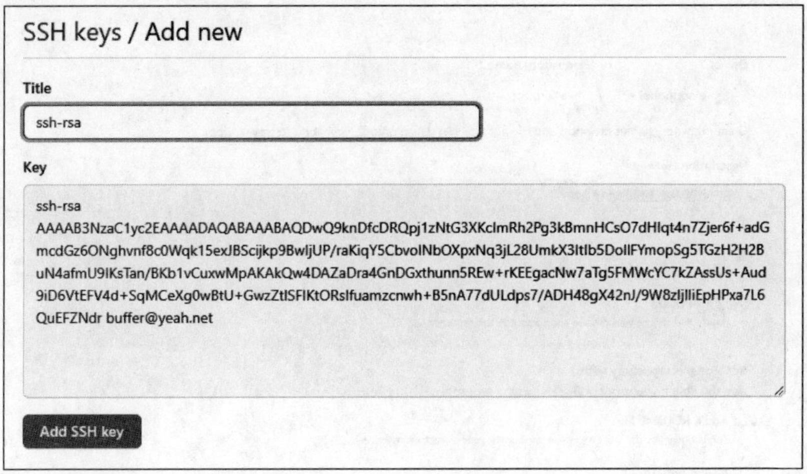

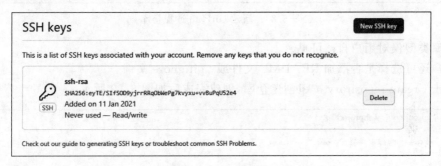

图 8.85　配置公钥

自定义配置名称，然后将公钥文件 id_rsa.pub 中的内容添加到 Key 中，单击 Add SSH key 按钮完成配置，如图 8.86 所示。

图 8.86　SSH keys

8.7.2　创建私有仓库

登录 GitHub 账户并单击用户首页中的新建仓库按钮，如图 8.87 所示。

在打开的新建仓库页面中填写仓库的基本信息，如图 8.88 所示。

填写仓库名称和相关说明，选择远程仓库的类型。其中公有仓库类型对所有外部用户可见，

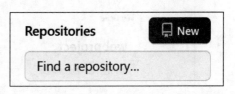

图 8.87　仓库界面

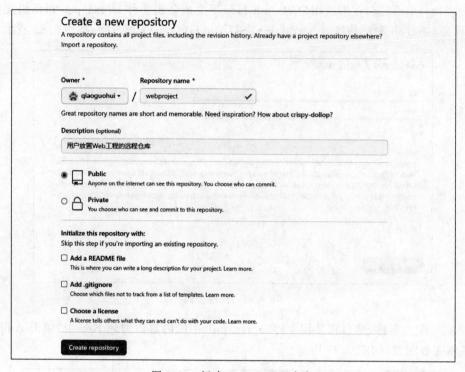

图 8.88 新建 GitHub 远程仓库

私有仓库类型仅对用户自己可见。

用户还可选择是否添加 README 文件或 .gitignore 文件。

单击 Create repository 按钮创建仓库,创建完成后如图 8.89 所示。

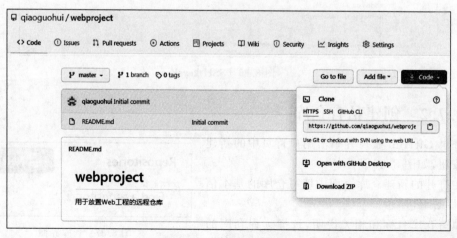

图 8.89 GitHub 远程仓库

用户可以在 GitHub 首页看到所有仓库的列表，如图 8.90 所示。

8.7.3 删除远程仓库

如要删除已经创建的远程仓库，则可单击仓库链接进入详情页并找到 Settings 设置，如图 8.91 所示。

找到 Settings 页面底部的 Danger Zone（危险区域），如图 8.92 所示。

单击 Delete this repository 按钮会弹出确认提示窗口，再次输入上面提示的仓库名称并确认删除，如图 8.93 所示。

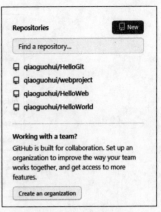

图 8.90　GitHub 仓库列表

图 8.91　仓库详情页

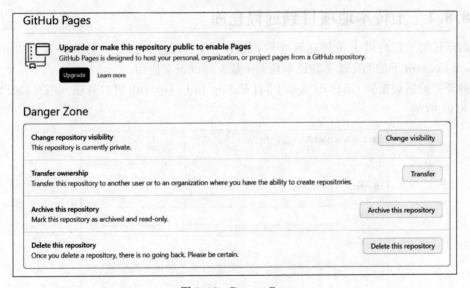

图 8.92　Danger Zone

8.7.4 其他操作

GitHub 上不能删除项目中的文件/目录，此操作需要用户本地操作完成后推送完成。

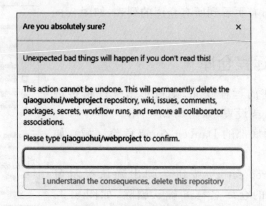

图 8.93　删除远程仓库

8.8　IntelliJ IDEA 下的 Git 操作

我们已经在 IntelliJ IDEA 中进行了 Git 的相关配置，本节结合 IntelliJ IDEA 与 GitHub 进行更多操作。

8.8.1　上传本地项目到远程仓库

由于任何工程均可上传到远程仓库，创建过程不再过多描述。打开配置窗口并找到 Version Control 下的 Git 选项验证本地 Git 是否可以正常使用。

验证完成后切换到 GitHub 选项卡，打开 Log In to GitHub 窗口并输入用户名及密码，如图 8.94 所示。

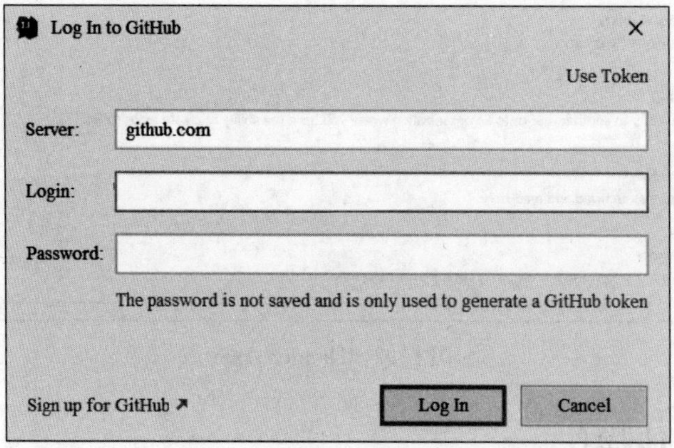

图 8.94　GitHub 远程登录

如果用户没有 GitHub 账户，则可以单击 Sign up for GitHub 进行注册。输入用户名和密码后单击 Log In 按钮，IntelliJ IDEA 会尝试登录 GitHub，如图 8.95 所示。

图 8.95　GitHub 登录中

登录成功后会在远程列表中添加连接配置项,如图 8.96 所示。

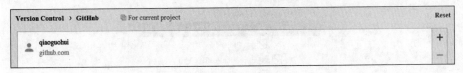

图 8.96　GitHub 已登录

也可以采用基于 Token 验证的方式登录,如图 8.97 所示。

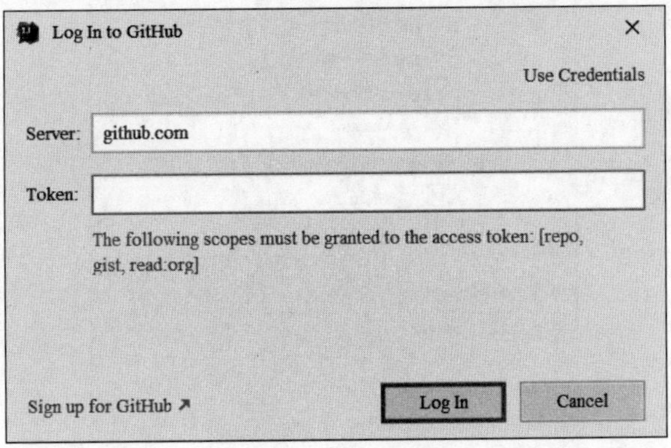

图 8.97　Token 登录

配置完成后打开工程,执行菜单 VCS→Import into Version Control→Share Project On GitHub 命令打开上传工程窗口,指定远程仓库的名称(如果没有则新建),如图 8.98 所示。

单击 Share 按钮确认共享,弹出 Add Files For Initial Commit 初始化提交窗口,用户根据需要选择推送到远程仓库的文件,如图 8.99 所示。

图 8.98　指定远程仓库

图 8.99　指定需要上传的文件

单击 Add 按钮完成添加操作，IntelliJ IDEA 会自动执行本地提交并推送到远程仓库，操作完成后如图 8.100 所示。

图 8.100　项目上传完成

查看 GitHub 远程仓库会发现项目已经成功上传，如图 8.101 所示。

图 8.101　远程仓库中的项目

与远程仓库成功关联后，IntelliJ IDEA 开发工具会显示 Version Control 选项卡和 Git 分支列表，如图 8.102 所示。

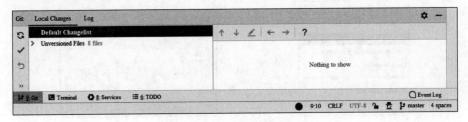

图 8.102　显示 Git 相关项

8.8.2　克隆远程仓库

执行菜单 File→New→Get from Version Control 命令打开克隆窗口，复制远程仓库的 HTTPS 地址并粘贴到 URL 区域，单击 Clone 按钮执行克隆操作，如图 8.103 所示。

8.8.3　Git 分支管理

在 IntelliJ IDEA 中可以基于 Git 分支列表进行管理与操作。其中 Local Branches 代表本地分支组，Remote Branches 代表远程分支组，如图 8.104 所示。

在 Git 分支列表中，书签图标 用于标注当前正在使用的分支。

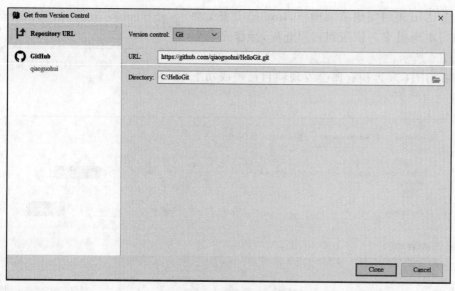

图 8.103　克隆远程仓库

1. 检出当前分支

单击 New Branch 可以基于当前分支创建新的本地分支，在打开的 Create New Branch 对话框中，如果勾选 Checkout branch 选项，则对分支同时进行检出操作，如图 8.105 所示。

图 8.104　分支列表

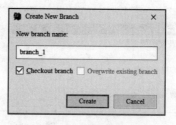

图 8.105　新建本地分支

2. 检出远程分支

单击远程分支并选择 Checkout 菜单可以检出本地对应的分支，如图 8.106 所示。

选择 New Branch from Selected 菜单为远程分支创建新的本地分支，如图 8.107 所示。

3. 检出本地分支

单击本地分支并选择 Checkout 菜单可以执行分支检出操作，选择 New Branch from Selected 菜单可以创建新的本地分支，如图 8.108 所示。

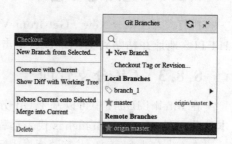

图 8.106　检出远程分支（一）

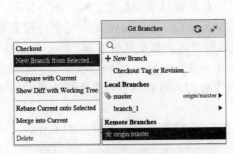

图 8.107 检出远程分支(二)

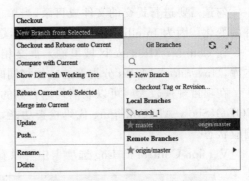

图 8.108 分支的检出与切换

4. 新建文件

在新建文件时 IntelliJ IDEA 会弹出 Add File to Git 确认窗口,如果选择 Add 操作则将文件添加到暂存区并以绿色标识,如果选择 Cancel 操作则当前文件只存放于工作区并以红色标识,如图 8.109 所示。

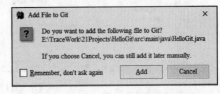

图 8.109 将文件添加到 Git

5. 提交文件

使用快捷键 CTRL+K 打开变更提交窗口,其中 Unversioned Files 分类下是新建且未添加到暂存区的文件,如图 8.110 所示。

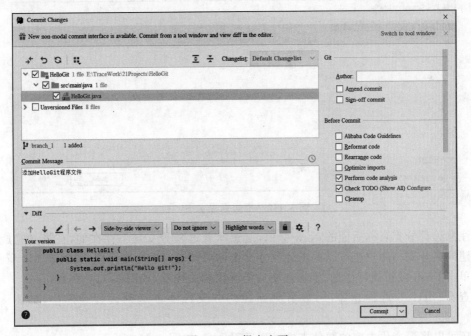

图 8.110 提交变更

勾选需要进行提交的文件或目录，当单击文件时底部 Your version 区域会显示当前文件的变化。因为 IntelliJ IDEA 操作的目标是变更，因此新建目录等在提交时并不会显示。

在 Commit Message 区域里输入提交相关信息，单击 Commit 按钮提交变更内容到版本库，Unversioned Files 分类下的文件将同时添加到暂存区并提交到版本库。

在项目规模较大时可以取消勾选右侧的 Perform code analysis 代码分析功能和 Check TODO(Show All)Configure 代码检查功能，否则程序会因为检查内容过多而陷入长时间无响应状态。

Version Control 的 Log 选项卡中可以看到所有的历史提交记录，如图 8.111 所示。

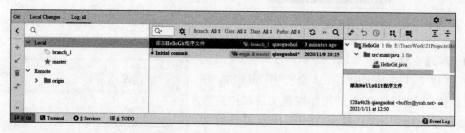

图 8.111　查看分支提交历史

6. 推送提交至远程仓库

使用快捷键 Ctrl+Shift+K 打开推送对话框，如图 8.112 所示。

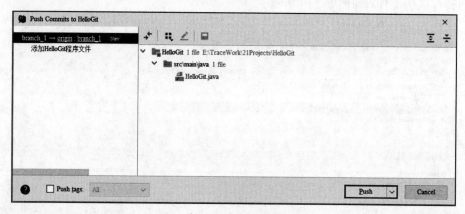

图 8.112　推送远程仓库（一）

注意远程分支名称后面的 New 标识，这意味着远程分支是不存在的，在推送完成后将会新建同名分支。用户也可以单击远程分支名称对其进行重命名操作，如图 8.113 所示。

单击 Push 按钮执行推送，推送成功后会弹出相关提示，如图 8.114 所示。

查看 GitHub 远程仓库，可以看到新建的分支已经推送到远程仓库中，如图 8.115 所示。

还可以将无变化内容的新分支推送到远程分支，如图 8.116 所示。

图 8.113 推送远程仓库(二)

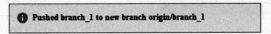

图 8.114 推送成功

图 8.115 查看远程仓库分支

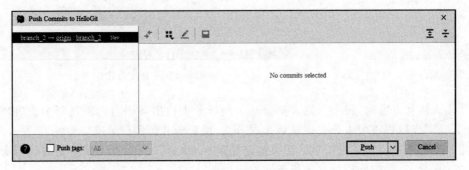

图 8.116 推送分支

在提交推送至远程仓库后,其他用户可以通过 Git Fetch 或 Git Pull 命令刷新 Git 分支列表,然后检出远程分支对应的本地分支并进行协作开发。

7. 删除分支

用户可以对分支进行删除操作,当操作目标为远程分支时需要格外小心,因为它会直接删除远程仓库中的分支,如图 8.117 所示。

IntelliJ IDEA 会弹出确认删除对话框,如图 8.118 所示。

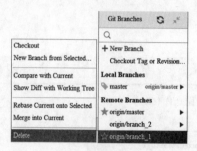

图 8.117　删除分支

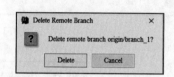

图 8.118　确认删除

8. 分支对比

选择当前分支以外的任意分支,单击 Compare with Current 与当前分支进行对比,如图 8.119 所示。

对比的差异为两个分支各自不同的提交。单击 Swap Branches 可以切换两个分支的对比角度,如图 8.120 所示。

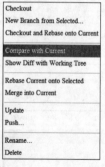

图 8.119　分支对比(一)

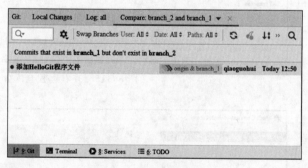

图 8.120　分支对比(二)

当多人协作开发时,每个开发者都会基于例行分支检出属于自己的远程分支和本地分支,在开发完成后再将个人分支推送到远程分支,最后合并到例行分支。

定时地检查分支差异可以最大限度地避免冲突,也建议开发者不要直接在例行分支进行修改与提交,以维护例行版本的稳定性。

9. 文件对比

可以在不同的文件之间进行对比操作,这些文件可能在不同的分支中,也可能在相同分支的不同提交中，还可能在本地历史记录中。

要进行文件对比，可在编辑器右击并选择 Git→Compare with Branch 菜单打开分支选择列表，选择列表中本地或远程分支进行对比，如图 8.121 所示。

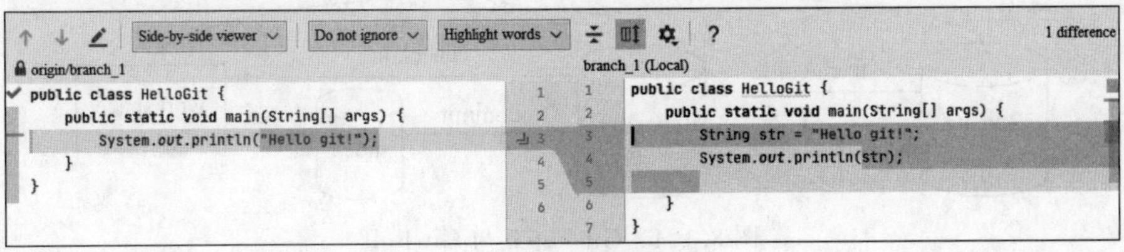

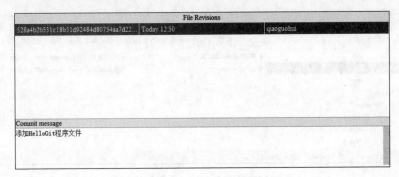

图 8.121　对比指定分支

要与分支中的历史版本进行对比，在编辑器中右击并选择 Git→Compare with 菜单打开历史提交列表，选择列表中的版本进行文件对比，如图 8.122 所示。

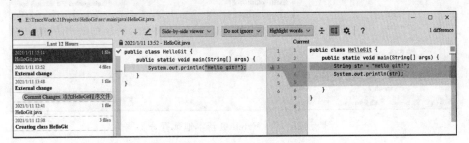

图 8.122　对比指定提交

本地历史记录用于记录本地文件的变化且与 Git 无关，在编辑器中右击并选择 Local History→Show History 菜单即可打开本地历史记录，如图 8.123 所示。

图 8.123　本地历史记录

8.8.4　Git Fetch 与 Git Pull

Git Fetch 命令用于从远程主机获取最新内容并存放到本地，但是不会自动进行合并。

Git Pull 命令不仅能从远程主机获取最新内容并存放到本地，还能自动合并到分支中，如图 8.124 所示。

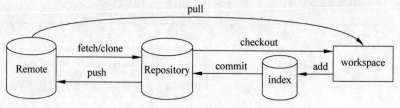

图 8.124　Git Fetch 与 Git Pull

1. Git Fetch

要执行 Git Fetch 操作，执行菜单 VCS→Git→Fetch 命令获取远程更新，这些更新会同步到本地远程分支中，如图 8.125 和图 8.126 所示。

图 8.125　Git Fetch 不更新本地分支

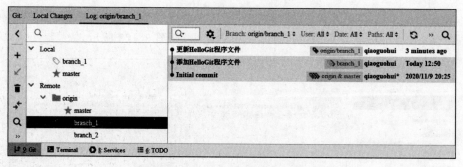

图 8.126　Git Fetch 更新本地远程分支

对比本地分支与本地远程分支，可以看到远程分支比当前分支多出了提交操作，如图 8.127 所示。

2. Git Pull

要执行 Git Pull 操作，执行菜单 VCS→Git→Pull 命令获取远程更新，首先会打开拉取更新对话框，如图 8.128 所示。

图 8.127　对比更新后的分支

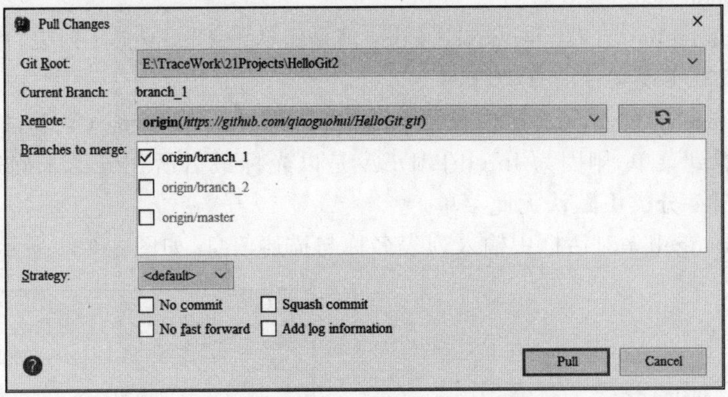

图 8.128　Git Pull 选项

选择待更新分支后单击 Pull 按钮进行更新操作。远程更新内容首先会自动同步到本地远程分支，然后尝试合并到本地分支。

在无冲突情况下远程更新会直接合并到本地分支中。如果本地内容与远程更新发生了冲突，则需要解决冲突后再进行更新。

8.8.5　Local Changes

Local Changes 选项卡列出了本地发生变化的文件，其中 Default Changelist 分类下是已经处于跟踪状态的文件，Unversioned Files 分类下是未跟踪的文件，如图 8.129 所示。

图 8.129　Local Changes 本地列表

如果 Local Changes 中未列出本地发生变化的文件,则可单击 按钮进行刷新并重新加载。

对于加入 Git 管理且被删除的文件将以灰色状态显示,对于已经加入 Git 管理但是未提交到版本库的文件,由于在删除时会同时清空暂存区,因此不会显示在本地列表中。

用户可以在分类列表中选择多个文件并单击 Commit 按钮以进行提交操作,还可以单击 Rollback 按钮对 Default Changelist 分类下的文件进行回退操作,执行回退后文件将恢复至最近提交的状态,所有未提交内容都将被覆盖。要查看文件发生了哪些变化,可选择文件并单击 Show Diff 按钮查看文件差异。

1. Changelist 列表

Default Changelist 与 Unversioned Files 都是默认的 Changelist 列表,用户可以自定义 Changelist 列表以实现文件的分类管理。

要新建 Changelist 列表,可在空白区域处右击并选择 New Changelist 菜单,如图 8.130 所示。

如果无法看到菜单,则因为 IntelliJ IDEA 是以光标最后所在分类来确定弹出菜单的,Unversioned Files 分类下默认无此菜单。

在 New Changelist 对话框中输入列表名称与描述信息,如图 8.131 所示。

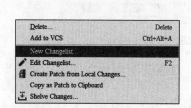

图 8.130　New Changelist 菜单

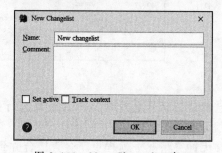

图 8.131　New Changelist 窗口

勾选 Set active 选项将激活新建的 Changelist(默认 Default Changelist 为激活状态)并将其设置为默认项,当进行提交操作时默认使用处于激活状态的 Changelist,也可以选择使用其他 Changelist,如图 8.132 所示。

因为 Unversioned Files 分类下的文件未加入 Git 管理,所以无论在哪个 Changelist 之间进行切换,它总会显示在待提交列表中。

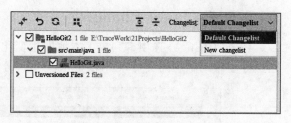

图 8.132　Default Changelist

对于处于非激活状态的 Changelist,右击并选择 Set Active Changelist,可以将其设置为激活状态,如图 8.133 所示。

要对 Changelist 中的文件进行分类管理,可右击并选择 Move to Another Changelist 菜

单,如图8.134所示。

图8.133 激活Changelist　　　　图8.134 在Changelist间移动文件

选择待移动的Changelist,单击OK按钮确认移动,如图8.135所示。

2. Shelve搁置

在进行文件管理时,有时会遇到既不想放弃修改又不得不放弃修改的情况。IntelliJ IDEA提供了搁置的方式来保存那些未来需要再次被恢复的内容。

搁置后的文件内容会与版本库保持一致,同时变更的内容将被保存在Shelve文件中。要执行搁置操作,可选择Changelist列表中待搁置的文件,右击并选择Shelve Changes操作,如图8.136所示。

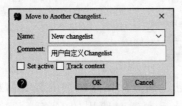
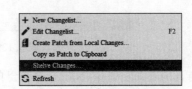

图8.135 移动文件　　　　图8.136 文件搁置

在打开的归档窗口中填写详细的归档信息,单击Shelve Changes按钮完成搁置操作,如图8.137所示。

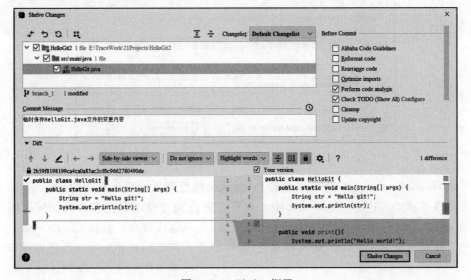

图8.137 Shelve搁置

搁置完成后会显示 Shelf 标签页,其中包含所有已经搁置的文件,如图 8.138 所示。

图 8.138　搁置文件列表

可以在需要时对搁置文件进行还原操作,IntelliJ IDEA 会将搁置内容与文件进行合并。右击搁置文件并选择 Unshelve 命令执行还原操作,如图 8.139 所示。

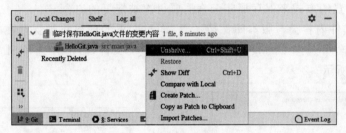

图 8.139　还原搁置文件

在打开的还原窗口中,Name 选项会自动加载进行搁置操作时添加的提交信息。如果进行搁置时没有添加提交信息,则 Name 选项为进行搁置时使用的 Changelist 名称,如图 8.140 所示。

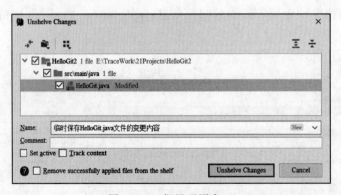

图 8.140　搁置还原窗口

单击 Unshelve Changes 进行还原操作,默认会按照搁置说明生成新的 Changelist,还原后的文件将被移动到这个 Changelist 中。如果在进行搁置操作时没有添加任何说明,则还原后的文件将放置在默认激活的 Changelist 下面,用户也可以自行选择 Changelist。

如果在进行搁置还原时出现内容冲突,则用户首先需要解决冲突再执行还原操作。

8.8.6 日志列表

Log 选项卡列出了所有分支的提交历史,如图 8.141 所示。

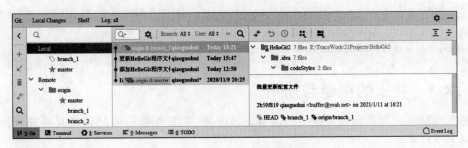

图 8.141 Log 提交历史

单击历史记录中的某次提交,可以在右侧窗口观察本次提交发生的变化,双击文件后在打开窗口中可以观察文件具体变更的内容。

当追踪 Git 提交历史时,单击某次提交并按向右方向键可以进行提交的追踪,如果某次提交基于多个关联源,则会弹出下拉列表以供选择。

1. 樱桃拣选

Cherry-Pick(樱桃拣选)用于从目标分支的提交历史中提取需要的变更内容并合并到当前分支,它允许跨分支进行操作。

樱桃拣选便于进行快速测试或批量修改。在迭代性版本开发中,开发者可以将某些测试分支中的内容以拣选的方式快速同步到正式分支中。

要执行樱桃拣选,右击 Log 列表中的某次提交并选择 Cherry-Pick 操作,如图 8.142 所示。

开发者的行为习惯各不相同,建议不要在生产与联调环境之间使用同一分支协调开发,这种操作方式可能带来各种潜在的问题,如反向合并等。

2. 版本恢复

要执行 Revert 操作,则开发者可以选中 Log 列表中的某次提交,右击并选择 Revert Commit 菜单,如图 8.143 所示。

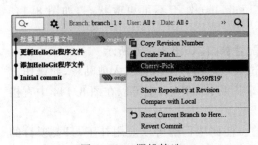

图 8.142 樱桃拣选

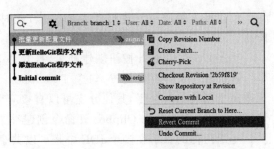

图 8.143 版本恢复

此操作在回退版本内容的基础上进行了一次新的提交,因此称其为恢复操作而不是回退操作。要执行回退操作,选择图 8.143 中的 Undo Commit 操作并查看 Console 窗口中的输出,可以发现 Undo Commit 执行的是 git reset 命令,输出如下:

```
git -c credential.helper= -c core.quotepath=false -c
log.showSignature=false reset --soft
528a4b2b531c18b51d92484d80754aa7d220cb7e
```

8.8.7 补丁的创建与使用

补丁以独立文件的形式将变更的内容记录下来,并且在合适的时间将其补充到指定分支的同名文件中。

例如,要将某些内容发生变更的文件提供给其他用户使用,但是又不能将这些变更推送到版本库中,此时可以使用补丁来传递这些内容。补丁适用的情况很多,它甚至可以代替需执行多次的 Cherry-Pick 操作。

要创建补丁,可右击 Changelist 中的文件并选择 Create Patch from Local Changes 命令,如图 8.144 所示。

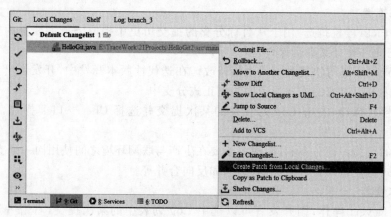

图 8.144 创建补丁(一)

创建补丁界面与创建归档界面相似,此时 Changelist 处于不可更改状态,如图 8.145 所示。

单击 Create Patch 按钮创建补丁,打开补丁配置窗口,如图 8.146 所示。

选择补丁文件存储位置,勾选 To clipboard 选项可以将补丁内容放入剪贴板,此操作方式适用于创建临时补丁,其他分支可以直接应用剪贴板中的补丁,也可以在图 8.144 中直接选择 Copy as Patch to Clipboard 命令创建补丁。

基于内存的补丁在多个 IDE 中是可以共享的。任何项目都可以应用补丁,只要项目的文件目录结构与补丁文件一致即可。内存中的补丁在使用之后将被清除。

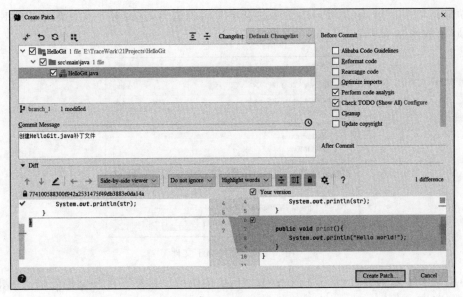

图 8.145 创建补丁(二)

单击 OK 按钮确认,补丁创建成功后弹出如图 8.147 所示的提示。

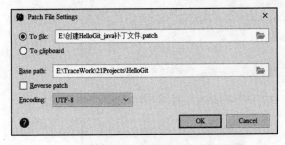

图 8.146 创建补丁(三)

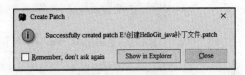

图 8.147 生成补丁

单击 Show in Explorer 按钮定位本地补丁文件并打开,其内容如图 8.148 所示。

```
Index: src/main/java/HelloGit.java
IDEA additional info:
Subsystem: com.intellij.openapi.diff.impl.patch.CharsetEP
<+>UTF-8
===================================================================
--- src/main/java/HelloGit.java (revision 774100588300f942a2531475f49db3883e0da14a)
+++ src/main/java/HelloGit.java (date 1610369447062)
@@ -3,4 +3,8 @@
         String str = "Hello git!";
         System.out.println(str);
     }
+
+    public void print(){
+        System.out.println("Hello world!");
+    }
 }
```

图 8.148 查看补丁文件

执行菜单 VCS→Apply Patch 命令打开补丁选择窗口，选择补丁文件后单击 OK 按钮向下执行，如图 8.149 所示。

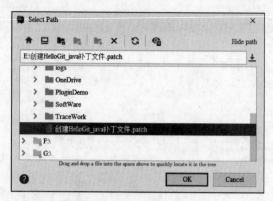

图 8.149　选择补丁文件

在应用补丁对话窗口，单击 Import to Shelf 按钮可以对补丁进行归档处理。单击 OK 按钮打入补丁，同时以 Changelist 方式保存补丁文件内容，如图 8.150 所示。

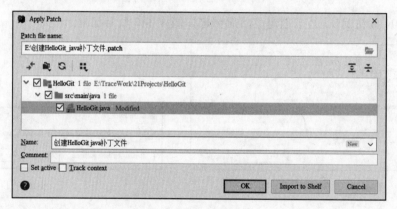

图 8.150　应用补丁

8.8.8　反向合并

当用户使用 GitLab 等软件进行分支合并操作时，有时会产生合并冲突并提示用户选择 use ours 或 use theirs 选项。

接下来可怕的事情便会发生了，无论用户选择 use ours 还是 use theirs，都会将目标分支与用户分支的差异内容反向合并到用户分支，而且这些操作是悄无声息地发生的。

这种情况通常会产生类似 Merge remote-tracking branch 'origin/branch'... 的 Git 记录，它意味着源分支中可能已经带有产生污染的代码，此时最好先停止合并操作。

关于这种情况 GitLab 给出了这样的说明：GitLab resolves conflicts by creating a merge commit in the source branch that is not automatically merged into the target branch. The merge commit can be reviewed and tested before the changes are merged. This prevents unintended changes entering the target branch without review or breaking the build.

GitLab 通过在源分支中创建合并来解决冲突，源分支不会自动合并到目标分支中以允许在合并提交之前对代码进行审查和测试，从而防止未审查的意外更改进入目标分支。

有多种方式可以解决这种问题，例如将代码中冲突的内容先行保持一致，然后进行提交，最后进行二次改动再提交。或是为源分支与目标分支分别拣出分支 A 与 B，分支 A 与目标分支保持一致，分支 B 与用户分支保持一致。每次变动的内容可以由 B 拣选出来并提交到 A，这样线上分支可以随时保证与生产或联调环境的一致性。

8.9 安装 GitLab

GitLab 用于进行项目版本管理的 Web 式服务，它使用 Git 作为管理代码的工具。可以使用 GitLab 进行私有仓库的搭建，同时读者可以更好地进行 Git 相关操作的练习。

读者可以从清华大学开源软件镜像站获取 GitLab 的安装程序，其官方网址为 https://mirrors.tuna.tsinghua.edu.cn/gitlab-ce/yum/，如图 8.151 所示。

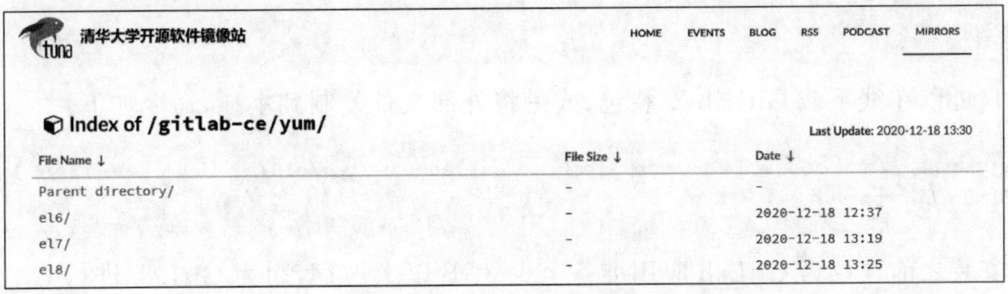

图 8.151　GitLab 镜像站

其中 el 是 Enterprise Linux 的缩写，它代表了对系统版本的要求，例如在 CentOS 6 下需要使用 el6 分类目录下的安装包进行安装。本书使用 gitlab-ce-13.6.1-ce.0.el8.x86_64.rpm 安装文件，读者可以自行选择所需要的版本，如图 8.152 所示。

以管理员账号登录并执行需要的命令，命令如下：

```
yum install cURL openssh-server openssh-clients postfix cronie
```

GitLab 需要使用 postfix 发送邮件，因此需先启动 postfix 服务，命令如下：

```
service postfix start
```

接下来将 postfix 服务设置为开机自启动，命令如下：

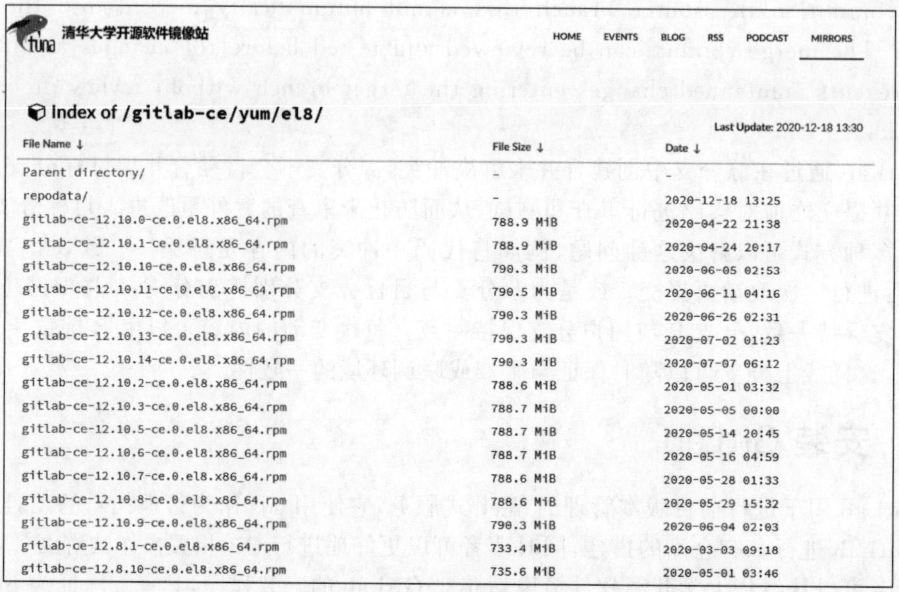

File Name ↓	File Size ↓	Date ↓
Parent directory/	-	-
repodata/	-	2020-12-18 13:25
gitlab-ce-12.10.0-ce.0.el8.x86_64.rpm	788.9 MiB	2020-04-22 21:38
gitlab-ce-12.10.1-ce.0.el8.x86_64.rpm	788.9 MiB	2020-04-24 20:17
gitlab-ce-12.10.10-ce.0.el8.x86_64.rpm	790.3 MiB	2020-06-05 02:53
gitlab-ce-12.10.11-ce.0.el8.x86_64.rpm	790.5 MiB	2020-06-11 04:16
gitlab-ce-12.10.12-ce.0.el8.x86_64.rpm	790.3 MiB	2020-06-26 02:31
gitlab-ce-12.10.13-ce.0.el8.x86_64.rpm	790.3 MiB	2020-07-02 01:23
gitlab-ce-12.10.14-ce.0.el8.x86_64.rpm	790.3 MiB	2020-07-07 06:12
gitlab-ce-12.10.2-ce.0.el8.x86_64.rpm	788.6 MiB	2020-05-01 03:32
gitlab-ce-12.10.3-ce.0.el8.x86_64.rpm	788.7 MiB	2020-05-05 00:00
gitlab-ce-12.10.5-ce.0.el8.x86_64.rpm	788.7 MiB	2020-05-14 20:45
gitlab-ce-12.10.6-ce.0.el8.x86_64.rpm	788.7 MiB	2020-05-16 04:59
gitlab-ce-12.10.7-ce.0.el8.x86_64.rpm	788.6 MiB	2020-05-28 01:33
gitlab-ce-12.10.8-ce.0.el8.x86_64.rpm	788.6 MiB	2020-05-29 15:32
gitlab-ce-12.10.9-ce.0.el8.x86_64.rpm	790.3 MiB	2020-06-04 02:03
gitlab-ce-12.8.1-ce.0.el8.x86_64.rpm	733.4 MiB	2020-03-03 09:18
gitlab-ce-12.8.10-ce.0.el8.x86_64.rpm	735.6 MiB	2020-05-01 03:46

图 8.152　GitLab 镜像列表

```
chkconfig postfix on
```

用户可以在线下载 GitLab 安装包，或是将外部文件复制到本地，命令如下：

```
wget https://mirrors.tuna.tsinghua.edu.cn/gitlab-ce/yum/el8/gitlab-ce-13.6.1-ce.0.
el8.x86_64.rpm
```

在安装之前建议为 GitLab 应用准备至少 3GB 以上内存，因为 GitLab 进行 Git 操作的时候比较耗费计算机资源。接下来进行安装操作，命令如下：

```
rpm -i gitlab-ce-13.6.1-ce.0.el8.x86_64.rpm
```

安装完成后打开本地 GitLab 配置文件，命令如下：

```
vi /etc/gitlab/gitlab.rb
```

修改 GitLab 配置，命令如下：

```
gitlab_workhorse['auth_backend'] = http://localhost:8099
unicorn['port'] = 8099
```

修改完成后更新 GitLab 配置，命令如下：

```
gitlab-ctl reconfigure
```

用户可以通过如下命令进行 GitLab 的启动与停止操作，命令如下：

```
gitlab-ctl start
gitlab-ctl stop
gitlab-ctl restart
```

GitLab 启动后如图 8.153 所示。

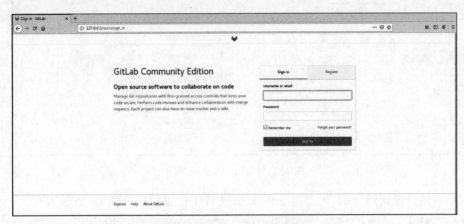

图 8.153　启动 GitLab 服务

注意：访问 GitLab 服务时默认使用 80 端口，而不是上面所设置的 8099 端口。由于 GitLab 运行依赖众多的服务，因此各服务器端口应保持独立且互不冲突。

如果出现如图 8.154 所示情况，通常是因为 GitLab 服务没有获得足够的运行内存所导致的，为了解决此问题可以为当前机器增加内存并重新启动服务。

图 8.154　GitLab 服务异常

用户首次登录 GitLab 时要重新指定密码,成功登录后如图 8.155 所示。

图 8.155　GitLab 登录成功

在启动邮件发送功能后,可以在 gitlab.rb 文件中配置管理员邮箱,命令如下:

```
gitlab_rails['smtp_enable'] = true
gitlab_rails['smtp_address'] = "代理服务器地址"
gitlab_rails['smtp_port'] = "邮箱服务器端口"
gitlab_rails['smtp_user_name'] = "用户邮箱"
gitlab_rails['smtp_password'] = "代理密码"
gitlab_rails['smtp_domain'] = "邮箱域名"
gitlab_rails['smtp_authentication'] = "login"
gitlab_rails['smtp_enable_starttls_auto'] = true
gitlab_rails['smtp_tls'] = true
gitlab_rails['gitlab_email_from'] = "用户邮箱"
user['git_user_email'] = "用户邮箱"
```

注意:使用的密码是邮箱的代理密码。

8.10　本章小结

为了保证上线分支的准确性,建议开发者针对联调分支 T 与生产分支 P 分别拉取用户分支 T♯ 与 P♯,当联调分支 T♯ 的内容测试通过后便可将其内部修改的内容以补丁或 Cherry-Pick 的方式合并到生产分支 P♯ 中,P♯ 分支将作为待上线分支使用。

最后向读者推荐一个有趣且实用的网址 https://learngitbranching.js.org/?locale=zh_CN。这是一个使用了沙盒技术的 Web 页面,用户可通过输入命令执行交互式 Git 操作,同时页面将动态展示 Git 命令执行时的分支变化情况。

第 9 章 Spring 项目开发

9.1 Spring 介绍

在早期的 EJB 时代,基于各种容器和 J2EE 规范的软件解决方案是唯一的标准,复杂的研发模式和生态让开发者痛苦不堪。EJB 的实现非常复杂,在业务代码之外需要生成大量描述性代码,这严重影响了开发效率,同时 EJB 的测试非常麻烦,需要部署到容器中才能测试。

彼时基于 SSH 进行开发的概念持续了很多年,其中 Struts 分别经历了 Struts1 和 Struts2 两个阶段,而 Hibernate 则成为持久化层的优秀代表。

Spring 的出现带来了轻量级框架的研发理念。Spring 框架是松耦合的,控制反转(IOC)、依赖注入(DI)和面向切面(AOP)是其特色性的标签。使用过 Spring 的读者应该了解,早期的 Spring 框架通过配置文件实现外部实例的注入,这是依赖注入的前提。

Spring 无疑是优秀的,它不仅对实例进行了注入方式的管理,还通过单实例模式提升了程序的执行效率,但是基于大量配置的管理依然十分烦琐。

Spring Boot 是对 Spring 应用的搭建及开发过程的简化,该框架使用了特定的方式进行配置,不仅内嵌了 Tomcat、Jetty 等 Servlet 容器,还集成了众多优秀的框架,可以创建独立的 Spring 应用程序。在结合了 Maven 等构建工具之后,Spring 项目的开发变得更加简捷与高效。

很多读者会对 Spring 与 Spring Boot 的概念产生混淆,可以这样理解,Spring Boot 是一个基于 Spring 并封装了多种功能而且拿来即用的工具集,包括目前多数公司都在使用的 Spring 微服务,这些都是封装在 Spring Boot 中的一个又一个插件。

9.2 IOC 容器

Spring 框架的核心是容器。容器负责创建、配置并管理对象的整个生命周期。Spring 中所有的对象都以组件的形式被注入容器中,在容器中进行创建与销毁,这些对象被称为 Spring Beans。

这里涉及两个概念：控制反转与依赖注入。

控制反转（Inversion of Control，IOC）是一种设计原则，它用来降低代码的耦合性，其最常见的实现方式叫作依赖注入（Dependency Injection，DI）。

在系统运行时，Spring 首先会将运行时需要的依赖对象（Bean）配置到 Spring 的 IOC 容器中，在需要使用对象时将已经配置的依赖对象引用并注入进来，所以，依赖注入改变了获取对象的方式。

Spring 引入 IOC 容器来管理对象的生命周期、依赖关系等，从而使得应用程序的配置与实际的程序代码相分离。当依赖对象发生变化或调整时，通过修改配置文件即可完成应用程序依赖组件的调整。

IOC 容器的作用就是生成 Bean 实例、存放 Bean 实例并控制每个 Bean 实例的生命周期，在生命周期结束时销毁 Bean 实例。

IOC 模式可以理解为一种类工厂模式，Spring 容器中的待生成对象 Bean 都是在配置文件或注解等元素中定义的，Spring 通过使用反射为这些元素定义并生成相应的对象，从而更好地提高了灵活性和可维护性。

Spring 容器有两种：BeanFactory 与 ApplicationContext。

BeanFactory 是 Spring 的原始接口，它提供了高级 IOC 的配置机制且位于类结构树的顶端，只有在每次获取对象时才会进行创建工作。ApplicationContext 继承自 BeanFactory 接口，它拥有 BeanFactory 的全部功能并且扩展了很多高级的特性，每次容器启动时就会创建所有的对象。

在加载配置时可以采用以下 3 种方式：

- ClassPathXmlApplicationContext 从类路径加载配置文件。
- FileSystemXmlApplicationContext 从文件系统中装载配置文件。
- AnnotationConfigApplicationContext 基于注解加载配置。

使用 ClassPathXmlApplicationContext 加载项目内部路径下的配置文件，代码如下：

```
ApplicationContext ctx = new ClassPathXmlApplicationContext("application Context.xml");
```

对于 ClassPathXmlApplicationContext 来讲，可以在文件路径前添加 classpath: 标识，代码如下：

```
ApplicationContext ctx = new ClassPathXmlApplicationContext
("classpath:/application Context.xml");
```

也可以同时加载一组配置文件，这些配置文件在内存中会被 Spring 自动解析为一个配置文件，代码如下：

```
ApplicationContext ctx = new ClassPathXmlApplicationContext(new String[]{"config1.xml",
"config2.xml"});
```

使用 FileSystemXmlApplicationContext 可以加载文件系统路径下的配置文件，代码如下：

```
ApplicationContext ctx = new FileSystemXmlApplicationContext("application Contet.xml");
```

还可以使用绝对路径的方式加载配置文件，代码如下：

```
ApplicationContext ctx = new FileSystemXmlApplicationContext("c:\application Contet.xml");
```

在编写本地程序或单元测试时，可以通过上述方式加载配置文件从而在 IOC 容器中进行 Bean 的创建、配置与管理，但是这种方式的入口是 main() 方法或单元测试，而当项目发布到服务器之后，由于缺少应用启动的入口，那么 Spring 如何加载配置呢？

以发布 Tomcat 服务为例。Tomcat 启动时会读取 web.xml 配置文件完成系统的初始化操作，如 Servlet 配置、监听器等。

Spring 提供了 WebApplicationContext 上下文环境，它继承自 ApplicationContext 接口并在 Web 应用中使用。

同时，Spring 提供了 ContextLoaderListener 监听器。ContextLoaderListener 监听器实现自 ServletContextListener 接口，它的作用是在 Web 容器启动时自动装配 ApplicationContext 的配置信息。

通过在 web.xml 文件中配置 ContextLoaderListener 监听器，可以在 Web 容器启动时初始化 WebApplicationContext 上下文环境。

WebApplicationContext 存放在 ServletContext 中，其名称为 org.springframework.web.context.WebApplicationContext.ROOT。

Web 项目运行时加载 WEB-INF/applicationContext.xml 配置文件，这个文件是 Spring 的默认配置文件。如果未定义此文件或是未将其放置在默认位置，则 Web 程序在启动时会报错。

可以在 web.xml 配置文件中显式加载指定的 Spring 配置文件，代码如下：

```
<context-param>
<param-name>contextConfigLocation</param-name>
<param-value>classpath:applicationContext.xml</param-value>
</context-param>
```

这样不仅可以自由指定配置文件的存放位置，还可以自定义 Spring 配置文件的名称。

注意：BeanFactory 在初始化容器时并未实例化 Bean，它在首次访问目标 Bean 时才进行实例化。ApplicationContext 在初始化应用上下文时便实例化所有的单实例 Bean，因此 ApplicationContext 的初始化时间相对较长，但是其避免了使用对象时的"时间惩罚"问题。

接下来创建 Spring 示例工程。执行菜单 File→New→Project 命令打开新建工程窗口，如图 9.1 所示。

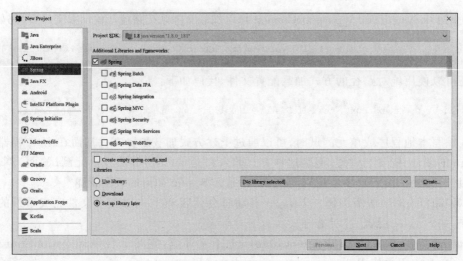

图 9.1 新建 Spring 工程

可以看到，左侧分类中有 Spring 和 Spring Initializr 两个选项。其中 Spring 选项用来创建后台服务，而 Spring Initializr 选项主要用来创建 Spring Boot 服务等。

选择 JDK 版本，同时在附加库与框架中勾选 Spring 选项。如果勾选底部 Create empty spring-config.xml 选项，则会在工程中生成空白配置文件。

接下来为项目指定类库。如果用户本地下载过 Spring 框架类库，则可以勾选 Use library 选项并单击 Create 按钮为其选择类库文件，如图 9.2 所示。

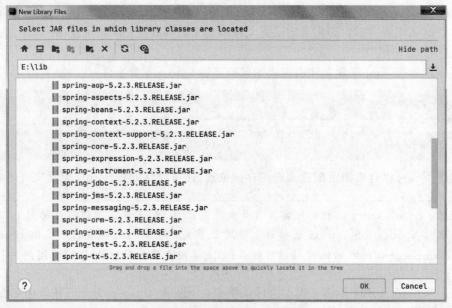

图 9.2 选择类库文件

文件选择完成后单击 OK 按钮确认，如图 9.3 所示。

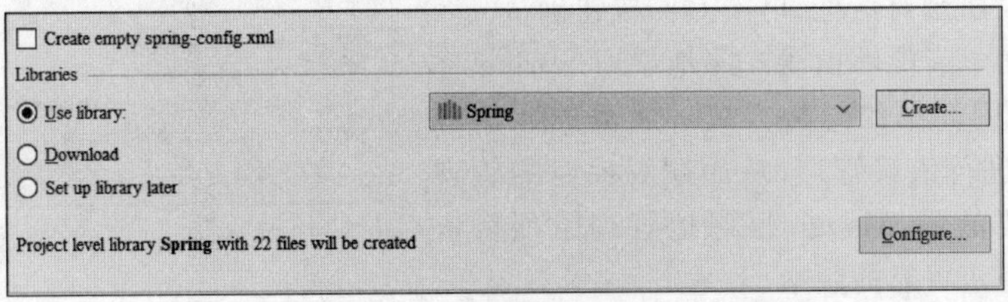

图 9.3　配置 Spring 类库

如果勾选 Download 选项，则会自动指定待使用的 Spring 默认版本，如图 9.4 所示。

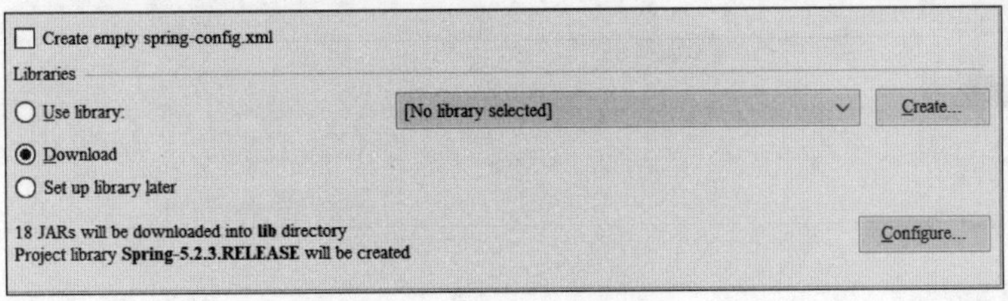

图 9.4　指定 Spring 版本

如果勾选 Set up library later 选项，则可以在项目创建完成后添加类库依赖，本示例采用此种方式。

单击 Next 按钮执行下一步，指定项目名称 SpringDemo，用户可根据需要调整项目的相关配置，如图 9.5 所示。

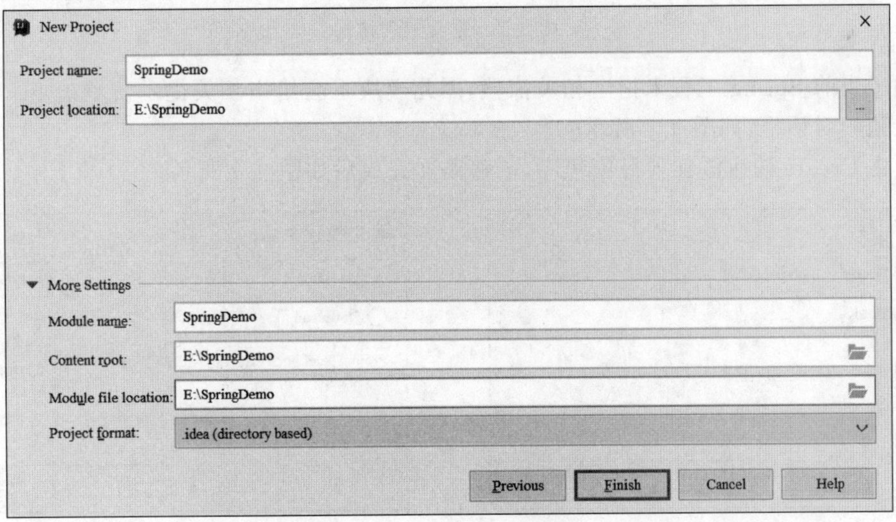

图 9.5　Spring 工程目录配置

单击 Finish 按钮创建项目，IntelliJ IDEA 会弹出如图 9.6 所示对话框，单击 OK 按钮确认。

为了使初学者能够由浅入深地学习 Spring 框架，本示例采用简单的结构方式。后面的示例将基于 Maven 进行依赖管理，从而摆脱耗时的管理操作。最重要的是，Maven 很好地管理了项目依赖并提供了稳定可靠的版本。

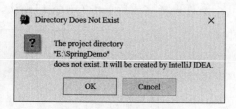

图 9.6　确认新建

项目创建完成后，打开工程结构窗口并切换到 Modules 选项卡，如图 9.7 所示。

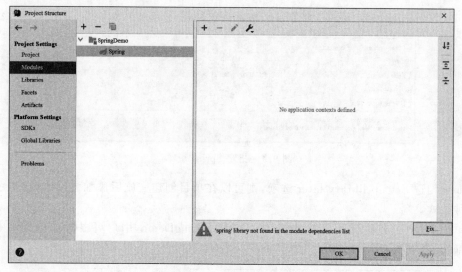

图 9.7　查看工程结构

由于当前 Spring 工程未指定相关依赖，因此模块下会给出相关提示。单击 Fix 按钮打开安装依赖对话框，如图 9.8 所示。

单击 Create 按钮添加项目依赖库，依赖添加完成后如图 9.9 所示。

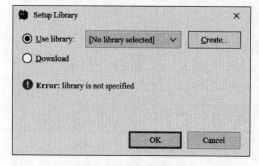

图 9.8　配置项目依赖库

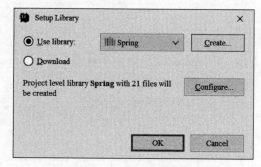

图 9.9　添加项目依赖库

单击 OK 按钮确认,此时在项目模块下可以看到自定义依赖,如图 9.10 所示。

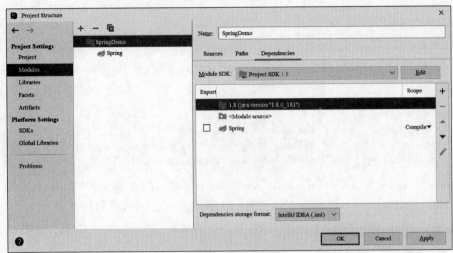

图 9.10 添加依赖

单击 OK 按钮确认。接下来为工程添加包结构 com.example.bean 与 com.example.test,然后在 com.example.bean 包结构下定义 Bean 类 EgBean.java,代码如下:

```java
//第9章/EgBean.java
package com.example.bean;
public class EgBean {
    private String url;
    String info;
private
    public String getUrl() {
        return URL;
    }
    public void setUrl(String url) {
        this.url = url;
    }
    public String getInfo() {
        return info;
    }
    public void setInfo(String info) {
        this.info = info;
    }
    @Override
    public String toString() {
        return "EgBean{" +
                "url = '" + url + '\'' +
```

```
            ", info = '" + info + '\'' +
            '}';
    }
}
```

在 src 根目录下添加配置文件 applicationContext.xml,将 EgBean 添加到配置文件中,代码如下:

```
//第 9 章/配置 EgBean
<bean id = "egBean" class = "com.example.bean.EgBean">
    <property name = "info" value = "Hello world!"></property>
    <property name = "URL" value = "www.java.com"></property>
</bean>
```

在 com.example.test 包结构下新建测试文件 EgTest.java,代码如下:

```
//第 9 章/EgTest.java
public class EgTest {
    @Test
    public void testBean(){
        ApplicationContext applicationContext = new ClassPathXmlApplicationContext("applicationContext.xml");
        EgBean egBean = (EgBean) applicationContext.getBean("egBean");
        System.out.println("EgBean = " + egBean);
    }
}
```

运行测试用例,可以看到当前测试用例已经成功获取自定义 Bean,如图 9.11 所示。

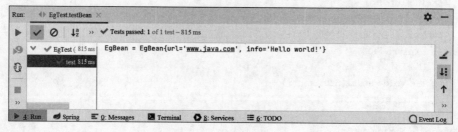

图 9.11　运行测试用例

9.3　标签与注解

在 Spring Boot 诞生以后,很多开发者发现原来的 XML 配置文件竟然不见了。我们知道,Spring 通过 IOC 容器进行 Bean 的创建,无论在 Web 环境还是本地环境下,都需要有一个入口来保证 Bean 的初始化,但是在使用 Spring Boot 之后,原来的入口再也找不到了。

Spring 推荐使用注解配置替代 XML 配置,开发者可以在类、方法或字段级别添加注解。注解配置通过 @Configuration 和 @Bean 注解实现。

@Configuration 注解用于声明当前类为配置类,相当于 Spring 中的 XML 配置文件。@Bean 注解作用在方法上,其声明当前方法的返回值是一个 Bean。之所以使用注解是因为在 XML 文件中进行 Bean 定义会增加配置文件的体积,查找及维护起来并不方便。

Spring 中基于 XML 配置文件的优先级高于基于注解的优先级。因为 XML 配置文件可以随时修改且不用重新编译,而基于注解的 Bean 需要重新编译才能生效,因此在定义相同的 Bean 时,基于注解的配置将被基于 XML 的配置重写。

基于注解的配置默认不启用。要启用基于注解的配置,可以在 Spring 配置文件中添加如下代码:

```
<context:annotation-config/>
```

在某些配置文件中会看到形如 <context:component-scan base-package="package"/> 的配置方式,这种方式通过扫描包路径来自动加载带有相关注解的 Bean,因此在使用 <context:component-scan/> 配置之后可以将 <context:annotation-config/> 配置省略。

修改示例程序并对比基于 XML 配置与基于注解配置的实现。首先在 applicationContext.xml 配置文件中激活注解配置,代码如下:

```
<context:annotation-config />
<bean id="egBean" class="com.example.bean.EgBean">
    <property name="url" value="www.java.com"></property>
</bean>
```

注意:此处启用了基于注解的功能并且不再为 egBean 实例注入 info 属性,因此可以删除 info 属性的 get()/set() 方法,同时修改 EgBean.java 内容,代码如下:

```
@Value("基于注解的 info 赋值")
String info;
private
```

在 info 属性上添加了注解标签 @Value,它用于为当前属性赋值。再次运行单元测试,如图 9.12 所示。

图 9.12 基于注解注入

可以看到，在将 EgBean 类中的 set 方法删除后，程序并没有执行 XML 配置注入对象，而是使用了注解的方式注入。这说明 XML 配置注入通过 set 方法给属性赋值，而注解并不需要使用 set() 方法，其使用自己的方式进行赋值，因此优先采用了基于注解的创建方式。

建议保留 Bean 程序中的 set() 方法，这样做的好处是当某个已经部署到服务器上的项目需要修改某个值时，程序并不需要重新打包，只要在其对应的 XML 配置中注入即可。因为 XML 配置的优先级高于注解，所以会自动屏蔽注解中注入的值。

细心的读者可能已经发现，我们正在采用混合式的 XML 配置与注解配置。没错，它们是可以混合在一起使用的，前提是需要在配置中开启对注解方式的支持。

这是否意味着：如果想要使用 Spring 进行应用程序开发，就一定离不开 XML 配置文件呢？

9.3.1 @Configuration

从 Spring 3.0 开始，@Configuration 注解被用于定义配置类，它可以代替 XML 配置文件。被注解类的内部包含一个或多个被 @Bean 注解的方法，这些方法将被 AnnotationConfigApplicationContext 或 AnnotationConfigWebApplicationContext 类扫描并用于构建 Bean 定义、初始化 Spring 容器。

@Configuration 注解的配置有以下要求：

- @Configuration 不可以是 final 类型。

因为被 @Configuration 标注的类会通过 CGLIB 动态代理生成子类，而 final 类无法动态代理生成子类。

- @Configuration 不可以是匿名类。
- 嵌套的 @Configuration 必须是静态类。
- @Configuration 标签注解在类上，相当于 XML 配置文件中的 < beans > 配置，可以用来配置 Spring 容器（应用上下文）。

定义一个配置类文件 SpringConfiguration.java，代码如下：

```
//第 9 章/SpringConfiguration.java
package com.example.bean;
import org.springframework.context.annotation.Configuration;

@Configuration
public class SpringConfiguration {
    public SpringConfiguration(){
        System.out.println("初始化 Spring 容器…");
    }
}
```

上述代码中 @Configuration 配置可以理解为 XML 配置文件中的 < beans/ > 标签，示例代码如下：

```xml
<?xml version = "1.0" encoding = "UTF - 8"?>
< beans >
…
</beans >
```

在 EgTest.java 文件中添加名为 testContext 的测试用例,通过启动 Spring 应用上下文来观察@Configuration 配置的加载情况,代码如下:

```java
//第 9 章/加载注解配置
@Test
public void testContext(){
    ApplicationContext context = new AnnotationConfigApplicationContext(SpringConfiguration.class);
}
```

注意:因为使用了@Configuration 注解作为 Spring 容器的加载方式,所以此处使用 AnnotationConfigApplicationContext 类替代 ClassPathXmlApplicationContext 类进行配置的加载,只不过此时的配置为空。

接下来运行 testContext()测试用例,运行结果如图 9.13 所示。

图 9.13 基于注解的上下文环境

9.3.2 @Bean

1. 配置实例 Bean

在基于 XML 的配置中,< beans >标签下包含了众多的< bean >标签。与之对应,使用@Bean 注解标注在方法上可以实现实例 Bean 的配置。此标签要求方法的返回类型为实例类型。

修改 SpringConfiguration.java 文件并为其添加@Bean 注解,代码如下:

```java
//第 9 章/添加@Bean 注解
package com.example.bean;
import org.springframework.context.annotation.Bean;
import org.springframework.context.annotation.Configuration;

@Configuration
public class SpringConfiguration {
```

```
    public SpringConfiguration(){
        System.out.println("启动初始化Spring容器...");
    }
    @Bean
    public EgBean egBean() {
        return new EgBean();
    }
}
```

在EgTest.java文件中添加测试用例testContextBean(),其用于从Spring配置中获取实例Bean,代码如下:

```
//第9章/获取实例Bean
@Test
public void testContextBean(){
    ApplicationContext context = new AnnotationConfigApplicationContext(SpringConfiguration.class);
    EgBean egBean = (EgBean) context.getBean("egBean");
    System.out.println("EgBean = " + egBean);
}
```

运行测试用例并执行,输出如图9.14所示。

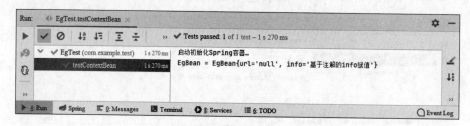

图9.14 获取实例Bean

观察图9.14中的打印输出,由于没有从XML配置文件加载Bean,因此EgBean对象中的URL属性无法获取对应的值,此时可以采用@Value注解对EgBean类的URL属性进行补全。

XML配置文件中的每个Bean都有其对应的id,而使用@Bean注解的对象id默认为方法名,如果@Bean注解设置了方法的name或value属性,则将使用第一个出现的属性值作为标识,name中其他的属性值作为别名,代码如下:

```
//第9章/配置Bean标识id
package com.example.bean;
import org.springframework.context.annotation.Bean;
import org.springframework.context.annotation.Configuration;

@Configuration
public class SpringConfiguration {
```

```
    public SpringConfiguration(){
        System.out.println("启动初始化 Spring 容器...");
    }
    @Bean(name = "getBean")
    public EgBean egBean() {
        return new EgBean();
    }
}
```

修改 testContext 测试用例,获取两个 Bean 实例并进行相等对比,代码如下:

```
//第9章/获取 Bean 实例
@Test
public void testEquals(){
    ApplicationContext context = new AnnotationConfigApplicationContext(SpringConfiguration.class);
    EgBean egBean = (EgBean) context.getBean("getBean");
    EgBean egBean2 = (EgBean) context.getBean("getBean");
    System.out.println(egBean == egBean2);
}
```

运行结果如图 9.15 所示。

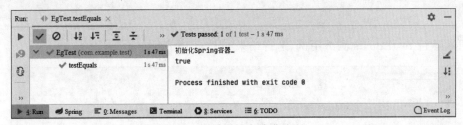

图 9.15 通过属性名称获取 Bean

通过输出可以发现,如果未使用@Bean 标签指定 Bean 实例的名称,则默认 Bean 实例的 id 与其标注方法同名。如果指定了 name 或 value 属性,则实例 id 变为 name 或 vlaue 指定的属性值。同时示例再次证明:Spring 默认采用单例模式管理实例。

2. Bean 的 Scope 属性

在默认情况下,Spring 容器获得 Bean 时总是返回唯一的实例。单例模式的优点是通过共享一个实例来避免对象的重复创建,这样不仅减少了内存占用,而且 GC 开销也会减小。

单例模式在多线程情况下并不是安全的,只有无状态的 Bean 才可以在多线程环境下共享。想要在多线程环境下安全地使用单例模式,就一定要解决可能涉及状态问题的全局变量或静态变量的读写问题。

通过使用 ThreadLocal 可以很好地解决线程安全问题,它通过为每个线程提供一个独立变量的副本来将共享变量变为独享变量,因此解决了变量并发访问的冲突问题。在多数情况下使用 ThreadLocal 比使用 synchronized 同步机制拥有更好的并发性能,因为线程独享比方法独享能节省更多的对象创建开销。如果对性能要求比较高,则一般推荐使用这种方法。

除了单例模式外,Spring 还提供了其他模式可供选择,这主要依据 Bean 使用的不同环境来决定。Spring 中 Bean 的 Scope 属性有以下 5 种类型:
- singleton 表示在 Spring 容器中的单例,通过 Spring 容器获得该 Bean 时总是返回唯一的实例。
- prototype 表示每次获得 Bean 时都会生成新的对象。
- request 适用于 Web 应用,表示在一次 HTTP 请求内有效。
- session 适用于 Web 应用,表示在一个用户会话内有效。
- globalSession 适用于 Web 应用,表示在全局会话内有效。

多数情况下,我们只会使用 singleton 和 prototype 两种 Scope 属性,默认为 singleton。如果 Bean 中包含了非静态成员变量,则建议使用@Scope("prototype")注解将其设置为多例模式。

将 SpringConfiguration 中 EgBean 修改为多例模式,代码如下:

```
//第 9 章/修改 EgBean 为多例模式
@Bean(name = "getBean")
@Scope("prototype")
public EgBean egBean() {
    return new EgBean();
}
```

再次运行 testEquals 测试用例,运行结果如图 9.16 所示。

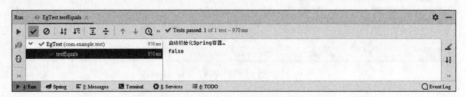

图 9.16　多例模式

此时生成的 Bean 不再相同。虽然单例模式创建的对象是相同的,但是在将这些对象序列化到文件并再次加载出来之后,可能会出现不同的问题。

3. Bean 的创建与销毁

在使用@Bean 注解时,添加 initMethod 属性和 destoryMethod 属性可以指定 Bean 的初始化方法和注销方法,代码如下:

```
@Bean(value = "egBean", initMethod = "init", destroyMethod = "destroy")
```

接下来为 EgBean 添加 init()和 destory()方法,代码如下:

```
//第 9 章/Bean 的创建与销毁
public void init(){
```

```
        //方法可以无返回值
        System.out.println("EgBean.init()");
}

public void destory(){
        //方法可以无返回值
        System.out.println("EgBean.destory()");
}
```

运行 testEquals()测试用例,可以发现程序执行了 init()方法,但是并没有执行 destory()方法,如图 9.17 所示。

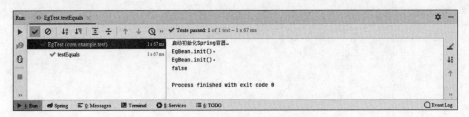

图 9.17　Bean 初始化与销毁(一)

之所以没有执行 destroy()方法,是因为 Bean 的生命周期还没有结束,添加代码以便关闭 IOC 容器,这样 Bean 就会被销毁,从而 destroy()方法也会被执行,代码如下:

```
((ConfigurableApplicationContext)context).close();
```

添加上述代码后再次运行,依然没有执行 destory()方法。还记得@Scope("prototype")注解吗? 将这个注解去掉或将其改为 singleton 后再次运行,可以发现一切正常了。

这是因为当使用 prototype 模式时,Spring 不会负责销毁容器对象,即 Spring 不会调用 destroyMethod 所指定的方法,所以需要去掉 Scope 属性来使用默认的单例模式。

再次运行程序,运行结果如图 9.18 所示。

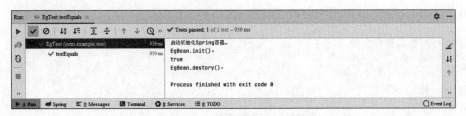

图 9.18　Bean 初始化与销毁(二)

9.3.3　@ImportResource 与@Import 注解

在使用@Configuration 注解时可以同时引入 XML 配置文件中的实例 Bean。编写示例 ExBean.java,代码如下:

```java
//第9章/ExBean.java
package com.example.bean;
import org.springframework.beans.factory.annotation.Value;

public class ExBean {
    @Value("${ex.Url}")
    String url;
    @Value("${ex.info}")
    private String info;

    public String getUrl() {
        return url;
    }

    public void setUrl(String url) {
        this.url = url;
    }

    public String getInfo() {
        return info;
    }

    public void setInfo(String info) {
        this.info = info;
    }

    @Override
    public String toString() {
        return "ExBean{" +
                "url='" + url + '\'' +
                ", info='" + info + '\'' +
                '}';
    }
}
```

修改 applicationContext.xml 配置文件,代码如下:

```xml
//第9章/加载属性文件
<?xml version="1.0" encoding="UTF-8"?>
<beans xmlns="http://www.springframework.org/schema/beans"
       xmlns:xsi="http://www.w3.org/2001/XMLSchema-instance"
       xmlns:context="http://www.springframework.org/schema/context"
       xmlns:aop="http://www.springframework.org/schema/aop"
       xmlns:tx="http://www.springframework.org/schema/tx"
       xsi:schemaLocation="http://www.springframework.org/schema/beans
    http://www.springframework.org/schema/beans/spring-beans.xsd
    http://www.springframework.org/schema/context
    http://www.springframework.org/schema/context/spring-context.xsd
    http://www.springframework.org/schema/aop
```

```
            http://www.springframework.org/schema/aop/spring-aop.xsd
            http://www.springframework.org/schema/tx
            http://www.springframework.org/schema/tx/spring-tx.xsd">
    <context:annotation-config />
    <context:property-placeholder location="classpath:application.properties"/>
    <bean id="ExBean" class="com.spring.bean.ExBean"/>
</beans>
```

其中<context：property-placeholder/>标签可以加载 application.properties 配置文件里的值，application.properties 文件内容如下：

```
ex.url=http://www.java.com
ex.info=Hello world!
```

引入 applicationContext.xml 文件中的内容，代码如下：

```
//第9章/导入 applicationContext.xml 配置文件中的 Bean
@Configuration
@ImportResource("classpath:applicationContext.xml")
public class SpringConfiguration {
    public SpringConfiguration(){
        System.out.println("启动初始化 Spring 容器...");
    }
}
```

编写测试用例 testImport()，代码如下：

```
//第9章/测试导入的 Bean
@Test
public void testImport(){
    ApplicationContext context = new AnnotationConfigApplicationContext(SpringConfiguration.class);
    ExBean exBean = (ExBean) context.getBean("exBean");
    System.out.println("ExBean = " + exBean);
}
```

运行测试用例，运行结果如图 9.19 所示。

图 9.19　导入配置文件

还可以在@Configuration 注解文件中使用@Import 注解引入其他配置。新建配置类 ConfigurationImport.java，代码如下：

```java
//第 9 章/ConfigurationImport.java
package com.example.demo;
import org.springframework.context.annotation.Bean;
import org.springframework.context.annotation.Configuration;

@Configuration
public class ConfigurationImport {
    @Bean(value = "egBean2")
    public EgBean egBean() {
        return new EgBean();
    }
}
```

修改 SpringConfiguration.java 文件，引入 ConfigurationImport.java 文件中的配置，代码如下：

```java
//第 9 章/引入注解配置
package com.example.demo;
import org.springframework.context.annotation.*;

@Configuration
@ImportResource("classpath:applicationContext.xml")
@Import(ConfigurationImport.class)
public class SpringConfiguration {
    public SpringConfiguration(){
        System.out.println("启动初始化 Spring 容器...");
    }
}
```

在 EgTest.java 中新建测试用例，代码如下：

```java
//第 9 章/引入注解 Bean
@Test
public void testImportConfiguration(){
    ApplicationContext context = new AnnotationConfigApplicationContext(SpringConfiguration.class);
    EgBean egBean2 = (EgBean) context.getBean("egBean2");
    System.out.println("EgBean2 = " + egBean2);
}
```

执行测试用例，运行结果如图 9.20 所示。

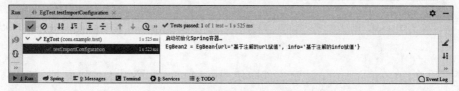

图 9.20 引入注解 Bean

9.3.4 @Component 与 @ComponentScan

@Component 与 @Bean 相似，同样也用于 Bean 的注入。@Component 用于对 Java 类进行标记，Spring 通过类路径扫描来自动侦测和装配这些组件。@Component 注解作用于类，而 @Bean 注解作用于方法。

除了 @Component 注解，还有 @Repository、@Constroller、@Service 三类注解同样可以作用于类上，这些注解会在后面内容中进行讲解。

定义 Bean 类 ComponentBean.java，代码如下：

```java
//第9章/ComponentBean.java
package com.example.bean.component;
import org.springframework.stereotype.Component;

@Component
public class ComponentBean {
    public void print(){
        System.out.println("ComponentBean!");
    }
}
```

新建 ComponentConfiguration.java 文件并添加 @ComponentScan 注解，该注解默认会扫描所在包下所有的配置类，用户也可以通过配置 basePackages 来为其指定扫描的包范围，代码如下：

```java
//第9章/ComponentConfiguration.java
package com.example.bean.component;
import org.springframework.context.annotation.*;

@Configuration
@ComponentScan(basePackages = "com.example.bean.component")
public class ComponentConfiguration {
    public ComponentConfiguration(){
        System.out.println("ComponentConfiguration:初始化Spring容器...");
    }
}
```

注意：basePackages 的值必须为包路径，而不能为具体的类名。

新建测试用例 TestComponent()，代码如下：

```java
//第9章/测试注解扫描用例
@Test
public void testComponent(){
    ApplicationContext context = new AnnotationConfigApplicationContext(ComponentConfiguration.class);
```

```
    ComponentBean componentBean = (ComponentBean) context.getBean("componentBean");
    componentBean.print();
}
```

程序运行结果如图 9.21 所示。

图 9.21　Component 扫描 Bean

可以看到,使用@Component 注解的类已经被加载到容器中了。为了观察容器中加载的 Bean,使用 ApplicationContext 的 getBeanDefinitionNames() 方法获取注册到容器中的所有 Bean 的名称,代码如下:

```
//第 9 章/查看容器中的实例 Bean
@Test
public void testGetBeanDefinitionNames() {
    ApplicationContext context = new AnnotationConfigApplicationContext(ComponentConfiguration.class);
    String[] beanDefinitionNames = context.getBeanDefinitionNames();
    for (String beanName : beanDefinitionNames) {
        System.out.println("beanName: " + beanName);
    }
}
```

运行结果如图 9.22 所示。

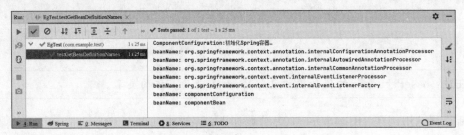

图 9.22　遍历 Bean 实例

1. 配置规则

@ComponentScan 注解常用属性如下:

- basePackages:指定扫描路径(可以是多个路径),如果为空则以@ComponentScan

注解类所在包为基本扫描路径。
- basePackageClasses：指定具体扫描的类。
- includeFilters：指定满足 Filter 条件的类。
- excludeFilters：指定排除 Filter 条件的类。

includeFilters 和 excludeFilters 的 FilterType 可选项包含：
- ANNOTATION（注解类型默认）。
- ASSIGNABLE_TYPE（指定固定类）。
- ASPECTJ（ASPECTJ 类型）。
- REGEX（正则表达式）。
- CUSTOM（自定义类型）。

自定义的 Filter 需要实现 TypeFilter 接口。

通过使用 includeFilters 可以在 @Repository、@Controller、@Service、@Component 几类注解中指定只包含特定种类的注解，例如@Controller 注解。

修改 ComponentConfiguration.java 文件，让程序只加载@Controller 注解，事实上还没有编写@Controller 注解，所以它不会找到对应的@Controller 注解，代码如下：

```
//第9章/配置扫描规则
package com.example.bean.component;
import org.springframework.context.annotation.*;
import org.springframework.stereotype.Controller;

@Configuration
@ComponentScan(basePackages = "com.example.bean.component", includeFilters = {@ComponentScan.Filter(type = FilterType.ANNOTATION, classes = {Controller.class})})
public class ComponentConfiguration {
    public ComponentConfiguration(){
        System.out.println("ComponentConfiguration:初始化 Spring 容器...");
    }
}
```

再次运行 testComponent 测试用例，发现输出结果与图 9.22 所示结果是相同的。虽然不存在@Controller 注解，但是 ComponentBean 也被加载进来了。

本来应该只包含 @Controller 注解的类才会被注册到容器中，而不被包含的类应该被排除才对，为什么 @Component 注解的类也被注册了呢？

这是因为@ComponentScan 有一个名为 useDefaultFilters 的属性，该属性的默认值为 true，所以 Spring 默认会自动发现被 @Component、@Repository、@Service 和 @Controller 标注的类并注册进容器中。要达到只包含某些包的扫描效果，就必须禁用这个默认行为，在 @ComponentScan 中将 useDefaultFilters 设为 false 即可。

再次运行测试用例，程序因为扫描不到@Controller 之外的注解而报错，如图 9.23 所示。

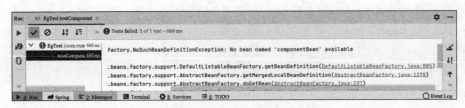

图 9.23 扫描 Controller

在使用@ComponentScan 注解的时候,可以添加多个 @ComponentScan 来设定扫描规则,Spring 会按照每条规则进行扫描并将最终的扫描结果合并,而不是取所有规则的交集。另外在配置多条规则时在配置类中要加上@Configuration 注解,否则无效。

使用 @ComponentScans 注解可以添加多个 @ComponentScan 扫描规则,代码如下:

```
//第9章/添加多个扫描规则
@Configuration
@ComponentScans(value =
{
    @ComponentScan(basePackages = "com.example.bean.component", includeFilters = {@ComponentScan.Filter(type = FilterType.ANNOTATION, classes = {Component.class})}, useDefaultFilters = false),
    @ComponentScan(basePackages = "com.example.bean.component", includeFilters = {@ComponentScan.Filter(type = FilterType.ANNOTATION, classes = {Controller.class})}, useDefaultFilters = false)
})
```

2. 自定义过滤规则

观察 ComponentScan.Filter 类结构,如图 9.24 所示。

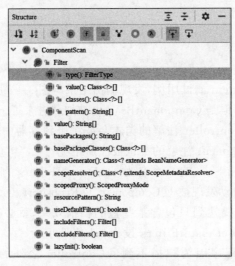

图 9.24 Filter 结构

其中 FilterType 是一个枚举类，源码如下：

```java
//第 9 章/FilterType 枚举类
package org.springframework.context.annotation;

public enum FilterType {
    ANNOTATION,
    ASSIGNABLE_TYPE,
    ASPECTJ,
    REGEX,
    CUSTOM;

    private FilterType() {
    }
}
```

用户可以基于 FilterType 实现自定义的过滤规则。例如创建一个 CustomTypeFilter 过滤类，这个类根据扫描类名字中是否包含"Component"字符串来决定是否对其加载，代码如下：

```java
//第 9 章/自定义过滤规则
package com.example.bean.component;
import org.springframework.core.io.Resource;
import org.springframework.core.type.AnnotationMetadata;
import org.springframework.core.type.ClassMetadata;
import org.springframework.core.type.classreading.MetadataReader;
import org.springframework.core.type.classreading.MetadataReaderFactory;
import org.springframework.core.type.filter.TypeFilter;
import java.io.IOException;

public class CustomTypeFilter implements TypeFilter {
    @Override
    public boolean match(MetadataReader metadataReader,
                         MetadataReaderFactory metadataReaderFactory) throws IOException {

        //获取当前扫描到的类的注解元数据
        AnnotationMetadata annotationMetadata = metadataReader.getAnnotationMetadata();
        //获取当前扫描到的类的元数据
        ClassMetadata classMetadata = metadataReader.getClassMetadata();
        //获取当前扫描到的类的资源信息
        Resource resource = metadataReader.getResource();

        if (classMetadata.getClassName().contains("Component")) {
            System.out.println("符合规则,加载类[" + classMetadata.getClassName() + "]");
            return true;
        }
        System.out.println("不符合规则,不加载类[" + classMetadata.getClassName() + "]");
        return false;
    }
}
```

将上述过滤规则添加到@ComponentScan.filter当中,代码如下:

```
//第9章/添加过滤规则
@Configuration
@ComponentScan(value = "com.example.bean.component",
        includeFilters = {@ComponentScan.Filter(type = FilterType.CUSTOM, value = {CustomTypeFilter.class})},
        useDefaultFilters = false)
public class ComponentConfiguration {
    public ComponentConfiguration (){
        System.out.println("启动初始化Spring容器...");
    }
}
```

运行ComponentTest类,运行结果如图9.25所示。

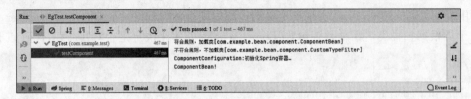

图9.25 自定义过滤规则

可以看到,新建的过滤规则生效后可以按照指定的规则名称进行过滤。

9.4 Web示例工程

我们知道,在软件项目架构设计中一般将系统分为三层,从上向下依次为表示层、业务逻辑层和数据访问层。这样的结构类似却不等同于MVC模式,但事实上在一个真正投入使用的系统中,需要的层次可能并不仅仅是这三层。

在Spring中,@Component注解与@Service、@Repository、@Controller注解一样,它们可以被Spring框架扫描并注入容器中进行管理。可以这样理解,@Component是一个比较通用的注解,其他3个注解是这个注解在不同层面的拓展。其中,

- @Service是业务逻辑注解,它用于标注业务层组件。
- @Repository是持久层注解,它用于标注数据库操作并将数据库操作抛出的原生异常转化为Spring的持久层异常。
- @Controller是控制层注解,它用于对请求进行响应、转发与重定向处理,类似于Struts中的Action。

使用这些注解能够清晰地对应用进行分层,将属于不同业务层次的功能分离开来,使应用具有清晰的结构并能对代码进行解耦。

接下来在IntelliJ IDEA中创建Web应用示例并使用以上注解。

单击菜单File→New→Project打开新建工程窗口,切换到Maven选项卡并勾选Create

from archetype,选择 maven-archetype-webapp 原型模板,如图 9.26 所示。

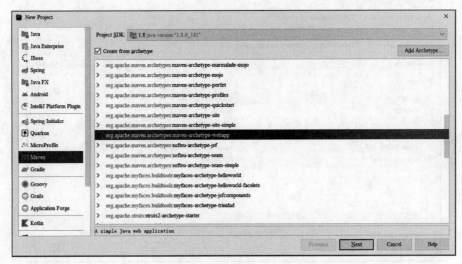

图 9.26 新建 Web 工程

单击 Next 按钮继续下一步,输入项目名称并指定 groupId、artifactId 和 version,如图 9.27 所示。

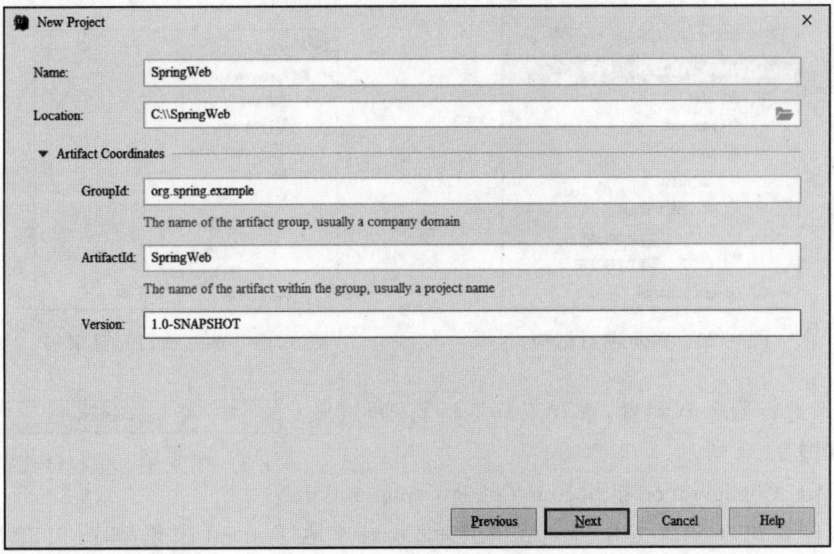

图 9.27 配置工程信息

单击 Next 按钮继续下一步,确认项目的配置信息,如图 9.28 所示。

单击 Finish 按钮创建项目,项目结构如图 9.29 所示。

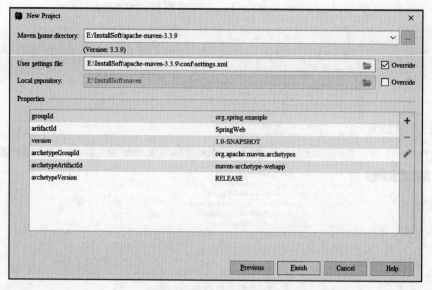

图 9.28 配置 Maven 信息

可以看到，通过 maven-archetype-webapp 创建的项目结构并不完整，其中缺少了程序目录 java 与资源目录 resources，所以需要将这部分结构补充完整，如图 9.30 所示。

图 9.29 Web 项目结构

图 9.30 Web 项目完整结构

接下来进行服务器配置，查看工具栏运行/调试服务列表，如图 9.31 所示。

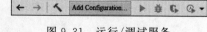

图 9.31 运行/调试服务

单击 Add Configuration 打开 Run/Debug Configurations 运行/调试配置窗口，在新建配置列表中选择 Local 本地 Tomcat 服务，如图 9.32 所示。

在右侧窗口中配置服务名称，在 Application Server 列表中选择本地 Tomcat 服务器，如图 9.33 所示。

如果没有任何待选服务器，则可以单击右侧的 Configure 按钮进行配置，如图 9.34 所示。

第9章 Spring项目开发 345

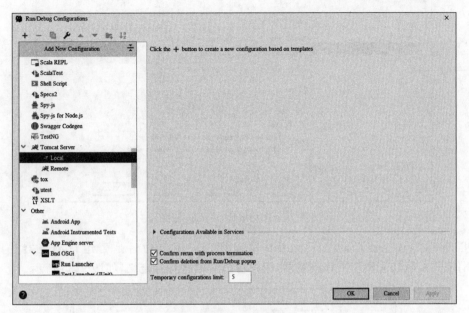

图 9.32 选择本地服务

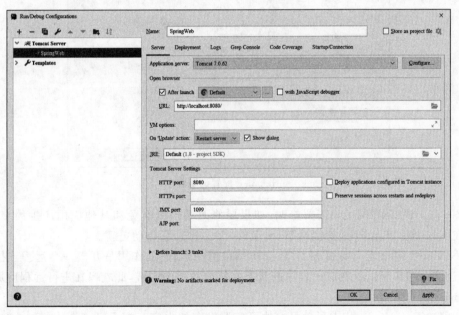

图 9.33 配置 Tomcat 服务器

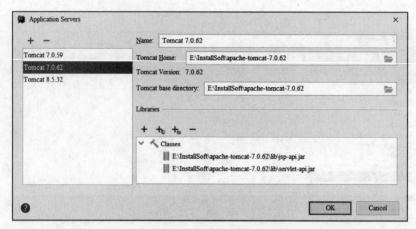

图 9.34 选择本地 Tomcat 服务器

Tomcat 配置完成后，After launch 用于指定应用启动后是否运行浏览器并访问。IntelliJ IDEA 默认配置了一些浏览器，用户可以对其进行自定义，如图 9.35 所示。

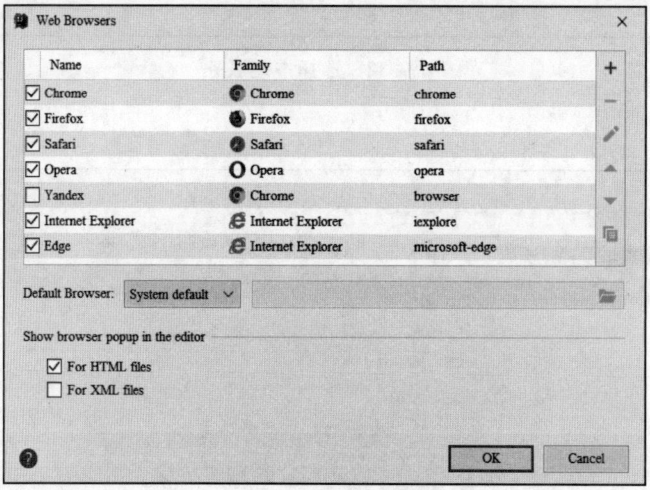

图 9.35 配置浏览器

图 9.33 中 URL 网址不需要修改，如果要修改端口以避免和其他应用产生冲突，则可直接在下方 HTTP port 处指定端口，对应的 URL 网址会自动更新。

JMX port 端口值不要和 HTTP port 端口值一致，它的作用是开放一个远程连接的端口，通过这个端口可以查看应用程序的状态并修改程序的配置，此端口在进行远程应用调试时十分有用。

我们知道，artifacts 代表了项目模块可部署发布的内容。在无可部署内容时在图 9.33 底部会显示如图 9.36 所示的提示信息。

图 9.36　无可部署服务

单击 Fix 按钮或直接切换到 Deployment 选项卡，如图 9.37 所示。

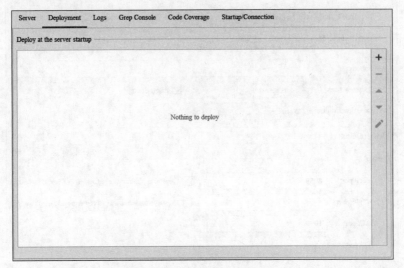

图 9.37　未添加可部署服务

如果部署列表为空，则可单击 + 按钮新建 Artifact，如图 9.38 所示。

此处有两个 Artifact，分别是 SpringWeb:war 和 SpringWeb:war exploded，它们分别代表了项目编译后的 war 及 war 的解压缩版本。

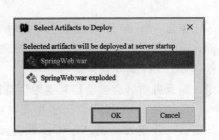

图 9.38　新建 Artifact

选择 SpringWeb.war exploded。选择这个版本是因为在项目发布后，如果采用 Debug 调试模式启动服务，则可以对其进行热部署调试。

选择部署模块后将应用上下文修改为/SpringWeb，此地址与 Server 选项卡中的 URL 连接在一起以标识项目的访问路径，如图 9.39 所示。

图 9.39　配置应用路径

切换到 Server 选项卡，此时 URL 网址已经变成了 http://localhost：8080/SpringWeb/，如图 9.40 所示。

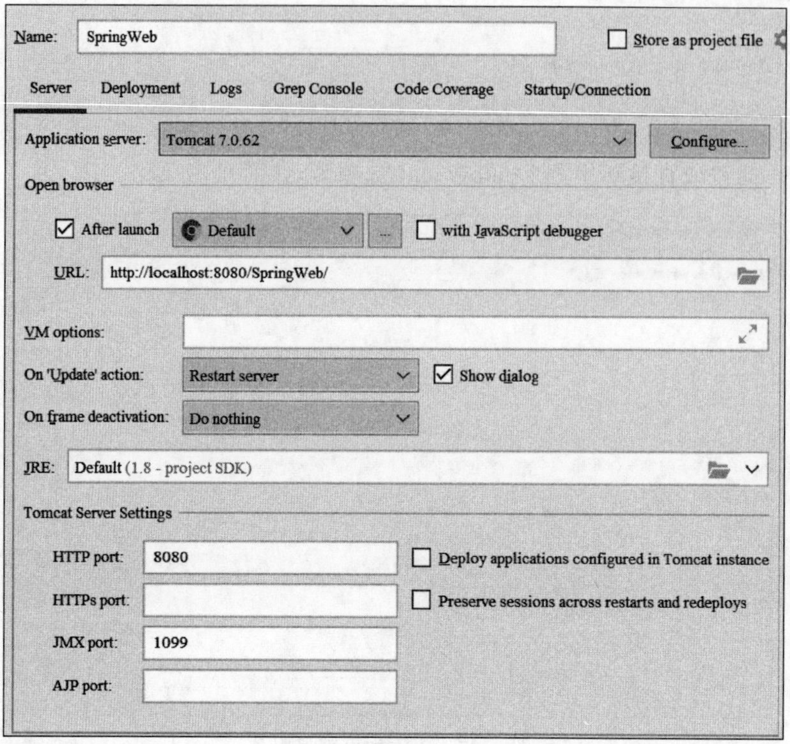

图 9.40 配置项目参数

单击 OK 按钮完成配置,此时工具栏会显示 SpringWeb 服务。单击服务启动按钮后便可运行服务,如图 9.41 所示。

图 9.41 运行配置的服务

服务启动后会自动打开本地浏览器进行访问,如图 9.42 所示。

至此 Web 工程完成创建并可成功运行。接下来修改 pom.xml 配置文件并引入 Slf4j 日志、JUnit 单元测试、MySQL 驱动、MyBatis 插件等多个依赖,由于文件内容较多此处不再列出,读者可参见示例程序。

引入依赖后,修改工程的 web.xml 配置文件,代码如下:

```xml
//第 9 章/web.xml
<?xml version = "1.0" encoding = "UTF - 8"?>
< web - app xmlns = "http://java.sun.com/xml/ns/javaee"
         xmlns:xsi = "http://www.w3.org/2001/XMLSchema - instance"
         xsi:schemaLocation = "http://java.sun.com/xml/ns/javaee
            http://java.sun.com/xml/ns/javaee/web - app_3_0.xsd"
         version = "3.0">
  < welcome - file - list >
    < welcome - file > index.jsp </welcome - file >
```

图 9.42 访问 Web 应用

```
    </welcome-file-list>

    <servlet>
      <servlet-name>springMVC</servlet-name>
      <servlet-class>org.springframework.web.servlet.DispatcherServlet</servlet-class>
      <init-param>
        <param-name>contextConfigLocation</param-name>
        <param-value>classpath:applicationContext.xml,classpath:spring-mybatis.xml</param-value>
      </init-param>
      <load-on-startup>1</load-on-startup>
      <async-supported>true</async-supported>
    </servlet>
    <servlet-mapping>
      <servlet-name>springMVC</servlet-name>
      <URL-pattern>/</URL-pattern>
    </servlet-mapping>
</web-app>
```

在 web.xml 配置文件中，DispatcherServlet 提供了 Spring Web MVC 的集中访问点并负责所有请求的响应，通过与 Spring IOC 容器的无缝集成来获得 Spring 的所有好处。

contextConfigLocation 指定加载自定义的 Spring 配置文件 applicationContext.xml，同时添加了用于管理数据映射的配置文件 spring-mybatis.xml。

在 Servlet 相关配置中，load-on-startup 表示启动容器时初始化该 Servlet，URL-pattern

表示哪些请求交给 Spring Web MVC 处理。"/"用来定义默认的 Servlet 映射，也可以使用如 *.html 拦截所有以 html 为扩展名的请求。

applicationContext.xml 配置文件的代码如下：

```xml
//第 9 章/applicationContext.xml
<?xml version="1.0" encoding="UTF-8"?>
<beans ...>
    <mvc:annotation-driven/>
    <mvc:default-servlet-handler/>
    <context:annotation-config/>
    <context:property-placeholder location="classpath:application.properties"/>
</beans>
```

在配置了<mvc:annotation-driven/>标签后，Spring 就知道了当前启用了注解驱动。

标签<context:property-placeholder/>指定加载名为 application.properties 的属性文件，这个文件提供了基础的配置信息。

spring-mybatis.xml 文件的主要作用是负责数据库的连接与相关配置，其依赖的部分配置值由 application.properties 文件动态地注入，同时指明了需要扫描的 dao 接口及 mapper 需要的映射文件。

再实现负责请求响应的 ResponseController.java 文件，代码如下：

```java
//第 9 章/ResponseController.java
@Controller
@RequestMapping("/response")
public class ResponseController {
    @Autowired
    private EgService egService;

    @ResponseBody
    @RequestMapping(path = "/tip", produces = "text/plain;charset=utf-8")
    public String getResponse(String str) {
        return "hello world!";
    }

    @ResponseBody
    @RequestMapping(path = "/list", produces = "text/plain;charset=utf-8")
    public String egList(String str) {
        List egs = egService.findEgs();
        return JSONArray.fromObject(egs).toString();
    }
}
```

从源码中可知，当通过浏览器请求网址 http://localhost:8080/SpringWeb/response/list 时，服务器返回了预先定义的信息列表。

EgService 的实现代码如下：

```java
//第 9 章/EgService.java
@Service
public class EgServiceImpl implements EgService {
    @Autowired
    private MapperDao dao;
    @Override
    public List findEgs() {
        return dao.findEgs();
    }
}
```

EgService 中 MapperDao 的代码如下：

```java
//第 9 章/MapperDao.java
@Repository
public interface MapperDao {
    List findEgs();
}
```

对应于 MapperDao 的 Mapper 映射代码如下：

```xml
//第 9 章/Mapper 映射
< mapper namespace = "com.spring.example.dao.MapperDao">
    < select id = "findEgs" resultType = "com.spring.example.model.EgBean">
        SELECT * FROM example
    </select >
</mapper >
```

本示例很好地概括了所有需要的功能。当访问页面时请求传递到后台并交由 Spring 处理，这部分很好地对应了 @Controller 注解的控制层内容。在 @Controller 控制层通过调用 @Service 服务层来保持业务逻辑的完整。在 @Service 服务层调用了 @Repository 所在的持久层去实现数据库的查询逻辑。

由于示例内容较多，为了避免占用过多篇幅，读者可参照本书示例程序自行配置并运行。最后提醒一下，千万不要忘记准备数据库及表数据。

访问地址后的效果如图 9.43 所示。

图 9.43 访问服务

9.5 Spring Initializr

Spring Initializr 是基于 Web 的工具，使用 Spring Initializr 开发者可以轻松生成 Spring Boot 的项目结构及用于构建代码的 Maven 或 Gradle 构建说明文件。

9.5.1 安装插件

在 IntelliJ IDEA 中，Spring Initializr 是一个需要预安装的 Spring Boot 插件并且只有在旗舰版中才可以使用，社区版不支持此功能。

如果旗舰版中没有 Spring Initializr 选项，则可以在插件管理中搜索 Spring Boot 或 Spring Initializr，勾选后重新启动 IntelliJ IDEA 即可，如图 9.44 所示。

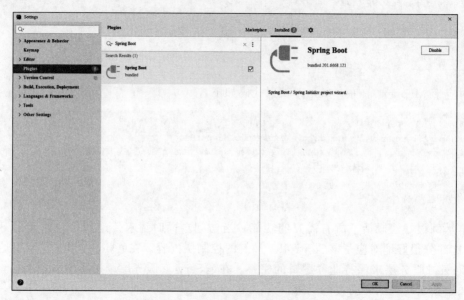

图 9.44　启用 Spring Initializr

9.5.2 Spring Initializr 的使用

Spring Initializr 用于快速生成 Spring Boot 项目的结构，开发者既可以基于 Web 方式快速生成项目结构并下载到本地，也可以通过 IntelliJ IDEA 开发工具直接使用 Spring Initializr 来创建项目。

在 Web 方式下通过页面进行相关组件的选择，最终生成项目结构并下载到本地，再由开发工具直接加载项目工程进行后续的开发工作。

首先访问官方网址 http://start.spring.io，如图 9.45 所示。

Spring Initializr 对移动端访问也提供了很好的支持，如图 9.46 所示。

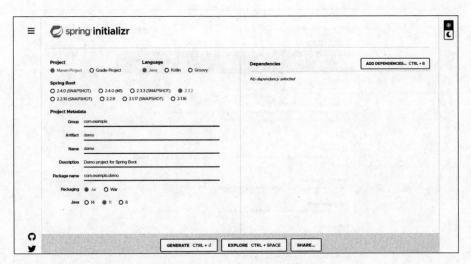

图 9.45　Spring Initializr 首页

用户首先需要选择究竟使用 Maven 还是 Gradle 来构建项目,以及使用 Spring Boot 的哪个版本。Spring Initializr 默认使用 Maven 来管理项目并使用 Spring Boot 的最新版本(非里程碑版本和快照版本)。

关于构建工具的使用读者可以参考第 6 章。

指定项目的基础信息,其中包括 Group、Artifact、项目名称、描述信息、打包方式及使用的 Java 版本等,这些信息用来生成构建工具的配置文件,如 Maven 的 pom.xml 文件或者 Gradle 的 build.gradle 文件。

如果要添加依赖,则可单击页面右侧的 ADD DEPENDENCIES 按钮(或使用快捷键 Ctrl+B)打开添加依赖窗口,如图 9.47 所示。

在搜索框中输入依赖的名称,对应依赖项会动态地显示在结果列表中,选择后即可添加到项目,如图 9.48 所示。

也可将已经选择的依赖项从依赖列表中移除,如图 9.49 所示。

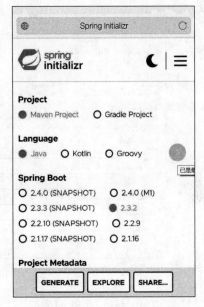

图 9.46　Spring Initializr 移动端

依赖管理的过程对应了构建文件(如 pom.xml)的实现,每次添加或移除依赖,Spring Initializr 都会将其加入构建文件或从其中删除。

配置完成后单击 EXPLORER 按钮预览项目结构,如图 9.50 所示。

Spring Initializr 不仅准备了构建文件 pom.xml,还生成了名为[Name]Application.java 的程序引导文件和名为[Name]ApplicationTests.java 的单元测试文件。其中[Name]

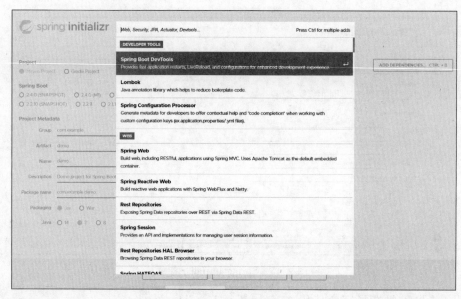

图 9.47　添加项目依赖

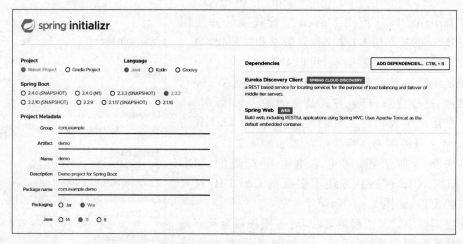

图 9.48　添加后的依赖

为图 9.49 中 Name 属性的值。

在资源目录 resources 内同时生成了名为 application.properties 的属性文件,用户可以在其中进行属性配置的定义。

Spring Initializr 会为 Web 项目生成专有的资源目录,如 static 目录用于放置静态资源如脚本文件、样式文件或图片等,templates 目录用于放置对外进行展示的页面模板,如 Html 文件或 Ftl 文件等。

最后单击 GENERATE 按钮生成项目,项目创建完成后以 Zip 形式下载到本地。

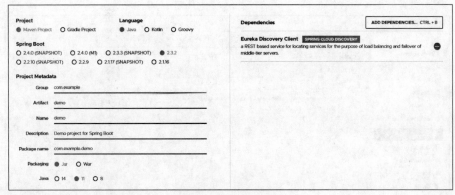

图 9.49　移除依赖

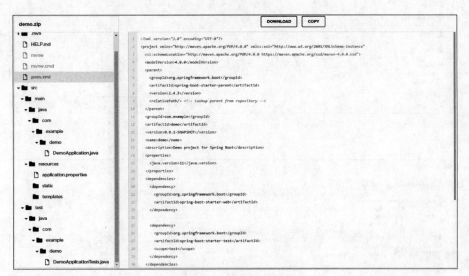

图 9.50　预览项目结构

根据用户配置信息的不同，最终生成的 Zip 文件也会略有不同。将项目导入开发环境后就可以继续进行开发并使用了。

9.5.3　微服务示例

接下来通过示例工程来学习微服务的使用。执行菜单 File→New→Project 命令打开新建工程窗口，选择 Spring Initializr，如图 9.51 所示。

指定项目使用的 JDK 版本，Choose starter service URL 处保持默认即可，IntelliJ IDEA 会从 Spring 官方下载准备资源。

单击 Next 按钮执行下一步，打开工程初始配置窗口，指定项目的 Group、Artifact 等信息，如图 9.52 所示。

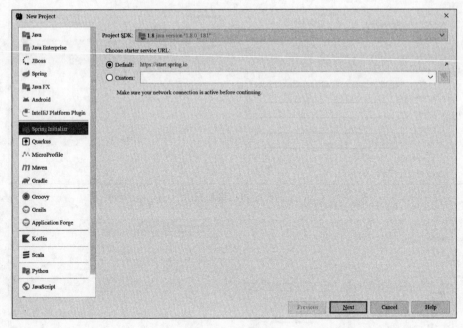

图 9.51 新建工程

图 9.52 配置项目信息

其中，
- Group：项目的 GroupId。
- Artifact：项目的 ArtifactId。
- Type：项目的构建方式，默认为 Maven 工程。

Type 选项下有 4 个元素，分别是 Maven Project、Maven POM、Gradle Project 和 Gradle Config。如果选择带有 Project 名称的元素，则将会生成完整的工程结构。如果选择 Maven POM 或 Gradle Config，则会在工程目录下生成对应的构建文件，如 pom.xml 或 build.gradle，但是没有 src 等文件结构。

- Language：项目的编写语言，默认为 Java。
- Packaging：项目的打包方式，默认为 Jar。
- Java Version：Java 版本。
- Version：项目版本号，默认为 0.0.1-SNAPSHOT（快照版）。
- Name：项目名称。
- Description：项目描述信息，默认为 Demo project for Spring Boot。
- Package：项目的包名。

此外，Java Version 一定不要超过图 9.51 中的 SDK 版本，否则不会被支持，如图 9.53 所示。

图 9.53　JDK 版本不支持

单击 Next 按钮执行下一步。首先创建配置中心，选择 Spring Cloud Discovery 选项卡并勾选 Eureka Server 选项。读者可以自行选择合适的 Spring Boot 版本或使用系统推荐的版本，如图 9.54 所示。

单击 Next 按钮执行下一步，指定配置中心的相关信息，单击 Finish 按钮创建项目，如图 9.55 所示。

如果弹出如图 9.56 所示的信息提示，则单击 OK 按钮确认即可。

完成创建的项目结构如图 9.57 所示，用户需要指定目录类型以避免源码目录与资源目录无法识别。

打开 pom.xml 文件并为其添加依赖，代码如下：

```
<dependency>
    <groupId>org.springframework.cloud</groupId>
    <artifactId>spring-cloud-starter-config</artifactId>
</dependency>
```

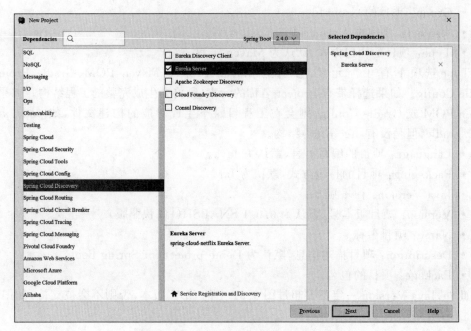

图 9.54 选择注册中心

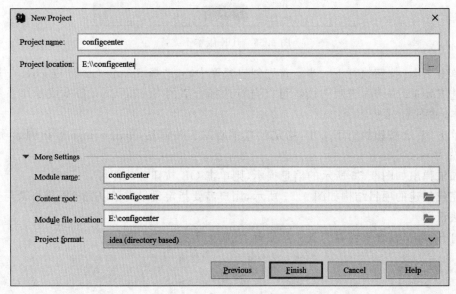

图 9.55 配置中心信息

图 9.56 确认创建

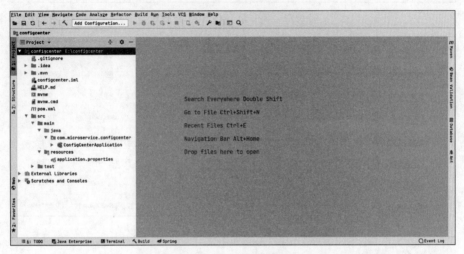

图 9.57 项目结构

如果项目中使用的是 spring-boot-starter-parent 2.0.6 以下版本,则还需要引入 spring-boot-starter-web 依赖,代码如下:

```
<dependency>
    <groupId>org.springframework.boot</groupId>
    <artifactId>spring-boot-starter-web</artifactId>
</dependency>
```

如果项目中使用的是 spring-boot-starter-parent 2.0.6 以上版本,则由于其中包含了 spring-boot-starter-web 组件,因此不需要引入。

如果读者对于项目的 Maven 依赖并不十分清楚,则可以在 MvnRepository 网站上找到对应的 spring-boot-starter-parent 版本,如图 9.58 所示。

在页面下方列出了当前版本的所有依赖,在 spring-boot-starter-parent 2.0.6 以下的版本中均不存在 spring-boot-starter-web,如图 9.59 所示。

打开 resources 目录中的 application.properties 配置文件,代码如下:

图 9.58　Spring Boot Starter 依赖

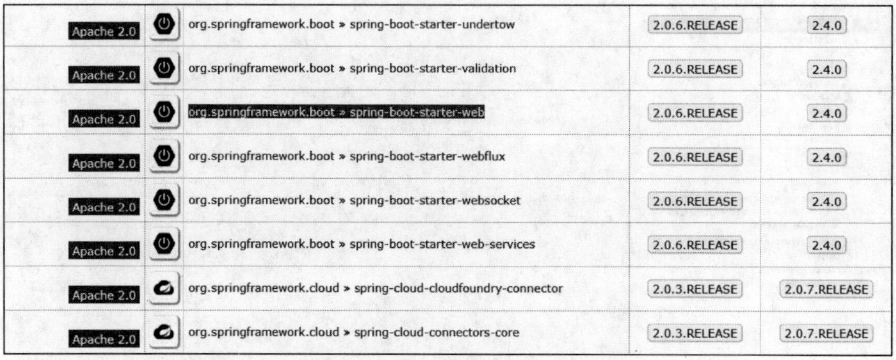

图 9.59　spring-boot-starter-web 依赖项

```
//第 9 章/application.properties
server.port = 8080
spring.application.name = config - service
eureka.instance.hostname = localhost
eureka.client.serviceURL.defaultZone = http:// $ { eureka.instance.hostname }: $ { server.
port}/eureka/
eureka.client.register - with - eureka = false
eureka.client.fetch - registry = false
```

其中各项含义如下：
- server.port：指定应用运行起来后监听的端口。
- spring.application.name：声明当前应用名称。
- eureka.instance.hostname：指定服务注册中心实例的主机名。
- eureka.client.serviceURL.defaultZone：指定服务注册中心的位置，服务器端与客户端将分别连接注册中心提供服务或进行访问。
- eureka.client.register-with-eureka：指定是否将注册中心添加到服务中。
- eureka.client.fetch-registry：指定是否获取服务，它主要作用于客户端。

配置完成后在 ConfigcenterApplication.java 文件中添加 @EnableEurekaServer 注解，代码如下：

```
//第9章/ConfigcenterApplication.java
package com.spring.configcenter;
import org.springframework.boot.SpringApplication;
import org.springframework.boot.autoconfigure.SpringBootApplication;
import org.springframework.cloud.netflix.eureka.server.EnableEurekaServer;

@SpringBootApplication
@EnableEurekaServer
public class ConfigCenterApplication {
    public static void main(String[] args) {
        SpringApplication.run(ConfigcenterApplication.class, args);
    }
}
```

运行 main()方法启动应用,然后在浏览器中输入地址 http://localhost:8080 访问 Spring Eureka 配置中心,如图 9.60 所示。

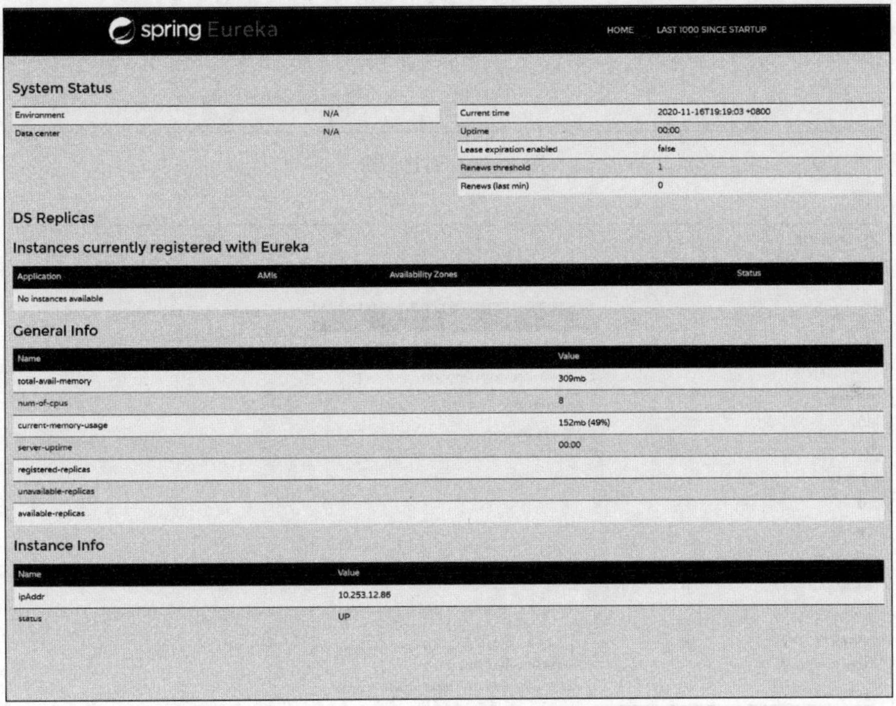

图 9.60 Spring Eureka 配置中心

接下来创建服务 serviceprovider,操作步骤与创建服务中心的步骤相同。为服务提供方 serviceprovider 指定相关配置,如图 9.61 所示。

单击 Next 按钮执行下一步,选择 Spring Cloud Discovery 选项卡并勾选 Eureka Discovery Client 选项,如图 9.62 所示。

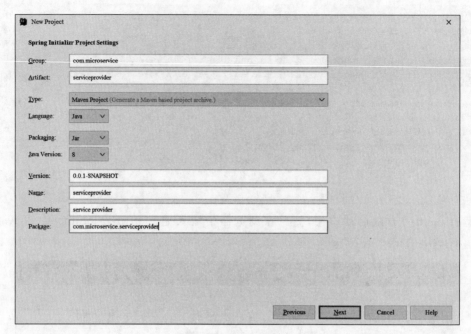

图 9.61 创建服务

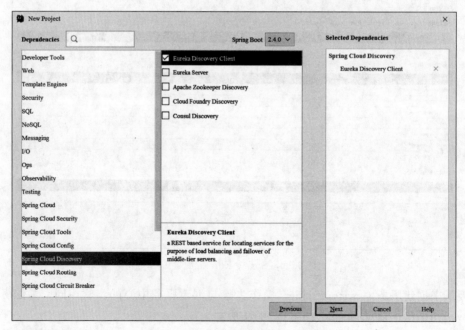

图 9.62 选择服务

指定项目信息并单击 Finish 按钮完成创建,如图 9.63 所示。

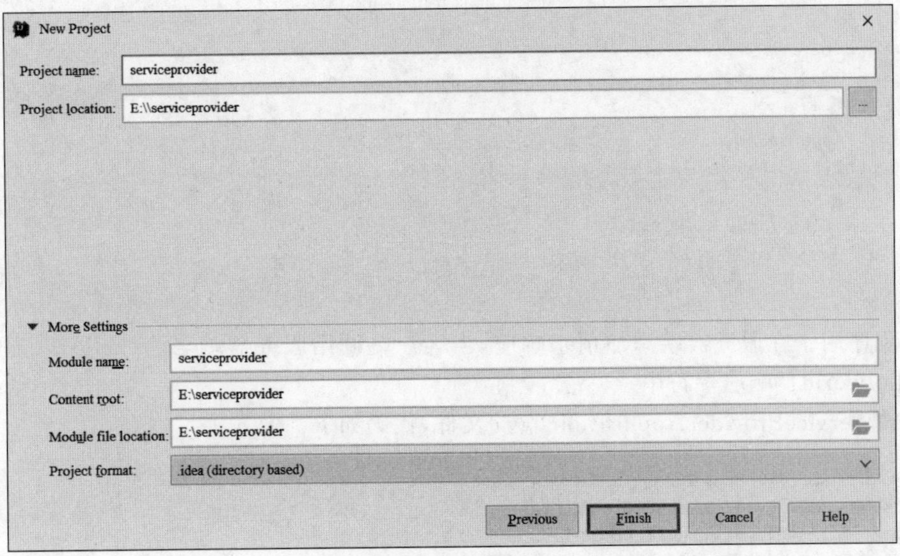

图 9.63 配置服务信息

项目创建完成后修改 pom.xml 配置文件,读者可参考本书附件源码。修改 application.properties 配置文件的代码如下:

```
//第9章/application.properties
eureka.client.register-with-eureka=true
eureka.client.fetch-registry=true
eureka.instance.prefer-ip-address=true
eureka.server.enableSelfPreservation=false
eureka.client.service-url.defaultZone=http://localhost:8080/eureka/
spring.application.name=SERVER
server.port=8082
```

在 resources 资源目录下新建 bootstrap.properties 配置文件,内容如下:

```
spring.cloud.config.uri=http://localhost:8080/
```

在 com.example.serviceprovider 包结构下新增 controller 结构并创建服务程序 QueryController.java,代码如下:

```
//第9章/QueryController.java
package com.example.serviceprovider.controller;
import org.springframework.stereotype.Controller;
```

```java
import org.springframework.web.bind.annotation.RequestMapping;
import org.springframework.web.bind.annotation.ResponseBody;

@Controller
public class QueryController {
    @RequestMapping("/hello")
    @ResponseBody
    public String hello()
    {
        return "Hello world!";
    }
}
```

此程序用于在服务器端添加请求响应,当客户端调用服务器端名为/hello的服务时输出"Hello world!"响应字符串。

修改 ServiceProviderApplication.java 文件,代码如下:

```java
//第9章/ServiceProviderApplication.java
package com.example.serviceprovider;
import org.springframework.boot.SpringApplication;
import org.springframework.boot.autoconfigure.SpringBootApplication;
import org.springframework.cloud.client.discovery.EnableDiscoveryClient;

@EnableDiscoveryClient
@SpringBootApplication
public class ServiceProviderApplication {
    public static void main(String[] args) {
        SpringApplication.run(ServiceProviderApplication.class, args);
    }
}
```

运行 main()方法启动服务后刷新浏览器,可以看到服务 SERVER 已经被注册到配置中心,如图 9.64 所示。

读者可能会遇到如图 9.65 所示的提示信息,此提示是由 Eureka 的保护机制触发的,暂可忽略。

创建客户端的过程与创建服务器端的过程相似,其配置如图 9.66 和图 9.67 所示。

单击 Finish 按钮创建项目后,修改项目的 pom.xml 文件,读者可参考本书附件源码。

修改 application.properties 文件,代码如下:

```
//第9章/application.properties
eureka.client.register-with-eureka=true
eureka.client.fetch-registry=true
eureka.instance.prefer-ip-address=true
eureka.server.enableSelfPreservation=false
eureka.client.service-url.defaultZone=http://localhost:8080/eureka/
spring.application.name=CLIENT
server.port=8086
```

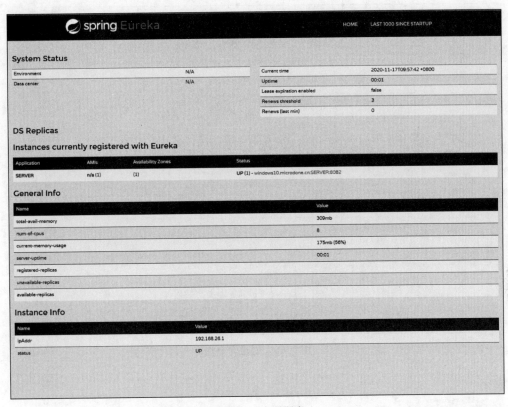

图 9.64 注册服务

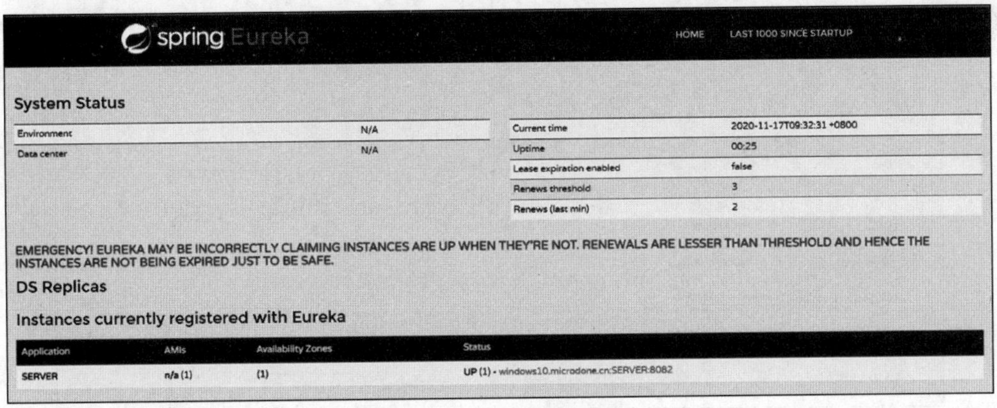

图 9.65 Eureka 检查提示

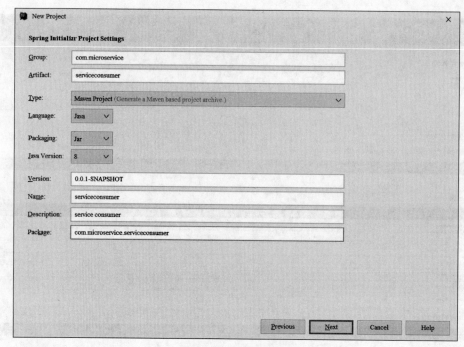

图 9.66 创建客户端

图 9.67 客户端配置

在 resources 资源目录下新建 bootstrap.properties 配置文件，其内容如下：

```
spring.cloud.config.uri = http://localhost:8080/
```

在 com.microservice.serviceconsumer 包结构下新建 controller 结构并添加程序文件 HelloContrller.java，代码如下：

```java
//第9章/HelloController.java
@Controller
public class HelloController {
    @Autowired
    RestTemplate restTemplate;
    @RequestMapping("/hello")
    @ResponseBody
    public String hello()
    {
        ResponseEntity<String> responseEntity = restTemplate.getForEntity("http://SERVER/hello", String.class);
        String body = responseEntity.getBody();
        HttpStatus statusCode = responseEntity.getStatusCode();
        int statusCodeValue = responseEntity.getStatusCodeValue();
        HttpHeaders headers = responseEntity.getHeaders();
        StringBuffer result = new StringBuffer();
        result.append("responseEntity.getBody():").append(body).append("<hr>")
              .append("responseEntity.getStatusCode():").append(statusCode).append("<hr>")
              .append("responseEntity.getStatusCodeValue():").append(statusCodeValue).append("<hr>")
              .append("responseEntity.getHeaders():").append(headers).append("<hr>");
        return result.toString();
    }
}
```

当客户端通过注册中心获取服务时，需要采用如下形式：

```
ResponseEntity<String> responseEntity = restTemplate.getForEntity("http://SERVER/hello", String.class);
```

客户端使用了基于 Ribbon 的负载均衡策略，当 Ribbon 与 Eureka 结合使用时可自动从 Eureka Server 配置中心获取服务提供者地址列表，客户端直接在控制器中调用服务的实例名称 http://SERVER/hello。

修改启动程序文件 ServiceconsumerApplication.java，代码如下：

```java
//第9章/ServiceconsumerApplication.java
@EnableDiscoveryClient
@SpringBootApplication
public class ServiceconsumerApplication {
    @Bean
    @LoadBalanced
    RestTemplate restTemplate(){
```

```
            return new RestTemplate();
    }
    public static void main(String[] args) {
        SpringApplication.run(ServiceConsumerApplication.class, args);
    }
}
```

在使用 Spring Cloud Ribbon 负载均衡时需要为 RestTemplate bean 添加@LoadBalanced 注解以便让 RestTemplate 在请求时拥有客户端负载均衡的能力。

运行应用程序,启动成功后访问浏览器网址 http://localhost:8086/hello 获取服务器端响应信息,如图 9.68 所示。

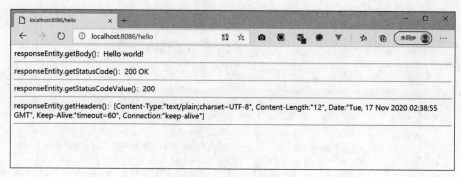

图 9.68 调用服务成功

在创建服务器端与客户端的过程中,我们添加了名为 bootstrap.properties 的配置文件。接下来对 Spring Cloud 应用中的配置文件进行说明。

在 Spring Cloud 应用中,配置文件 bootstrap.properties（bootstrap.yml）在 application.properties（application.yml）之前加载,其作用与 application.properties 类似,但是用于应用程序上下文的引导阶段。

在启动程序时,Spring Cloud 应用会创建一个 Bootstrap Context 作为 Spring Application Context 的父级上下文。初始化时 Bootstrap Context 负责从外部源加载配置属性并解析。

Bootstrap Context 与 Application Context 共享外部属性配置。默认情况下,bootstrap.properties 文件中的属性拥有更高的优先级且不会被本地配置覆盖。

由于 Bootstrap Context 与 Application Context 有着不同的约定,所以使用 bootstrap.properties（bootstrap.yml）配置文件可以保证 Bootstrap Context 与 Application Context 配置的分离。

细心的读者可能会想到:配置中心对外是暴露的。如果其他应用程序并不在服务范围内,但是也采用了同样的方式尝试接入配置中心,则此时系统将是不安全的,所以,永远不要排除非正常使用的恶意行为。

Spring Security 是用来提供安全认证服务的框架并且为基于 J2EE 企业应用的软件提

供全面的安全服务,同时广泛支持多种身份验证模式。

为了体验 Spring Security 的使用,接下来将其引入示例中。首先在配置中心的 pom.xml 中加入如下依赖:

```xml
<dependency>
    <groupId>org.springframework.cloud</groupId>
    <artifactId>spring-cloud-starter-security</artifactId>
</dependency>
```

修改 application.properties 配置文件并添加账号与密码,代码如下:

```
//第9章/添加 Spring Security 配置
server.port=8080
spring.application.name=config-service
eureka.instance.hostname=localhost
eureka.client.service-url.defaultZone=http://${spring.security.user.name}:${spring.security.user.password}@${eureka.instance.hostname}:${server.port}/eureka/
eureka.client.register-with-eureka=false
eureka.client.fetch-registry=false
spring.security.user.name=admin
spring.security.user.password=password
```

注意:我们同时修改了对应于账号与密码的配置中心地址,这是其设置连接的固定方式。配置完成后重新启动应用并访问配置中心地址 http://localhost:8080,如图 9.69 所示。

图 9.69　开启 Eureka Security

输入用户名与密码后即可进行登录并访问配置中心。通过为配置中心添加基于用户名与密码的安全认证,可以避免一些恶意的程序向注册中心注册或调用注册中心的服务。

为了保证正常访问配置中心,用户需要在客户端与服务器端的 application.properties 配置文件中将 eureka.client.service-url.defaultZone 地址修改为 http://${user}:${password}@${host}:${port}/eureka/。

修改完成后尝试启动客户端与服务器端，读者可能会发现应用并没有成功启动，同时产生如图 9.70 所示的错误。

```
com.netflix.discovery.shared.transport.TransportException: Cannot execute request on any known server
    at com.netflix.discovery.shared.transport.decorator.RetryableEurekaHttpClient.execute(RetryableEurekaHttpClient.java:112) ~[eureka-client-1.9.13.jar:1.9.13]
    at com.netflix.discovery.shared.transport.decorator.EurekaHttpClientDecorator.register(EurekaHttpClientDecorator.java:56) ~[eureka-client-1.9.13.jar:1.9.13]
    at com.netflix.discovery.shared.transport.decorator.EurekaHttpClientDecorator$1.execute(EurekaHttpClientDecorator.java:59) ~[eureka-client-1.9.13.jar:1.9.13]
    at com.netflix.discovery.shared.transport.decorator.SessionedEurekaHttpClient.execute(SessionedEurekaHttpClient.java:77) ~[eureka-client-1.9.13.jar:1.9.13]
    at com.netflix.discovery.shared.transport.decorator.EurekaHttpClientDecorator.register(EurekaHttpClientDecorator.java:56) ~[eureka-client-1.9.13.jar:1.9.13]
    at com.netflix.discovery.DiscoveryClient.register(DiscoveryClient.java:847) ~[eureka-client-1.9.13.jar:1.9.13]
    at com.netflix.discovery.InstanceInfoReplicator.run(InstanceInfoReplicator.java:121) ~[eureka-client-1.9.13.jar:1.9.13]
    at com.netflix.discovery.InstanceInfoReplicator$1.run(InstanceInfoReplicator.java:101) [eureka-client-1.9.13.jar:1.9.13] <6 internal calls>
    at java.lang.Thread.run(Thread.java:748) [na:1.8.0_181]
```

图 9.70 无法注册服务

之所以会出现这个问题，是因为从 Spring Security 4.0 开始默认会启用 CSRF 保护以防止 CSRF 攻击应用程序。

CSRF 跨站请求伪造(Cross-site request forgery)是常见的 Web 攻击方式之一，Spring Security CSRF 会针对 PATCH、POST、PUT 和 DELETE 方法进行防护。

因此外部服务无法向注册中心进行服务注册。本书示例中取消了 CSRF，但实际应用中并不建议这样做。具体操作为新建一个继承自 WebSecurityConfigurerAdapter 适配器的配置类 WebSecurityConfig. java，代码如下：

```java
//第 9 章/WebSecurityConfig. java
@EnableWebSecurity
@Configuration
public class WebSecurityConfig extends WebSecurityConfigurerAdapter {
    @Override
    protected void configure(HttpSecurity http) throws Exception {
        http.csrf().disable();
    }
}
```

用户可以在此文件中根据需要进行自定义配置。配置完成后再次启动应用并登录配置中心，首先会弹出登录页面。输入用户名与密码后可以发现服务器端与客户端已经成功注册到了配置中心，如图 9.71 所示。

Application	AMIs	Availability Zones	Status
CLIENT	n/a (1)	(1)	UP (1) - windows10.microdone.cn:CLIENT:8086
SERVER	n/a (1)	(1)	UP (1) - windows10.microdone.cn:SERVER:8082

图 9.71 服务注册成功

再次访问客户端页面，此时可以正常接收到服务器端响应，如图 9.72 所示。

```
localhost:8086/hello
responseEntity.getBody(): Hello world!
responseEntity.getStatusCode(): 200 OK
responseEntity.getStatusCodeValue(): 200
responseEntity.getHeaders(): [Content-Type:"text/plain;charset=UTF-8", Content-Length:"12", Date:"Tue, 17 Nov 2020 11:17:33 GMT", Keep-Alive:"timeout=60", Connection:"keep-alive"]
```

图 9.72 成功访问服务

在移除 Spring Security 时，用户不仅需要将 pom.xml 文件中的相关依赖及 application.properties 中的配置移除，还需要将.iml 文件中对 Spring Security 的引用同时移除，否则项目在运行时依然会尝试使用 Spring Security 并出现问题。

用户在进行项目开发时可能会遇到各种奇怪的现象，例如配置正确但是程序依然无法加载配置并启动，作者在准备本书示例时就遇到了这样的问题。在这种情况下，用户可以考虑配置文件的加载与解析是否出现了问题，如图 9.73 和图 9.74 所示。

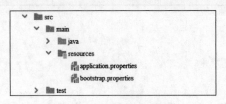 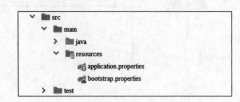

图 9.73　未成功加载配置　　　　　　　　图 9.74　成功加载配置

其中，图 9.73 中的配置文件并没有被正确解析与加载，图 9.74 中的配置为正确加载的配置文件。由于这种情况比较特殊且很少出现，因此仅作为参考。

9.6　本章小结

本章主要介绍了 Spring 基础知识和相关项目的创建，要真正掌握 Spring 并熟练应用，读者需要参考相关的专业书籍并进行更多实践。

第 10 章 数据库管理

IntelliJ IDEA 以插件形式提供了对数据库相关功能的管理与访问。在旗舰版 IntelliJ IDEA 中默认安装了数据库管理插件，使用社区版的用户可以通过安装插件获得，如图 10.1 所示。

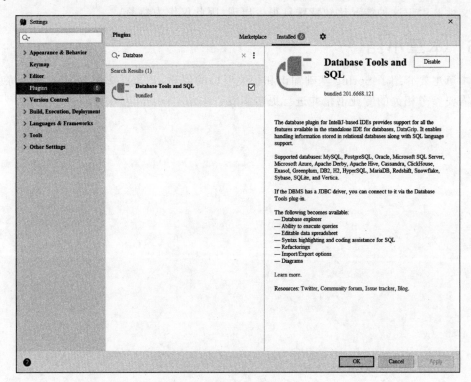

图 10.1 安装数据库插件

在插件安装完成后，如果要查看数据库工具窗口，则可执行菜单 View→Tool Windows→Database 命令打开数据库工具标签页，如图 10.2 所示。

还可以单击侧边栏的 Database 标签页实现数据库工具窗口的显示或隐藏,如图 10.3 所示。

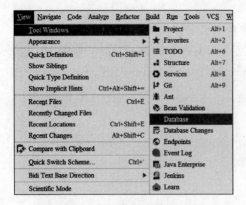

图 10.2 打开数据库管理工具

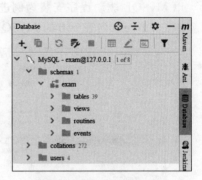

图 10.3 数据库管理工具

10.1 配置数据源与驱动

要连接数据库进行操作,首先需要对数据源进行管理。IntelliJ IDEA 提供了数据源与驱动管理窗口,单击数据库管理工具标签上的 按钮便可打开数据源与驱动配置对话框,如图 10.4 所示。

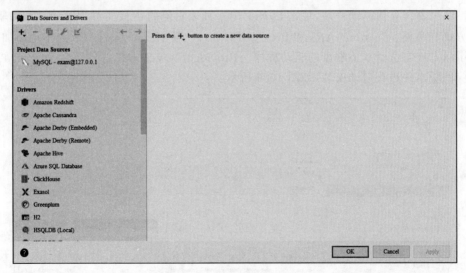

图 10.4 数据源与驱动配置

图 10.4 左侧列出了当前系统管理的数据源及配置,默认情况下没有任何数据源,Project Data Sources 列表为空。Drives 列表用于管理各种数据源的驱动程序,默认未安装任何驱动程序。

10.1.1 配置驱动

以 MySQL 驱动程序安装为例进行说明,作者本机安装的 MySQL 版本为 8.0.20。单击 Drivers 列表下方的 MySQL 选项(配置>5.1 版本的 MySQL),如图 10.5 所示。

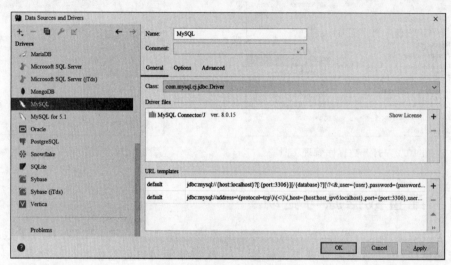

图 10.5 配置 MySQL 驱动

默认未安装任何驱动程序,单击 Driver files 列表右侧的 + 按钮添加驱动。添加驱动程序的方式有两种:Custom JARs 和 Provided Driver。其中 Custom JARs 为本地添加方式,用户可以直接定位到本地磁盘的驱动程序。Provided Driver 为在线安装驱动,用户可以选取对应的版本并进行自动安装,如图 10.6 所示。

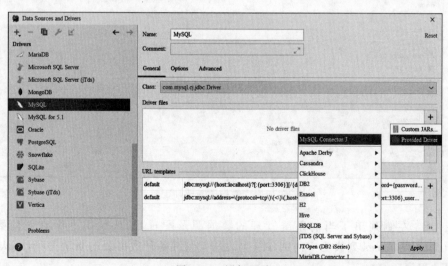

图 10.6 添加驱动

选择 Provided Driver→MySQL Connector/J→8.0.15，如图 10.7 所示。

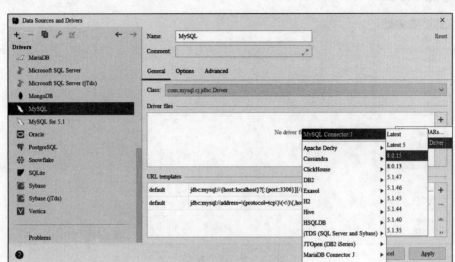

图 10.7 选择驱动

驱动程序配置完成后单击应用并保存，如图 10.8 所示。

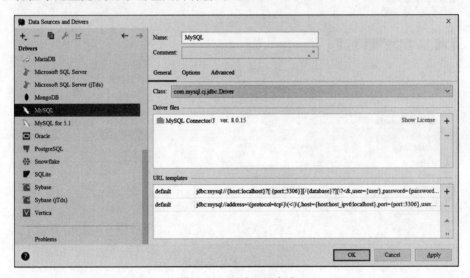

图 10.8 驱动配置完成

10.1.2 配置数据源

单击 Data Sources and Drivers 对话框 Driver files 列表中的 ➕ 按钮或使用快捷键 Alt＋Insert 弹出新建列表，如图 10.9 所示。

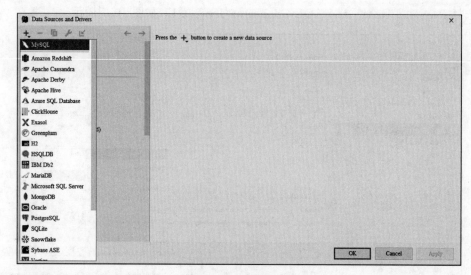

图 10.9 新建列表

选择 MySQL 驱动程序,创建基于该驱动程序的数据源,如图 10.10 所示。

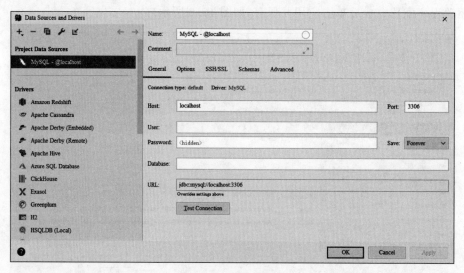

图 10.10 新建数据源

配置数据源名称、Host 地址及端口号,填写用户名、密码与数据库。配置完成后单击 Test Connection 按钮验证数据库连接是否可用,如图 10.11 所示。连接成功后将显示提示信息。

如果用户名或密码不正确,则会再次弹出连接对话框,如图 10.12 所示。

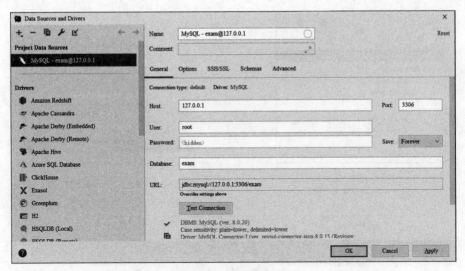

图 10.11　连接成功

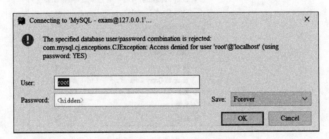

图 10.12　连接确认

连接时可能会遇到 Invalid Timezone 时区错误,这是因为 MySQL 的默认时区比国内时区晚,可在 MySQL 中执行如下命令:

```
set global time_zone = '+8:00';
```

创建完成后数据库管理窗口会展示创建的数据源且保持同步连接状态,■按钮被激活,如图 10.13 所示。

10.1.3　同步数据源

同步状态被激活时,IntelliJ IDEA 会自动与数据库的实际状态保持同步,用户可以单击红色状态连接按钮关闭同步状态或使用快捷键 Ctrl+F2,如图 10.14 所示。

如果自动同步状态关闭,则可单击工具栏上的 ◯ 按钮再次实现同步(使用快捷键 Ctrl+F5 或右击菜单选择 Refresh),如图 10.15 所示。

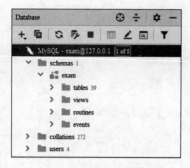

图 10.13 连接状态的数据源

图 10.14 断开连接状态

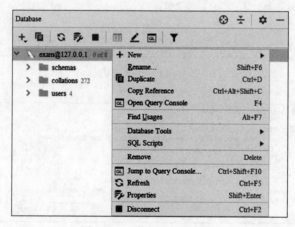

图 10.15 数据源重新连接

10.2 数据管理

10.2.1 数据源显示管理

单击数据源展开，可以看到如图 10.16 所示的详细信息。

在数据源下包含以下 3 类信息：

- schemas 数据库对象集合，其中包含表、视图、存储过程、索引等各种对象。
- collations 包含了所有的排列字符集。
- users 包含系统中的不同用户。

单击数据库工具窗口上的 ✿ 按钮调整各种视图选项，如图 10.17 所示。

要查看更多的 Schema，可以在数据源和驱动程序对话框的 Schemas 选项卡中勾选需要显示的 Schema。以勾选 schema_name 为例，如图 10.18 所示。

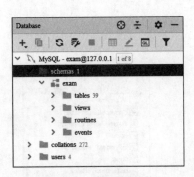 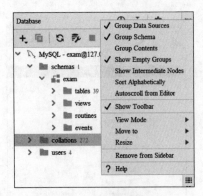

图 10.16　数据源结构　　　　　图 10.17　调整视图选项

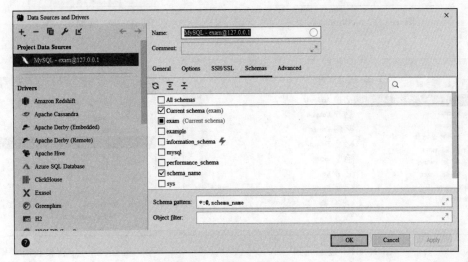

图 10.18　显示 Schemas

勾选完成后保存应用,数据库工具窗口下的 Schemas 分组下将显示 schema_name 的相关集合,如图 10.19 所示。

除了上述方式外,右击数据源中的任何元素并选择 Database Tools→Manage Shown Schemas 也可对显示模式进行配置,如图 10.20 所示。

使用工具栏中的过滤器按钮 调整数据源工具窗口中显示的表、视图、主键等元素,如图 10.21 所示。

10.2.2　Collations 排序规则

在数据库系统中字符集是一套符号和编码,而校对规则是在字符集内用于比较字符的一套规则。Collations 代表进行字符比较时的字符集规则,其中提供了关于各字符集的对照信息,如图 10.22 所示。

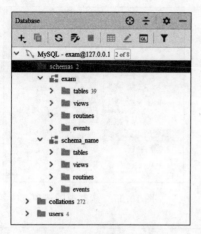

图 10.19　schemas 列表

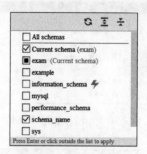

图 10.20　管理显示模式

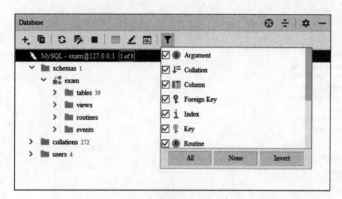

图 10.21　过滤元素

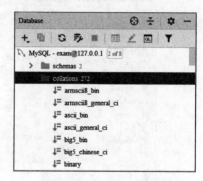

图 10.22　字符集校对规则

不同的字符集有其对应的校对规则,在对规则进行命名时要求以其相关的字符集名开始,通常包括一个语言名并且以_ci(大小写不敏感)、_cs(大小写敏感)或_bin(二进制)结尾。例如,UTF-8 字符编码的默认校对规则是 utf8_general_ci。

在对字母 A 与字母 a 进行大小比较时,可以采用以_cs 结尾的大小写敏感的字符集校对规则,也可以使用简单的二进制进行校对,因为字母 A 与字母 a 在字符集中分别对应了不同的编码。

每个数据库有一个数据库字符集和一个数据库校对规则并且不能为空。在进行数据库创建时,CREATE DATABASE 和 ALTER DATABASE 语句有一个可选的子句来指定数据库字符集和校对规则。例如:

```
CREATE DATABASE db_name DEFAULT CHARACTER SET latin1 COLLATE latin1_swedish_ci;
```

此命令设置了数据库字符集和数据库校对规则,如果未指定,则默认采用服务器字符集和服务器校对规则。

10.2.3 查找资源

当将焦点定位在数据库管理窗口中的任意位置时,直接按字母键可以突出显示匹配名称的模式、数据库、表或视图等,如图10.23所示。

注意:搜索时需要将相应模式下的数据库结构展开以让其内部的元素显示出来。

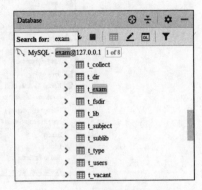

图10.23 搜索数据库元素

10.2.4 数据管理操作

数据库管理窗口中不同层级的元素可以进行不同类别的操作,接下来具体讲解一些常用的操作。

1. 表管理

右击数据库exam或是tables分类目录,在弹出菜单中选择New→Table,如图10.24所示。

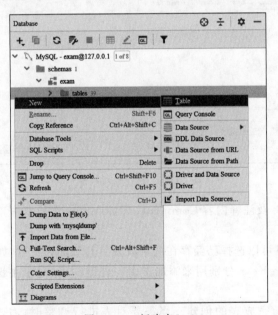

图10.24 新建表(一)

也可以执行菜单File→New→Table命令执行建表操作,File菜单下的内容随着当前窗口焦点的位置动态地调整,如图10.25所示。

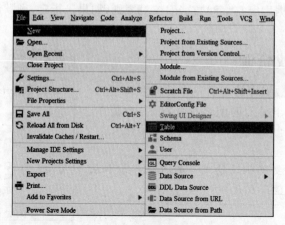

图 10.25　新建表(二)

接下来弹出新建表对话框,如图 10.26 所示。

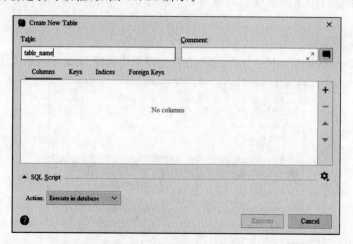

图 10.26　新建表对话框

指定表名称 Table 及注释内容 Comment,在 Columns 选项卡中单击 + 按钮添加字段,如图 10.27 所示。

在 Keys 选项卡下可以选择已经存在的字段并将其添加为主键,如图 10.28 所示。

Indices 和 Foreign Keys 分别用来添加索引与外键约束,对于主键会自动添加索引,如图 10.29 所示。

单击 Execute 按钮完成表的创建。当需要对表进行调整时,右击表名并选择 Modify Table,如图 10.30 所示。

除了表之外,列、索引、外键等元素都可以通过右击菜单或访问 File 菜单实现,如图 10.31 所示。

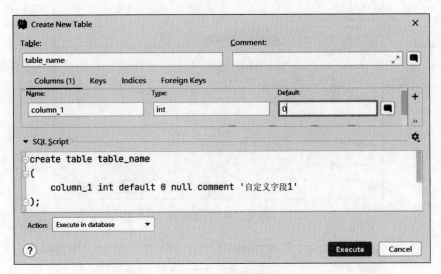

图 10.27 配置新建表

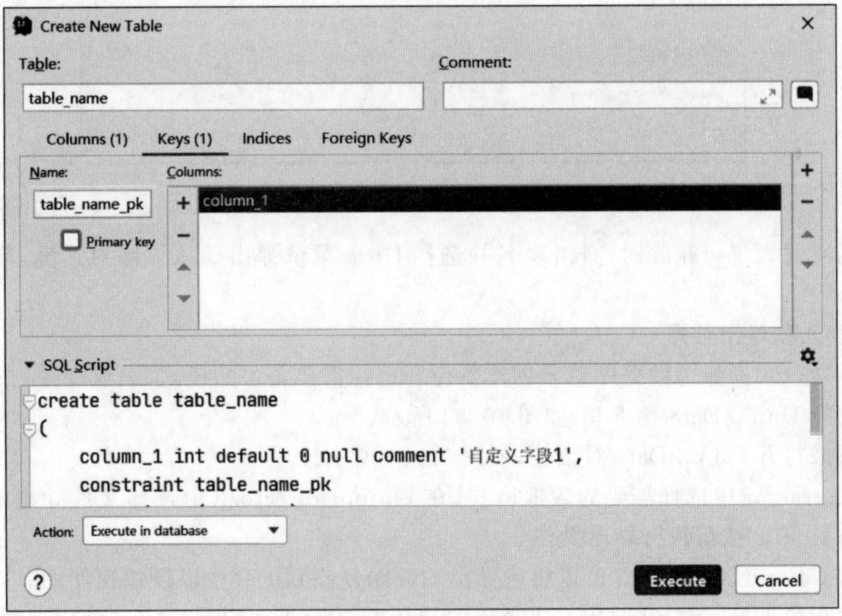

图 10.28 添加主键

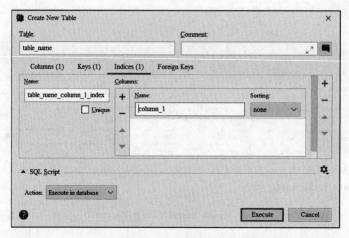

图 10.29 添加索引

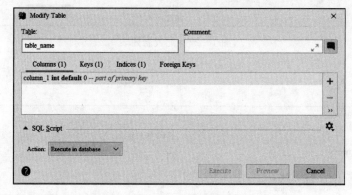

图 10.30 修改表

当需要对表进行删除时,右击表名并选择 Drop 菜单弹出确认删除对话框,如图 10.32 所示。

2．导入和导出数据

可以通过泵操作为数据库对象创建备份。选择需要备份的模式、表或视图,在右击弹出菜单中选择 Dump Data to File,如图 10.33 所示。

接下来打开 Dump Data 对话框,如图 10.34 所示。

在 Extractor 中选择需要的数据格式,在 Output directory 中选择文件导出的位置,单击 Dump to File 按钮执行导出操作。

单击 Copy to Clipboard 可以将待导出的数据复制到内存中以便快速使用。

在执行数据导入时,在对象右击菜单中选择 Import Data from File,然后选择之前导出的文件即可,如图 10.35 所示。

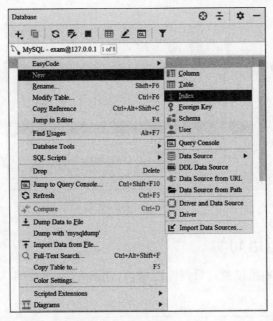

图 10.31 创建其他元素

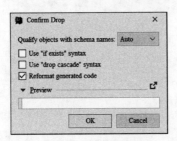

图 10.32 删除表

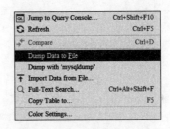

图 10.33 导出数据到文件

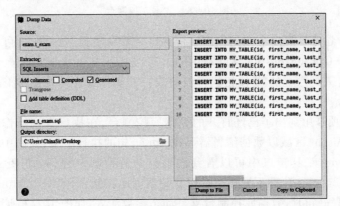

图 10.34 导出数据对话框

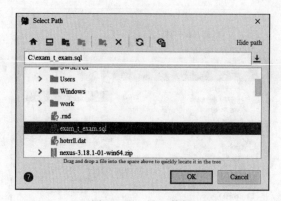

图 10.35　导入数据

10.2.5　执行语句

在 IntelliJ IDEA 中可以通过数据库控制台（Query Console）编写并执行 SQL 语句，如图 10.36 所示。

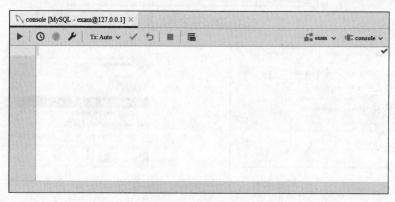

图 10.36　数据库控制台

用户可以新建或打开多个数据库控制台窗口。要新建控制台窗口，可单击 ✚ 按钮打开菜单列表并选择 Query Console 菜单，如图 10.37 所示。

还可以单击工具栏上的 ◨ 按钮执行新建或打开操作或使用快捷键 Ctrl＋Shift＋F10，如图 10.38 所示。

Services 选项卡中列出了已经打开的数据库控制台，在执行查询操作时会在选项卡右侧的 Console Output 区域以数据编辑器形式展示语句的执行结果，如图 10.39 所示。

除了在 Service 工具窗口中可以看到已经打开的控制台之外，在 Project 工程窗口的 Scratches and Consoles 分类下同样也可以看到数据库控制台，如图 10.40 所示。

在执行 SQL 语句时，数据库控制台支持动态参数注入，如图 10.41 所示。

第10章 数据库管理

图 10.37 新建 Query Console

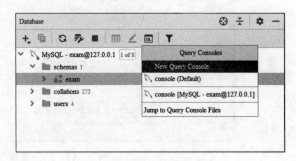

图 10.38 数据库控制台

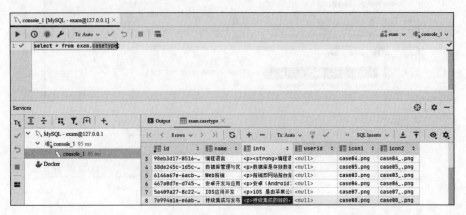

图 10.39 执行语句

数据库控制台会自动记忆执行过的 SQL 语句,单击控制台工具栏上的 ⏰ 按钮可以查看使用过的语句,如图 10.42 所示。

如果要再次使用这些语句,则可以执行以下操作将其添加到编辑器中。

- 双击要复制的语句。
- 选择感兴趣的一条或多条语句,按 Enter 键或 Paste 按钮。

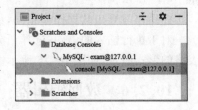

图 10.40 Scratches and Consoles 分类

当执行查询操作时,对于单条语句每次执行会共用一个选项卡显示数据编辑器。当执行多条语句时会为每条语句打开一个选项卡并显示数据编辑器。

如果希望每次执行一条语句后都会在单独的选项卡中打开查询结果,则可以在配置窗口找到 Database 选项卡,然后勾选 Open results in new tab 选项,如图 10.43 所示。

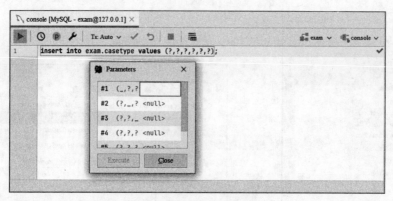

图 10.41 动态替换参数

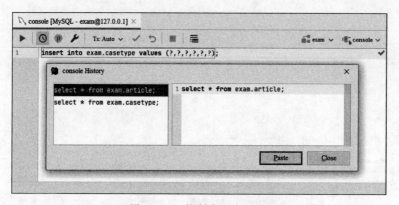

图 10.42 控制台历史记录

如果要在语句执行后保存查询结果,则可选择语句并右击执行 Execute to File 命令,如图 10.44 所示。

此操作与导出数据操作相同,如图 10.45 所示。

对于执行插入的语句,选择语句并右击执行 Edit as Table 命令,待插入的数据将会以表格的形式展现,如图 10.46 所示。

10.2.6 数据编辑器

数据编辑器提供了用于处理表格数据的工具,用户可以对表格数据进行筛选、排序、刷新、克隆、编辑、添加和删除等操作,如图 10.47 所示。

要对数据进行修改操作,可双击编辑单元格内容,如图 10.48 所示。

编辑完成后按 Enter 键可以退出编辑单元格,单击工具栏上的 按钮或使用快捷键 Ctrl+Enter 进行提交。如果内容编辑完成后没有进行提交,则在进行其他操作时可能会丢失操作,IntelliJ IDEA 给出了相应的提示信息,如图 10.49 所示。

第10章 数据库管理

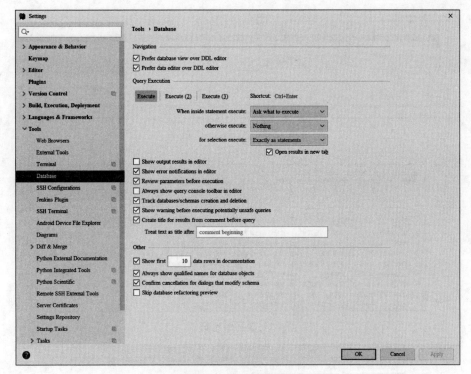

图 10.43 配置选项卡

图 10.44 Execute to File 命令

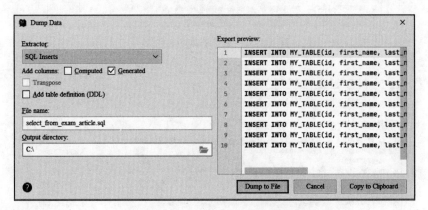

图 10.45 Execute to File 导出结果

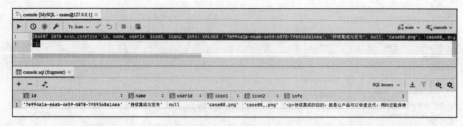

图 10.46 Edit as Table

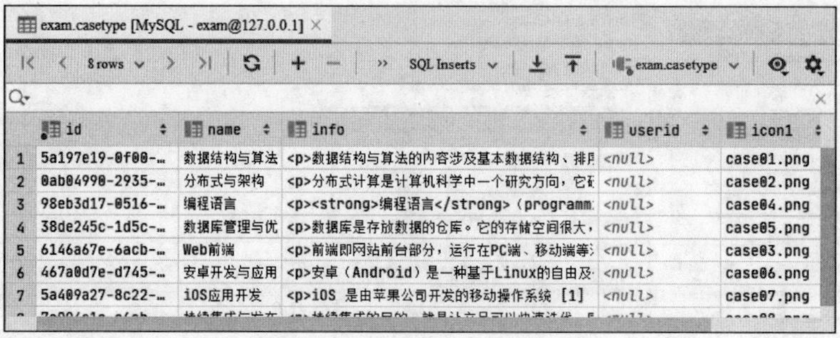

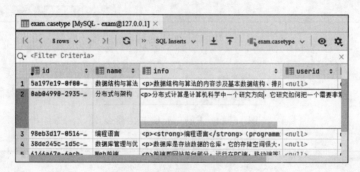

图 10.47 数据库编辑器(一)

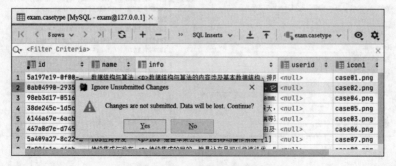

图 10.48 数据库编辑器(二)

图 10.49 未提交提示

数据编辑器同样会展现在 Service 工具窗口列表中，当执行查询操作时数据编辑器会显示在 Service 工具窗口右侧的 Console Output 区域。用户也可以双击某一个表直接打开数据编辑器，此时其会在单独的选项窗口中打开而不会出现在 Service 工具窗口中。

数据编辑器中提供了表内容的不同查看模式，分别为 Table、Tree 和 Text，如图 10.50 所示。

Table 模式是默认的表格模式，Tree 模式为树形模式，Text 模式为插入语句模式，如图 10.51 和图 10.52 所示。

Transpose 行列反转模式可以对表格的行列内容进行反转查看，如图 10.53 所示。

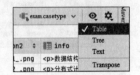

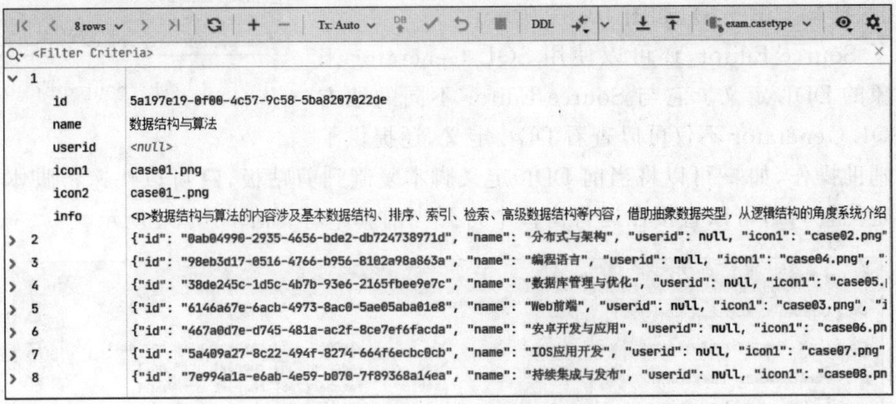

图 10.50　不同查看模式

图 10.51　Tree 模式

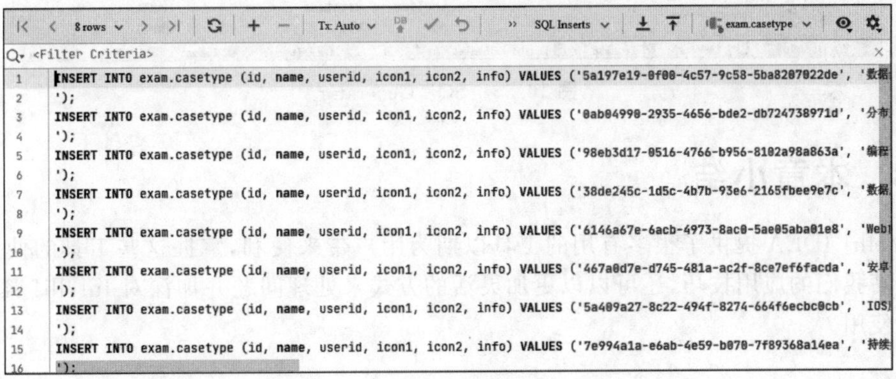

图 10.52　Text 模式

10.2.7　查看 DDL 定义

Source Editor 用于查看数据库对象的 DDL 定义。要使用 Source Editor，应首先选择

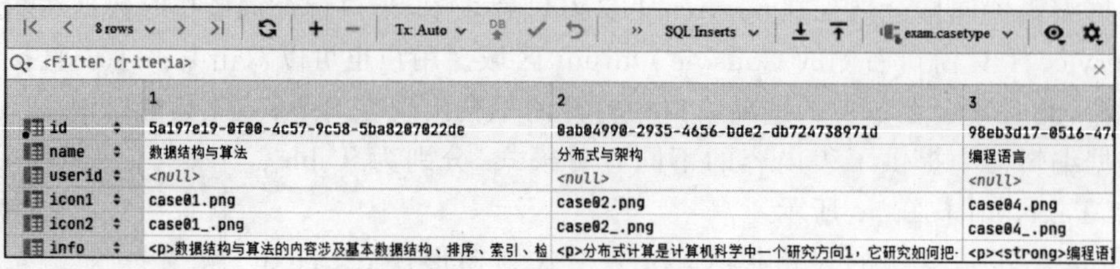

图 10.53 行列反转模式

待查看的对象,然后单击工具栏上的 ✎ 按钮(此时会被激活),或是在右击菜单 SQL Scripts 中找到 Source Editor(或使用快捷键 Ctrl+B),如图 10.54 所示。

除了 Source Editor,还可以使用 SQL Generator 来查看对象的 DDL 定义。它与 Source Editor 不同的地方在于,SQL Generator 不仅可以查看 DDL 定义,还提供了相关的辅助操作,如 可以将当前 DDL 定义脚本复制到剪贴板,可以快速将脚本保存到磁盘指定位置,可以直接在运行窗口中打开当前脚本等,如图 10.55 所示。

图 10.54 Source Editor

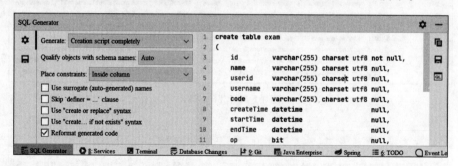

图 10.55 SQL Generator

10.3 本章小结

IntelliJ IDEA 提供了很多有用的工具以期为用户带来便利,掌握这些工具的使用不仅可以提高我们的应用技巧,还可以以更加灵活的方式来处理问题并加深对 IntelliJ IDEA 的了解与使用。

第 11 章 容器化管理

在容器化技术应用起来之前,开发者使用最多的是虚拟机,如 VMWare。虚拟机很好地实现了各种不同环境的模拟,并且它们之间被隔离且互不影响。

虽然虚拟机可以进行各种环境的搭建,但因为其模拟的是操作系统,所以虚拟机不仅运行时占用空间大,而且要从宿主机器上分离出一部分硬件性能从而导致服务性能降低。

容器化技术与虚拟机一样,都是用来模拟可隔离出来的运行环境,但是它更加轻量化,因为它不需要虚拟出整个操作系统,只需虚拟一个小规模的类似沙箱的环境。

容器的启动时间很短,而且它对资源的利用率很高,一台主机可以同时运行成百上千个容器。在空间占用上,虚拟机一般要几兆字节到几十兆字节的空间,而容器只需 MB 级甚至 KB 级的空间。

所以,容器化技术被越来越多的企业所使用。尽管工作中不一定会使用容器化技术,但是对容器化技术的了解与掌握已经成为开发者必备的一项技能。

11.1 什么是 Docker

虽然提到容器的时候我们会想到 Docker,但事实上 Docker 并不是容器,它是创建容器的工具,是一个开源的应用容器引擎。通过使用应用容器引擎,开发者可以打包应用及依赖到一个可移植的镜像中,然后发布到任何 Linux 或 Windows 机器上,也可以实现虚拟化。

可以这样理解,容器化是一种技术的理念,它的细节是通过应用容器引擎实现的。Docker 的使用目标就是"Build once, Run anywhere",即一次搭建随处运行。容器化技术实现了由传统的单体式架构(Monolithic)向微服务架构(Microservices)的有效过渡与承接。

Docker 有助于将一个复杂系统分解为一系列可组合的部分,这让用户可以用更离散的方式来思考其服务,也让微服务的实现成为可能。而且,通过使用容器可以随时创建和销毁应用节点。这样在不停机的情况下,微服务的服务范围可以随时变大或变小,以及变强或变弱,从而达到在性能和功耗之间的动态平衡(更好的方式是交由 Kubenetes 来管理)。

11.2 Docker 的安装

Docker 是基于 Linux 64 位系统的，默认无法在 32 位 Linux/Windows/UNIX 环境下使用，如果用户使用的是 Windows 操作系统，则可以使用 Docker Toolbox 等软件，它们能够帮助开发者在 Windows 系统上进行开发与学习，或是通过 VMWare 虚拟机安装合适版本的 Linux 系统进行学习研究。

本章以 Ubuntu 系统为例讲解 Docker 的安装过程。在执行安装之前，首先对系统中存在的 Docker 旧组件或版本进行清理，命令如下：

```
sudo apt-get remove docker docker-engine docker.io container runc
```

接下来执行软件源索引，命令如下：

```
sudo apt-get update
```

需要注意的是 apt-get update 与 apt-get upgrade 命令的区别。apt-get update 操作仅是更新了 apt 的资源列表，同步了 /etc/apt/sources.list 和 /etc/apt/sources.list.d 中列出的源索引，没有真正地对系统执行更新。如果需要更新系统内的软件，则可使用命令 apt-get upgrade。

接下来安装系统的依赖组件，命令如下：

```
sudo apt-get install -y apt-transport-https ca-certificates cURL software-properties-common
```

安装 apt-transport-https 软件包的目的是为了支持 HTTPS 协议的源，安装 ca-certificates 软件包的作用是为维护 SSL 证书提供支持。

添加 Docker 使用的公钥，命令如下：

```
cURL -fsSL https://mirrors.aliyun.com/docker-ce/Linux/ubuntu/gpg | sudo apt-key add -
```

添加 Docker 使用的远程库，命令如下：

```
add-apt-repository "deb [arch=amd64] https://mirrors.aliyun.com/docker-ce/Linux/ubuntu $(lsb_release -cs) stable"
```

远程库可以使用 Docker 官方的软件源，但通常官方的软件源下载速度比较缓慢，因此选择使用阿里云的 Docker 软件源。

更新软件源索引并安装 docker-ce，命令如下：

```
sudo apt-get install -y docker-ce
```

接下来启动 Docker，命令如下：

```
systemctl status docker
```

Docker 启动成功后执行 docker -v 命令查看 Docker 版本,如图 11.1 所示。

图 11.1　Docker 成功启动

无论 Docker 启动成功与否,都可以通过 systemctl status docker 命令查看 Docker 容器的状态。在启动异常的情况下,此命令有助于排查导致启动异常的原因,如图 11.2 所示。

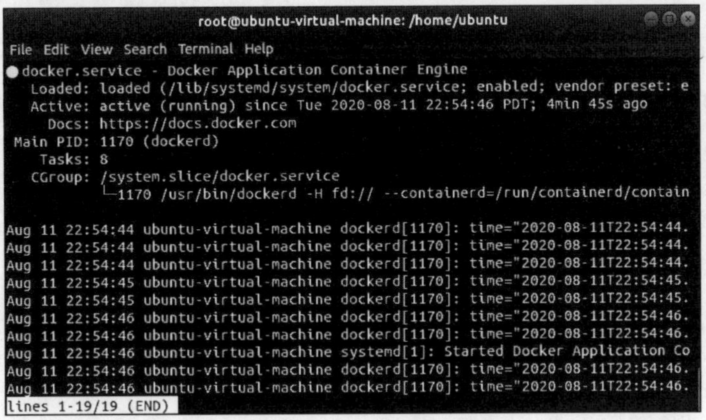

图 11.2　查看 Docker 启动状态

Docker 分为社区版(Community Edition)和企业版(Enterprise Edition)两种版本。其中 Docker EE 是企业版本,而 Docker CE 是社区版本,其中包含了完整的 Docker 平台,适合开发人员和运维团队使用。

11.3　Docker 概念理解

11.3.1　Docker 系统架构与守护进程

Docker 系统的架构组成如图 11.3 所示。

从图 11.3 可以看出,Docker 系统主要由客户端、服务器、守护进程和注册中心这四部分组成,其中守护进程在 Docker 的运行中起到了关键性作用。

守护进程是 Docker 的核心,它负责与外界(包括 Docker 客户端及其他服务)交互,同时管理着 Docker 中的镜像与容器。

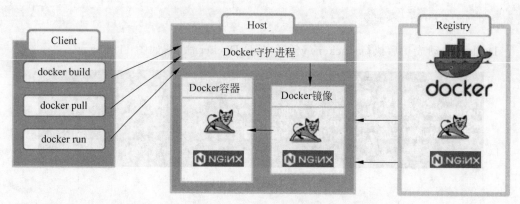

图 11.3　Docker 系统架构

　　守护进程使用 HTTP 协议来与外界沟通,用户通过 Docker 客户端将命令发送给守护进程并由其执行,或者从守护进程获取需要的信息,守护进程则根据用户的指令管理 Docker 中的容器与镜像等。

　　守护进程还负责与其他外界服务的通信,如用户发送了构建镜像的命令,守护进程就会从 Docker Hub 注册中心或其他注册中心拉取镜像进行构建,并且在合适的时机向注册中心推送镜像。

　　守护进程既是进程也是服务器,而 Docker 命令则相当于客户端,守护进程接收客户端的命令请求并执行相应的操作。

　　默认情况下外界是不能访问守护进程的,即守护进程不对外开放,开发者只能登录守护进程所在的宿主机进行相关操作,但事实上在项目维护过程中开发人员经常会以第三方的身份进行远程登录和访问管理。

　　Docker 提供了以守护进程方式(docker daemon)启动服务的命令,以便守护进程对外界开放并提供服务。通过使用-H 标志可以定义外界有效访问的协议、IP 地址和端口(默认 2375 端口),命令格式如下:

```
docker daemon -H protocol://ip:port
```

这样外部用户就可以基于特定的协议进行连接并访问,例如:

```
docker -H tcp://ip:port
```

11.3.2　注册中心

　　注册中心(Docker Registry)主要有两种:公共注册中心与私有注册中心。

　　注册中心主要用于镜像的存储和管理,Docker 官方提供了 Docker Hub 作为公共镜像注册中心来维护及管理所有的镜像,用户可以将自己的镜像推送到 Docker Hub 免费的仓库中。除了 Docker Hub 之外，互联网上还有其他的公共注册中心可用来与 Docker 守护进程交互。

私有注册中心是局域网内部搭建的私有环境，主要用来为企业内部提供服务以保障应用的隐私性与安全性，通常使用了容器化技术的企业都拥有自己的注册中心。公共注册中心与私有注册中心共同维护与管理 Docker 镜像的存储。

11.3.3 镜像与容器

Docker 中的核心概念是镜像（Image）和容器（Container）。镜像提供了运行的基础，它是基于系统层面建立出来的软件基础环境，这类似于在发布服务之前需要准备好 Tomcat 一样。

镜像则提供了开发者需要的这些软件，并且更加全面。镜像中以分层的方式去叠加运行需要的其他基础环境，从而能够更轻量地以增量方式去构建环境。

容器是从镜像衍生出来的应用，它是可以运行或停止的实例，这种关系类似于 Java 语言中类和对象的关系。既然可以为一个类创建多个实例，那么也可以从一个镜像创建出多个容器。

例如，在使用 Nginx 做负载均衡的时候，通常会添加一个以上的 Tomcat 服务，而这些服务具有相同的应用代码和软件版本。在需要创建这些服务时，就可以从某个已经打包好的镜像中直接创建多个容器。

容器的创建加速了应用部署的速度并节省了时间成本，而且为持续化交付提供了更好的保障。同时容器实现了应用的节点化，这正好符合了构建微服务的特征。

通过使用容器可以轻易地去构建、管理与销毁某一应用中的节点，有助于将一个复杂的系统进行更好的分解，也使得开发者能够以离散的方式去管理应用，摆脱了传统单体架构的限制。

镜像与容器之间的关系如图 11.4 所示。

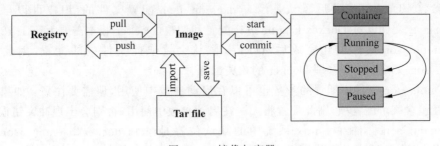

图 11.4　镜像与容器

11.3.4　分层

分层与镜像紧密相关，它解决了一个极为重要的问题：空间与资源。

使用过 VMWare 虚拟机的用户都知道，每增加一台虚拟机就需要从当前宿主机中划分出一部分内存与硬盘资源。因为每台虚拟机内部都是一个完整的操作系统，所以磁盘空间被消耗得很大，而且维持这样一个庞大的系统运行，内存资源消耗也极为严重，很快系统将不再拥有足够的能力去提供更多的负载。

尽管我们更关心的是应用而不是操作系统,但是为了维持应用的运行,我们不得不花费更多的时间和精力去进行虚拟机安装及相关部署工作,这也包括软件版本与运行一致性的维护。

文明能够进步的前提是摆脱重复性劳动,而虚拟机中这种重复添加系统的行为不仅增加了存储的负担也造成了内存空间的浪费,Docker 分层的思想由此而生。

可以这样理解:一个功能完备的系统是由一层一层的功能组成的。当没有安装任何软件的时候需要的只是一个基础的操作系统,而当对系统进行功能扩展的时候就会不断地向其中添加各种软件。镜像分层使用的就是这种思想,它可以基于某一层次不断向上进行扩展,直至目标层次构建完成。

Docker 可以同时支持多种基础镜像并允许在这些镜像上不断地添加分层,从而轻易构建出带有多种不同环境及软件版本的镜像。

例如,要对 Tomcat 服务器中的 Web 应用进行发布,只需要在操作系统基础镜像中安装 Tomcat 和 JDK,然后将其构建为新的镜像,这些变化在构建新镜像时将成为新的一层。

对于已有镜像来讲其每一层都是静态的,已构建的镜像会被设置成只读模式,变化后的内容会随着新镜像的生成而最终变为静态内容。写操作是在只读操作上的一种增量操作,因此并不会影响只读层。

镜像的每一层构建更像是帧的概念,在镜像构建的每一帧中都会以捆绑的方式添加一些操作,这些操作保证了镜像可以基于特定的时间点进行有选择的构建。如果用户愿意甚至可以进行无限次的构建,直到产生最终满意的镜像。

11.3.5　daemon.json

daemon.json 是 Docker 的配置管理文件,其内部几乎涵盖了所有 Docker 启动时可以配置的参数。Docker 安装后默认是没有 daemon.json 配置文件的,用户可以自行创建 daemon.json 文件以对 Docker Engine 进行配置和调整(Docker 版本需要大于 1.12.6)。

daemon.json 文件创建完成后,Docker 默认会读取此文件中的配置,因此可以在 daemon.json 文件中统一管理 Docker 的相关配置。

daemon.json 文件中配置的参数也可以在启动参数中使用,但需要注意:如果配置文件中已经包含某个配置项,则此配置将无法在启动参数中使用,否则会出现冲突错误。

daemon.json 文件在 Linux 系统中的默认位置是 /etc/docker/daemon.json。当对 Docker 服务进行调整时不需要再去修改 docker.service 文件的参数,直接修改 daemon.json 配置文件即可。

11.4　Docker 客户端操作

11.4.1　查找镜像

开发者可以执行 docker search 命令查找需要的镜像,例如要查找与 Oracle 相关的数据库镜像,如图 11.5 所示。

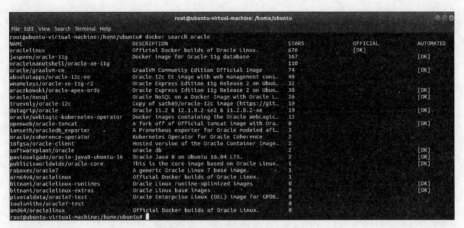

图 11.5 Docker 查找镜像

因为 Docker 使用注册中心来管理镜像,所以默认情况下搜索到的镜像都来自 Docker Hub。查询结果会按照镜像的热度从高到低进行排序,通常位于顶端的镜像都是稳定且被常用的官方镜像,这一点可以从镜像的官方标志 OFFICIAL 中得到认证。

那么注册中心是不是只包含查询出来的这些镜像呢?当然不是,Docker 镜像查询默认最多只列出 25 个。如果用户没有找到需要的镜像,则可以适当地调整默认查询的数量。

docker search 命令提供了一系列辅助选项,来帮助开发者有效地进行镜像的查询与选取,常用命令如下:

- --filter/-f:基于条件进行过滤输出。
- --format:使用模板格式化显示输出。
- --limit:最大查询结果值,默认为 25。
- --no-trunc:禁止截断输出。

例如,要查询热度大于 30 的 oracle 镜像,命令如下:

```
docker search oracle -f stars=30
```

查询结果如图 11.6 所示。

图 11.6 Docker 镜像过滤

如果用户在使用 Docker 命令时不记得有哪些选项，则可以通过帮助命令查看，命令如下：

```
docker [command] -- help
```

例如，查询 docker search 命令有哪些选项，如图 11.7 所示。

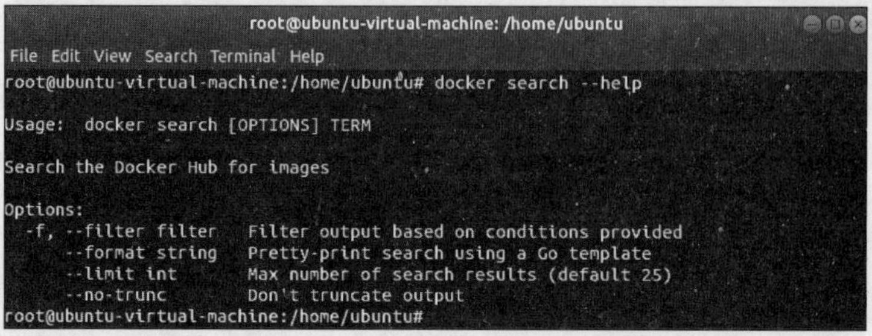

图 11.7　查询 Docker 命令选项

只执行 docker --help 命令会列出所有与 Docker 相关的命令，如图 11.8 所示。

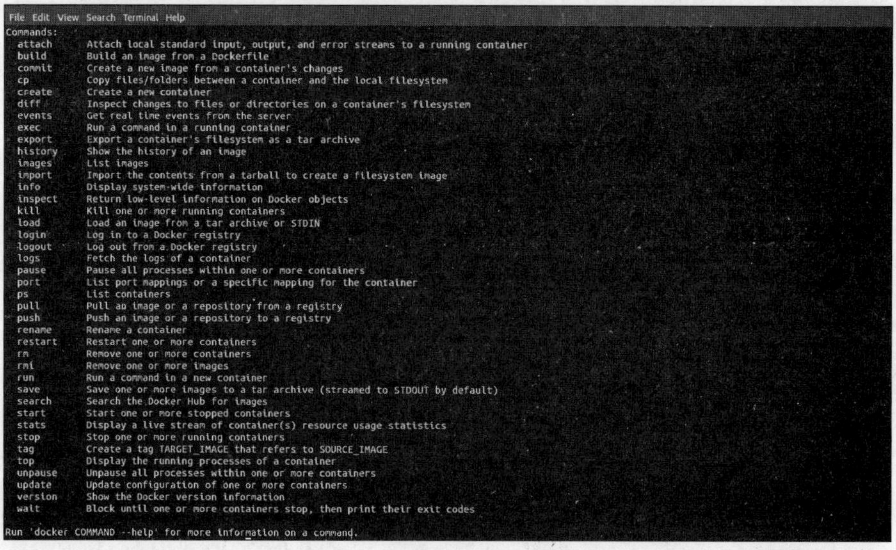

图 11.8　查看 Docker 命令

11.4.2　拉取镜像

查询到目标镜像后，执行 docker pull 命令会将目标镜像从远程注册中心拉取到本地。以拉取 Tomcat 镜像为例，如图 11.9 所示。

在使用镜像拉取命令时，镜像名称后可以带有镜像标签或者摘要。如果没有指定镜像标签，则 Docker 默认会使用：latest 拉取最新版本的镜像文件，因此上述命令等同于 docker

图 11.9　拉取 Tomcat 镜像

pull tomcat：latest。

还记得镜像与分层吗？图 11.9 中的镜像就是由多层组成的，其中最上面的两层分别是 d6ff36c9ec48 和 c958d65b3090。拉取另一个 Tomcat 镜像 tomee，如图 11.10 所示。

图 11.10　拉取 tomee 镜像

对比图 11.9 与图 11.10 可以发现，镜像 tomee 与镜像 Tomcat 有 3 个共用的镜像层。因为 Docker 中的镜像层可以被不同镜像所共用，因此在拉取镜像 tomee：latest 时只拉取了与其自身相关的镜像层，而不会再去拉取本地已经存在的镜像层。这也验证了分层的好处：节省空间与资源。

使用 docker images 命令查看下载回来的本地镜像，如图 11.11 所示。

镜像名称并不代表唯一性，因为多个镜像有可能对应同一个镜像 ID。Docker 使用内存寻址的方式来存储镜像文件，而镜像文件 ID 通过 SHA256 摘要方式包含其配置和镜像层。

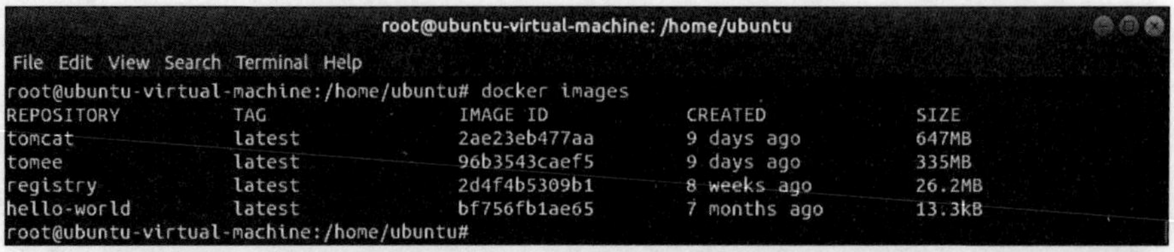

![图 11.11 查看本地镜像]

图 11.11 查看本地镜像

如果不同的镜像使用了相同的镜像层但是打了不同的标签,则它们的镜像 ID 保持一致,因为其使用了相同的镜像层,而镜像层只会存储一次且不会占用额外的存储空间。

11.4.3 运行容器

使用 docker run 命令运行下载回来的镜像,命令如下:

```
docker run -d -p 8080:8080 -v /root/tomcat/:/usr/local/tomcat/webapps/ tomcat
```

上述命令中使用了-d 选项指定以守护进程的方式运行容器,-p 选项将外部主机(Linux 虚拟机)的 8080 端口映射到内部 Docker 容器的 8080 端口。注意:前面的端口是映射到宿主机上的端口,后面的端口是容器运行时的端口。

命令中使用了镜像名称 Tomcat 来标识镜像,因为本地仅有一个名为 Tomcat 的 Docker 镜像。同名镜像是允许存在的,在这种情况下要使用带有镜像标签 tomcat:latest 的形式进行唯一标识。

建议不要使用镜像名称而是使用镜像 ID 进行标识,这么做是有好处的,因为镜像有可能在标签不变的情况下发生变化,例如进行某些安全更新时会自动地重新构建同名镜像。

上述命令执行完成后会返回启动容器的 ID。接下来访问 Web 服务地址 http://127.0.0.1:8080,如图 11.12 所示。

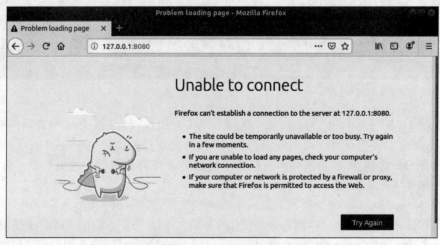

图 11.12 访问 Tomcat

我们发现 Tomcat 欢迎页面并没有显示，此时需要确定容器是否已经正常运行。执行以下命令查看运行中的容器：

```
docker ps
```

docker ps 命令列出了所有正在运行的容器信息，如图 11.13 所示。

图 11.13　运行中的容器

可以看到已经存在运行的 Tomcat 容器，因此首先排除容器的异常运行。为了找到异常原因，需要进入容器内部检查 Tomcat 的日志。

在进入容器之前，用户需要知道待进入的容器是哪一个。在 Docker 中每个容器都有其对应的容器 ID，也就是图 11.13 中的 c6676c474fe5 字符串。将这个字符串复制下来，然后执行以下命令进入容器内部：

```
docker exec -it c6676c474fe5 /bin/bash
```

注意：只有运行中的容器才可以进入。进入容器以后定位到 Tomcat 的 logs 目录，查看日志时发现无法执行 vi 命令。因为当前容器是从 Tomcat 镜像创建出来的，而官方镜像中很多经常使用的功能并没有安装，所以应对需要的功能进行安装。

开发者可以在容器中先执行 apt-get update 命令进行更新，然后执行 apt-get install vim 命令安装 vim 功能。

其他需要的功能也应以类似的方式进行安装，如果在容器中需要某些功能，则建议开发者将这些功能统一安装完成后重新打包生成定制化的镜像以便后续使用，此处不再过多描述。

查看 Tomcat 容器中的日志可发现并无任何异常信息，此时就可以排除 Tomcat 异常了，但是依旧无法访问页面。进入 webapps 目录后发现下载回来的镜像中不包含任何示例程序，也就是说，镜像中 Tomcat 的 webapps 目录是空的。

虽然上述问题比较简单，但读者却可以对 Docker 容器拥有更加直观的认识。我们将其他 Tomcat 安装目录中 webapps 下的内容复制到对应的容器目录下，重新启动容器并访问，如图 11.14 所示。

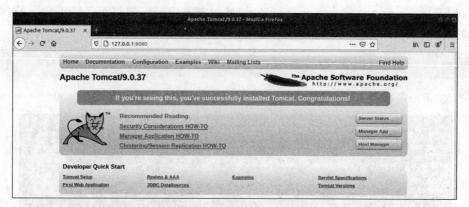

图 11.14　访问 Tomcat 服务

关于容器的运行管理与交互，读者可以参照后面的内容进行学习。

11.4.4　管理容器

使用 docker stop 命令可以停止正在运行的 Docker 容器，命令如下：

```
docker stop [OPTIONS] CONTAINER [CONTAINER...]
```

使用--time/-t 选项指定容器停止运行之前等待的时间。例如，指定 10s 后停止 Tomcat 容器服务，命令如下：

```
docker stop -t 10 c6676c474fe5
```

对于已经停止运行的容器，使用 docker start 命令再次将其启动，命令如下：

```
docker start [OPTIONS] CONTAINER [CONTAINER...]
```

例如，启动已经停止的 Docker 容器，命令如下：

```
docker start c6676c474fe5
```

还可以对正在执行的容器执行重启命令，命令如下：

```
docker restart [OPTIONS] CONTAINER [CONTAINER...]
```

例如，指定 10s 后重新启动 Tomcat 容器服务，命令如下：

```
docker restart -t 10 c6676c474fe5
```

11.4.5　创建镜像

当基于镜像创建的容器运行稳定之后，用户可能需要保存当前容器的状态以保留在容器之中所做的改动，如保存某些自定义的配置和迁移进容器的文件等。

Dokcer 中提供了 docker commit 命令以从容器创建一个新的镜像，这样以后就可以根据新创建的镜像来生成容器实例，命令如下：

```
docker commit [OPTIONS] CONTAINER [REPOSITORY[:TAG]]
```

可以使用的选项如下：
- -a：提交的镜像作者。
- -c：使用 Dockerfile 指令来创建镜像。
- -m：提交说明。
- -p：在 commit 时将容器暂停运行。

接下来从运行的 Tomcat 容器创建一个新的镜像，命令如下：

```
docker commit -a "user" -m "my apache" c6676c474fe5  tomcat:v1
```

此处使用 Tomcat 容器 ID 进行标识，运行结果如图 11.15 所示。

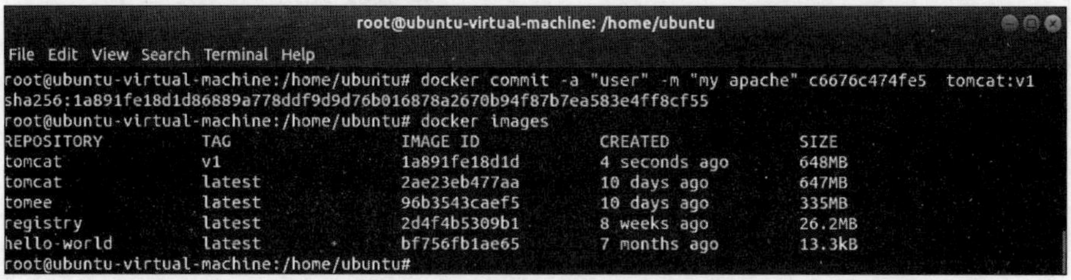

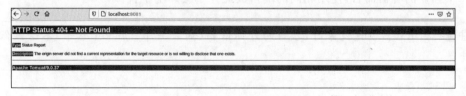

图 11.15　创建 Tomcat 镜像

镜像创建完成后返回新的镜像 ID，然后基于新镜像再次创建容器，命令如下：

```
docker run -d -p 8081:8080 tomcat:v1
```

按照预期此时可以访问 Tomcat 服务的欢迎页面，但事实上页面依然无法访问，如图 11.16 所示。

图 11.16　无法访问容器服务

在这种情况下，我们猜测 webapps 目录下没有任何项目文件，但是之前已经从容器创建了新的镜像。如果当前（第二次创建）容器中没有任何项目文件，那就说明 tomcat：v1 镜像中也没有任何文件。

事实上确实如此。还记得第一次创建容器时使用的-v 标记吗?问题就出在这里,因为-v 的作用是挂载宿主机目录,所以一旦执行了挂载,用户后期文件的变化其实并没有存储在容器中,而是在宿主机的本地目录中完成的。

所以当再次打包容器为镜像的时候,之前添加的文件并没有被打包进去,这就导致了二次创建的镜像和容器其实都是有问题的。

让我们再次重复一遍操作,将 ROOT 目录复制到由镜像 tomcat:v1 所创建的容器中,然后将容器打包为一个新的镜像,命令如下:

```
docker commit -a "user" -m "my apache" 3ec5ee0c7c39 tomcat:v2
sha256:6a289ce3cc90df78a3cc4f6a986e56c2018002d809433b3de28422fa9c1c10f2
docker run -d -p 8082:8080 tomcat:v2
```

运行结果如图 11.17 所示。

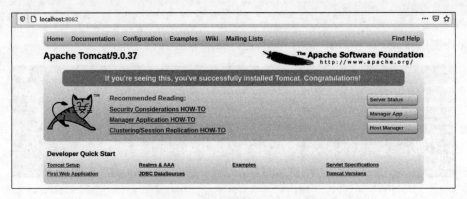

图 11.17 访问容器中的 Tomcat 服务

这次终于可以正常运行了,细心的读者可能已经发现,我们在创建第二个容器的时候并没有执行挂载,这样是为了能够在创建 tomcat:v2 镜像的时候将变更的文件一起添加进去。

对于每个容器内部的 8080 端口,分别将其映射到了宿主机上的 8080、8081 和 8082 这3 个端口上。你可能会想,为什么 3 个容器都能使用 8080 端口?这是因为它们是独立的,对于每个独立的容器而言,使用相同的端口彼此并不会产生干扰。

注意:在由容器创建镜像时,容器的外部依赖(如数据库、Docker 卷等)不会被保存到镜像中。

11.4.6 进入容器内部

很多时候需要进入容器内部执行管理操作,如修改配置文件、向容器中添加文件等。Docker 中提供了能够进入容器内部的命令,命令如下:

```
docker exec [OPTIONS] CONTAINER COMMAND [ARG...]
```

此命令中可以使用的选项如下所示。
- -d：分离模式，在后台运行。
- -i：即使没有附加也保持 STDIN 打开。
- -t：分配一个伪终端。

还记得之前进入容器内部的操作吗？我们使用的命令如下：

```
docker exec -it c6676c474fe5 /bin/bash
```

此处可以使用容器 ID 或容器名称来标识。容器名称是我们在运行容器时指定或由系统默认分配的名称（Names 列名称），如图 11.18 所示。

图 11.18　查看容器

命令 /bin/bash 的作用是为了维持容器的运行，因为 Docker 在后台运行时需要一个进程，否则容器容易退出，因此在容器启动后启动 bash 以保证容器运行。

命令 /bin/bash 不是启动容器的必填参数。如果构建镜像的 Dockerfile 文件中有 ENTRYPOINT 指令，则后面的命令行参数会作为参数传送给 ENTRYPOINT 指令指定的程序，ENTRYPOINT 运行正常容器就可以正常运行，所以和 /bin/bash 的关系不大。

在进入容器内部之后，当前系统的登录标识符就会变为容器 ID，如图 11.19 所示。

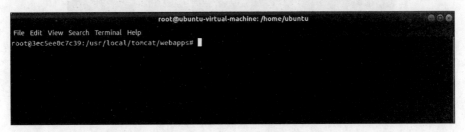

图 11.19　进入容器

11.4.7　向容器复制文件

Docker 提供了复制命令，用于在容器和宿主机之间进行文件复制操作，命令如下：

```
docker cp [OPTIONS] container:src_path dest_path
docker cp [OPTIONS] dest_path container:src_path
```

第一个命令用于将指定文件从容器中指定位置向宿主机进行复制,第二个命令用于将文件从宿主机向容器中指定位置进行复制。

还记得 Tomcat 容器中缺失的页面吗? 当时我们使用了命令将本地磁盘中的 ROOT 目录复制到容器的 webapps 目录中,命令如下:

```
docker cp /home/ubuntu/Downloads/ROOT.war \
3ec5ee0c7c39:/usr/local/tomcat/webapps
```

在使用 Docker 命令时,如果命令过长,则可以使用反斜线进行换行,运行时会按照一条命令执行。

11.4.8 配置注册中心

Docker Hub 是 Docker 的官方仓库,用户在 Docker Hub 注册成功以后就可以登录并创建属于自己的私有仓库和推送镜像了。不过免费用户一般只能创建一个私有仓库,付费用户才能拥有创建更多私有仓库的权限,这一点有些像 GitHub。

Docker Registry 适用于在局域网内部搭建私有的镜像注册中心,接下来我们使用 Docker Registry 创建属于自己的注册中心。

运行 docker pull 命令拉取 registry 镜像。registry 镜像是 Docker 提供的注册中心镜像,它用于私有仓库的搭建,如图 11.20 所示。

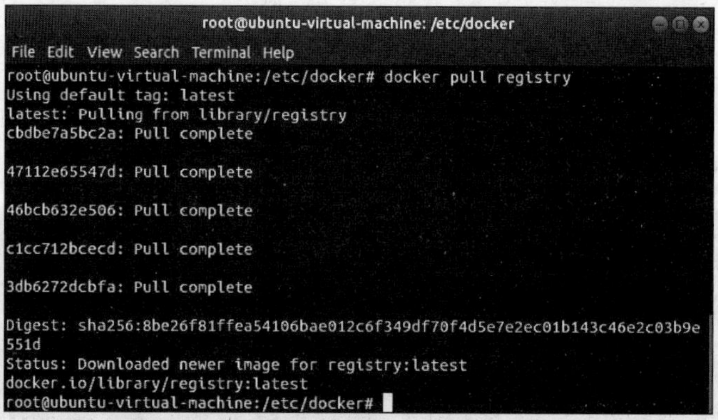

图 11.20 拉取 registry 镜像

拉取完成后查看镜像,如图 11.21 所示。

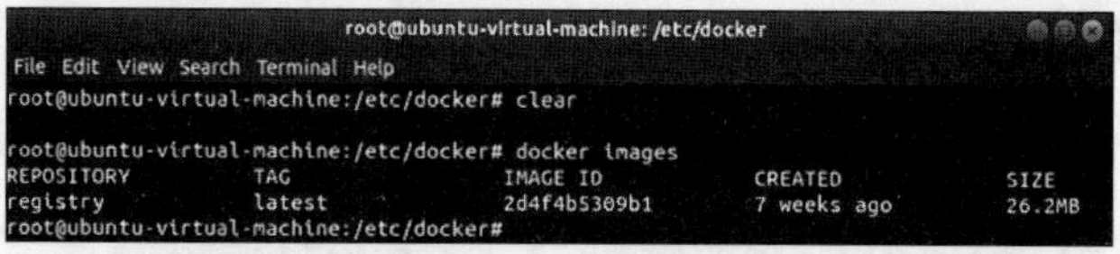

图 11.21 查看镜像

接下来使用 registry 镜像创建启动容器，命令如下：

```
sudo docker run -d -v /opt/docker-registry:/var/lib/registry -p 5000:5000 --restart=always --name registry registry:latest
```

容器启动后，使用 docker ps 命令查看运行中的容器，如图 11.22 所示。

图 11.22　查看运行中的容器

容器运行后访问地址 http://192.168.26.129:5000/v2/（需要根据宿主机 IP 进行修改），出现"{}"字符串则表示正常，如图 11.23 所示。

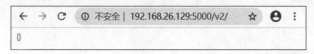

图 11.23　验证 registry 注册中心

至此，基于本地的注册中心搭建完成。

11.4.9　推送镜像

我们知道，Docker 注册中心分为公共注册中心与私有注册中心两种。注册中心提供了镜像在不同位置间迁移的能力，同时也有助于对外进行分享。对于构建出来的镜像可以将其推送到某一注册中心，并且可以选择合适的时机从注册中心再次拉取镜像以便创建容器实例。

用户可以将本地镜像推送到 Docker Hub 注册中心以实现镜像的远程管理与分享。在推送镜像之前，首先应通过 docker login 命令连接到 Docker Hub 注册中心并进行登录验证，如图 11.24 所示。

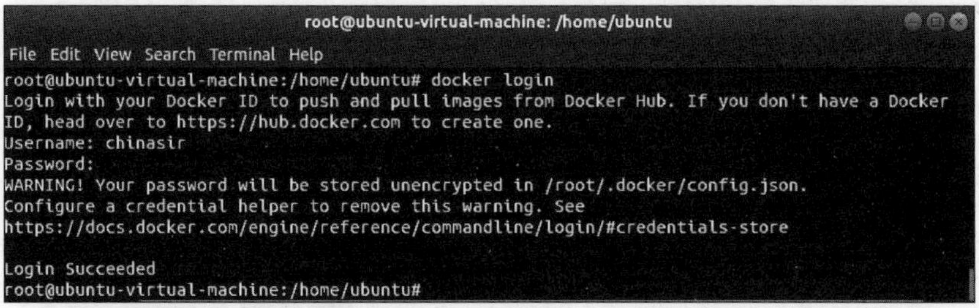

图 11.24　登录 Docker Hub

接下来登录 Docker 官网，单击 Create Repository 按钮创建仓库，如图 11.25 所示。输入仓库名称与描述信息，同时将仓库指定为公开或私有类型。其中公开类型仓库中的

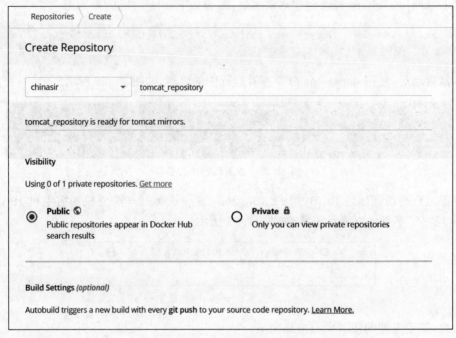

图 11.25　新建 Docker 仓库

镜像可以被其他用户搜索并使用,而私有仓库则只对当前用户进行开放,其他人员无法访问。

指定仓库名称 tomcat_repository 并将仓库设置为公共类型,在创建仓库时还可以连接至 GitHub,此处忽略。单击 Create 按钮创建仓库,如图 11.26 所示。

图 11.26　创建仓库

Docker Hub 会显示创建完成的仓库,同时包含向仓库中推送镜像的命令格式 docker push chinasir/tomcat_repository:tagname,如图 11.27 所示。

图 11.27 创建的仓库

接下来为之前创建的 tomcat:v2 镜像打好标签。

```
docker tag tomcat:v2 chinasir/tomcat_repository:v2
```

将镜像按照命令格式推送到远程仓库,如图 11.28 所示。

图 11.28 将镜像推送至远程仓库

最后在 Docker 仓库查看镜像是否已经成功上传,如图 11.29 和图 11.30 所示。

此时已经实现了公共注册中心的镜像推送。接下来继续以 tomcat:v2 镜像为例,尝试将其推送到之前所创建的私有注册中心。

首先为 tomcat:v2 镜像建立对应于私有仓库的标签,命令如下:

```
docker tag tomcat:v2 localhost:5000/tomcat_local:v2
```

将打好标签的镜像推送到私有仓库,命令如下:

图 11.29　查看上传的镜像(一)

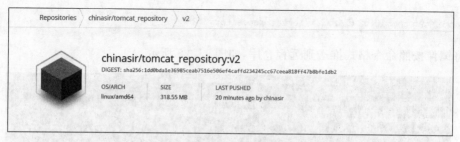

图 11.30　查看上传的镜像(二)

```
docker push localhost:5000/tomcat_local:v2
```

接下来验证本地镜像是否已经被推送到了私有仓库,使用如下命令查看私有仓库资源列表:

```
cURL -XGET http://192.168.26.129:5000/v2/_catalog
```

命令执行完成后会返回私有仓库的资源列表,如图 11.31 所示。

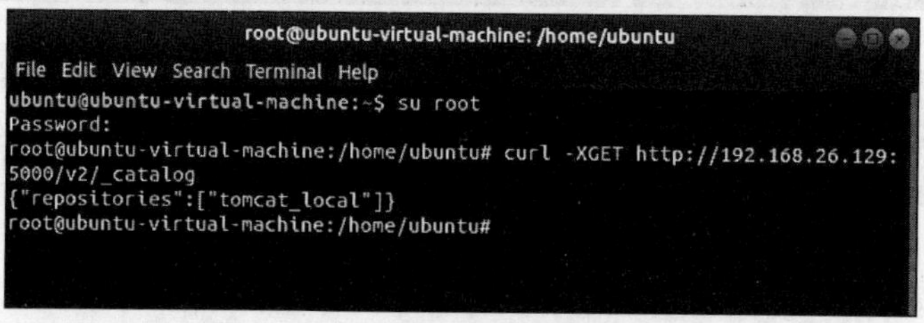

图 11.31　查看私有仓库的资源列表

在返回信息中,{"repositories":["tomcat_local"]}包含了为镜像建立的标签,此时 tomcat:v2 镜像已经被成功推送到私有仓库中了。用户也可以尝试为私有仓库配置用户名与密码,此处不再过多描述。

11.5 IntelliJ IDEA 中的 Docker 管理

11.5.1 连接 Docker

《第一本 Docker 书》中有这样的描述:"当 Docker 软件包安装完毕后,默认会立即启动 Docker 守护进程。守护进程监听/var/run/docker.sock 这个 UNIX 套接字文件来获取来自客户端的 Docker 请求。如果系统中存在名为 docker 的用户组,Docker 则会将该套接字文件的所有者设置为该用户组。这样,docker 用户组的所有用户都可以直接运行 Docker,而无须再使用 sudo 命令了。"

当开发者使用 IntelliJ IDEA 连接 Docker 时,实际上连接的是 Docker 的守护进程。在系统配置窗口中找到 Docker 选项卡,单击"+"按钮新建 Docker 配置,如图 11.32 所示。

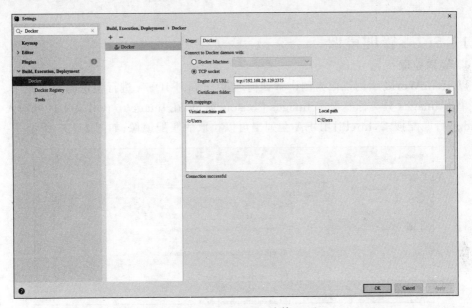

图 11.32　IntelliJ IDEA 连接 Docker

输入待连接的远程 Docker 容器 IP 地址与端口号,IntelliJ IDEA 会自动尝试连接到目标 Docker 守护进程,连接成功后会显示 Connection successful 提示信息。

图 11.32 中的 Path mappings 配置可以指定本地主机与容器之间的共享文件夹映射。其中 Local path 代表了绑定的本地文件夹的路径,Virtual machine path 代表了 Docker 虚拟机文件系统中的对应目录路径。

在成功连接后切换到 Services 工具窗口管理所有的 Docker 服务。如果 Services 工具窗口没有展示,则可执行菜单 View→Tool Windows→Services 命令或使用快捷键 Alt+8 打开服务窗口,如图 11.33 所示。

在 Services 服务窗口中可以对连接成功的 Docker 服务进行管理,如图 11.34 所示。注意左侧标记栏上的启动状态,此时服务窗口连接到 Docker 并且会展示容器(Containers)与镜像(Images)分支,如图 11.34 所示。

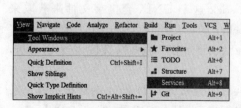

图 11.33　打开 Services 窗口

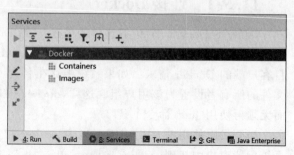

图 11.34　连接到 Docker

11.5.2　管理镜像

1. 镜像拉取

以 HelloWorld 示例镜像为例讲解如何通过 IntelliJ IDEA 进行镜像的拉取操作。

单击 Images 分类标签展示 Images Console 窗口,在 Image to pull 文本区域输入 hello-world 进行匹配搜索,IntelliJ IDEA 会列出可以拉取的匹配镜像,如图 11.35 所示。

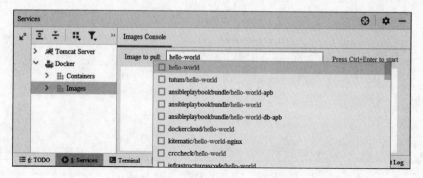

图 11.35　搜索 hello-world 镜像

选择第一项 hello-world 镜像,IntelliJ IDEA 会在 Docker 环境内自动对镜像进行拉取,如图 11.36 所示。

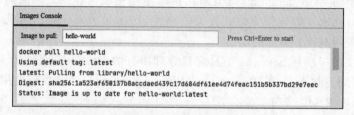

图 11.36　拉取镜像

镜像拉取完毕后在 Images 分类下可以看到新拉取的镜像。单击镜像名称会在右侧展示其属性窗口,其中包含了镜像 ID、镜像标签、创建时间与大小等镜像信息,如图 11.37 所示。

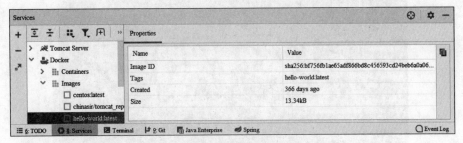

图 11.37　查看镜像信息

2. 镜像删除

右击镜像执行更多的操作,如创建容器、删除镜像等,如图 11.38 所示。
如果选择了删除操作,则会弹出镜像删除确认窗口,如图 11.39 所示。
单击 Yes 按钮会从当前镜像列表中删除已经拉取的镜像。

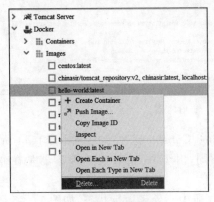

图 11.38　镜像操作　　　　　　图 11.39　确认删除镜像

回到容器中运行 hello-world 镜像并生成容器,如图 11.40 所示。
hello-world 镜像运行后的输出信息十分简单,仅仅在屏幕上输出一段正常声明就结束了。查看 IntelliJ IDEA 中的容器标签,会发现左侧多了一个名为 friendly_golick 的容器,而右侧对应的容器输出内容正是上面命令行中输出的内容,如图 11.41 所示。

friendly_golick 容器就是 hello-world 镜像创建的运行实例,这类似于编程语言中的实例创建。

右击 hello-world 镜像并选择 Create Container 打开容器创建窗口,如图 11.42 所示。
指定容器名称 hello-example 后单击 Run 按钮运行,Docker 会自动进行容器的创建。容器创建成功后会在 Build Log 窗口输出构建过程的信息,如图 11.43 所示。

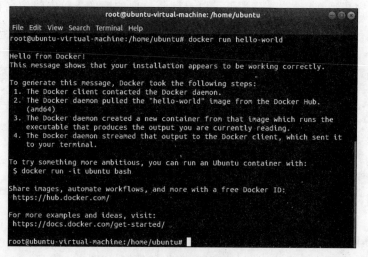

图 11.40　运行容器

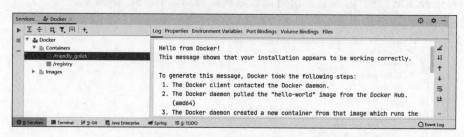

图 11.41　查看容器

容器运行后的输出日志被输出到 Attached Console 选项卡中，如图 11.44 所示。

可以看到两个容器的日志选项卡略有不同，由于 friendly_golick 容器是在命令行创建的，因此只能在 Log 选项卡下观察其输出信息。

查看运行中的容器，会发现仅有之前的注册中心处于运行状态，如图 11.45 所示。

查看所有的容器，可以发现其中两个容器已经停止运行，如图 11.46 所示。

hello-world 容器在创建之后，其主要任务为执行打印输出以验证 Docker 的正常运行。在容器启动并执行完输出任务之后，容器就自动退出了。

可以使用 docker logs 命令查看 Docker 的运行日志，如果输出日志存在，则证明容器曾经运行过，如图 11.47 所示。

现在读者应该明白为什么 friendly_golick 容器中只有 Log 标签窗口了，而 hello-example 容器中同时包含 Build Log、Log 和 Attached Console 标签窗口。

IntelliJ IDEA 容器列表中展示了容器的运行状态，停止运行的容器图标中心是空白的，如图 11.48 所示。

Create Docker Configuration
Name:
Docker Image
Allow parallel run
Store as project file
Server:
Docker
Image ID or name:
hello-world:latest
Container name:
hello-example
Executable
Entrypoint:
Command:
Publish exposed ports to the host interfaces:
All
Specify
Bind ports:
Bind mounts:
Environment variables:
Run options:
Command preview:
docker run --name hello-example hello-world:latest
Before launch
There are no tasks to run before launch
Show this page
Activate tool window
Run
Cancel
Apply

图 11.42　创建容器(一)

Build Log
Log
Attached Console
Properties
Environment Variables
Port Bindings
Volume Bindings
Files
Deploying 'hello-example Image id: hello-world:latest'...
Creating container...
Container Id: c2c481d85b5c7d8c44f31e25c27161780cb21d5cad6a3b0f28f391446f248c4c
Container name: 'hello-example'
Attaching to container 'hello-example'...
Starting container 'hello-example'
'hello-example Image id: hello-world:latest' has been deployed successfully.

图 11.43　创建容器(二)

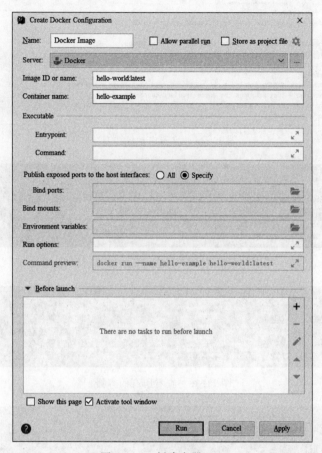

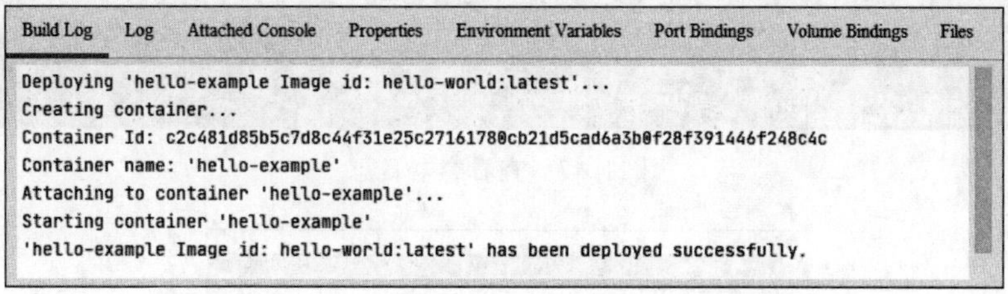

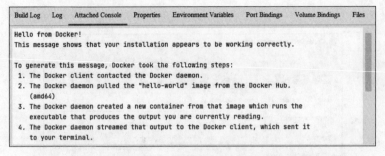

图 11.44 容器启动输出日志

图 11.45 查看运行的容器

图 11.46 查看所有的容器

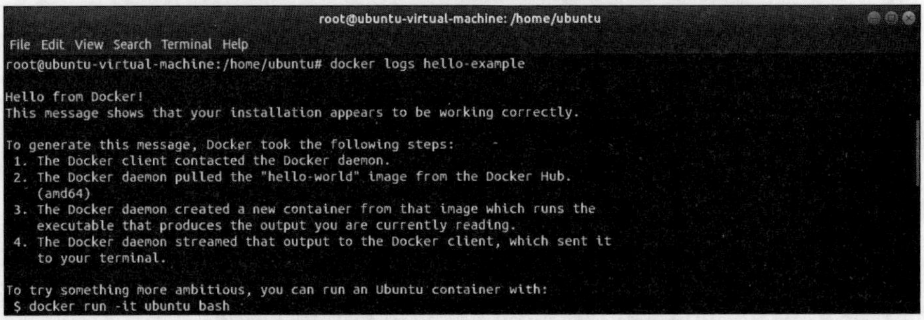

图 11.47 查看容器日志

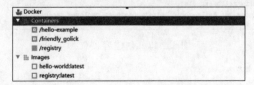

图 11.48 查看容器运行状态

11.6 负载均衡示例

最后,我们使用 Dockerfile 实现一个负载均衡示例。新建文件 Dockerfile,为了便于理解,我们将相关内容的注释同时添加进来,代码如下:

```
//第 11 章/定义 Dockerfile
#指定镜像来源
FROM centoS
#
MAINTAINER Nginx image
#安装相关软件
RUN yum install -y wget net-tools gcc zlib zlib-devel make openssl-devel
#安装 pcre-devel
RUN yum install -y pcre-devel
#从远程获取 Nginx 安装包
RUN wget http://nginx.org/download/nginx-1.17.10.tar.gz
#解压 Nginx 目录
RUN tar zxvf nginx-1.17.10.tar.gz
#将当前目录切换为 nginx-1.17.10
WORKDIR nginx-1.17.10
#
RUN ./configure --prefix=/usr/local/nginx --with-http_stub_status_module --with-http_ssl_module --with-pcre && make && make install
#
RUN echo "daemon off;">>/usr/local/nginx/conf/nginx.conf
#设置环境变量
ENV PATH /usr/local/nginx/sbin:$PATH
#开放 80 端口
EXPOSE 80
#运行 Nginx
CMD ["nginx"]
```

Dockerfile 编写完成后执行 docker build 命令开始镜像创建过程,命令如下:

```
docker build -t nginx:v1 .
```

镜像构建完成后会提示成功信息,如图 11.49 所示。

接下来创建 Nginx 容器,命令如下:

```
docker run -d -P nginx:v1
```

查看本地运行的容器,发现容器已经成功创建并且映射到宿主机的 32777 端口。接下来访问宿主机指定的端口,如图 11.50 所示。

此时 Nginx 已经安装成功。还记得之前创建的两个 Tomcat 容器吗?此处可以将这两个容器用作负载均衡的服务器端。进入 Nginx 容器内部,找到 nginx.conf 配置文件并添一组服务器配置,代码如下:

图 11.49 通过 Dockerfile 构建镜像

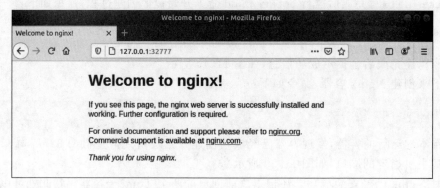

图 11.50 访问 Nginx 服务

```
//第11章/配置服务器组
upstream servergroup{
        server 172.17.0.4:8080;
        server 172.17.0.5:8080;
}
```

servergroup 的作用是定义一组服务器,这些服务器可以监听不同的端口,我们在其中配置了一组 Tomcat 容器的地址。示例中 Nginx 容器与 Tomcat 容器因为在同一台宿主机上,它们都使用以 172.17 开头的内部地址,端口是容器的对外运行端口而不是宿主机端口。

将服务器组定义为一个响应请求的代理,代码如下:

```
//第11章/定义响应请求代理
location / {
            proxy_pass http://servergroup;
            root    html;
            index   index.html index.htm;
}
```

默认情况下 Nginx 按加权轮转的方式将请求分发到各服务器。与服务器通信时如果出现错误,则请求会被传给下一个服务器,直到所有可用的服务器都被尝试过。如果所有的服务器都返回失败,则客户端将会得到最后通信服务器的失败响应结果。

刷新 Nginx 配置并重启 Nginx 容器,命令如下:

```
nginx -s reload
```

为了更好地区分两台服务器,我们修改了 Tomcat 容器中页面显示的 Tomcat 版本信息。最后通过浏览器发送 Nginx 请求,可以发现请求被分发到两台服务器上,如图 11.51 和图 11.52 所示。

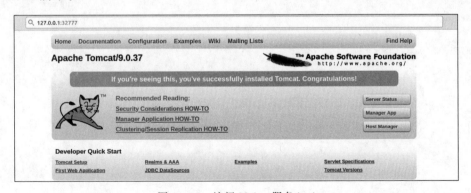

图 11.51 访问 Nginx 服务(一)

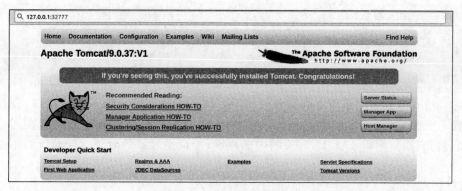

图 11.52　访问 Nginx 服务（二）

注意：Nginx 在配置 upstream 的时候不能使用带有下画线的名称，否则在请求转发到 Tomcat 时会报错。

11.7　本章小结

容器化技术有助于应用的快速部署与转移，它实现了应用无处不在的优秀思想。在与 Kubernetes 等容器编排引擎结合使用之后，容器化技术带来了更多的好处与优势。

第 12 章 Vue.js 项目管理

Vue.js 是构建用户界面的渐进式框架,其目标是通过尽可能简单的 API 实现相应的数据绑定和组合的视图组件。Vue.js 既可以与第三方库或已有项目整合,也能够为复杂的单页应用程序提供驱动。

在没有接触 Vue.js 之前,很多开发者对其认知比较模糊,本书 IntelliJ IDEA 对其进行讲述。在学习之前,读者首先需要了解一些概念与工具,这样可以更好地加深理解与认知。

12.1 基础环境及工具

12.1.1 Node.js 的下载与安装

Node.js 是一个 JavaScript 运行环境,它使 JavaScript 可以用于后端程序的开发。在使用 Vue.js 进行开发之前需要下载并安装 Node.js,这是因为 Vue 项目的运行依赖于 Node.js 的 npm 管理工具,用户可以根据需要选择 32 位或 64 位的版本进行下载。

访问官方网址 https://nodejs.org/en/download/ 下载对应的安装程序,如图 12.1 所示。

也可以访问国内下载网址 http://node.js.cn/download/,如图 12.2 所示。

下载 Windows 系统下的 64 位安装程序并进行安装。安装完成后执行 node -v 命令查看是否安装成功,如图 12.3 所示。

12.1.2 npm

npm 是 Node.js 的包管理和分发工具,它可以让开发者更加轻松地共享代码和共用代码片段,还可以方便地引用和分析基于 Node.js 开发的类库和插件。

Node.js 附带安装了 npm 包管理工具,在安装完成后可以通过 npm -v 命令查看,如图 12.4 所示。

在 npm 包管理工具安装后,可查看系统中安装了哪些全局模块,命令如下:

```
npm list -global
```

图 12.1　Node.js 下载页面

12.1.3　Vue CLI

很多应用程序框架都带有 CLI（脚手架）工具，Vue.js 自然也不例外。Vue CLI 是一个基于 Vue.js 进行快速开发的工具系统，它提供了用于快速创建项目的 Archetype 原型，用户随时可以基于 Vue CLI 进行新的尝试。

还记得之前在 Maven 中使用的 Archetype 原型吗？它们是类似的。

Vue CLI 支持多种主流 Web 开发工具和技术，同时附有强大的 GUI（Vue UI）功能，可以帮助开发者轻松创建并直接配置和管理项目。

Vue CLI 的官网网址为 https://cli.vuejs.org/，如图 12.5 所示，单击 Get Started 按钮可了解 Vue CLI 的详细内容。

Vue CLI 对于 Node.js 和 npm 的版本是有要求的，这一点在其官网描述中已经写明，如图 12.6 所示。

第12章　Vue.js项目管理

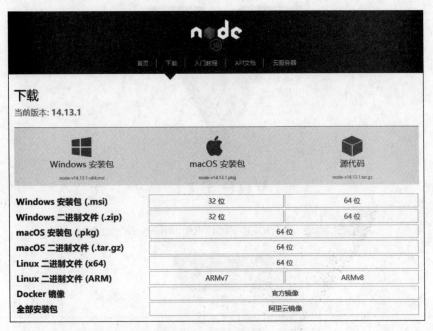

图 12.2　下载 Node.js

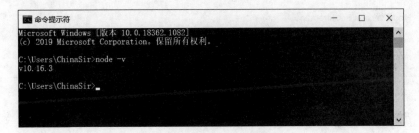

图 12.3　Node.js 成功安装

图 12.4　验证 npm 工具

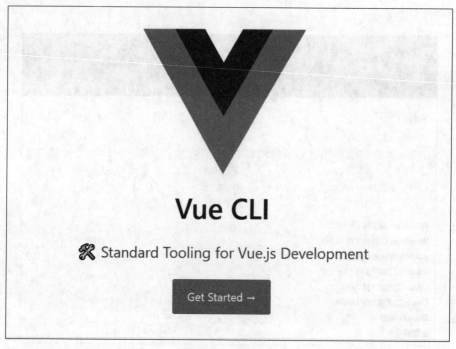

图 12.5 Vue CLI

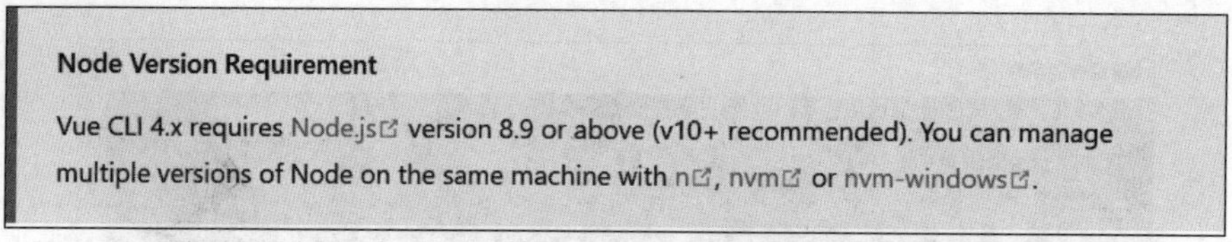

图 12.6 Vue CLI 版本要求

执行 node -v（npm -v）命令查看当前工具版本，或使用组合命令 node -v && npm -v，如图 12.7 所示。如果当前系统的 Node.js 版本不符合 Vue CLI 的要求，则需要重新下载并安装支持的版本。

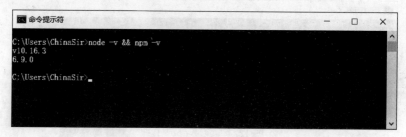

图 12.7 查看工具版本

现在尝试使用 npm 安装 Vue CLI。在使用 npm 进行工具安装时分为默认安装与全局安装两种方式，建议采用全局安装。

全局安装 Vue-CLI，命令如下：

```
npm install -g Vue-CLI
```

安装完成后查看 Vue-CLI 的版本，命令如下：

```
vue -V
```

如果在执行 vue -V 命令时提示无法加载 vue.ps1 脚本文件，则说明在此系统上禁止运行脚本，此时可以通过 CMD 命令行方式执行而不是 PowerShell。

查看当前安装的 Vue-CLI 及其版本，如图 12.8 所示。

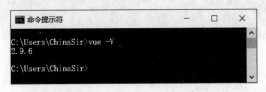

图 12.8　查看 Vue CLI 版本

需要注意的是：Vue-CLI 工具在 3.0+ 版本以后不再使用 Vue-CLI 这个名称，如果用户需要由旧版本升级到新版本，则需要先将已经安装的 Vue-CLI 卸载掉，命令如下：

```
npm uninstall Vue-CLI -g
```

Vue-CLI 工具在 3.0+ 以上版本的安装命令如下：

```
npm install @vue/cli -g
```

12.1.4　Webpack

Webpack 主要用于对项目模块进行打包，它首先会分析用户的项目结构，然后将基于模块开发的前端工程代码打包成可以在浏览器下使用的格式。

接下来使用 Vue-CLI 脚手架工具和 Webpack 打包工具来创建 Vue.js 项目。

打开 PowerShell 模式（或命令行模式）执行 vue init 命令，其中 vuedemo 为待创建项目的名称，建议最好以连贯的小写字符命名，命令如下：

```
vue init Webpack vuedemo
```

按 Enter 键执行。首先确认项目名称，如果不指定项目名称，则默认为 vuedemo，如图 12.9 所示。

接下来输入项目描述信息，此处不作强制要求，用户可根据需要填写，如图 12.10 所示。

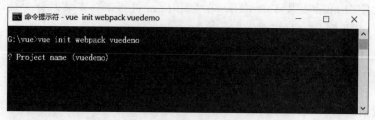

图 12.9 确认项目名称

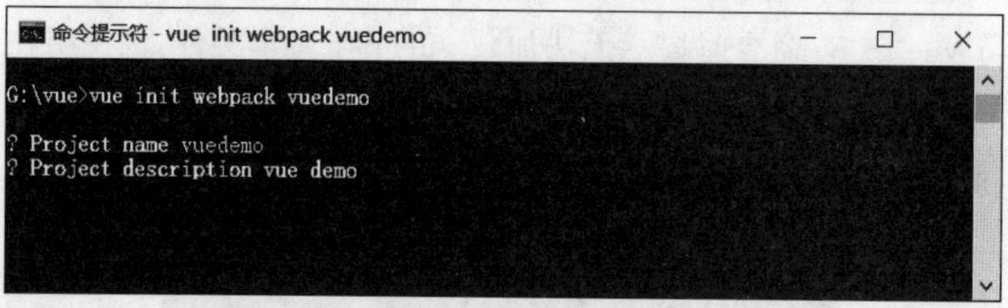

图 12.10 项目描述信息

接下来输入作者信息,如图 12.11 所示。

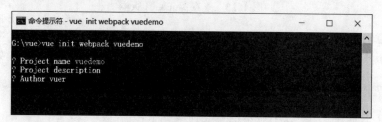

图 12.11 输入作者信息

还有其他一些选项,用户可以根据实际需要填写,如图 12.12 所示。

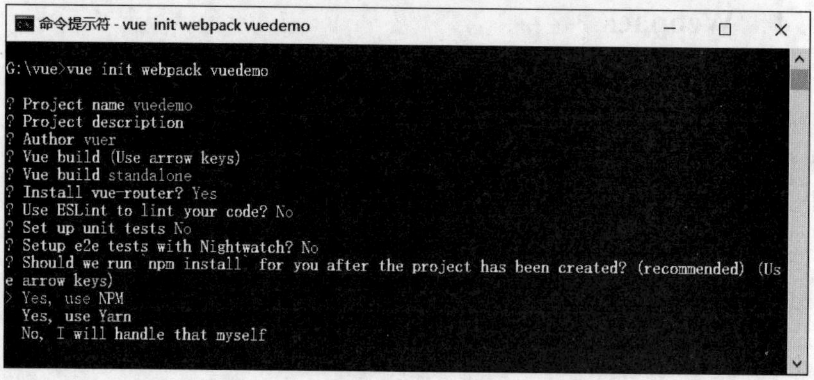

图 12.12 其他选项

各选项现列举如下：
- Project name：项目名称。
- Project description：项目描述。
- Author：作者。
- Vue build：默认推荐运行加编译环境（RunTime＋Compiler）。
- Install vue-router：安装路由。
- Use ESLint to lint your code：是否使用 ESlint 语法。
- Set up unit tests：是否设置单元测试。
- Setup e2e tests with Nightwatch：是否使用 Nightwatch 建立端到端的测试。

项目创建完成后会有相应的提示信息，如图 12.13 所示。

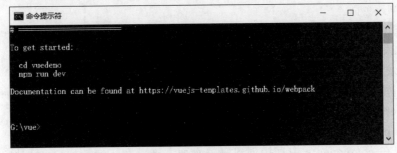

图 12.13　项目创建完成

进入项目根目录并执行 npm run dev 命令启动项目。注意：项目启动时需要保持端口不被其他应用占用，项目启动成功后访问本机地址 localhost：8080，如图 12.14 所示。

图 12.14　项目首页

12.2 VueJS 项目结构

生成的项目结构如图 12.15 所示。
其中，

- build 目录用来存放项目构建脚本。
- config 目录用来存放项目基本配置信息，最常用的就是端口转发。
- src 目录用来存放项目的源码。
- static 目录用来存放静态资源。
- index.html 文件是项目的入口页，也是整个项目唯一的 HTML 页面。
- package.json 中定义了项目的所有依赖，包括开发时依赖和发布时依赖。

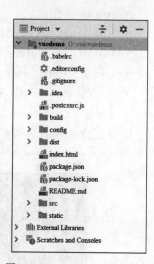

图 12.15 vuedemo 项目结构

对于开发者来讲，基本上所有的工作都是在 src 目录中完成的。src 目录中的文件内容如下：

（1）assets 目录用来存放资产文件。

（2）components 目录用来存放组件，如可复用、非独立的页面，也可以在 components 中直接创建完整页面。推荐在 components 目录中存放组件，可以用一个单独的目录来存放完整页面。

（3）router 目录用来存放路由的 js 文件。

（4）App.vue 是项目的第一个 Vue 组件。

（5）main.js 相当于 Java 中的 main 主方法，是整个项目的入口 js。

12.2.1 main.js

main.js 是项目的入口文件，它用于初始化 vue 实例并引入需要使用的插件和各种公共组件，代码如下：

```
//第 12 章/入口文件 main.js
import Vue from 'vue'
import App from './App'
import router from './router'

Vue.config.productionTip = false

/* eslint-disable no-new */
new Vue({
```

```
    el: '#app',
    router,
    components: { App },
    template: '<App/>'
})
```

在 main.js 入口文件中，首先使用命令 import Vue from 'vue' 导入 vue.js 文件库。读者可能会疑惑 vue.js 文件库的位置究竟在哪里，事实上其标准写法为 import Vue from "../node_modules/vue/dist/vue.js"，即从 node_modules 依赖目录里面获取 vue.js 文件库。vue.js 文件库如图 12.16 所示。

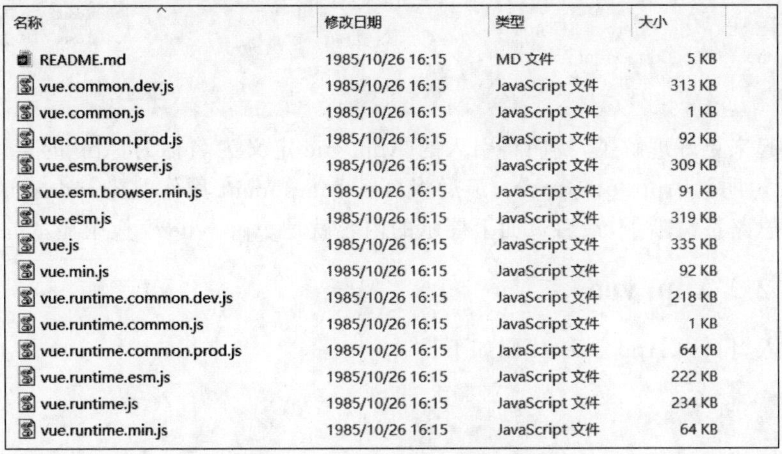

名称	修改日期	类型	大小
README.md	1985/10/26 16:15	MD 文件	5 KB
vue.common.dev.js	1985/10/26 16:15	JavaScript 文件	313 KB
vue.common.js	1985/10/26 16:15	JavaScript 文件	1 KB
vue.common.prod.js	1985/10/26 16:15	JavaScript 文件	92 KB
vue.esm.browser.js	1985/10/26 16:15	JavaScript 文件	309 KB
vue.esm.browser.min.js	1985/10/26 16:15	JavaScript 文件	91 KB
vue.esm.js	1985/10/26 16:15	JavaScript 文件	319 KB
vue.js	1985/10/26 16:15	JavaScript 文件	335 KB
vue.min.js	1985/10/26 16:15	JavaScript 文件	92 KB
vue.runtime.common.dev.js	1985/10/26 16:15	JavaScript 文件	218 KB
vue.runtime.common.js	1985/10/26 16:15	JavaScript 文件	1 KB
vue.runtime.common.prod.js	1985/10/26 16:15	JavaScript 文件	64 KB
vue.runtime.esm.js	1985/10/26 16:15	JavaScript 文件	222 KB
vue.runtime.js	1985/10/26 16:15	JavaScript 文件	234 KB
vue.runtime.min.js	1985/10/26 16:15	JavaScript 文件	64 KB

图 12.16 vuedemo 项目结构

接下来引入 Vue 对象 App.vue。App.vue 是页面资源的第一加载项，既是主组件也是入口页面，所有其他的页面都是在 App.vue 下进行切换的。

App.vue 中既可以添加页面代码，也可以只编写通用的样式或动画。在需要引用其他页面的内容时，通过 <router-view/> 路由对其他页面模板进行引入操作。App.vue 是一个项目的关键，它是定义页面组件的归集。

接下来引入 router 目录下的 index.js 文件（router 目录下路由默认文件名为 index.js，因此可以省略），它用于将准备好的路由组件注册到路由里。

在完成导入后开始创建 Vue 对象，'#app' 指的是在 index.html 文件中定义的 id 为 app 的 div 元素，然后将 router 设置到 Vue 对象中。此处是简化的写法，完整写法为 router: router，因为 key/value 一致，所以可以简写。

接下声明一个组件 App，App 这个组件就是前面已经导入项目中的 App.vue。因为导入的组件无法直接使用，所以必须声明。

最后在 template 中定义页面模板并将声明的 App 组件中的内容渲染到 '#app' 这个 div 中。如果直接参照示例中的内容，读者可能还是会存在一些疑惑，因为示例中的写法太简洁了,它影响了我们对其正常理解。

将上面内容换为另一种写法可能会更好理解,代码如下:

```
//第 12 章/入口文件 main.js 的另一种写法
import Vue from 'vue'
import App from './App'
import router from './router'

Vue.config.productionTip = false

new Vue({
  el: '#app',
  router,
  components: { AppComponent:App },
  template: '<AppComponent/>'
})
```

现在看起来更好理解了,我们将引入的 App.vue 定义为名称为 App 的导入资源,然后将 App 资源声明为 AppComponent,最后将 AppComponent 用作渲染 index.html 的模板。现在所有的思路都清晰了,最后页面上展示的内容就是 App.vue 模板中显示的内容。

12.2.2　App.vue

再来看入口页面 App.vue,代码如下:

```
//第 12 章/App.vue
<template>
  <div id="app">
    <img src="./assets/logo.png">
    <router-view/>
  </div>
</template>

<script>
export default {
  name: 'App'
}
</script>

<style>
#app {
  font-family: 'Avenir', Helvetica, Arial, sans-serif;
  -webkit-font-smoothing: antialiased;
  -moz-osx-font-smoothing: grayscale;
  text-align: center;
  color: #2c3e50;
  margin-top: 60px;
}
</style>
```

App.vue 是一个 Vue 组件，在这个组件中主要包含三部分内容：页面模板（template）、页面脚本（script）和页面样式（style）。

页面模板中定义了两个元素：图片和<router-view>。其中，<router-view>标签主要用于渲染路径匹配到的视图组件，当用户单击页面中不同的链接时，通过<router-view>即可实现不同目标的切换，同时又不需要对当前页面进行跳转。

这里涉及一个关键性问题：路径匹配。当用户访问应用首页（http://localhost：8080/）时匹配的请求路径为"/"，<router-view>会加载默认的页面模板进行展示。那么<router-view>是如何知道模板与请求路径之间的对应关系的呢？这就是 main.js 中引入的 router 的作用了。

12.2.3 router

打开 router 目录下的 index.js 文件，代码如下：

```
//第12章/router/index.js 路由文件
import Vue from 'vue'
import Router from 'vue-router'
import HelloWorld from '@/components/HelloWorld'

Vue.use(Router)

export default new Router({
  routes: [
    {
      path: '/',
      name: 'HelloWorld',
      component: HelloWorld
    }
  ]
})
```

router 中定义了默认的路由路径集合，当请求路径为"/"时，它匹配到了名称为 HelloWorld 的组件，而这个组件是从 Components 目录下的 HelloWorld.vue 模板引入的。

main.js 通过对 router 中的路由映射进行加载并将其传递到 App.vue 入口页面，然后 App.vue 入口页面在模板标签中对匹配到的路由进行加载展示。

打开 HelloWorld.vue 文件，其内容正是示例启动时展示的内容。再添加一个页面进行验证，复制 HelloWorld.vue 文件并将其名称变更为 VueWorld.vue，然后将其内部无关的内容删除，代码如下：

```
//第12章/自定义页面 VueWorld.vue
<template>
  <div class="hello">
    <h1>{{ msg }}</h1>
  </div>
```

```
</template>

<script>
export default {
  name: 'vue',
  data () {
    return {
      msg: 'Welcome to Vue World'
    }
  }
}
</script>
```

在 VueWorld.vue 文件中,我们改变了文件显示的内容,将 HelloWorld.vue 页面输出的 Welcome to Your Vue.js App 变更为 Welcome to Vue World,同时去掉了其他显示的元素。

此处 export default 的作用是向外界提供一个接口,这样 router/index.js 文件中就可以通过 import 来引入并使用所声明的 Vue 组件了,代码如下:

```
import vue from '@/components/VueWorld'
```

添加完成之后修改 HelloWorld.vue 页面并为其添加一个链接,代码如下:

```
<li>
  <router-link to="/vue">vue world</router-link>
</li>
```

当单击链接时会加载 VueWorld.vue 页面的内容并进行展示,如图 12.17 所示。

图 12.17　添加自定义链接

用户不需要刷新或重启应用,当编辑的内容发生变化后,Vue.js 会自动进行页面内容的更新。

单击 Vue World 链接,跳转后页面如图 12.18 所示。

图 12.18　Vue World 页面

12.2.4　模块的导入与导出

在 HelloWorld.vue 与 VueWorld.vue 页面中使用了 export default 命令。接下来了解一下 JavaScript ES6 规范。

ES6 是 ECMAScript 6 的简称,它是 JavaScript 语言的新一代标准,其目标是使 JavaScript 语言可以用来编写复杂的大型应用程序,从而成为企业级开发语言。可以这么理解,JavaScript 是 ECMAScript 语法规范的具体实现。

ES6 在语言标准层面实现了模块功能而且相当简单,从而为浏览器和服务器端提供了通用的模块解决方案。

在 JavaScript ES6 中为了使用模块化管理项目,提供了 export、export default 导出命令,以及 import 导入命令。

export default 命令用于指定模块的默认输出。由于一个模块最多只能有一个默认输出,因此 export default 命令只能使用一次。与之对应,因为 export default 只能导出一个模块,因此在对其进行导入时使用 import 命令且不需要使用{}来代表多个元素。

例如,在文件 Export.js 中导出以下内容:

```
const export_content = "export default 的内容";
export default export_content
```

那么在文件 Import.js 中进行导入的代码如下:

```
import define_name from 'Export';
```

在导入时没有使用花括号,而且 Export.js 输出的模块变量名称实际上是默认的

default,因此 Import 模块在进行引入时可以直接为其自定义名称 defing_name 并且不一定要写成 export_content,因为这部分内容是默认的。

再来看 export 命令的使用,代码如下:

```
var str_variable = "导出的字符串变量";
function func_export(sth) {
  //do something
}
export {str_variable, func_export};
```

还可以对输出的变量名称或方法名称进行重命名,代码如下:

```
var str_variable = "导出的字符串变量";
function func_export(sth) {
  //do something
}
export {
    str_variable as ex1,
    func_export as ex2
};
```

那么在 Import.js 文件中,导入命令如下:

```
import {str_variable,func_export} from 'Export';
```

import 命令使用花括号来指定需要从其他模块导入的变量名和方法名,如果仅导入一个变量或方法,则花括号是可以省略掉的。注意:花括号里面的变量名称或方法名称要与被导入模块对外导出的名称保持一致。

也可以为导入变量或方法名称重新命名,此时需要使用 as 关键字进行重命名,代码如下:

```
import {
    str_variable as v1,
    func_variable as v2
}
from 'Export';
```

12.2.5　页面路由

vue-router 是 Vue.js 的官方路由插件并与 Vue.js 深度集成,它适用于以页面路由的方式构建单页面应用。

传统的页面应用通常使用超链接实现页面的切换与跳转,同时页面也会进行相应的刷新操作,而单页面应用 SPA(Single Page Application)只有一个完整的页面,当用户请求某部分内容时,页面路由并不会加载整个页面,而是只更新指定位置的内容。这样做可以在不刷新页面的情况下更新页面的视图并响应用户的请求。

单页面应用的实现基于路由和组件,路由用于设定访问路径(如上面的 router)并将路径和组件关联映射起来。在 vue-router 单页面应用中,通过路由实现组件的切换以响应不同的请求路径。

vue-router 在实现单页面路由时使用了两种方式:Hash 模式和 History 模式,如图 12.19 所示。

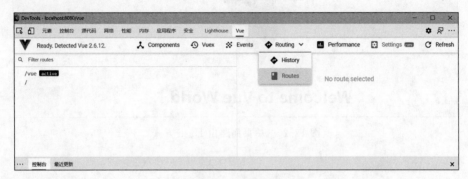

图 12.19　单页面路由方式

接下来对这两种模式进行说明。

1. Hash 模式

Hash 模式是 vue-router 的默认模式,其通过在 URL 路径中添加锚点(#)来请求位置。这与 HTML 中的链接锚点极为相似,锚点可以代表页面中的目标位置,当锚点发生变化后,浏览器只会切换到新的相应位置但是不会重新加载网页。

这样对于一个 HTTP 请求来讲,它的请求地址实际上是没有变化的,变化的只是请求位置中的展示区域。每个锚点即是一个 Hash,改变 Hash 不会导致页面的重新加载。

在改变 Hash 后浏览器会增加一条历史记录以便于实现正常的前进或者后退。Hash 模式通过 DOM 的 onhashchange 事件监听,由于 Hash 模式是默认的模式,因此用户不需要在定义路由时为其指定。

2. History 模式

细心的读者可能已经发现:由于 Hash 模式使用了锚点来定位位置,因此在请求的 URL 中会带有#标记,尽管这些 URL 标记有些读者可能不太喜欢,如图 12.20 所示。

将页面路由设置为 History 模式即可解决这个问题,用户只需要在配置路由规则时加入 mode:'history'属性便可以完成配置,修改 router/index.js 文件内容代码,如下:

```
//第 12 章/修改路由模式
export default new Router({
  mode:'history',
  routes: [
    {
      path: '/vue',
```

图 12.20　单页面路由 Hash 方式

```
      component: vue
    },
    {
      path: '/',
      component: HelloWorld
    }
  ]
})
```

更改完成后显示的路径会有所变化,如图 12.21 所示。

图 12.21　单页面路由 History 方式

History 模式利用了 HTML5 历史接口中新增的 pushState()和 replaceState()方法。这两种方法应用于浏览器记录栈,在已有接口的基础上修改了请求的 URL,但此操作并不会向后端发送请求。

12.2.6 基于 URL 的参数传递

观察 HelloWorld.vue 中添加的跳转链接，代码如下：

```
< router - link to = "/vue"> vue world </router - link >
```

此操作使用了路由跳转的方式，其中< router-link >是一个组件，它默认会被渲染成一个链接标签并通过 to 属性指定链接地址。

我们知道，页面中的链接可以带有参数，这些参数可以被 request.getParameter()这些类似的方法获取，在路由跳转中同样也可以带有参数。

修改 router/index.js 中的配置，代码如下：

```
//第 12 章/接收路由参数
routes: [
  {
    path: '/vue/:param1/:param2',
    component: vue
  },
  {
    path: '/',
    component: HelloWorld
  }
]
```

动态路由匹配可以接收两个参数：param1 和 param2，注意在配置文件里需要使用冒号的形式标识参数。修改 HelloWorld.vue 中的路由跳转，代码如下：

```
< router - link to = "vue/param1/param2" > vue world </router - link >
```

最后在 VueWorld.vue 文件中通过 $route.params 接收参数，代码如下：

```
//第 12 章/获取路由参数
< template >
  < div class = "hello">
    < h1 >{{ msg }}</h1 >
    参数 1:{{ $route.params.param1}},参数 2:{{ $route.params.param2}}.
  </div >
</template >
```

重新跳转后页面如图 12.22 所示。

12.2.7 基于 params 的参数传递

修改 router/index.js 文件并添加 name 属性用于命名路由，代码如下：

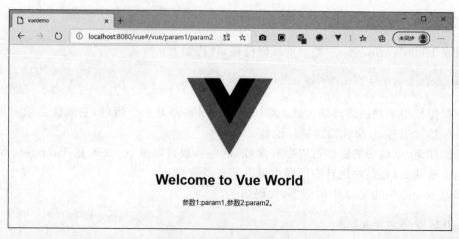

图 12.22　显示传递的参数

```
//第 12 章/命名路由
routes: [
  {
    path: '/params/:param1/:param2',
    name:'vue',
    component: vue
  },
  {
    path: '/',
    component: HelloWorld
  }
]
```

然后在 HelloWorld.vue 中添加链接，代码如下：

```
<li>
  <router-link :to = "{name:'vue',params:{param1:'param1',param2:'param2'}}"> vue world
</router-link>
</li>
```

name 属性指向在路由配置文件中所定义的路由，它用于映射请求的地址。params 属性用于指定需要传递的参数，其中可以传递多个参数值，其名称与路由配置文件中定义的参数保持一致。

重新访问页面链接并接收参数，如图 12.23 所示。

12.2.8　$router 与 $route

在上面示例中，通过使用 $route.params 实现对参数的接收操作。事实上 Vue.js 中除

图 12.23 基于 params 的参数传递

了 $route 操作外还有 $router 操作,为了避免开发者对这两种操作产生迷惑,现说明如下。

$router 是 VueRouter 的实例,它是一个全局的路由器对象,其内部包含很多属性和子对象,例如 history 对象。

$route 为当前 router 的跳转对象,它定向的是页面而不是跳转的行为,在 $route 里可以获取 name、path、query、params 等相关信息。

12.2.9 node_modules

任何 Vue.js 创建的项目都会带有名为 node_modules 的目录,此目录用来存放 npm 包管理工具所下载的相关依赖,例如 Webpack、gulp、grunt 工具等。

如果一个项目中没有 node_modules 目录,则可以在命令行下进入项目根目录并执行 npm install 命令,命令执行完成后可以生成 node_modules 目录并在其下添加依赖。

如果某些导入或下载的项目无法运行,则可以通过此种方式重新为其生成依赖的环境。采用 node_modules 独立目录的方式是有好处的,因为依赖可以跟随项目进行移动、复制或打包,这对于开发、部署来讲都十分方便。

用户可以随意修改安装在 node_modules 里面的依赖内容并且不会对其他项目产生任何影响。

12.3 IntelliJ IDEA 导入项目

为了在 IntelliJ IDEA 中管理 Vue.js 项目,首先需要安装相关插件。打开配置窗口并切换到 Plugins 选项卡,在插件商城搜索 Vue.js 插件,如图 12.24 所示。

单击 Install 按钮安装插件,插件安装成功后重新启动 IntelliJ IDEA 即可使用。再次打开配置窗口并切换到 File Types 选项卡,同时找到 HTML 文件类型,如图 12.25 所示。

图 12.24　安装 Vue.js 插件

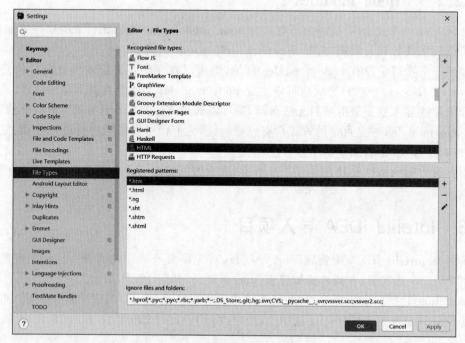

图 12.25　配置文件类型

单击 Registered patterns 下的 + 按钮并添加 *.vue，如图 12.26 所示。

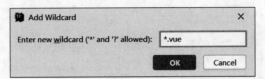

图 12.26　添加 Vue 文件类型

单击 OK 按钮完成保存，同时切换到 Languages & Frameworks 脚本语言与框架选项卡的 JavaScript 文件分类，选择 ECMAScript 6+，如图 12.27 所示。

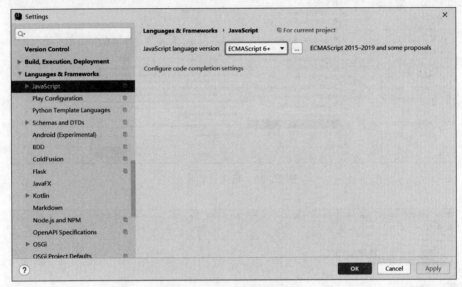

图 12.27　启用 ECMAScript

接下来为.vue 格式文件定义页面模板。打开设置窗口并切换到 Editor→File and Code Templates 选项卡，单击 + 按钮创建模板，如图 12.28 所示。

模板内容如下：

```
//第12章/定义Vue.js页面模板
<template>
    <div>{{msg}}</div>
</template>
<style></style>
<script>
    export default{ data () { return {msg: 'vue模板页'} } }
</script>
```

执行菜单 File→Open 命令打开本地 Vue.js 项目，IntelliJ IDEA 加载完成后的 Vue.js 项目如图 12.29 所示。

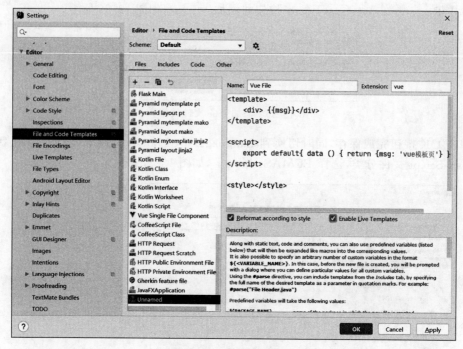

图 12.28　定义页面模板

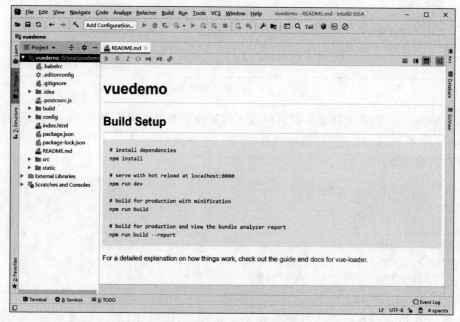

图 12.29　打开 Vue.js 项目

单击工具栏上的 Add Configuration 打开运行/调试配置窗口,如图 12.30 所示。

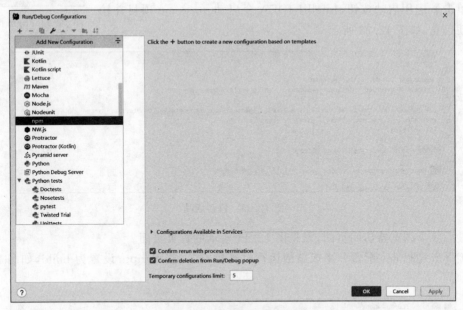

图 12.30 运行/调试配置窗口

新建 npm 配置并添加相关信息,在 Scripts 下拉窗口中有 dev、start 和 build 几个选项,此处选择 dev,如图 12.31 所示。

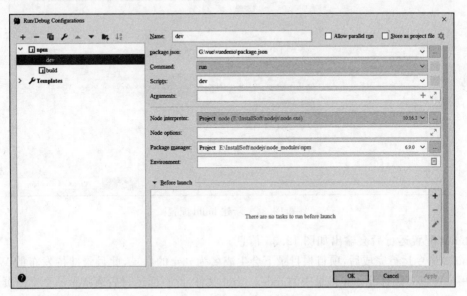

图 12.31 npm 运行配置

配置完成后如图12.32所示。

单击 ▶ 应用启动按钮，IntelliJ IDEA 会启动 vuedemo 项目并输出启动信息，如图12.33所示。

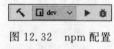

图12.32 npm配置

图12.33 启动成功

最后登录浏览器访问页面，参见图12.14所示的首页页面。

接下来复制 dev 配置并生成新的运行时配置，同时将 Scripts 设置为 build，如图12.34所示。

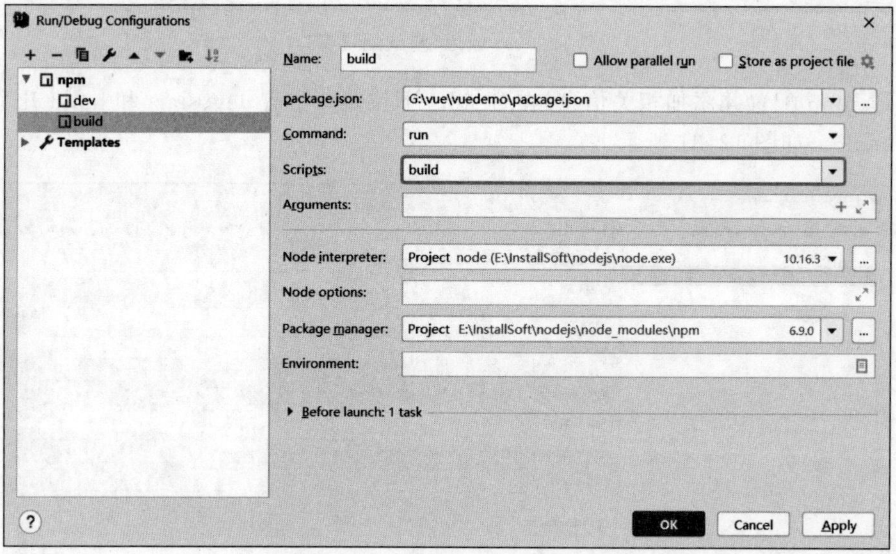

图12.34 新建 build 配置

build 配置运行后会输出如图12.35信息。

build 命令运行完成后，项目根目录下会生成名为 dist 的目录，此目录即待发布的 Web 目录。用户可以直接打开 dist 目录中的 index.html 文件，此页面运行后通常是一个空白页。

查看 index.html 页面源码可以发现当前页面加载的资源路径是不对的，为了正确查看页面，需要将 config 目录下 index.js 中的 assetsPublicPath：'/'改为 assetsPublicPath：'./'

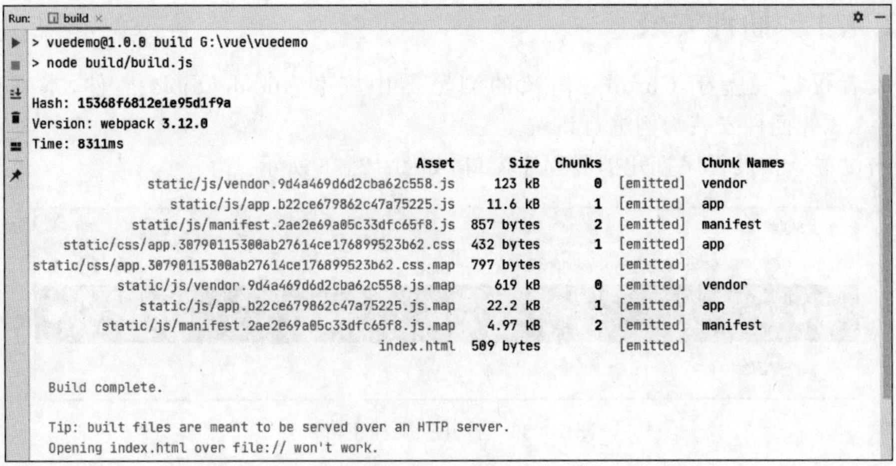

图 12.35　执行构建

来解决这一问题。

虽然用默认的 '/' 根路径不能预览页面,但是将 dist 目录打包后直接放到服务器上是可以正常运行的。

如果是在 Vue CLI 3 中,则需要进行如下配置:

```
module.exports = {
  RunTimeCompiler:true,
  baseURL: './',
}
```

虽然 Vue.js 实现了前后端的分离开发,但是在与 Spring Boot 等技术结合使用时,同样需要在脚本请求地址里先定义好后端服务的接口地址。

注意:index.js 中既有 dev 的配置也有 build 的配置,修改 build 的配置后可以通过浏览器正常打开。

12.4　Vue Devtools

vue-devtools 是一款基于 Chrome 内核的浏览器在线调试工具,其以插件的形式安装在浏览器中并对由 Vue.js 开发出来的项目进行监控与调试。

为了在浏览器中安装并启用 vue-devtools,开发者可以选择在浏览器中直接安装已经编译完成的 vue-devtools 插件,或者对下载下来的 vue-devtools 源码进行编译并生成安装插件。相比于简单直接的第一种方式,第二种方式需要读者具有一定的技术基础且编译时容易出错。

12.4.1 插件安装

开发者可以在基于 Chrome 内核的浏览器中安装 vue-devtools 插件，本书以 vue-devtools 5.3.3 插件安装为例进行讲解。

单击设置→扩展程序打开扩展程序窗口，如图 12.36 所示。

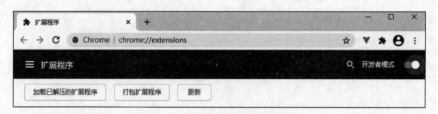

图 12.36　打开扩展程序窗口

用户可以直接拖曳插件文件 Vue.js devtools_5.3.3_Chrome.crx 至浏览器窗口，浏览器会自动安装 vue-devtools 插件，如图 12.37 所示。

图 12.37　安装 vue-devtools 浏览器插件

单击"详细信息"按钮查看关于插件的更多信息，还可以设置"在无痕模式下启用"和"允许访问网址"等功能，如图 12.38 所示。

Edge 浏览器下的插件信息如图 12.39 所示。

插件安装完成后，浏览器右上角会显示 V 形的 vue 标志（正常为绿色），如果为灰色则表示没有检测到 Vue.js 应用。vue-devtools 插件只有在检测到 Vue.js 应用的时候才会生效，如图 12.40 所示。

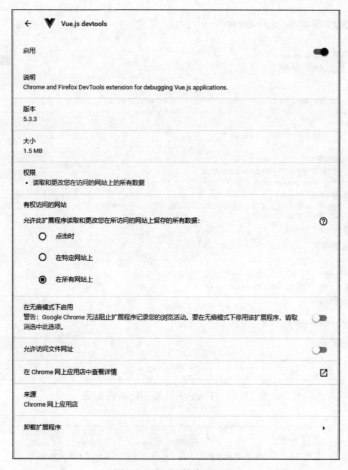

图 12.38　插件高级配置

12.4.2　编译安装

开发者可以从 https://github.com/vuejs/vue-devtools.git 地址处获取 vue-devtools 项目源码或直接使用 git clone 命令克隆项目，命令如下：

```
git clone https://github.com/vuejs/vue-devtools
```

项目克隆完成后默认使用的是 dev 环境，开发者需要手工切换到 master 环境，否则在执行 npm run build 命令时会报错。

接下来进入 vue-devtools 目录安装依赖包，代码如下：

```
cd vue-devtools
npm install
```

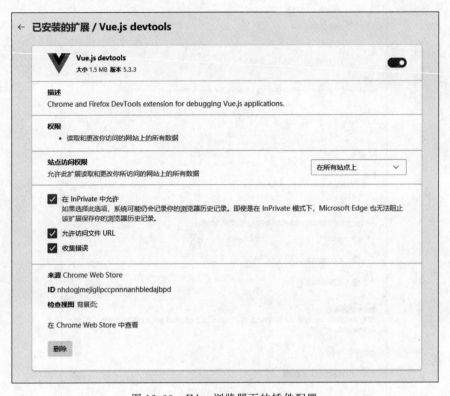

图 12.39 Edge 浏览器下的插件配置

图 12.40 识别到 Vue.js 应用

如果依赖安装缓慢,则可以安装 cnpm 并将命令换成 cnpm install。依赖下载完成后执行如下命令编译打包:

```
npm run build
```

打包成功后会在 shells 下生成 Chrome 文件夹,此文件夹内容即是插件扩展程序。接下来在扩展程序中打开开发者模式,单击加载已解压的扩展程序,找到生成的 Chrome 文件夹,选择 vue-devtools→shells→Chrome 即可安装成功。

12.4.3 调试运行

访问基于 Vue.js 构建的项目并打开调试窗口,切换到 Vue 选项卡,如图 12.41 所示。

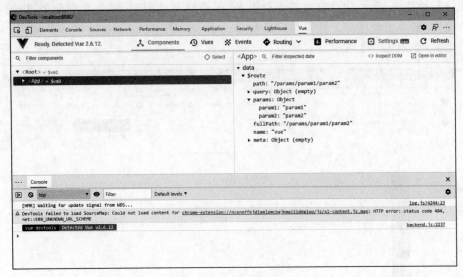

图 12.41　vue-devtools

其中 Components 选项卡下列出了当前页面的结构,单击元素后会在右侧显示具体的页面信息。Vue.js 提供的数据绑定功能可以更好地进行实时交互,当光标悬停于某个具体元素上时会显示修改图标 ✎,单击后可以对元素进行修改,如图 12.42 所示。

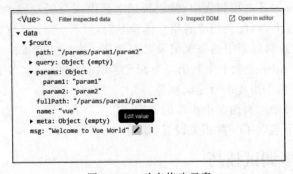

图 12.42　动态修改元素

在图 12.41 中,Vuex 是一个专为 Vue.js 应用程序开发的状态管理模式。它采用集中式存储并管理应用的所有组件的状态,并以相应的规则保证状态以一种可预测的方式发生变化。

读者如果需要了解 Vuex 的核心概念与内容，则可访问官方网址 https://vuex.vuejs.org/zh/，此网站提供了更多详细的说明。在理解完这些内容之后，相信读者就可以更好地使用 devtools 工具调试 Vuex 选项了。

Performance 选项卡可以对页面运行时的性能表现进行分析，其针对的行为是页面在浏览器运行时的性能表现。

在进行性能分析时，用户首先需要单击 Start 按钮开始录制，同时在页面中进行待观察的行为操作，如单击链接等。待操作完成后单击 Stop 按钮完成录制操作，同时会生成相应的分析结果，如图 12.43 所示。

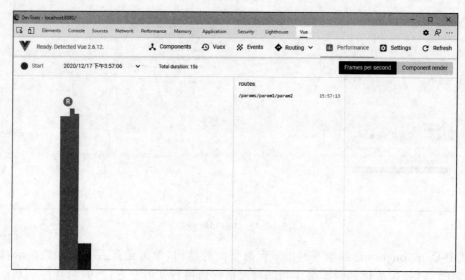

图 12.43　帧刷新频率

在 Frames per second 选项列表中，帧刷新频率是用来分析动画的一个主要性能指标。如果其值保持在 60 以上，则代表相应的用户体验是合格的。这个值越高意味着用户的体验越好。用户可以单击录制列表中的每次记录以查看某一次的性能指标分析。

在 Component render 选项卡中列出了页面元素的渲染时间，如图 12.44 所示。

Events 选项卡适用于组件的自定义事件。

Routing 选项卡可参考页面路由小节的说明。

Settings 选项卡下包含了一些相关设置，如图 12.45 所示。

12.4.4　更多调试技巧

除了使用 vue-devtools 调试工具外，还可以同时使用浏览器自带的调试工具进行相关性能分析。

第12章 Vue.js项目管理 453

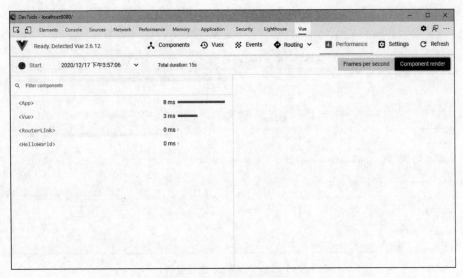

图 12.44 元素渲染时间

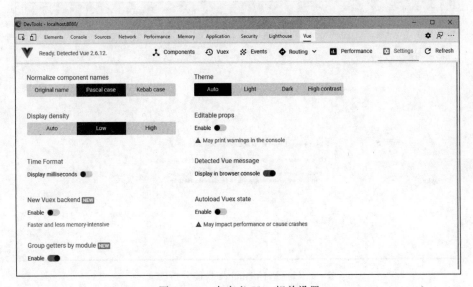

图 12.45 自定义 Vue 相关设置

1. Performance 性能表现分析

Performance 性能表现调试工具用于分析浏览器页面运行与操作过程中的相关性能指标，以及统计与发现其中存在的问题等，如图 12.46 所示。

要进行 Performance 性能表现分析，首先需要生成基于页面分析的性能表现报告。打开代码检查窗口并切换到 Performance 选项，如图 12.47 所示。

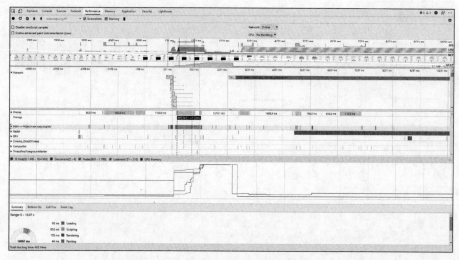

图 12.46　Performance 性能分析(一)

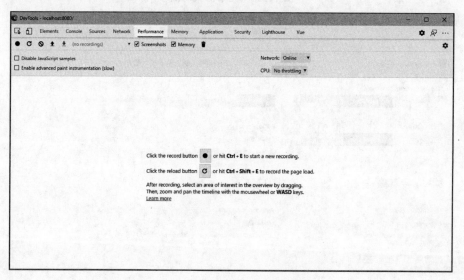

图 12.47　Performance 性能分析(二)

在 Performance 选项中,勾选 Screenshots 和 Memory 复选框,其含义为开启为每一帧记录屏幕快照功能和基于内存的性能分析,如图 12.48 所示。

要开启一段新的录制,用户可以单击 Record 按钮或使用快捷键 Ctrl+E,如图 12.49 所示。

当录制开始后,Record 按钮将变为 Stop 按钮并显示为红色,单击 Stop 按钮或再次使用快捷键 Ctrl+E 结束录制。

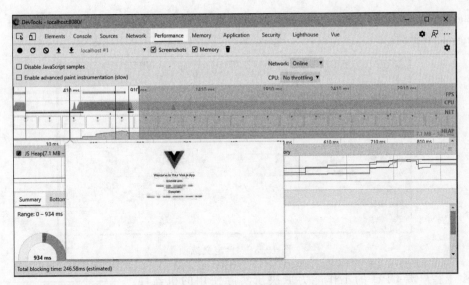

图 12.48　生成页面快照

图 12.49　开启录制

在用户通过客户端进行访问时,用户可以根据不同的网络或硬件(计算机或手机)情况适时地调整参数以模拟对应的运行环境。例如,Network 选项卡下定义了当前网络的相关情况,如在线、离线、3G 快网络(慢网络)等,如图 12.50 所示。

如果当前网络条件与用户的客户端不符,则还可以单击 Custom 分类下的 Add 进行自定义,如图 12.51 所示。其中,

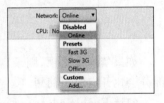

图 12.50　配置网络选项

Profile Name 用于指定自定义名称，Download 代表下载速度，Upload 代表上传速度，Latency 代表延时。

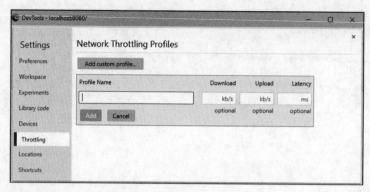

图 12.51　自定义选项

由于客户端 CPU 的工作能力取决于实际使用的机器性能，因此录制过程中可以通过控制 CPU 工作频率来模拟合适的客户端。例如，4×slowdown 选项可以将本地 CPU 运算速率降低为正常情况的 1/4。由于设备设计架构不同，Devtools 并不能精确模拟各种设备的 CPU 运算模式，如图 12.52 所示。

图 12.52　CPU 选项

Disable JavaScript samples 选项用于开启和禁止 JavaScript 样例效果图。默认情况下，在生成的分析报告中 Main 图表部分会详细记录录制过程中 JavaScript 函数调用的栈信息，如图 12.53 所示。

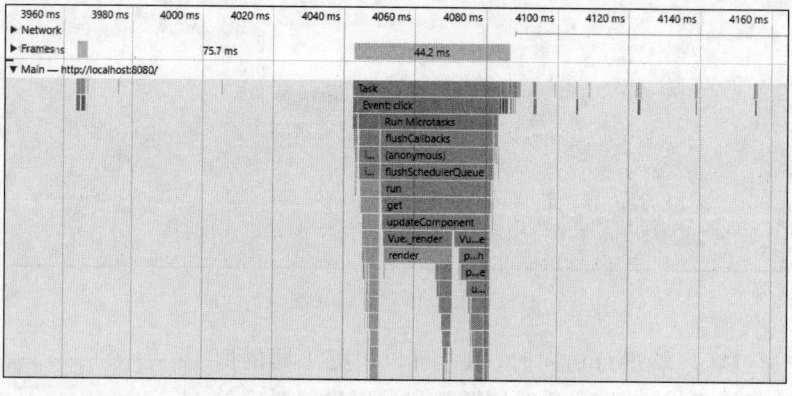

图 12.53　Main 调用栈

如果禁用此选项，则录制过程中将会忽略所有 JavaScript 栈的调用，因此记录的 Main 部分会比开启时更简短。

勾选 Enable advanced paint instrumentation 选项可以开启渲染工具慢加速。

单击 Save Profile 按钮 ⬇ 可以将当前报告保存为记录，单击 Upload profile 按钮 ⬆ 可以加载已经保存的报告记录，单击 Clear 按钮 🚫 可以清空当前加载的报告。

2. Overview 预览窗口

在 Overview 窗口中预览整体时间段中的情况，单击选择某一部分区域，或使用鼠标滚轮基于现有区域进行缩放操作。Overview 窗口中包含 FPS、CPU 和 NET 图表共三部分，如图 12.54 所示。

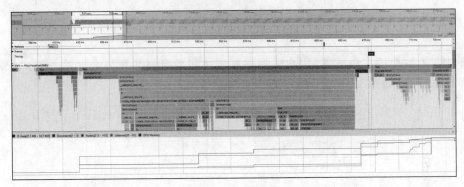

图 12.54 预览窗口

预览窗口中选择的区域相关信息会展示在下方位置的 Network、Frames 和 Main 分类选项卡中。当焦点集中在这些区域时，采用 W、S、A、D 按键可以分别进行区域的放大、缩小、左移、右移等操作，也可以拖动当前区域进行横向移动等。

3. Main 区域

Main 区域用来查看页面主线程加载时的相关活动。在 Main 图表中 X 轴代表时间，每个长条代表着一个 event 花费的时间，长条越长就代表这个 event 花费的时间越长。Y 轴代表了调用栈（call stack），其中上面的事件 event 调用了下面的 event，如图 12.55 所示。

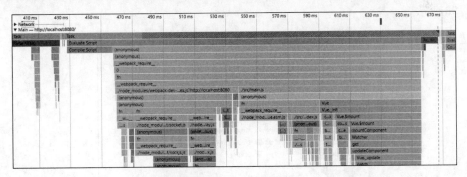

图 12.55 Main 调用栈

在事件长条的右上角处如果出现了红色倒三角，则说明此事件存在问题，需要特别注意。将光标覆盖在事件上会显示相应的提示信息，如图 12.56 所示，此处显示消耗的时间过长。

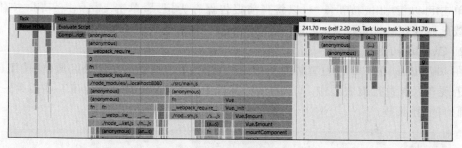

图 12.56　Main 提示信息

单击带有红色倒三角事件(用户需调试观察才可看到红色倒三角)，在 Summary 面板会看到详细信息，如图 12.57 所示。

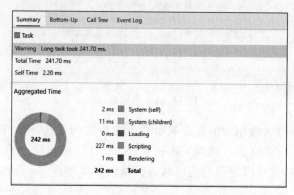

图 12.57　Summary 统计信息(一)

从图 12.57 可以看到花在脚本上的时间过长，用户还可以单击倒三角事件下的子事件 Evaluate Script 查看更加详细的信息，这些信息也会显示在 Summary 统计面板中，如图 12.58 所示。

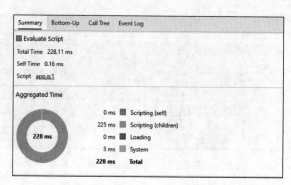

图 12.58　Summary 统计信息(二)

用户可以根据 summary 面板中的代码链接跳转到需要优化的代码处进行具体的代码优化。

4．Bottom-Up

再来看 Bottom-Up 面板中的相关信息，如图 12.59 所示。

在图 12.59 中，Self Time 代表函数自身执行消耗的时间，Total Time 则是函数自身加上对其进行调用的函数总体消耗的时间，Activity 对应的是浏览器中的相关活动。同时提供了 Group 分组统计的功能，使用户可以按照活动类型/目录/域/帧/URL 等进行分组统计。

Call Tree 树形图中可以查看各项事件的子信息，它提供了比 Bottom-Up 面板更加详细的信息，如图 12.60 所示。

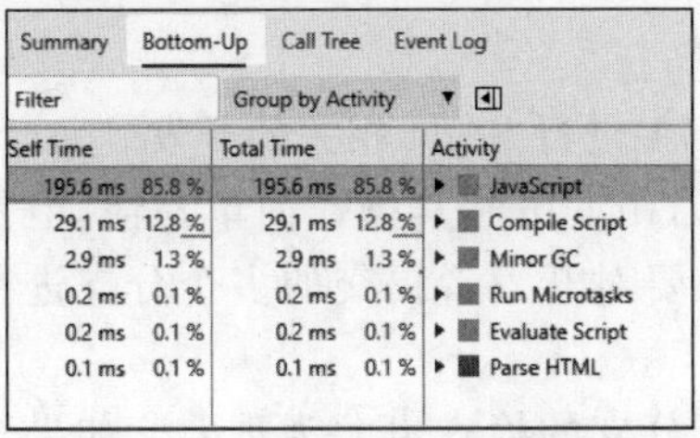

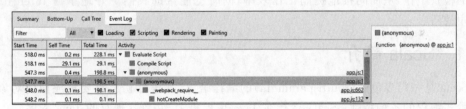

图 12.59　Bottom-Up 统计信息 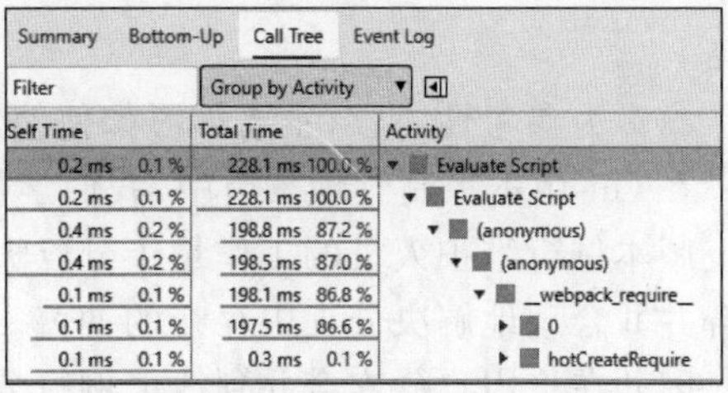　　　　图 12.60　Call Tree 统计信息

Event Log 选项卡列出了各项事件的详细信息，可以进行关键字与时间的筛选操作，同时列出了各种事件类型，如页面加载、绘制、渲染等，同时在右侧会显示相应子项的详细信息，如图 12.61 所示。

图 12.61　Event Log 统计信息

12.5　本章小结

Vue.js 是时下比较流行的渐进式框架，它不仅有助于前后端分离，同时也带来了更为有趣的 Web 开发。

第 13 章 Scala 检查工具

本章为参考性内容，主要学习如何使用 IntelliJ IDEA 进行 Scala 相关的开发。

在 Git 版本控制管理章节中，我们学习了如何使用 Git。虽然其操作简单易懂，但是实际上版本例行维护人员的工作量十分巨大，因为他们需要对开发者提交的多个分支进行有效合并并合理地解决分支中存在的冲突。

因此在将用户分支合并到线上例行分支之前，对于分支的检查也尤为重要。如果开发者提交的分支中含有未及时更新的或错误的代码，则这些代码可能会带来潜在的问题甚至是重大的事故，而对于分支提交人员来讲，在每次上线前进行有效更新与检查不仅能够保证程序的可靠性，也能够减少其他人员的工作量从而提高工作效率。

本章我们使用 Scala 实现一个用于 Git 提交检查的工具，它能够帮助开发者更好地进行代码的检查工作，从而间接地提高工作效率，同时也能帮助我们更好地掌握 IntelliJ IDEA 的使用技巧。

13.1 Scala 简介

Scala 是一门多范式（multi-paradigm）的编程语言，其设计初衷是要集成面向对象编程和函数式编程的各种特性。Scala 运行在 Java 虚拟机上，并兼容现有的 Java 程序。

13.2 安装开发环境

13.2.1 安装 JDK

Scala 语言可以运行在 Windows、Linux、UNIX、Mac OS X 等系统上。Scala 基于 Java 语言实现并大量使用 Java 的类库和变量，因此在安装 Scala SDK 之前需确保计算机上已经正确安装了 JDK。

13.2.2 安装 Scala SDK

如果在命令行环境运行 Scala 程序，则需要手动配置 Scala SDK。如果使用 IntelliJ

IDEA 进行 Scala 相关开发,则可以在创建项目时指定 Scala SDK。

首先来看如何手动配置 Scala SDK,本章使用 Scala-2.12.3 版本。

右击我的计算机→属性→高级系统设置→高级,打开环境变量窗口并新建系统环境变量 SCALA_HOME,如图 13.1 所示。

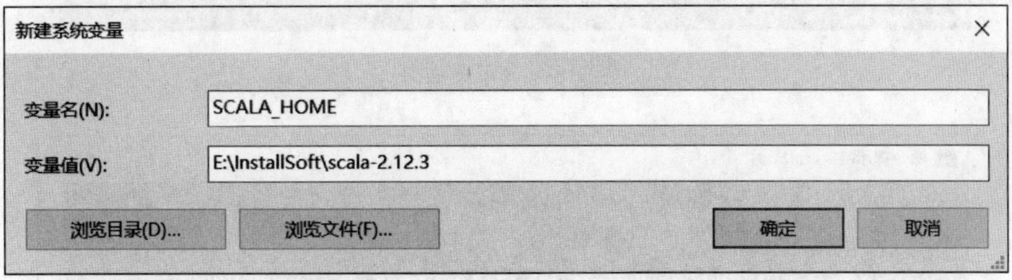

图 13.1　配置 Scala 环境变量(一)

在 Path 环境变量中添加%SCALA_HOME%\bin 配置。对于 Windows 10 以下系统需要将环境变量以追加的方式填写并以英文分号结尾进行连接。如果是 Windows 10 系统则新建 %SCALA_HOME%\bin 选项即可,如图 13.2 所示。

图 13.2　配置 Scala 环境变量(二)

配置完成后打开命令行并输入 scala-version 命令进行验证,如图 13.3 所示。

如果用户想尝试体验 Scala 的相关功能,则可以在命令行输入 scala 命令进入 Scala 编辑环境,如图 13.4 所示。

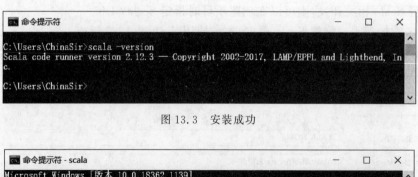

图 13.3　安装成功

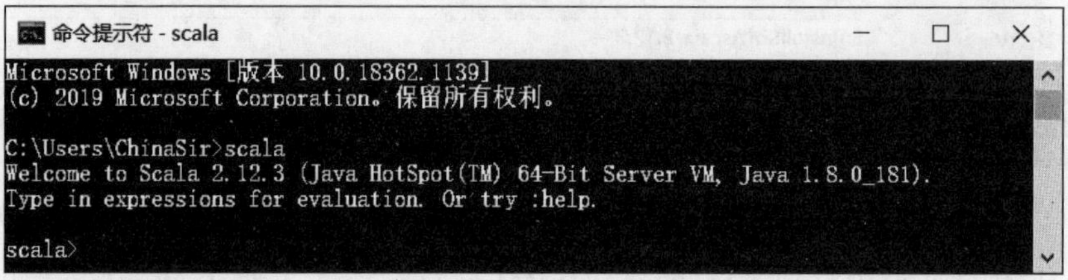

图 13.4　Scala 编辑环境

输入 println("Hello world!") 执行打印输出,如图 13.5 所示。

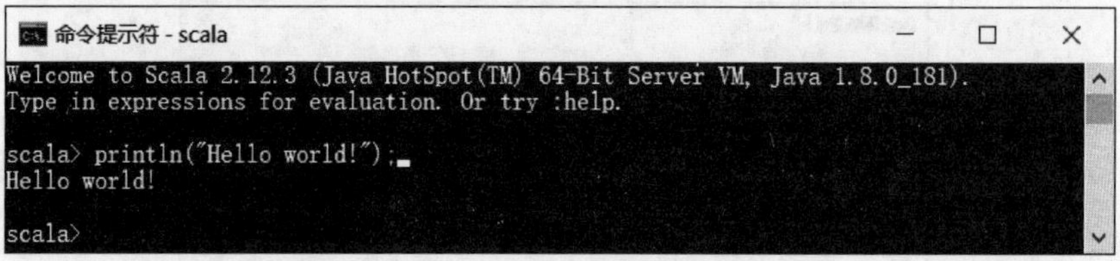

图 13.5　打印"Hello world!"

本地 Scala SDK 安装完毕。

13.2.3　安装 Scala 插件

Scala 插件可以采用在线或离线的方式安装。单击菜单 File→Settings 打开配置窗口并切换到 Plugins 选项,在插件商城搜索 Scala 插件,如图 13.6 所示。

单击插件右侧的 Install 按钮进行安装,安装完成后如图 13.7 所示。

还可以采用离线方式安装 Scala 插件。访问 IntelliJ IDEA 官方提供的插件下载网址 https://plugins.jetbrains.com/plugin/1347-scala 并切换到 Versions 选项卡查看可下载版本列表,如图 13.8 所示。

选择 Scala 版本并将.zip 格式的 Scala 插件下载到本地,下载完成后在 Installed 选项卡下打开 Install Plugin from Disk 菜单,如图 13.9 所示。

选择本地 Scala 插件并加载,安装完成后重启 IntelliJ IDEA 即可,如图 13.10 所示。

第13章　Scala检查工具

图 13.6　搜索 Scala 插件

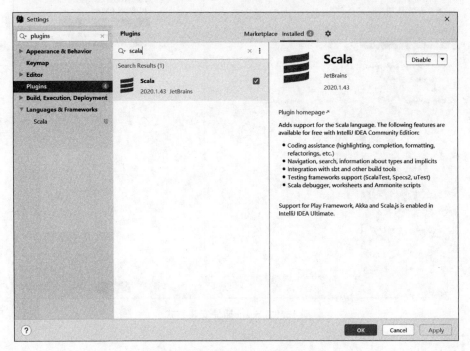

图 13.7　安装 Scala 插件

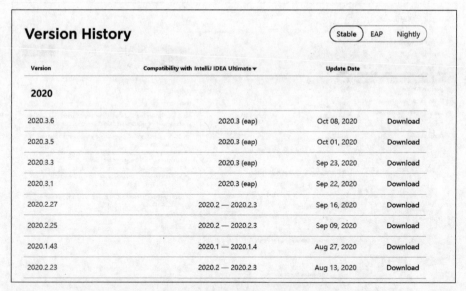

图 13.8 Scala 插件版本列表

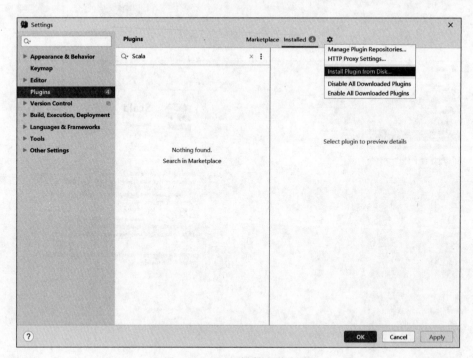

图 13.9 Scala 插件安装方式

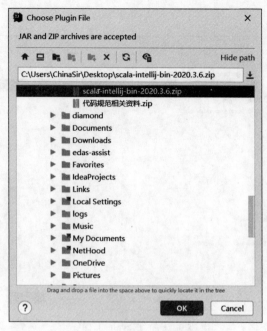

图 13.10　加载本地 Scala 插件

13.3　创建 Scala 工程

13.3.1　基础 Scala 工程

单击菜单 File→New→Project 打开新建工程窗口，选择 Scala 工程类型及 IDEA 选项，单击 Next 按钮执行下一步，如图 13.11 所示。

在工程窗口中 Scala 项目需要同时包含 JDK 和 Scala SDK 两种环境，第一次创建工程时需要指定 Scala SDK，否则创建的项目将无法编写 Scala 应用程序，如图 13.12 所示。

单击 Create 按钮弹出 Scala SDK 资源管理窗口，如图 13.13 所示。

单击 Download 按钮打开在线下载对话框，选择需要的版本后单击 OK 按钮下载，如图 13.14 所示。

如果在线下载很慢，则可以手工下载 Scala SDK 的安装包，其官方下载网址为 https://www.scala-lang.org/download。Scala SDK 安装包下载完成后，单击图 13.13 中的 Browse 按钮打开本地 Scala SDK 目录，确认后将自动指定项目的 Scala SDK，如图 13.15 所示。

输入项目名称并选择 JDK 版本，单击 Finish 按钮完成 Scala 项目的创建，如图 13.16 所示。

接下来为 Scala 项目指定源文件与资源文件目录，如图 13.17 所示。

在 Global Libraries 选项卡下可以看到配置完成的 Scala SDK，如图 13.18 所示。

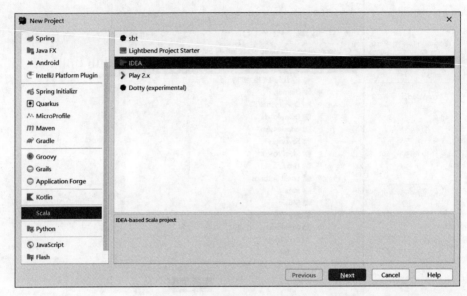

图 13.11　新建 Scala 工程（一）

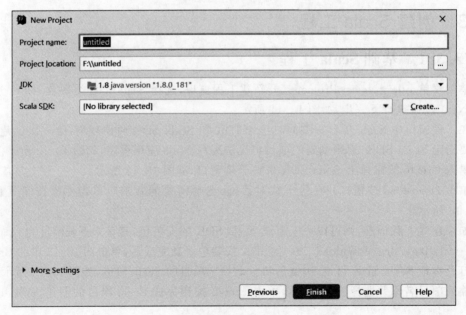

图 13.12　新建 Scala 工程（二）

第13章 Scala检查工具

图 13.13　Scala SDK 资源管理器

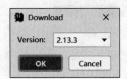

图 13.14　在线下载 Scala SDK

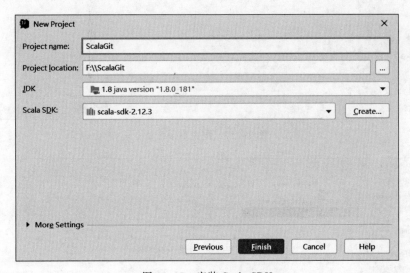

图 13.15　安装 Scala SDK

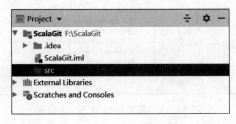

图 13.16　Scala 项目结构

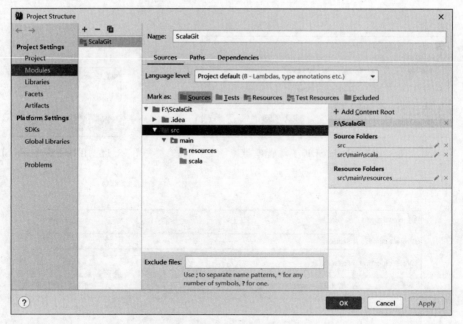

图 13.17 配置目录结构

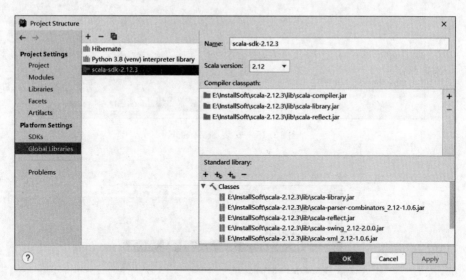

图 13.18 配置完成的 Scala SDK

13.3.2 基于 Maven 的 Scala 工程

接下来基于 Maven 创建 Scala 工程。

执行菜单 File→New→Project 命令打开工程新建窗口，选择 Maven 工程类型同时勾选右侧的 Create from archetype 选项,在模板列表中选择用于创建 Scala 项目的 org.scala-tools.archetypes:scala-archetype-simple 模板,如图 13.19 所示。

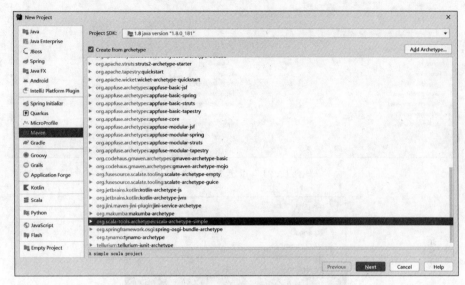

图 13.19　基于 Maven 新建 Scala 工程

单击 Next 按钮执行下一步,输入项目名称、GroupId 和 ArtifactId,如图 13.20 所示。

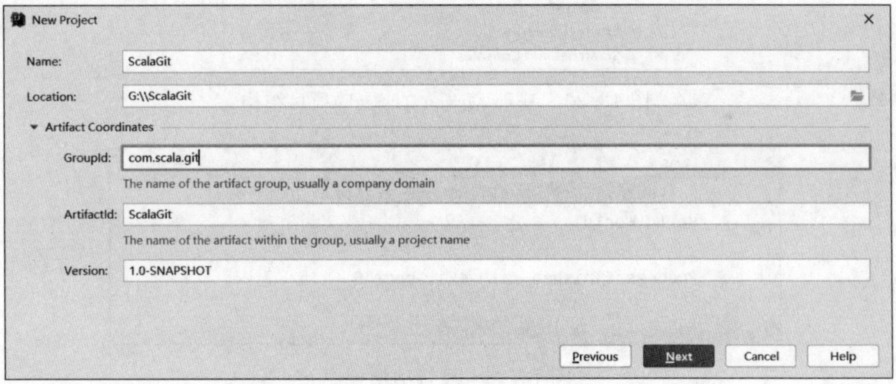

图 13.20　指定项目名称

单击 Next 按钮执行下一步,指定本地 Maven 位置及 Maven 配置文件,如图 13.21 所示。

单击 Finish 按钮完成项目创建,项目创建完成后会生成一个名为 App.scala 的程序文件,如图 13.22 所示。

打开 App.scala 程序文件,右击并选择 Run 'main' 运行示例程序,如图 13.23 所示。

由于本书主要面向初学者,因此会适当添加一些说明以帮助读者最大限度地理解本章。

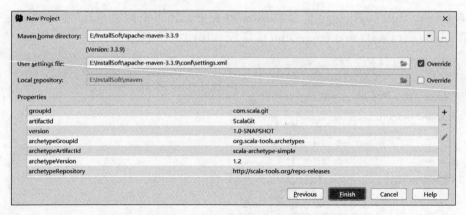

图 13.21 指定 Maven 配置

图 13.22 基于 Maven 的 Scala 项目结构

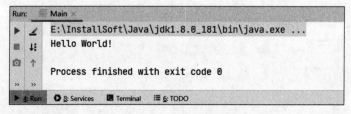

图 13.23 运行示例程序

13.3.3 App 特性

观察 App.scala 程序文件,代码如下:

```
package scala.git

object Main extends App {
```

```
    println( "Hello World!" )
}
```

App 是 Scala 语言内置的一个特性,使用 App 可以把对象整体作为 Scala main 的一部分,因此使用 App 特性时用户不需要编写 main 主方法,将需要运行在 main 主方法中的代码写在单例对象的花括号中即可实现运行。

为了得到这种特性,可以在单例对象后加上 extends App 获取 App 特性。对于上例中的对象名称 Main,它其实可以换作任何一个符合 Scala 命名规范的名称,例如字母 M。

在不使用 App 特性的情况下,如果在 Scala 程序中要运行一个独立对象,则其内部必须包含一个 main 方法。该方法接受 Array[String]字符串数组作为参数,其结果类型(返回值类型)为 Unit。

接下来定义一个带有 main()方法的对象并打印输出"HelloWorld!"。在指定包结构上右击并选择 New→Scala Class,如图 13.24 所示。

输入对象名称 Application,将程序文件类型选择为 Object,如图 13.25 所示。

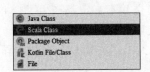

图 13.24　新建 Scala 程序(一)

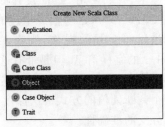

图 13.25　新建 Scala 程序(二)

App.scala 程序源码如下:

```
package com.scala.git

object Application {
  def main(args: Array[String]): Unit = {
    println("Hello World!");
  }
}
```

右击并选择 Run 'Application'执行打印输出,可以发现运行结果与 App.scala 的运行结果相同。

虽然这两种启动方式运行后没有太大区别,但是在使用 App 特性时如果继承自 App 特性的对象内部有错误,可能会导致整个项目启动失败,因此,使用 main()方式启动项目更加稳妥。

13.4 Git 检查工具

在实现 Git 检查工具之前需要知道程序究竟要做什么。我们知道，在管理 Git 分支时可以进行代码合并操作，这样可以将其他开发者提交的内容同步到当前分支中，当用户对自己的分支进行提交时就不会与现有版本产生冲突。

反向合并也可以理解为一种回合，在用户使用 GitLab 等版本管理软件时经常会出现这种现象，但是反向合并带来了十分严重的问题：代码污染。

可以这样理解，用户分支是介于生产分支与测试分支中间的媒介，它必须保证与两种分支的匹配性问题，即文件差异性问题。通常用户分支是基于生产拉取出来的全新分支，而很多开发者都试图使用这个分支进行修改并提交到测试分支进行测试发布。

在理想情况下项目的测试分支与生产分支应该是一致的，因此反向合并容易被修改或纠正，但是在测试分支与生产分支差异较大的时候，反向合并会将测试分支中的内容合并到用户分支中，如果用户分支被提交到生产分支上，则将会产生不可恢复的灾难。

基于上述原因，我们使用 Scala 设计一款简单的检查工具，它可以检查指定分支或分支组中所有的提交信息，并从这些信息中过滤出带有回合操作的历史。

如果发生过反向合并的操作，则在 Git 提交历史记录中通常会带有 Merge remote-tracking branch...的字样信息，但是带有这种信息的提交并不一定都产生了合并问题。

当通过 Git 检查工具过滤出符合上述特征的分支后，可以通过判断与生产分支的差异数量并设定一个判断阈值的方式再次深度过滤或直接人工观察用户分支的差异化等多种方式来确保上线分支的准确性。

13.4.1 编写配置

在 Git 版本控制管理章节里提到过，反向合并会对开发者的项目分支带来污染，因此可以实现一个用于 Git 分支检查的工具，这样在每次例行版本维护时可以帮助我们快速定位反向合并的问题。

工具不一定能解决所有的问题，因为每个问题的出现都有其随机性，但是工具却能从某些方面提升我们的效率。读者在学习完本章后，可以根据需要自行扩展并定制更多的功能。

首先在 resources 资源目录下，创建一个名为 config.conf 的文件，它用于 Git 检查工具的基础配置。config.conf 配置文件中定义了本地 Git 项目的根目录及待检查的分支，代码如下：

```
//第 13 章/config.conf
{
  group1 = {
    workDir = "Git 项目目录"
  }
  group2 = {
    workDir = "Git 项目目录"
    base = master
```

```
    branches = [
      user_local_branch
    ]
  }
}
```

在上述配置中对待检查目标进行了分组,运行时用户可以将需要对比的项目及分支预先定义好,这样可以在项目启动后通过接收参数的方式来动态调整使用哪一组配置进行目标分支的检查与分析。

在每一组配置里,workDir 指定本地 Git 项目的根目录。base 用于指定项目的主分支(master)。branches 是一个分支列表,它代表了待检查的分支,这些分支既可以是本地分支,也可以是远程分支。如果是远程分支,则通常要在其前面添加 origin/ 前缀。

接下来定义一个用于控制日志输出的配置文件,代码如下:

```xml
//第13章/log4j2.xml
<?xml version="1.0" encoding="UTF-8"?>
<Configuration status="INFO">
    <properties>
        <property name="APP_HOME">$${env:APP_HOME}</property>
        <property name="LOG_HOME">${APP_HOME}/logs</property>
        <property name="mainFilename">${LOG_HOME}/vh.log</property>
    </properties>
    <Appenders>
        <Console name="Console" target="SYSTEM_OUT" follow="true">
            <PatternLayout pattern="%date{yyyy-MM-dd HH:mm:ss.SSS} %level - %msg%n"/>
        </Console>
        <RollingFile name="FileMain" fileName="${mainFilename}"
                     filePattern="${LOG_HOME}/vh%date{yyyyMMdd}_%i.log.gz">
            <PatternLayout>
                <pattern>%date{yyyy-MM-dd HH:mm:ss.SSS} %level - %msg%n</pattern>
            </PatternLayout>
            <Policies>
                <CronTriggeringPolicy schedule="0 0 0 * * ?" evaluateOnStartup="true"/>
                <SizeBasedTriggeringPolicy size="20 MB"/>
            </Policies>
        </RollingFile>
    </Appenders>
    <Loggers>
        <Root level="info">
            <AppenderRef ref="Console"/>
            <AppenderRef ref="FileMain"/>
        </Root>
    </Loggers>
</Configuration>
```

13.4.2 编写启动程序

接下来编写项目的启动程序,启动程序可以接收外界传入的参数以实现不同配置的切换使用,代码如下:

```scala
//第 13 章/MainCheck.scala
package com.scala.git
import org.slf4j.LoggerFactory

object MainCheck {
  private val log = LoggerFactory.getLogger(getClass)
  def main(args: Array[String]): Unit = {
    log.info(s"接收外界传递的切换配置: ${args.group}")
    var group = "group2"
    if(args.length > 0){
      group = args(0)
    }
    log.info(s"当前配置为 $group")
    group match {
      case "group2" => CheckTask.main(args)
      case _ => log.error(s"not found $group")
    }
  }
}
```

因为 Scala 程序可以与 Java 语言混合编写,因此 Java 开发人员在阅读 Scala 程序时相对容易理解一些。

在 MainCheck 对象的主方法中接收了外界传递进来的 group 参数,它可以在程序启动时动态传递到主方法中并替代默认配置组 group2。

接下来通过 match 操作对 group 变量所代表的分组配置进行匹配,如果匹配成功,则执行对应用的功能调用。如果匹配不上,则输出日志提示。

13.4.3 编写校验逻辑

在 MainCheck.scala 应用程序中,当外界变量 group 匹配成功后会调用具体的执行逻辑,此逻辑封装在 CheckTask 对象方法中。

在编写 CheckTask 对象之前先来编写 GitUtil.scala 程序文件,其作用为调用并执行 CMD 命令以便获取指定分支的所有提交信息,这些提交信息将以数组的形式返回,代码如下:

```scala
//第 13 章/GitUtil.scala
package com.scala.util
import java.io.File
import org.slf4j.LoggerFactory

import scala.sys.process.{Process, ProcessLogger}
```

```scala
object GitUtil {
  private val isWin = System.getProperty("os.name").toLowerCase.contains("Windows")
  private val log = LoggerFactory.getLogger(getClass)

  def getCommits(from: String, to: String, workDir: String): String = {
    val cols = Array("%H", "%s", "%an", "%ae", "%ci")
    val tem = from + ".." + to + " --pretty=format:\"" + cols.mkString("/") + "\"";
    val value = cmdCommits(s"git log " + tem, new File(workDir))
    value
  }

  def cmdCommits(cmd: String, workDir: File): String = {
    var commits:Array[String] = null;
    if(!isWin){
      commits = cmd.split("\\s")
    }else{
      commits = Array("cmd", "/c") ++cmd.split("\\s")
    }
    Process(commits, workDir).!!(ProcessLogger(s => log.error(s"err => $s")))
  }
}
```

接下来实现 CheckTask.scala 程序文件，代码如下：

```scala
//第13章/CheckTask.scala
package com.scala.git

import com.scala.util.GitUtil
import com.typesafe.config.ConfigFactory
import scala.collection.JavaConverters._

object CheckTask {

  private val config = ConfigFactory.load("config.conf").getConfig("group2")
  private val orderWorkDir = config.getString("workDir");
  private val base = config.getString("base");
  private val branchs = config.getStringList("branchs");

  def main(args: Array[String]): Unit = {
    println(s"参照对比分支[$base]")
    println(s"待检查分支集合$branchs")
    checkBraches(base, asScalaBuffer(branchs).toArray).foreach(b => println(s"发现可疑分支 $b"))
  }

  def checkBraches(base: String, brans: Array[String]): Array[String] = {
    brans.filter(b => checkMergeError(base, b))
  }

  private def checkMergeError(base: String, target: String): Boolean = {
```

```scala
            println(s"对比分支:$base,检查分支:$target")
            //取得所有提交信息
            val commits = getDiffCommits(base, target)
            //从历史提交记录过滤出回合过的分支
            val targets = commits.filter(isMergeReverse)
            targets.foreach(c => {println(c.mkString("\t"))})
            println(s"分支[$target]中可疑提交次数: ${targets.length}")
            targets.length != 0
    }

    private def isMergeReverse(messages: Array[String]): Boolean = {
      val msg = messages(1)
      if(msg.startsWith("Merge branch 'int_") || msg.startsWith("Merge remote-tracking branch ")){
        val splits = msg.split("\\s")
        val end = splits(splits.length-1)
        val flag = end.startsWith("int_") || end.startsWith("local_int_")
        return !flag
      }
      false
    }

    private def getDiffCommits(from: String, to: String): Array[Array[String]] = {
      GitUtil.getCommits(from, to, orderWorkDir).lines.map(_.split("/")).toArray
    }
}
```

现在尝试运行工具,随便选取系统中的某个 Git 项目并修改 config.conf 配置文件以使其与 Git 项目中的分支对应,然后运行 MainCheck.scala 程序文件,运行效果如图 13.26 所示。

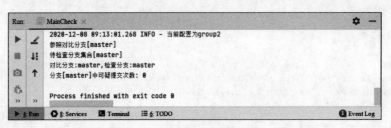

图 13.26 运行 Git 检查工具

13.5 本章小结

本章使用 Scala 实现自定义的 Git 检查工具,读者可以基于本章的示例进行扩展与实现,也可以进行其他应用方向的尝试。

实践的起始往往是艰难的,当我们能够明确目标并保持前行时,会发现我们已经学会了独立思考,同时将预期转变为实现也是一件快乐的事情。

第 14 章 自动化测试

自动化测试可以把由人驱动的测试行为转化为由机器执行的测试行为,这么做是有好处的,它不仅可以节省人力与时间成本,还有助于提高测试的效率。自动化测试可以确保程序运行的稳定性,也能监控并发现应用运行过程中出现的问题。

本章不会过多讲述与自动化测试相关的概念,我们主要关注如何开发符合企业应用的自动化测试程序。开发符合定制需求的自动化测试程序需要花费较高的时间与人力成本,它比较适合于那些运行周期较长且稳定的项目。

自动化测试技术对于测试人员和开发人员来讲都是必备的技术,掌握这部分知识可以帮助我们开发出更具实际意义的应用。自动化测试程序并不是万能的,也不能发现程序中所有潜在的问题,所以开发人员需要保持对应用程序的客观认知,并结合传统的手工测试来完善应用开发中的测试内容。

在学习本章之前,建议读者适当了解与 Python 相关的基础知识,因为本章后续将通过实现基于 Python 的自动化测试程序进行演示。

14.1 自动化测试概述

自动化测试具有以下的优点。

1. 加速回归

回归是自动化测试最主要的任务,当系统待测试的功能模块较多时,进行周期性的回归测试工作量较大,而且多人维护的大型项目在修改上也较为频繁,手工测试可能会产生疏漏,将这部分工作交由自动化测试来完成,不仅可以减少回归测试的时间,还能保障测试的质量与效率。

2. 逻辑解耦

代码是业务逻辑的最终体现,但是单纯的方法或接口并不能体现逻辑的完整性与正确性。在进行自动化测试的过程中,可以将符合业务逻辑的代码按执行步骤配置成有顺序的流程。

尽管这种方式受限于业务逻辑的复杂程度(交叉)及程序代码的实现方式,如没有采用很好的步骤式处理,但还是能从一定程序上模拟出一个完整的业务流程。

事实上确实存在这样的问题：业务人员在进行测试时可能由于某些问题（如硬件问题）的出现而无法完整地对流程进行测试验证。

3. 重复与一致性

自动化测试可以很容易地实现复用。由于测试过程中设计的动作与用例都是固定的，因此只需较少的改动甚至不需要修改便可以实现测试程序的复用，同时也能保证测试结果的一致性。

4. 客观性

测试人员具有主观的行为意识，测试人员的疏忽容易被带入测试过程中，从而影响测试的质量。通过使用自动化测试可以降低或减少人为造成的错误，但是同样也存在弊端：测试程序编写者的认知与代码实现决定了测试的质量。

5. 节省资源

采用自动化测试可以节省人力操作的资源与时间成本，从而提高投入产出比。

14.2 Python 的安装与配置

14.2.1 Python 的下载与安装

在使用 Python 之前需要对其进行安装，读者可以登录 Python 官网下载需要的安装包，其官网网址为 https://www.python.org/downloads/，如图 14.1 所示。

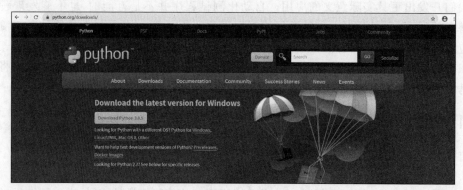

图 14.1　Python 官网

读者可以选择需要的系统版本进行下载，Linux 系统版本的页面地址为 https://www.python.org/downloads/source/，Windows 系统版本的页面地址为 https://www.python.org/downloads/Windows/。

在 Windows 系统版本的下载页面列出了各种版本的安装包，如图 14.2 所示。

其中 x86 代表 32 位的系统版本，x86-64 代表 64 位的系统版本。web-based 代表基于 Web 的安装版本，执行安装后可通过网络下载 Python，相当于一个安装引导器。executable 是可执行安装版本，安装包为 exe 可执行文件。embeddable zip file 是压缩

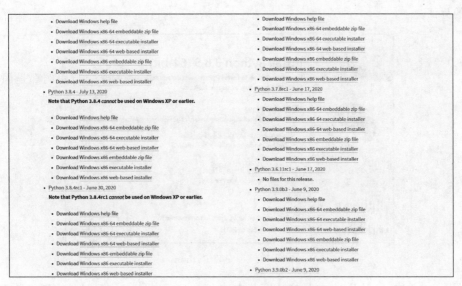

图 14.2 Windows 版本下载页面

版本，配置环境变量即可使用。

在 Linux 系统下载页面中列出了各种不同的 Python 版本，如图 14.3 所示。

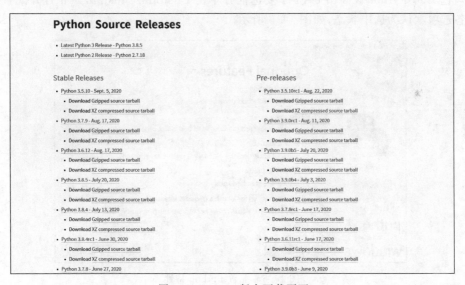

图 14.3 Linux 版本下载页面

其中 Gzipped source tarball 是 Linux 系统对应的版本，XZ compressed source tarball 是 CentOS 系统对应的版本。

本书使用 Windows 系统下的安装版本 3.8.5。双击下载的安装文件，打开如图 14.4

所示的界面。

图 14.4　安装 Python

在图 14.4 中，Install Now 是快速安装方式，Customize installation 是定制安装方式。

勾选 Add Python 3.8 to PATH 复选框可以将 Python 环境变量直接添加到系统的环境变量中。如果不勾选，安装完成后用户需要手工配置相关环境变量。

勾选 Add Python 3.8 to PATH 复选框并单击 Customize installation 打开配置界面，其中各选项默认为选中状态，如图 14.5 所示。

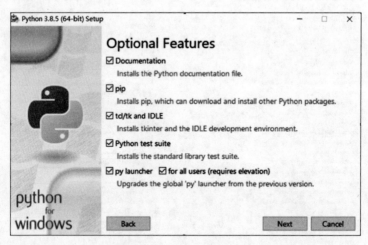

图 14.5　配置 Python 特性

单击 Next 按钮执行下一步，如图 14.6 所示。

建议勾选 Precompile standard library 复选框以执行预编译，然后单击 Install 按钮执行安装，如图 14.7 所示。

安装完成后如图 14.8 所示。

第14章 自动化测试

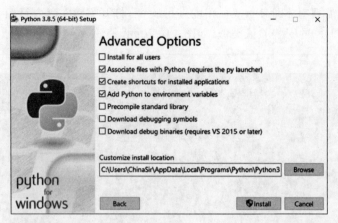

图 14.6　配置 Python 选项

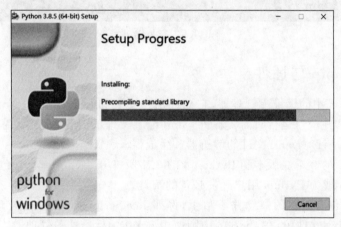

图 14.7　安装过程

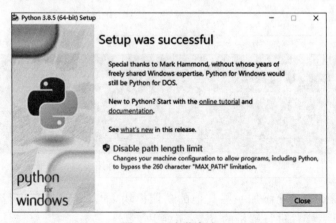

图 14.8　安装完成

安装完成后需要对本地 Python 环境进行验证，打开 CMD 命令行窗口并执行 python 命令，此操作与 JDK 的安装验证类似，如图 14.9 所示。

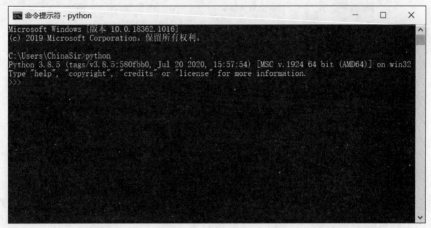

图 14.9　安装成功

14.2.2　pip 与插件

pip 是 Python 中的标准库管理器，它允许用户安装和管理不属于 Python 标准库的其他软件包。例如，在项目运行时需要解析 .yaml 配置文件的内容，此时就需要通过 pip 安装 pyyaml 模块，它是针对 yaml 文件的解析器和生成器。

从 Python 2 的 2.7.9 版本和 Python 3 的 3.4 版本开始，pip 一直被包含在 Python 安装包内，自此 pip 成为 Python 用户开发必备的工具。

读者可能对包管理器的概念并不陌生，例如 JavaScript 使用 npm 管理软件包，.NET 中使用 NuGet 管理软件包，在 Python 中则使用 pip 作为标准的包管理器。

Python 安装完成后，用户可以在控制台中运行 pip --version 命令来验证 pip 是否可用，如图 14.10 所示。

图 14.10　验证 pip 是否可用

pip 可用后需要为系统添加一些其他的功能模块，如基于浏览器进行测试的 selenium 模块和对 yaml 配置文件进行解析的 pyyaml 模块。

在模块安装之前,首先编写示例程序,代码如下:

```
//第14章/test.py
from selenium import webdriver
import time

driver = webdriver.Chrome()
driver.get("http://www.baidu.com")
print(driver.title)
driver.find_element_by_id("kw").send_keys("selenium")
driver.find_element_by_id("su").click()
time.sleep(3)
driver.close()
```

此程序在打开 Chrome 浏览器之后会访问百度的首页,然后在搜索框中输入关键字 selenium 执行搜索操作并在 3s 后关闭浏览器。

将上述内容保存到 test.py 文件中,读者也可以使用自定义文件名称,但一定要使用 Python 文件后缀.py。

右击文件 test.py 并选择 Edit with IDLE 3.8(64-bit)菜单,其中 IDLE 是 Python 软件包自带的集成开发环境,可以方便地创建、运行、调试 Python 程序,如图 14.11 所示。

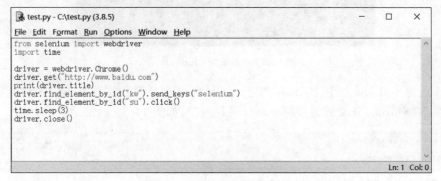

图 14.11　集成开发环境 IDLE

执行菜单 Run→Run Module 命令或使用快捷键 F5 运行程序,如图 14.12 所示。

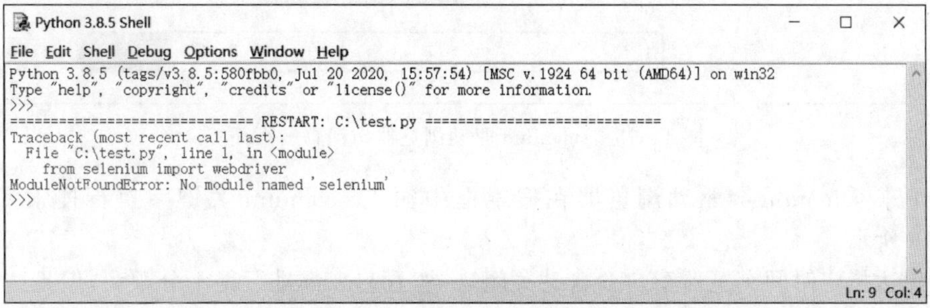

图 14.12　运行程序

从图 14.12 中可以看出，当前系统中并不包含与浏览器进行交互操作的 selenium 模块。接下来使用 pip 包管理工具安装 selenium 模块，如图 14.13 所示。

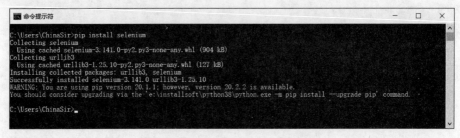

图 14.13　安装 selenium 模块

执行 pip show selenium 命令查看模块，如图 14.14 所示。

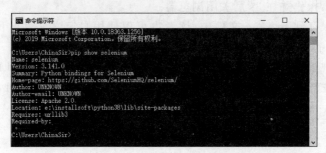

图 14.14　查看 selenium 模块

再次运行 test.py 文件，Python 会通过 selenium 驱动调用浏览器进行操作，同时浏览器中会显示"Chrome 正受到自动测试软件的控制。"，如图 14.15 所示。

图 14.15　selenium 驱动浏览器访问百度页面

接下来 selenium 会驱动浏览器在搜索框中输入 selenium 关键字执行搜索操作，如图 14.16 所示。

在到达指定时间浏览器窗口会自动关闭，一切看起来都进行得十分顺利，但是这其中还隐藏了一些用户不知道的细节。

图 14.16　驱动浏览器执行搜索

当 Python 调用 selenium 模块驱动浏览器进行操作时，实际上还需要当前系统中包含对应浏览器版本的驱动程序，selenium 通过调用驱动程序间接向浏览器发送命令并执行。

以 Google Chrome 浏览器为例，在浏览器网址栏中输入 Chrome://version 查看当前浏览器内核信息，如图 14.17 所示。

图 14.17　查看浏览器内核

可以看到，当前浏览器内核版本为 85.0.4183.83。接下来访问网址 http://Chromedriver.storage.googleapis.com/index.html，这是谷歌公司提供的对外驱动下载网址。如果不能成功访问，可以使用阿里巴巴提供的镜像站点 http://npm.taobao.org/mirrors/Chromedriver/ 进行访问，如图 14.18 所示。

单击对应浏览器的内核版本进入下载页面，如图 14.19 所示。

页面中列出了 Linux 系统、Mac 系统和 Windows 系统下的驱动包程序，此处选择 Windows 系统版本进行下载。虽然当前使用的系统是 64 位，但是对于 32 位驱动程序也是兼容的。

将驱动程序解压缩至 C:\Program Files 或任何自定义位置，然后配置系统环境变量 PATH，将文件 Chromedriver.exe 所在目录追加到环境变量中。配置完成后执行 Chromedriver 命令验证驱动程序是否可以正常使用，如图 14.20 所示。

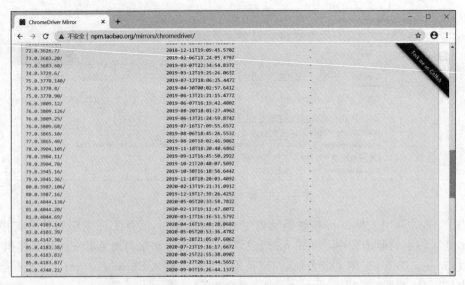

图 14.18　访问阿里巴巴镜像站点（一）

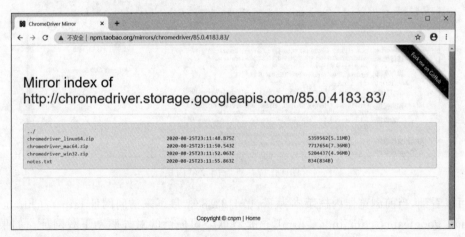

图 14.19　访问阿里巴巴镜像站点（二）

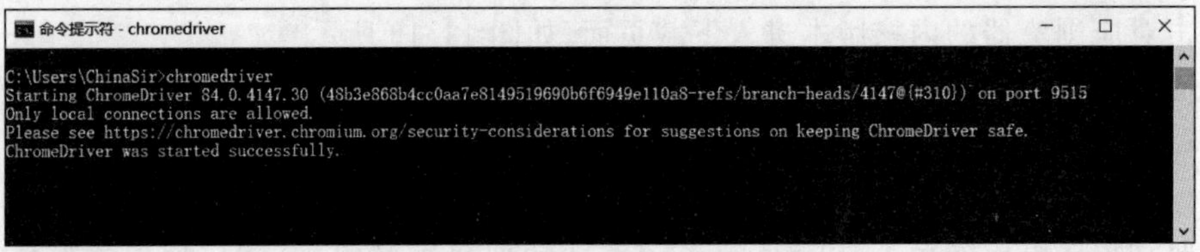

图 14.20　验证驱动程序

至此 selenium 每次调用 Chrome 浏览器时都可以加载到本地对应的驱动程序。

14.2.3 在 IntelliJ IDEA 中配置 Python

在 IntelliJ IDEA 中使用 Python 需要安装 Python 插件，或使用 PyCharm 进行 Python 项目开发，它们作为 JetBrains 公司的产品功能是十分强大的。

首先打开插件管理窗口，读者可以参照第 16 章，如图 14.21 所示。

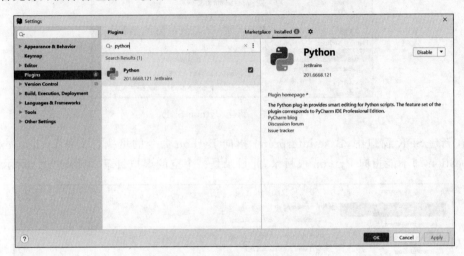

图 14.21　安装 Python 插件

接下来在 IntelliJ IDEA 中配置 Python SDK。打开工程结构窗口并切换到 SDKs 选项卡，如图 14.22 所示。

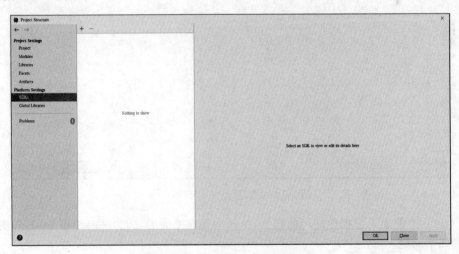

图 14.22　打开 SDKs 系统配置

单击 **+** 按钮或使用快捷键 Alt+Insert 打开下拉菜单并选择 Add Python SDK，如图 14.23 所示。

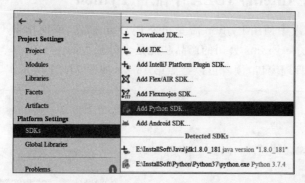

图 14.23 新建 Python SDK

在新建 SDK 窗口中，Base interpreter 指向 Python 命令的可执行文件 python.exe，但是 Location 却不能指向 Python 根目录，此目录是一个空的虚拟目录，如图 14.24 所示。

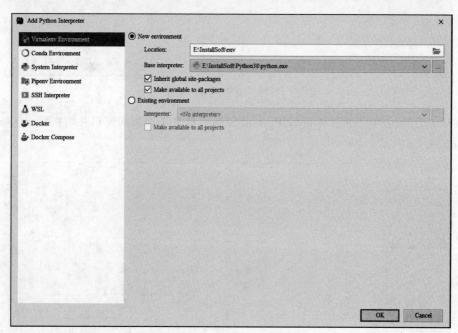

图 14.24 配置 Python SDK（一）

Python 中使用了虚拟化环境的概念，这样做是有原因的，因为平时使用 Python 时可能会遇到如下问题：

- 当项目使用不同版本时，如 Python 2.7/3.7，要通过切换 Python 解释器版本来运行程序或使用 python 2/3，pip/pip 3 等命令来对应不同的版本。

- 有时一个项目中要用到很多第三方模块,但是这些模块在其他项目中并不会被使用,因此清除安装过的模块会很麻烦。
- 项目开发完成后,不需要再次安装依赖模块就可以在其他系统上直接运行。
- 对于发生变化的第三方模块,既可以让原项目运行在旧版本上,又可以在其他项目中使用新版本。

基于上述原因,开发者可以尝试对项目进行"虚拟化"。在运行 Python 项目时,其使用一个已经创建出来的虚拟化环境,而这个虚拟化环境初始时是空目录,它由指定版本的 Python 进行生成后展示在 SDK 列表中。新建项目在指定虚拟环境后即可运行,如图 14.25 所示。

图 14.25　配置 Python SDK(二)

14.3　自动化测试类型

14.3.1　Web 自动化测试

单击菜单 File→New→Project 打开新建工程窗口并切换到 Python 选项卡,如图 14.26 所示。

在 Project SDK 位置选择之前创建的虚拟化环境,Additional Libraries and Frameworks 中列出了可以附加的框架和库,其中 Django 是由 Python 编写的 Web 应用程序框架,它适合于创建高性能的 Web 服务。Google App Engine 是由谷歌公司提供的用于创建、运行和构建伸缩性 Web 应用的工具。最后一项是 SQL Support,它提供了基于数据库的操作。

不选择任何框架或库,单击 Next 按钮继续向下执行。在图 14.27 中可以基于模板创建 Flask 项目,Flask 是一个使用 Python 编写的轻量级 Web 应用框架。

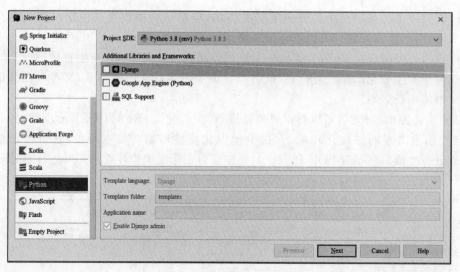

图 14.26　新建 Python 工程

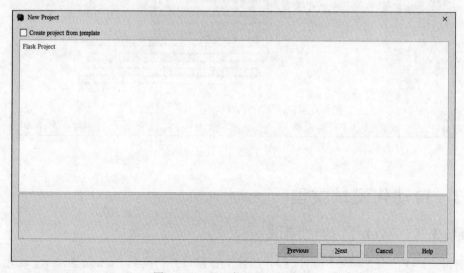

图 14.27　是否使用 Flask 框架

由于本节创建用于访问 Web 应用的程序而不是创建 Web 程序,所以此处不必勾选。单击 Next 按钮执行下一步,如图 14.28 所示。

指定项目名称与存储位置,单击 Finish 按钮创建项目。新建的项目结构如图 14.29 所示。

右击项目根目录并选择 New→Python File 菜单,如图 14.30 所示。

在 New Python file 对话框中指定文件名称 test 并选择 Python file 文件类型,如图 14.31 所示。

第14章 自动化测试

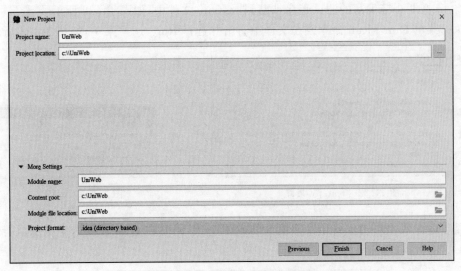

图14.28 指定项目名称与位置

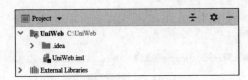

图14.29 Python项目结构

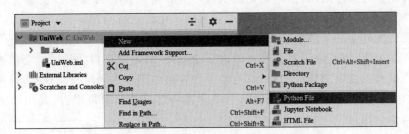

图14.30 新建Python文件（一）

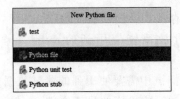

图14.31 新建Python文件（二）

将 14.2.2 小节编写的测试程序粘贴到 test.py 文件中,如图 14.32 所示。

执行菜单 Run→Run 命令或在文件中右击并选择 Run 'test'菜单,如图 14.33 所示。

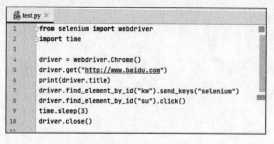

图 14.32　test.py 文件

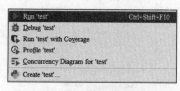

图 14.33　运行文件

程序运行效果与 IDLE 开发环境中的效果一致,同时在 Run 选项卡中显示执行输出,如图 14.34 所示。

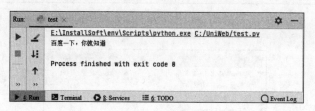

图 14.34　运行输出

现在开始扩充程序的功能,自动化测试程序需要每天检查目标系统的运行状态并记录下来,为此需要验证如登录、加载页面等功能来确认系统运行的稳定。

如果测试操作是基于前端进行的,则尽管前端可能与后端服务相关联,但更多系统已经实现了前后端分离,因此除了对前端页面进行测试外,对后端接口的测试也会单独进行。

前端测试有其特定的任务指标,其主要考察界面的脚本是否可正确执行,以及页面的加载速度是否过于缓慢等。测试完成后向用户发送一封邮件并附带报告,其中描述了项目运行的成功与失败信息。

首先定义项目的基础结构,如图 14.35 所示。

各目录及文件用途如下。

- common：此目录用于存放公共的功能模块。
- config：此目录用于存放系统使用到的 yaml 配置文件。
- data：此目录用于存放测试中需要使用到的测试数据。
- logs：此目录用于存放运行中生成的日志文件。
- report：此目录用于存放自动化测试后生成的测试报告。

图 14.35　项目结构

- testcase：此目录用于存放测试用例的程序。
- run.py：应用执行的主程序。

待配置的基础数据分为两种：本地配置与测试数据，之所以分开配置是为了使数据之间彼此独立。

首先在 config 目录下新建 config.ini 初始化文件，其用来定义项目中的配置数据，这类数据在项目稳定后通常不会发生改变，配置如下：

```
//第 14 章/config.ini
[EMAIL]
#发送邮箱服务器
HOST_SERVER = smtp.example.com
#邮件发件人
FROM = admin@example.com
#邮件收件人
TO = receive@example.com
#显示的发送人
USER = admin@example.com
#密码
PASSWORD = 3Bc3yIsWERBgvMGM
#邮件标题
SUBJECT = 自动化测试报告
```

配置文件中指定了发送邮件时需要使用的信息，其中邮箱地址均为示例，用户需要将其替换为自己的邮箱信息。

值得一提的是：在发送邮件时使用的密码是在邮件服务器端设置的专用密码。专用密码用于登录第三方邮件客户端，这样可以保证邮箱与账号的安全性。一般企业内部都会采用这种方式并配置公共邮件组，在接收到测试报告后群发至内部所有组成员。

在 data 目录下新建 home.yaml 配置文件，其用来定义测试用例运行时需要使用的数据，配置如下：

```
//第 14 章/home.yaml
#定义配置数据
-
  target_name: '登录页'
  target_url: 'http://localhost:8080/login'
  target_count: 10
```

其中 target_name 用于描述页面名称，target_url 代表访问地址，target_count 代表自动化加载次数以用于计算花费时间的平均值。

定义 global.py 全局文件以配置系统内各目录位置，代码如下：

```
//第 14 章/global.py
import os,sys
BASE_DIR = os.path.dirname(os.path.dirname(__file__))
```

```python
sys.path.append(BASE_DIR)

#配置文件
DIR_CONFIG = os.path.join(BASE_DIR,"config","config.ini")
#测试用例目录
DIR_TEST = os.path.join(BASE_DIR,"testcase")
#测试报告目录
DIR_REPORT = os.path.join(BASE_DIR,"report")
#日志目录
DIR_LOG = os.path.join(BASE_DIR,"logs")
#测试数据文件
DIR_DATA = os.path.join(BASE_DIR,"data")
```

创建测试用例 testHome.py,其用来测试页面加载时间并判断加载是否过于缓慢或超时,代码如下:

```python
//第14章/testHome.py
import time
import unittest,ddt,yaml
from common import globals
from selenium import webdriver

@ddt.ddt
class PageTestCase(unittest.TestCase):
    def setUp(self):
        #是否禁用JavaScript
        #webdriver.ChromeOptions().add_argument('--disable-JavaScript')
        self.Chrome_driver = webdriver.Chrome()
        #取得从加载页面开始至onload事件结束所耗费的时间
        self.loadTime = """
            let timed = window.performance.timing;
            return timed.loadEventEnd - timed.navigationStart ;
        """
        f = open(globals.DIR_DATA + '/' + 'home.yaml',encoding = 'utf-8')
        cont = f.read()
        self.data_dict = yaml.load(cont,Loader = yaml.FullLoader)

    def test_page_case(self):
        out_result = []
        for i in self.data_dict:
            des = i["target_name"]
            url = i['target_url']
            count = i['target_count']
            element = {
                "地址描述": des,
                "链接地址": url,
                "请求次数": count,
                "页面统计": self.load_page(url,count)
```

```python
            }
            out_result.append(element)
        print(out_result)

    def load_page(self, url, count):
        time_array = []
        total_page = {}
        for i in range(count):
            self.Chrome_driver.execute_script("window.open('','_blank');")
            self.Chrome_driver.switch_to.window(self.Chrome_driver.window_handles[-1])
            self.Chrome_driver.get(url)
            time_array.append(int(self.Chrome_driver.execute_script(self.loadTime)))
            self.Chrome_driver.execute_script("window.close();")
            self.Chrome_driver.switch_to.window(self.Chrome_driver.window_handles[-1])
        total_page['最长时间'] = str(max(time_array)) + "ms"
        total_page['最短时间'] = str(min(time_array)) + "ms"
        total_page['平均时间'] = str(sum(time_array) / len(time_array)) + "ms"
        return {"时间统计": total_page}

    def tearDown(self):
        pass
if __name__ == '__main__':
    unittest.main()
```

其中 time 模块用于时间操作，unittest 模块用作单元测试，ddt 模块用作数据驱动模型，yaml 用于加载自定义配置文件，同时引入全局配置 globals 和用于浏览器驱动操作的 selenium。

在文件 testHome.py 中定义类 PageTestCase 并添加了如下函数：

```python
@ddt.ddt
class PageTestCase(unittest.TestCase):
    def setUp(self):
    def tearDown(self):
```

其中，@ddt.ddt 注解可以在方法中使用数据驱动以快速实现多测试用例的执行。参数中使用了 unittest.TestCase 来指定当前类继承自 TestCase 类，这样可以在类中创建一个或一组测试用例。

PageTestCase 类中的 setUp() 函数与 tearDown() 函数分别表示前置条件与后置条件。前置条件在每次用例执行前会执行一次，它主要用于初始化数据等操作，而后置条件在每次用例执行完之后会执行一次，它主要用于释放资源（如关闭打开的链接）等。

如果要让 setUp() 函数和 tearDown() 函数在所有用例执行前后只执行一次，可以使用 @classmethod 内置装饰器并且将函数名改为 setUpClass() / tearDownClass()。

在 setUp() 函数中初始化了浏览器驱动及参数，同时又加载了 home.yaml 文件中配置的测试用例所需要的数据。load_page()函数用于页面的加载处理。

最后添加测试函数 test_page_case(),需要注意所有的测试函数都是以 test 开头的,如 test_functionname,这一点与 JUnit 十分相似。事实上 unittest 原名为 PyUnit,它是由 Java 语言的 JUnit 衍生而来的。

可以看到,测试用例中采用遍历的方式加载文件 home.yaml 中的配置数据,同时根据这些数据进行访问测试并统计加载时间。

现在以本机搭建的项目为例进行相关访问测试,如图 14.36 所示。

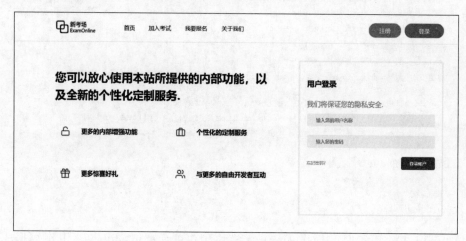

图 14.36 本地服务页面

运行测试程序,输出结果如下:

```
[{
    '地址描述': '登录页',
    '链接地址': 'http://localhost:8080/login',
    '请求次数': 10,
    '页面统计': {
        '时间统计': {
            '最长时间': 124ms,
            '最短时间': 43ms,
            '平均时间': 59.0ms
        }
    }
}]
```

自动化测试程序的基础功能已经实现,而且测试结果中的响应时间比较理想。接下来还要为测试用例生成运行报告,并通过邮件发送给用户。

编写邮件发送程序 email.py,该模块在测试程序对其进行调用时会自动加载生成的测试报告作为附件进行发送,代码如下:

```python
//第14章/email.py
import os,sys,smtplib,configparser,time
sys.path.append(os.path.dirname(os.path.dirname(os.path.dirname(__file__))))
from email.mime.text import MIMEText
from email.mime.multipart import MIMEMultipart
from common import globals

def email():
    #读取邮件配置
    config = configparser.ConfigParser()
    config.read(globals.DIR_CONFIG,encoding='utf-8')
    SENDER = config.get("EMAIL","FROM")
    RECEIVER = config.get("EMAIL","TO")
    USER = config.get("EMAIL","USER")
    PWD = config.get("EMAIL","PASSWORD")
    SUBJECT = config.get("EMAIL","SUBJECT")

    #取得最新生成的报告
    lists = os.listdir(globals.DIR_REPORT)
    lists.sort(key=lambda fn: os.path.getmtime(globals.DIR_REPORT + "\\" + fn))
    fileAttach = os.path.join(globals.DIR_REPORT,lists[-1])
    sendfile = open(fileAttach,'rb').read()

    #封装MIME邮件并发送附件
    msg = MIMEMultipart('related')
    att = MIMEText(sendfile,'base64','utf-8')
    att["Content-Type"] = 'application/octet-stream'
    att.add_header("Content-Disposition","attachment",filename=("gbk","",fileAttach))
    msg.attach(att)
    msgtext = MIMEText(time.strftime("%Y-%m-%d %H:%M")+"自动化测试报告邮件",'plain','utf-8')
    msg.attach(msgtext)
    msg['Subject'] = SUBJECT
    msg['from'] = SENDER
    msg['to'] = RECEIVER

    try:
        server = smtplib.SMTP_SSL("smtp.example.com")
        server.login(USER,PWD)
        server.sendmail(SENDER,RECEIVER,msg.as_string())
        server.quit()
        print("邮件发送成功。")
    except Exception as e:
        print("邮件发送失败," + str(e))
```

在文件 email.py 中,首先读取配置 globals.DIR_CONFIG,也就是在文件 config.ini 中配置的邮件信息。读取配置完成后对目录 globals.DIR_REPORT 下生成的报告文件进行排序并取得最新的文件作为附件。

Python 使用 MIME 进行邮件发送。MIME（Multipurpose Internet Mail Extentions）是多用途的网络邮件扩充协议，它可以在电子邮件中附加各种格式的文件进行传送。

Python 2.3 以上版本默认带有 smtplib 模块用于邮件的投递发送，而 MIME 是 smtplib 模块邮件内容主体的扩展并可以包含 HTML、图像、声音及附件等。

email.py 源码中首先指定了文件的类型。MIME 邮件中各种不同类型的内容是分段存储的，各个段的排列方式、位置信息都通过 Content-Type 域的 multipart 类型来定义。multipart 类型主要有 3 种子类型：mixed、alternative、related。

1) mixed 类型

如果邮件中含有附件，则可以定义为 mixed 类型，邮件通过 mixed 类型中定义的 boundary 标识将附件内容同邮件其他内容分成不同的段。

2) alternative 类型

邮件中可以传送超文本内容。出于兼容性的考虑，一般在发送超文本格式内容的同时会发送一个纯文本内容的副本，如果邮件中同时存在纯文本和超文本内容，则邮件需要在 Content-Type 域中定义 multipart/alternative 类型，邮件通过其 boundary 中的分段标识将纯文本、超文本和邮件的其他内容分成不同的段。

3) related 类型

MIME 邮件中除了可以携带各种附件外，还可以将其他内容以内嵌资源的方式存储在邮件中，具体使用哪一种邮件类型读者可以自行选择。观察如下代码：

```
msgtext = MIMEText(time.strftime("%Y-%m-%d %H:%M")+"自动化测试报告邮件",'plain','utf-8')
```

此处使用 MIMEText 进行文本内容的发送，因此指定内容格式为 plain。事实上 MIMEText 还支持发送 HTML 格式的邮件，其中可以包含所有 HTML 格式的元素，如表格、图片、样式等。

我们经常会接收到一些带有 HTML 页面风格的广告邮件，其使用的内容格式为 html 而不是 plain。在进行邮件发送时只需将待发送内容从指定 HTML 文件中读取出来并填充到 mail_body，写法如下：

```
f = open(file,'rb')
mail_body = f.read()
msgtext = MIMEText(mail_body,'html','utf-8')
```

邮件模块已经准备好了，在测试用例全部执行后对其进行调用即可。现在可以开始编写主程序了。在开始编写主程序之前，我们需要使用一个开源模块 HTMLTestRunner。

HTMLTestRunner 是一个基于 unittest 单元测试的第三方类库，并且可以生成 HTML 格式的报告文件。发送邮件的时候加载的附件就是由 HTMLTestRunner 生成的最新报告。

HTMLTestRunner 是一个名为 HTMLTestRunner.py 的文件，用户可以从官方网址

http://tungwaiyip.info/software/HTMLTestRunner.html 将这个文件下载到本地使用。

HTMLTestRunner 的安装十分简单，将下载下来的文件保存到 Python 安装路径下的 lib 文件夹中，或者直接复制到项目中的模块目录下即可。我们将 HTMLTestRunner.py 文件放置到 common 目录中，然后在使用时通过 import 命令引入该模块。

现在使用新模块来创建主应用程序 run.py，代码如下：

```
//第14章/run.py
import os,sys,ssl,unittest,time
sys.path.append(os.path.dirname(__file__))
from common.HTMLTestRunner import HTMLTestRunner
from common import globals
from common.email import email

ssl._create_default_https_context = ssl._create_unverified_context

def load_case():
    """加载所有的测试用例"""
    all_case = unittest.defaultTestLoader.discover(globals.DIR_TEST, pattern='*.py')
    now = time.strftime("%Y-%m-%d %H_%M_%S")
    filename = globals.DIR_REPORT + '/' + now + 'report.html'
    fp = open(filename,'wb')
    runner = HTMLTestRunner(stream=fp,title=time.strftime("%Y-%m-%d")+'_自动化测试报告',description='浏览器:Chrome',tester='testMan')
    runner.run(all_case)
    fp.close()
    email()
if __name__ == "__main__":
    cases = load_case()
```

在主程序中加入了 ssl 声明，其目的是为了防止 selenium 调用浏览器访问页面时出现证书不受信任的问题，代码如下：

```
ssl._create_default_https_context = ssl._create_unverified_context
```

接下来通过 defaultTestLoader 加载 globals.DIR_TEST 目录下的所有测试用例。加载完成后打开基于本地测试报告的文件流并将其转接到 HTMLTestRunner，同时由 HTMLTestRunner 生成一个运行器，这个运行器可以对加载的测试用例进行调用并将最终运行的结果输出到指定的测试报告中。

最后关闭文件流并调用邮件发送模块发送测试报告，用户可以在邮箱中查看收到的邮件，如图 14.37 和图 14.38 所示。

至此，我们已经实现基于 Python 的测试程序并成功发送了测试报告。虽然可以进行更多细化处理，但是这些工作交给读者来完成可能会更好一些。

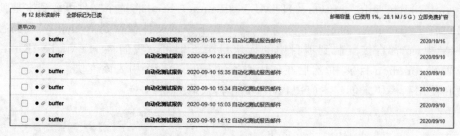

图 14.37　接收的邮件(一)

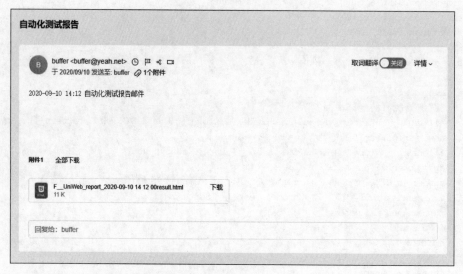

图 14.38　接收的邮件(二)

14.3.2　基于接口的自动化测试

本节继续实现基于接口的自动化测试。

1. 明确测试内容

基于接口的测试不难理解,通常是对特定的接口进行请求访问并期望得到预期响应。虽然有多种 HTTP 请求方式可供使用,但 POST 和 GET 方法是最常用的方法。

在进行接口访问时,身份问题一直都是敏感且重要的问题,所以在进行自动化测试时一定要保证用户登录的身份,以便于获得准确的预期响应。

Session 方式是比较传统的鉴权方式并依然被许多公司及产品所采用。随着前后端分离与微服务的流行,更多的公司开始采用 Token 鉴权的方式。

采用 Token 是有好处的,开发人员只要知道它的验证机制,就可以很容易地封装接口数据并模拟请求,而不用再去考虑 Cookie 和 Session,所以基于 Token 的验证要比基于 Session 的验证更加直接和方便。

为了便于读者理解,本示例中依然采用基于 Session 的请求方式来演示如何进行接口测试。在学习完本节内容后,读者可以自行尝试基于 Token 的验证方式。

需要注意的是:基于接口测试的响应内容应该是具有一定数据结构形式的报文,如 JSON,而不是 MVC 模式中加载了数据的响应页面,结构化报文对于前后端分离具有十分重要的作用。

2. 添加配置数据

我们依然采用项目原有的结构和配置,在 data 目录下新建 login.yaml 配置文件,内容如下:

```yaml
//第 14 章/login.yaml
link_URL: 'http://localhost:8080/login/in'
test_URL: 'http://localhost:8080/testSession'
status_URL: 'http://localhost:8080/admin'
user_name: 'admin'
user_pass: 'password'
```

login.yaml 配置文件中定义了 3 个地址,说明如下:

- link_URL:此地址为登录接口地址,通过访问此地址并提供 user_name 与 user_pass 配置数据可以实现登录并得到有效的 Cookie。
- status_URL:此地址为管理用户后台地址。在用户成功登录后,访问此地址可以进入后台管理页面。因为此地址的响应内容是页面而不是报文,所以可以通过获取响应页面状态判断是否登录成功。
- test_URL:此地址为成功登录后的测试接口地址。

3. 测试用例

本示例可以理解为有两种接口:登录接口与内容接口。内容接口只有在用户成功登录后才能够访问并得到预期响应数据的接口。

在访问内容接口前用户一定要完成登录,否则无法通过接口中前置的验证机制,因此我们先来编写测试用例以实现登录操作。新建测试用例文件 login.py,源码如下:

```python
//第 14 章/login.py
import requests,unittest,ddt,yaml,json
from common import globals

@ddt.ddt
class LoginTestCase(unittest.TestCase):

    def setUp(self):
        f = open(globals.DIR_DATA + '/' + 'login.yaml',encoding = 'utf-8')
        cont = f.read()
        self.data = yaml.load(cont,Loader = yaml.FullLoader)
        self.params = {
            "username": self.data["user_name"],
```

```python
            "userpass": self.data["user_pass"]
        }
        self.req_param = json.dumps(self.params).encode(encoding='utf-8')

    def test_page_case(self):
        URL = self.data["link_URL"]
        headers = {"Content-Type":"application/json"}
        res = requests.post(URL=URL,headers=headers,data=self.req_param)
        json_obj = json.loads(res.content)
        print(json_obj)

    def tearDown(self):
        pass

if __name__ == '__main__':
    unittest.main()
```

首先在初始化方法 setUp() 中加载 login.yml 配置文件的数据并将其放置到 self.data 数据字典中，此示例仅使用了配置中的 link_URL、user_name 和 user_pass 3 个参数，其余两个地址参数可以在其他程序中使用。

配置加载完成后，取得 self.data["user_name"] 和 self.data["user_pass"] 并封装到 self.params 参数中，然后通过 json.dumps(self.params).encode(encoding='utf-8') 将其转换为 JSON 形式的请求参数。

requests 是一个 HTTP 库模块，它支持使用 Cookie 保持会话、使用 HTTP 连接和连接池等操作，我们使用 requests.post() 方法来发送 POST 请求。在 POST 请求中添加了请求地址 link_URL、简单的 header 头信息和封装好的 JSON 请求参数。

最后通过 json.loads(res.content) 操作将返回报文转换为标准的 JSON 结构并打印输出。读者可以采用多种方式（如 Spring）实现登录接口的响应，本示例运行结果如下：

```
ResourceWarning: Enable tracemalloc to get the object allocation traceback
{'respDesc': '登录成功!', 'msgFlag': '0'}
```

至此在服务器端已经完成了相应 Session 的创建，也就是说用户已经成功登录到服务器上了，但使用浏览器访问页面时却发现用户并不处于登录状态，这是因为发送请求的客户端是 Python 测试用例程序而不是浏览器。

4. Cookie 与 Session

为了使读者能够更好地理解 Cookie 与 Session 之间的关系，现说明如下。

1) HTTP 协议状态

我们知道 HTTP 协议和 TCP 协议是最常用的协议，其中 HTTP 协议是建立在 TCP 协议之上的一种协议。

HTTP 连接最显著的特点是客户端每次发送的请求都需要服务器回送响应，并且在请求结束后会主动释放连接，因此 HTTP 连接是一种"短连接"，要保持客户端程序的在线状态,就需要不断地向服务器发起连接请求。

这种情况决定了 HTTP 协议是一种无状态的协议,一旦数据交换完毕客户端与服务端的连接就会关闭。当再次交换数据时需要建立新的连接,服务器无法从连接上跟踪会话。那么为了保存会话信息并保持登录状态,在服务器端与客户端都是怎么做的呢?

2) Cookie

因为 HTTP 协议是一种无状态协议,因此服务器无法在每次访问时确认访问者的身份。为了能够对访问者加以标识,在每次请求到达并进行响应的时候,服务器会在响应信息中加入部分信息,这部分信息属于访问者的独一无二的标识,也就是 Cookie。

当浏览器或客户端再次请求服务时会将 Cookie 与请求数据同时提交给服务器。服务器通过检查该 Cookie 来识别访问请求的客户端。很多用户有过多次登录同一网站的经历,并且会发现有很多历史信息被网站留存了下来,其实使用的就是 Cookie,但 Cookie 只是保留在客户端上(浏览器上)的数据。

3) Session

Session 是一种保存在服务器端上且与客户端对应的状态。当客户端访问服务器端时,服务器端会以 Session 的形式将客户端状态记录下来并且在服务器端分配一个唯一的 SessionId 作为标识,通常可以在浏览器的检查视图中查看到这个分配的 SessionId,它被命名为 JSessionId,如图 14.39 所示。

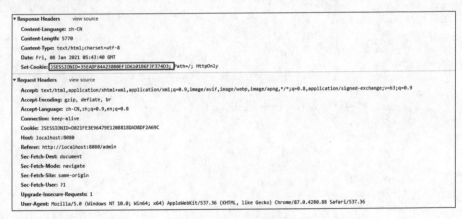

图 14.39　审查元素

由于 Session 存放在服务器端,为了与客户端保持一致,服务器端会将 SessionId 放到 Cookie 中返回给客户端,所以当请求到达时服务器端首先会检查客户端请求里是否包含 SessionId,如果已包含则说明已经为此客户端创建过 Session,服务器就会按照 SessionId 将 Session 检索出来并使用。如果客户端请求中不包含 SessionId,服务器端会为客户端创建一个新的 Session 并生成与之关联的 SessionId。

SessionId 是一个既不会重复又不容易被找到规律而仿造的字符串,这样就可以通过 Session 来维护客户端与服务器端的状态一致,这也是登录操作中经常使用的方式。

5. 为用例添加 Session

在了解 Cookie 与 Session 的关系之后,新建测试用例 testSession.py,其中使用 Session 进行会话管理,同时实现对 Cookie 信息的存储与加载。

当 testSession.py 程序运行时,首先会从 Cookies.txt 记录文件中尝试加载已保存的 Cookie 信息并判断用户的登录状态。如果用户未登录或 Session 已经失效,则将尝试重新登录。

此功能在自动化测试过程中用于维护验证接口的模拟登录状态,代码如下:

```python
//第 14 章/testSession.py
import requests
import requests, unittest, ddt, yaml, json, os, sys
import demjson
from URLlib import parse, request
from common import globals
try:
    import Cookielib
except:
    import http.Cookiejar as Cookielib

Session = requests.session()
Cookies = Cookielib.LWPCookieJar("Cookies.txt")
Cookies.save(ignore_discard = True)
Session.Cookies = Cookies
@ddt.ddt
class LoginTestCase(unittest.TestCase):
    def setUp(self):
        f = open(globals.DIR_DATA + '/' + 'login.yaml', encoding = 'utf-8')
        cont = f.read()
        self.data = yaml.load(cont, Loader = yaml.FullLoader)
        self.params = {
            "username": self.data["user_name"],
            "userpass": self.data["user_pass"]
        }
        self.req_param = json.dumps(self.params).encode(encoding = 'utf-8')
        self.link_URL = self.data["link_URL"]
        self.test_URL = self.data["test_URL"]
        self.status_URL = self.data["status_URL"]
        self.headers = {"Content-Type":"application/json"}

    def doLogin(self):
        resp = Session.post(self.link_URL, headers = self.headers, data = self.req_param)
        print(resp.content.decode("utf-8"))
        json_obj = json.loads(resp.content)
        print(json_obj)
        # 登录成功之后,将 Cookie 保存到本地文件中
        Cookies.save("Cookies.txt", ignore_discard = True)
```

```python
    def isLogin(self):
        responseRes = Session.get(self.link_URL, headers = self.headers, allow_redirects = False)
        print(responseRes.status_code)
        if responseRes.status_code != 200:
            return False
        else:
            return True

    def test_page_case(self):
        Cookies.load(filename = "Cookies.txt", ignore_discard = True)
        isLogin = self.isLogin()
        if isLogin == False:
            self.doLogin()

    def tearDown(self):
        pass
if __name__ == '__main__':
    unittest.main()
```

示例代码中对 CookieLib 进行了引入。CookieLib 可以自动处理请求中的 Cookies 信息并与 requests 等模块共同使用。由于其在 Python 2 与 Python 3 中的引入方式不一致，所以需要对这两种情况同时考虑，代码如下：

```
try:
    import Cookielib
except:
    import http.Cookiejar as Cookielib
```

CookieLib 中包含了多个可以使用的核心类。

1) CookieJar

CookieJar 是 Cookie 的集合，其中包含很多 Cookie 类，因此是主要的操作对象。CookieJar 包含一系列的方法可以支持更加细致的操作。

2) FileCookieJar

该类继承自 CookieJar，CookieJar 只是在内存中完成自己的生命周期，FileCookieJar 的子类能够实现数据持久化并定义了 save、load、revert 3 个接口，但是并没有实现 save 接口。

3) MozillaCookieJar & LWPCookieJar

它们是 FileCookieJar 的两个实现类。LWPCookieJar 用于从本地文件中读取已经存储的 Cookie 或将 Cookie 保存到本地文件，它实现的是 Cookie 的持久化存储，示例中使用的就是此模块。

在每次运行时，首先尝试加载 Cookies.txt 中的 Cookie 信息。如果 Cookie 信息存在并且未失效，则会得到登录成功的状态响应（响应状态码为 200）。如果响应状态码不为 200，则尝试重新进行登录并且在登录成功后对 Cookie 信息进行保存。

在使用 LWPCookieJar 保存 Cookie 信息时需要注意，ignore_discard＝True 选项一定要传递到保存方法中，否则无法对 Cookie 信息进行保存。

Cookies.txt 中保存的 Cookie 信息如下：

```
#LWP-Cookies-2.0
Set-Cookie3: JSESSIONID=47662C9A0A2D4E8386E6967C6F96BD1F; path="/"; domain="localhost.local"; path_spec; discard; HttpOnly=None; version=0
```

14.3.3　YAML 配置文件

YAML 可以用来编写项目中的配置文件（.yml 文件），目前很多系统与框架都采用 YAML 文件进行配置。

我们知道，开发者经常会采用 XML 配置文件或 Properties 配置文件来管理应用配置。其主要区别在于：Properties 配置文件以键值对的形式存储了属性与值，其层次比较单一且不能表现出复杂的关系，而 XML 配置文件可以实现具有复杂关系及层次结构的配置。

例如：定义用户的基础信息可以采用 Properties 配置的方式实现，代码如下：

```
user.name = John
user.age = 20
user.email = John@email.com
user.address = Los Angeles
```

如果一个用户拥有多个邮件，则 Properties 配置文件只能改写成如下形式：

```
user.name = John
user.age = 20
user.email = John@email.com
user.email.hotmail = John@hotmail.com
user.email.outlook = John@outlook.com
user.email.gmail = John@gmail.com
user.address = Los Angeles
```

在这种情况下用户的信息依然比较清晰，但是如果使用 XML 来编写配置文件，则会变成什么样呢？示例代码如下：

```
<?xml version="1.0" encoding="ISO-8859-1"?>
<user>
    <name>John</name>
    <age>20</age>
    <address>Los Angeles</address>
    <emails>
        <email>John@email.com</email>
        <email>John@hotmail.com</email>
        <email>John@outlook.com</email>
```

```
            <email>John@gmail.com</email>
        </emails>
</user>
```

对比之下 XML 配置文件的结构是不是更加清晰呢？当然更加清晰！对于层次化结构的管理 XML 配置文件比 Properties 配置文件更加出色，但是如果有特别多的配置数据呢？在实现数据较多且层次结构较复杂的配置时，XML 标签配置不仅占据了大量的篇幅，而且其可读性差。

接下来我们使用 YAML 实现同样的配置，代码如下：

```
name: John
age: 20
address: Los Angeles
emails:
  - John@email.com
  - John@gmail.com
  - John@hotmail.com
  - John@outlook.com
```

这样看起来是不是更加简单了？YAML 作为一种比 XML 更加简单易读的序列化语言，其渐进层次能够更好地展示配置数据之间的关系。

1．语法规则

YAML 具有以下基本语法规则：

（1）大小写敏感。

（2）YAML 使用缩进风格来表示数据之间的层级结构关系。

（3）缩进的空格数目不重要，只要相同层级的元素左侧对齐即可。

（4）缩进时不允许使用 Tab 键，只允许使用空格。

YAML 中使用 # 表示注释，从字符到行尾都会被解析器忽略。

YAML 中使用冒号结构分隔 key：value 键值对，每个冒号后面一定要有一个空格（以冒号结尾不需要空格，表示文件路径的模板可以不需要空格）。

2．数据类型

YAML 支持以下几种数据类型。

（1）对象：键值对的集合，又称为映射（mapping）/哈希（hashes）/字典（dictionary）。

（2）数组：一组按次序排列的值，又称为序列（sequence）/列表（list）。

（3）纯量（scalars）：单个的、不可再分的值。

3．对象

对象键值对使用冒号结构表示 key：value，示例代码如下。

```
keyA: value_1
keyB: value_2
```

```
keyC: value_3
keyD: value_4
```

可以使用 key：{key1：value1，key2：value2，…}的形式，示例代码如下：

```
item: {keyA: value_1,keyB: value_2,keyC: value_3,keyD: value_4}
```

还可以使用缩进表示层级关系，此时以冒号结尾不需要空格，示例代码如下：

```
book_list:
    book_name1: Java_Book
    book_name2: Python_Book
```

4. 数组

想要表示数组列表，可以使用一个短横杠加一个空格。多个项使用同样的缩进级别作为相同数组列表的一部分，示例代码如下：

```
colors:
  - red
  - blue
  - green
```

接下来实现一个较为复杂的对象格式，可以使用问号加一个空格代表一个复杂的 key，配合一个冒号加一个空格代表一个 value，示例代码如下：

```
?
  - key1
  - key2
:
  - value1
  - value2
```

还可以再复杂一点，将子元素变成对象，示例代码如下：

```
students:
  -
    id: 001
    name: John
  -
    id: 002
    name: Clark
```

5. 复合结构

对象和数组之间的区别就像 Map 与 List 之间的区别一样。当然，它们还可以构成复合结构，示例代码如下：

```yaml
sites:
  - Baidu
  - Google
  - Taobao
domains:
  URL1: www.baidu.com
  URL2: www.google.com
  URL3: www.taobao.com
```

将其转换为对应的 JSON 结构,示例代码如下:

```json
{
  "sites": [
    "Baidu",
    "Google",
    "Taobao"
  ],
  "domains": {
    "URL1": "www.baidu.com",
    "URL2": "www.google.com",
    "URL3": "www.taobao.com"
  }
}
```

所以一定要理解好对象与数组之间的区别,这样才能更好地使用 YAML。

6. 纯量

纯量是最基本的不可再分的值,包括字符串、布尔值、整数、浮点数、Null、时间、日期等,示例代码如下:

```yaml
boolean_value:
  - true                          # true 和 True 都可以
  - false                         # false 和 False 都可以
float_value:
  - 3.14
int_value:
  - 100
null:
  t: ~                            # 使用~表示 null
string:
  - 'Hello world'                 # 可以使用双引号或者单引号包裹特殊字符
date:
  - 2020-02-02                    # 日期必须使用 ISO 8601 格式,即 yyyy-MM-dd
datetime:
  - 2020-02-02T12:20:20+08:00
```

此外,YAML 中可以使用 3 个连续符号(---)将多个配置写入同一个文件中,这相当于在同一文件中包含了多个文件。

14.3.4 锚点与引用

YAML 中可用通过锚点(&)和别名(*)来引用某部分内容并填充到当前节点,示例代码如下:

```
common: &reference
  common_name: common_value
  common_desc: common_desc

common_1:
  common_id: common_id1
  <<: *reference

common_2:
  common_id: common_id2
  <<: *reference
```

对其进行 JSON 格式的转换,示例代码如下:

```
{
  "common": {
    "common_name": "common_value",
    "common_desc": "common_desc"
  },
  "common_1": {
    "common_id": "common_id1",
    "common_name": "common_value",
    "common_desc": "common_desc"
  },
  "common_2": {
    "common_id": "common_id2",
    "common_name": "common_value",
    "common_desc": "common_desc"
  }
}
```

其中,& 符号用来建立锚点,<< 表示合并到当前数据,* 用来引用锚点。关于 YAML 配置文件的使用,读者可以尝试进行练习,本章不再过多描述。

14.4 本章小结

自动化测试有助于周期性的功能检查,其在生产环境中具有重要的意义。每一位开发者都可以尝试总结项目的应用特点,并为其合理地实现自动化测试程序。

第 15 章 Jenkins 持续集成

15.1 Jenkins 概述

Jenkins 是一款基于 Java 语言开发的工具,其主要为应用的自动构建与持续集成部署提供支持,并且可以在 Tomcat 等 Servlet 容器中运行。

Jenkins 通常与版本管理工具、构建工具结合使用,常用的版本管理工具如 Git、SVN 等,常用的构建工具有 Maven、Gradle 等。

15.2 CI 与 CD

CI(Continuous Integration)持续集成是一种软件开发实践,即开发人员对其在项目中完成的工作进行周期性或不定期的集成。在每次集成之后通过执行自动化构建(包括编译、发布、自动化测试)来验证并应用功能,或尽早地发现集成错误。

CD 有两种含义:持续交付(Continuous Delivery)和持续部署(Continuous Deployment)。

持续交付是将集成后的代码部署到类生产环境(如灰度环境)中以模拟真实环境下的运行情况。如果代码运行正确,则可以执行持续部署。

持续部署是指对可以发布到生产环境的变更进行自动化部署,它容易与持续交付产生混淆,事实上它们是按照连贯的验证顺序执行的。

15.3 Jenkins 下载与安装

15.3.1 下载与安装

访问 Jenkins 官网下载页面,其网址为 https://www.jenkins.io/download/,如图 15.1 所示。

在 Jenkins 下载页面列出了两部分,其中左侧部分为长期支持版本(LTS),右侧部分为每周迭代版本(Weekly),用户可以根据需要下载适合的版本,也可以选择之前的某一版本,如图 15.2 所示。

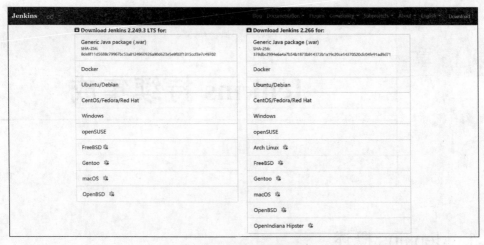

图 15.1　Jenkins 下载页面

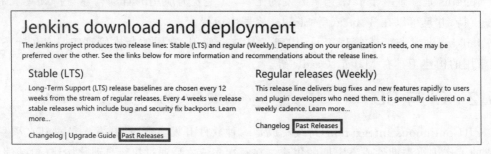

图 15.2　查看历史版本

选择合适的版本并下载（本书中采用迭代版本 Jenkins 2.266），下载完成后得到可部署的 jenkins.war 文件。将 jenkins.war 文件复制到 Tomcat 的 Web 工程目录，如 C:\apache-tomcat-8.5.32\webapps 下并启动 Tomcat。

Tomcat 启动完成后，打开浏览器访问本地服务地址 http://localhost:8080/jenkins，Jenkins 在初始启动时会进行短暂的准备工作，如图 15.3 所示。

接下来会进入解锁页面，Jenkins 会将初始化密码存放在本地文件中，通常其位置为 C:\Users\本地用户\.jenkins\secrets\initalAdminPassword 中，如图 15.4 所示。打开文件并输入密码，单击"继续"按钮执行下一步。

除了访问密码文件外，Tomcat 启动时在控制台中对密码也进行了输出，如图 15.5 所示。

单击"继续"按钮解锁并跳转到插件安装页面，同时 Jenkins 会在后台自动删除用户目录下的 initalAdminPassword 密码文件。用户可根据需要安装推荐的插件或选择自定义插件进行安装，如图 15.6 所示。

第15章 Jenkins持续集成

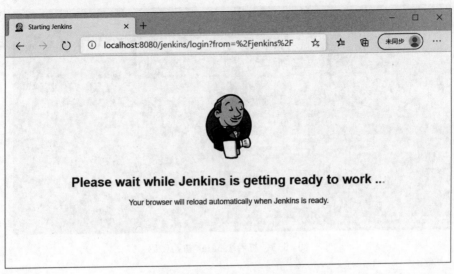

图 15.3 Jenkins 启动页面

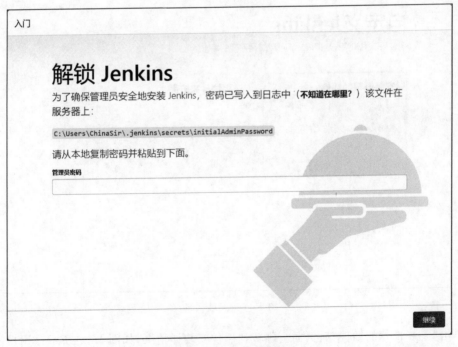

图 15.4 Jenkins 密码解锁

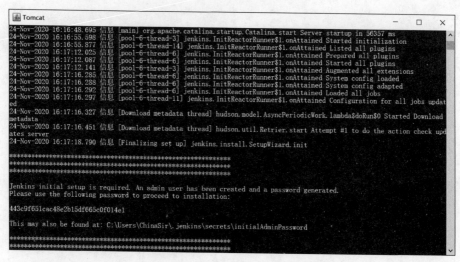

图 15.5　查看 Jenkins 初始密码

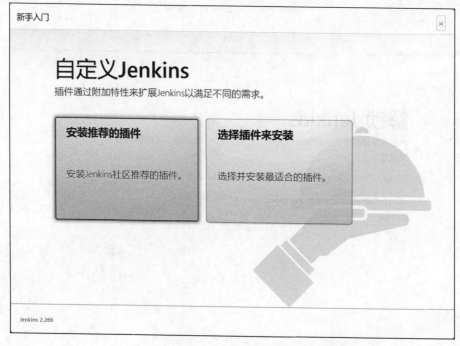

图 15.6　安装插件

单击"安装推荐的插件"后页面会跳转到插件安装详情页，如图 15.7 所示。用户需要等待推荐的插件安装完成，但是多数情况下插件安装过程经常会失败，此时跳过此步骤即可，用户可以在 Jenkins 安装完成后手工进行插件的安装。

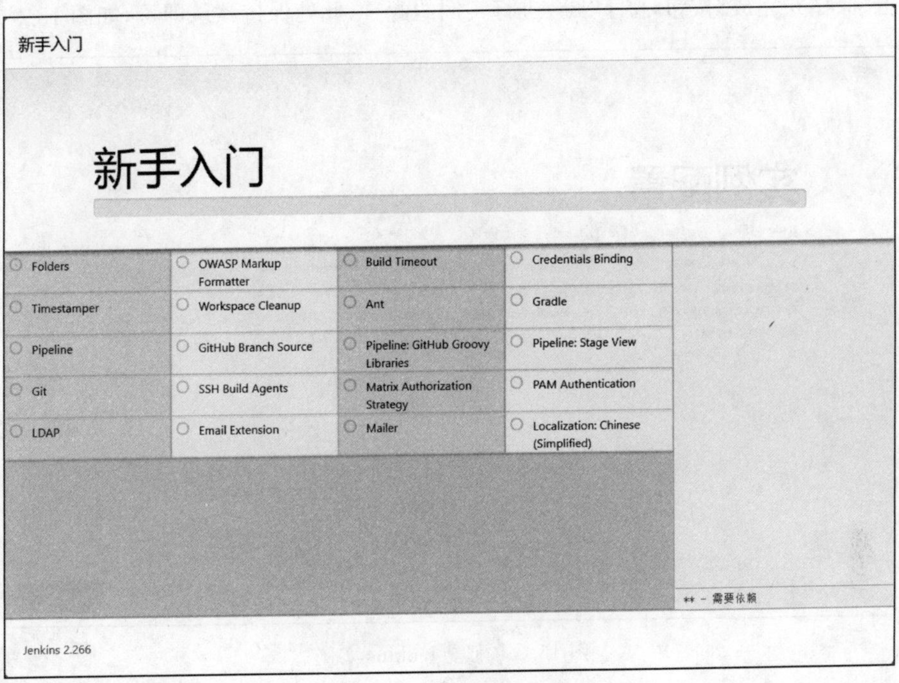

图 15.7 自动安装插件

插件安装完成后继续执行，页面会跳转到创建管理员用户页面，此时需要用户指定 Jenkins 的管理员账号及密码等信息，如图 15.8 所示。

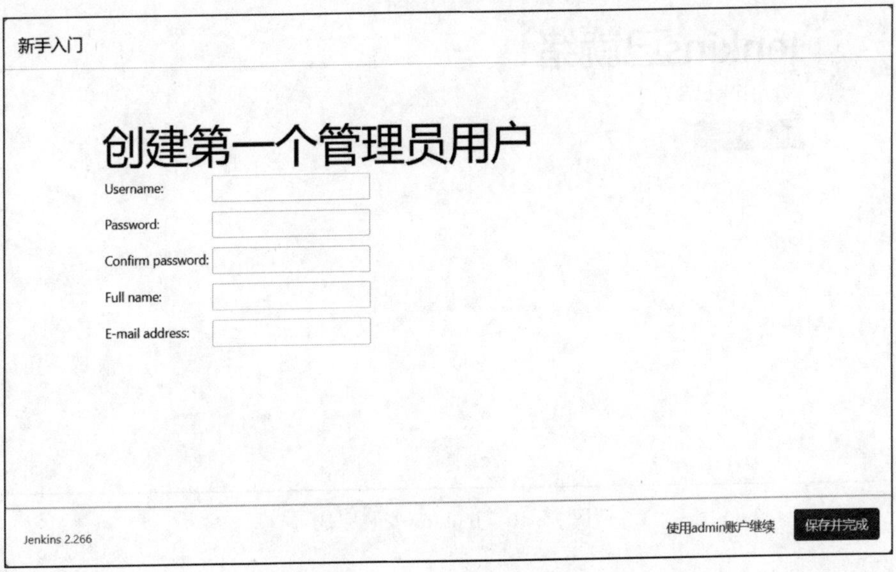

图 15.8 创建管理员账号

单击"保存并完成"按钮,接下来会进行实例的配置,此处保持默认即可,如图 15.9 所示。

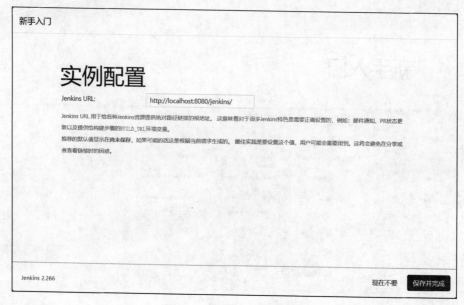

图 15.9 配置 Jenkins 实例

单击"保存并完成"按钮,接下来可以正常使用 Jenkins 了,如图 15.10 所示。

图 15.10 Jenkins 安装完成

现在可以正常访问 Jenkins 后台管理界面了，如图 15.11 所示。

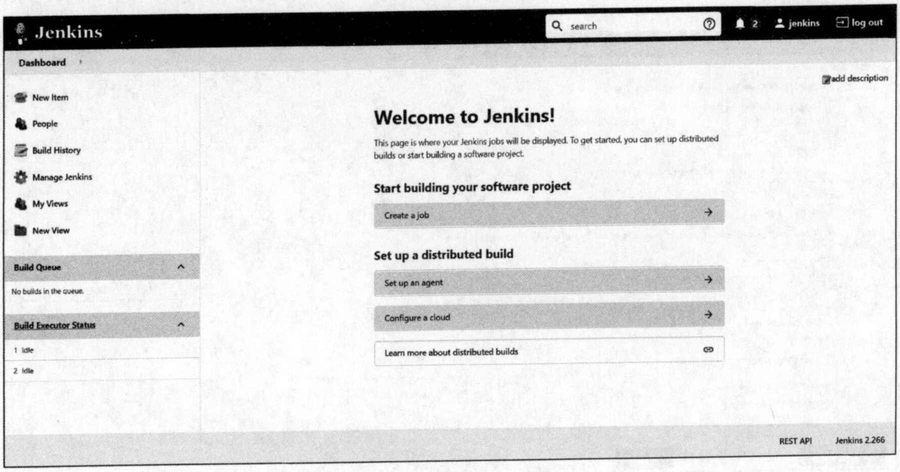

图 15.11　Jenkins 后台管理

15.3.2　插件的安装

在 Jenkins 自动安装插件时会出现插件无法安装的情况。产生这种情况的原因有很多，通常是因为网络无法连接或对应的插件版本不匹配。

首先查看 Jenkins 的默认插件网址，单击左侧 Manage Jenkins 菜单打开 Jenkins 管理页面，如图 15.12 所示。

图 15.12　Jenkins 管理

单击 Manage Plugins 链接进入插件管理页面，如图 5.13 所示。

切换到"高级"选项卡并找到"升级站点"选项，此处配置了获取 Jenkins 插件的网址，如图 5.14 所示。

Jenkins 默认插件网址为 http://updates.jenkins-ci.org/update-center.json。如果无法获取插件，用户可以将此网址替换为其他可用的镜像网址，如清华大学的镜像网址 https://mirrors.tuna.tsinghua.edu.cn/jenkins/updates/update-center.json。

单击"提交"按钮保存并"立即获取"，然后返回"可选插件"选项卡下重新搜索插件并安装。

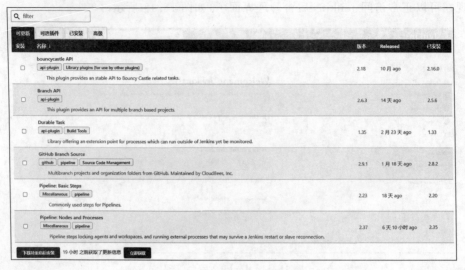

图 15.13　Jenkins 插件管理

图 15.14　Jenkins 插件网址

接下来主要讲解如何进行插件的手工安装。Jenkins 中需要的所有插件都可以从官方网站获取，其网址为 https://plugins.jenkins.io/，如图 15.15 所示。

图 15.15　Jenkins 插件获取

例如，Git 插件用于支持使用 GitHub 和 GitLab 等系统管理代码仓库。在图 15.15 中的搜索区域输入 Git 并搜索关于 Git 的相关插件，查询结果如图 15.16 所示。

单击匹配的结果项，会弹出如图 15.17 所示的详情页面。

第15章 Jenkins持续集成　519

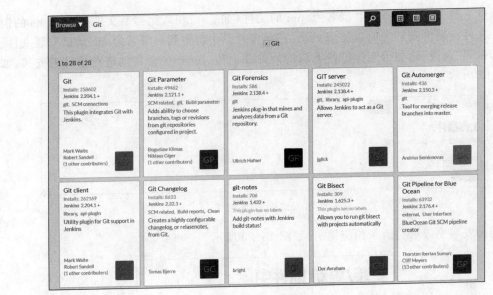

图15.16　搜索插件

图15.17　插件详情页

单击右侧的 Archives 图标按钮便会跳转到插件历史版本列表，用户可根据 Jenkins 提示选择对应的合适版本或更高版本，如图 15.18 所示。

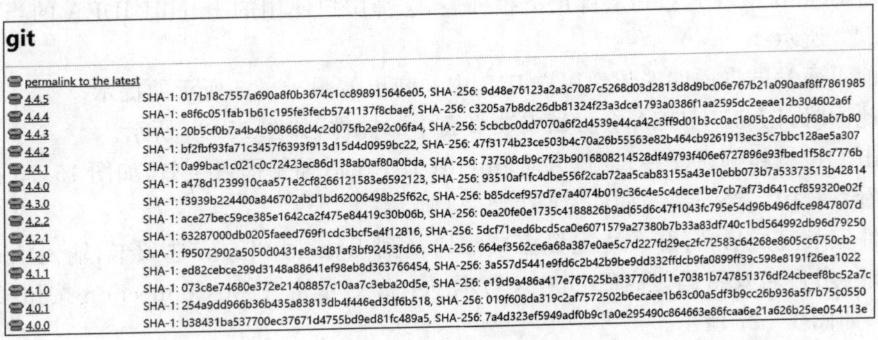

图15.18　插件历史版本

插件下载完成后会得到后缀名为.hpi 的文件（如 git.hpi），此类型文件是 Jenkins 的插件安装文件。插件安装完成后在 Jenkins 的插件目录中会得到后缀名为.jpi 的已安装文件。

切换到"高级"选项卡选择已经下载的插件并上传，Jenkins 会自动进行插件的安装，如图 15.19 所示。

图 15.19　安装插件

插件安装完成后会给予相应提示，如图 15.20 所示。

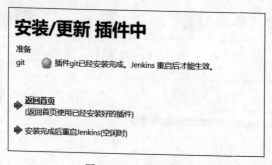

图 15.20　安装完成

15.4　IntelliJ IDEA 集成 Jenkins

在使用 Jenkins 进行集成与交付之前，需要在 IntelliJ IDEA 中安装好 Jenkins 对应的插件，IntelliJ IDEA 提供了对应插件的下载网址 https://plugins.jetbrains.com/plugin/6110-jenkins-control-plugin，如图 15.21 所示。

单击 Install to IDE 按钮会弹出下拉列表，选择用户使用的 IntelliJ IDEA 的当前版本，如图 15.22 所示。

当前页面尝试将插件安装到用户 IDE 中并弹出如图 15.23 所示的提示。

与此同时，IntelliJ IDEA 会尝试安装页面中的插件，如图 15.24 所示。

单击 OK 按钮确认安装，重新启动 IntelliJ IDEA 后插件即可生效，如图 15.25 提示。

查看系统中已经安装的插件，如图 15.26 所示。

插件安装完成后，打开系统配置窗口并切换到 Jetkins Plugin 选项卡，输入 Jenkins 服务的地址、用户名及密码，选择 Jenkins 版本 ver 2.x，单击 Test Connection 按钮尝试连接 Jenkins，如图 15.27 所示。

图 15.21 Jenkins 插件下载页面

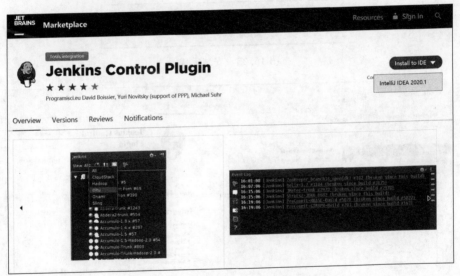

图 15.22 安装 Jenkins 插件

图 15.23 激活插件安装

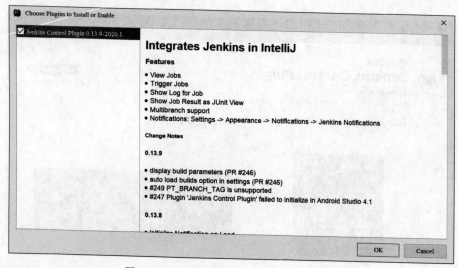

图 15.24　IntelliJ IDEA 安装 Jenkins 插件

图 15.25　安装完成

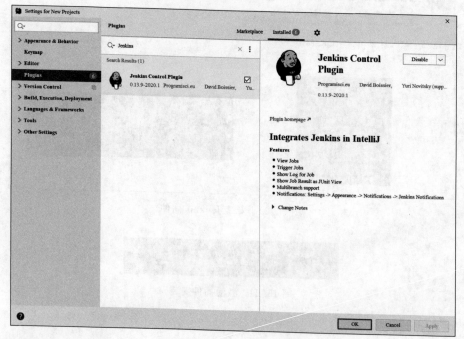

图 15.26　查看 Jenkins 插件

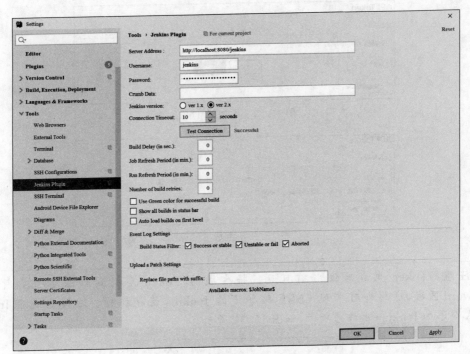

图 15.27　连接 Jenkins 服务

注意：此处并没有填写 Crumb Data 选项。事实上，Jenkins 从 2.204.6 版本开始删除了禁用 CSRF 保护的功能。当用户从旧版本的 Jenkins 进行升级后，如果之前禁用了 CSRF 保护则也会再次启用。在启用 CSRF 保护的情况下，尝试连接 Jenkins 时需要为其指定 Crumb Data。

可以采用如下方式跳过此步骤，单击用户名并且在下拉菜单中选择"设置"菜单，如图 15.28 所示。

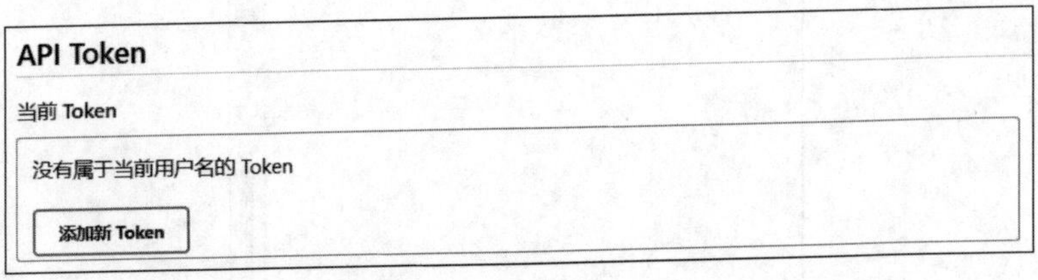

图 15.28　设置 API Token

单击"添加新 Token"按钮，如图 15.29 所示。

输入用户名，单击"生成"按钮生成 Token 字符串，如图 15.30 所示。

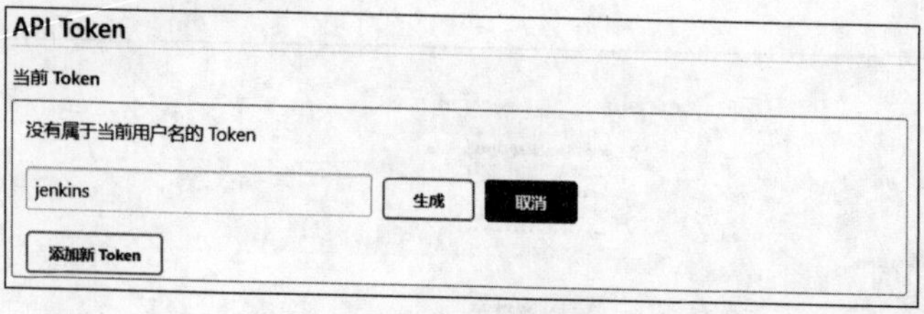

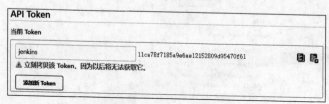

图 15.29 添加新 Token

图 15.30 生成 Token

注意：Token 生成后仅当前可见。将生成的 Token 复制到如图 15.27 所示的 Password 区域，这样即可实现 CSRF 防护下的 Jenkins 连接操作。连接完成后 IntelliJ IDEA 会添加 Jenkins 操作选项卡，如图 15.31 所示。

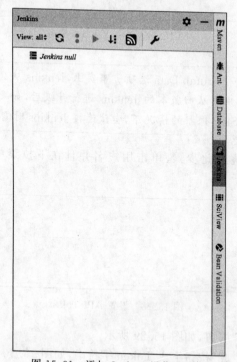

图 15.31 添加 Jenkins 操作选项卡

至此已经完成了 IntelliJ IDEA 与 Jenkins 的集成操作。接下来通过 Jenkins 进行任务管理并进行持续部署。

15.5　Jenkins 任务管理

15.5.1　全局配置

单击 Manage Jenkins 菜单进入 Jenkins 管理页面，找到 Global Tool Configuration 菜单并进入，如图 15.32 所示。

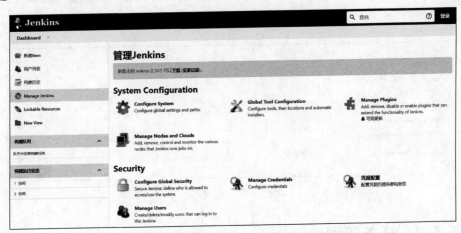

图 15.32　Global Tool Configuration

进入 Global Tool Configuration 页面后找到 Maven 配置项，将本地 Maven 配置文件路径添加到 Maven 配置中，如图 15.33 所示。

图 15.33　配置 Maven

配置 JDK，如图 15.34 所示。
配置 Git，如图 15.35 所示。
单击"保存"按钮完成配置。

图 15.34 配置 JDK

图 15.35 配置 Git

15.5.2 任务管理

全局配置完成后回到 Jenkins 后台首页,单击 New Item 菜单进入新建任务窗口,如图 15.36 所示。

输入任务名称 Helloweb,选择 Freestyle project 自由工程,单击"确定"按钮创建任务。创建完成后任务出现在 IntelliJ IDEA 中的 Jenkins 任务列表中,如图 15.37 所示。

任务建立完成后会跳转到配置页面,首先是 General 通用选项,此处勾选 GitHub 项目并输入已经发布到上面的 Web 项目网址,如图 15.38 所示。

切换到源码管理,勾选 Git 选项并在 Repository URL 中输入远程项目的 Git 网址,如图 15.39 所示。

切换到"构建"选项,在 Invoke top-level Maven targets 中输入 clean install package-Dmaven.test.skip=true,如图 15.40 所示。

切换到"构建后操作"选项,单击"增加构建后操作步骤"并选择 Deploy war/ear to a container 操作,如图 15.41 所示。

接下来会弹出配置容器的具体选项,首先指定待部署的项目文件 WAR/EAR files 为 target/HelloWeb.war,同时指定项目的访问路径 Context path 为 helloweb,此路径为发布到 Tomcat 服务器中的服务路径。

第15章 Jenkins持续集成 527

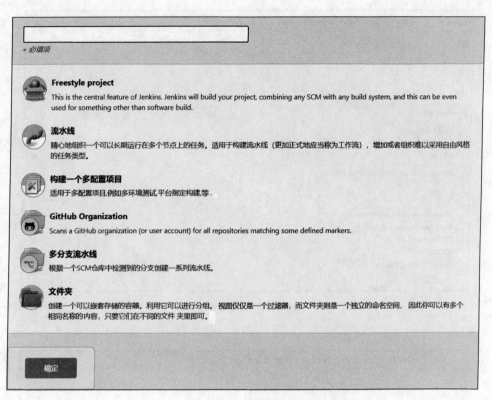

图 15.36 新建任务

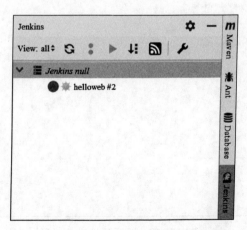

图 15.37 Jenkins 任务列表

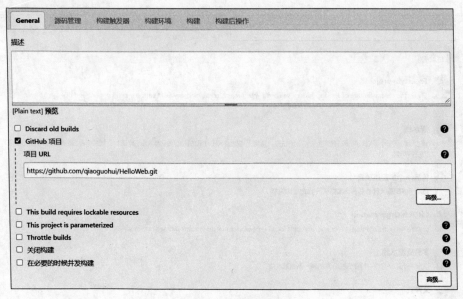

图 15.38 通用设置

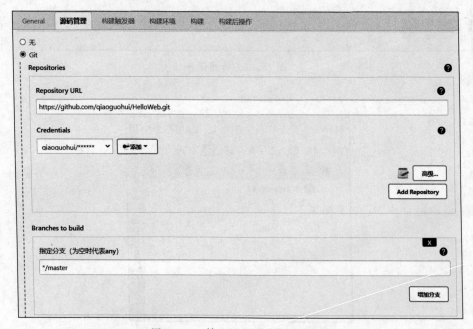

图 15.39 输入远程项目的 Git 网址

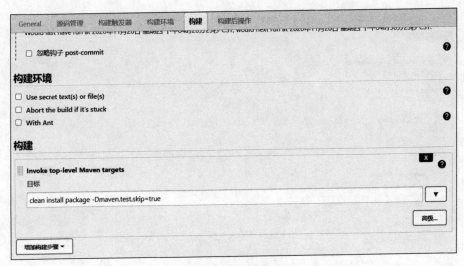

图 15.40 添加构建命令

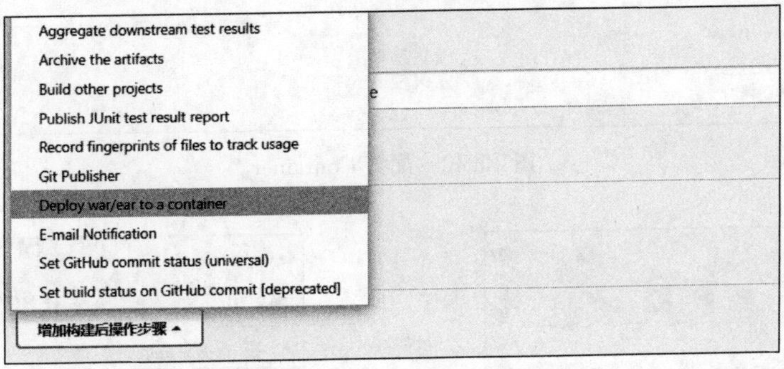

图 15.41 Jenkins 任务列

在 Containers 选项中默认为没有任何容器，用户首先需要单击底部的 Add Container 按钮并选择适合用于发布版本的服务器，此处我们使用 Tomcat 8.x Remote。

在容器下添加访问 Tomcat 服务器使用的身份认证（用户名/密码），同时指定 Tomcat 服务器的运行地址。注意：此操作要求待使用的 Tomcat 服务器处于运行状态，如图 15.42 所示。

单击应用并保存，保存完成后在 IntelliJ IDEA 中刷新 Jenkins 选项卡，此时用户可以通过 IntelliJ IDEA 来对 Jenkins 进行管理并进行快速发布了。

在 helloweb 任务上右击并选择 Build on Jenkins 菜单，将会触发 Jenkins 重新构建并部署应用，如图 15.43 所示。

构建过程中 Jenkins 会提示"helloweb build is on going"信息，如图 15.44 所示。

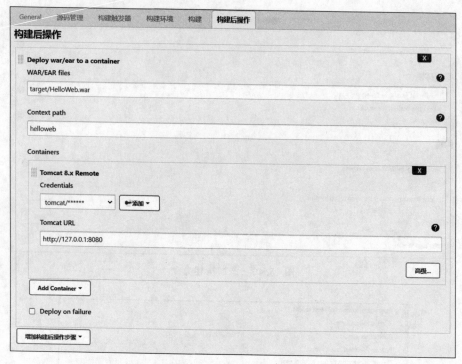

图 15.42　配置 Container

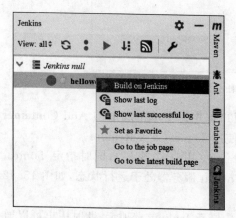

图 15.43　管理 Jenkins 构建任务

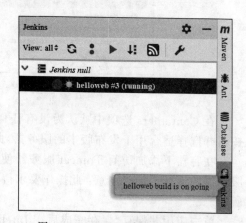

图 15.44　Jenkins 任务构建进行中

构建完成后在 Jenkins 管理后台的 Build History 中可以看到构建的历史记录,如图 15.45 所示。

最后访问构建完成的应用地址,即"构建后操作"步骤中 Tomcat URL 与 Context Path 连接在一起的地址,如图 15.46 所示。

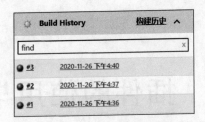

图 15.45 Jenkins 任务列

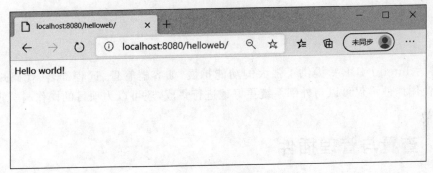

图 15.46 构建完成并访问应用

15.6 本章小结

本章主要介绍了 Jenkins 的安装与使用。Jenkins 可以结合其他软件协同工作，同时持续集成、持续交付与持续部署为项目的发布及管理带来了极大的便捷性与可靠性。

第 16 章 插件的使用与管理

插件为 IntelliJ IDEA 提供了强大的功能扩展,如容器管理、远程部署、代码规范检查等,通过使用插件不仅可以与外部系统更好地进行集成,还可以为项目的操作与管理带来极大便利。

16.1 查看与管理插件

16.1.1 查看插件

在 IntelliJ IDEA 中打开系统设置窗口并找到 Plugins 插件列表,如图 16.1 所示。

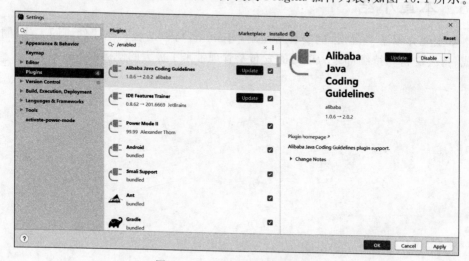

图 16.1　IntelliJ IDEA 插件列表

在插件列表上方可以看到 Marketplace 与 Installed 两个选项,其中 Marketplace 代表未安装的插件列表,Installed 代表已安装的插件列表。

如果插件下方带有 bundled 标记,其含义为当前此插件是捆绑安装的。在 IntelliJ

IDEA 安装时系统默认自带了一些捆绑式的插件，如果在安装时对这些插件进行了勾选，则这些捆绑式的插件将不能够被卸载了，但是可以通过禁用的方式来停止插件的使用。

如果插件并不带有 bundled 标记，则说明其是由用户选择安装的，这类插件不仅随时可以被启用或禁用，还能够被卸载。

> **注意**：开发者可以对插件进行安装、启用、禁用或卸载 4 种操作。

16.1.2　插件的安装

我们以 Grep Console 插件为例讲解插件的安装与管理。

Grep Console 是一款与 IDEA Console 相关的插件，主要用于日志的输出显示与过滤。它可以为不同级别的日志配置如前景色、背景色、粗体、斜体等样式，其好处在于：用户可以在庞大的启动、输出与调试日志中快速检索或观察到最想要获取的输出信息。还可以通过表达式（expression）来对日志进行过滤操作，或给符合指定 pattern 的日志加上特定的样式。

要进行插件安装，首先需要切换到 Marketplace 选项卡并在搜索框中输入部分或全部名称，如 Grep 或 Grep Console，插件列表会显示匹配的结果，如图 16.2 所示。

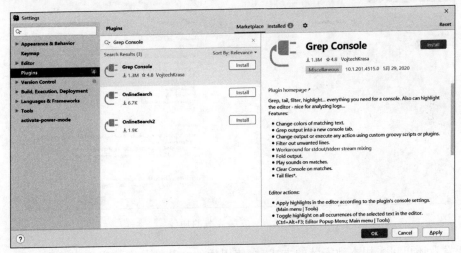

图 16.2　搜索插件

如果列表中插件的右侧带有 Install 按钮，则证明插件还没有被安装过。右侧界面默认展示了第一个匹配插件的详细信息，可以单击 Install 按钮对想要使用的插件进行安装。

插件安装完成后需要重新启动 IDE 以便使新安装的插件生效，如图 16.3 所示。

可以看到，重新启动后 Grep Console 插件已经生效，同时 Marketplace 下标识为 Installed，如图 16.4 所示。

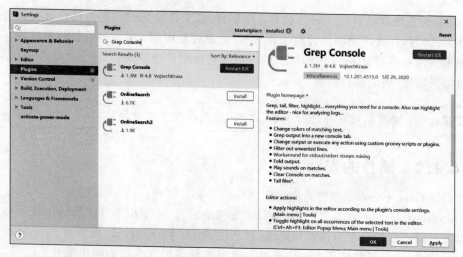

图 16.3　重新启动 IDE

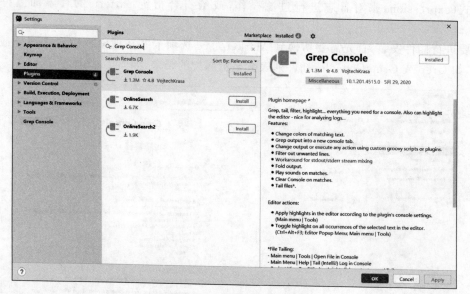

图 16.4　安装完成的插件

开发者还可以采用本地安装的方式，在使用插件之前将其安装文件下载到本地磁盘，然后在插件设置菜单中选择 Install Plugin from Disk…，如图 16.5 所示。

选择磁盘中插件对应的安装文件，即可完成本地插件的安装。

16.1.3　禁用、更新与卸载

在 Installed 选项下列出了已经安装的插件，但这并不代表这些插件可以真正被使用，如图 16.6 所示。

第16章 插件的使用与管理

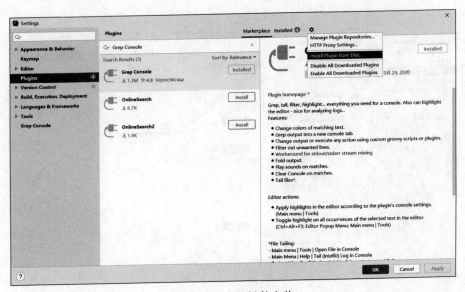

图 16.5 本地插件安装

图 16.6 安装完成的插件

个别插件会显示 Incompatible with the current IntelliJ IDEA version 提示,这意味着安装的插件与当前 IntelliJ IDEA 版本不匹配,需要重新安装其他版本或升级。

要对不同类型的插件进行筛选,可以单击搜索框右侧的过滤按钮,如图 16.7 所示。

插件按来源划分可以分为自定义安装(Downloaded)与系统安装(Bundled)两种;按状态划分插件可以分为启用(Enabled)与禁用(Disabled)两种;最后一种状态为无效(Invalid)状态。

图 16.7　过滤安装的插件

右击安装的插件,可以进行卸载、禁用或更新操作,如图 16.8 所示。

图 16.8　管理插件

16.2　常用插件的使用

接下来主要介绍一些常用的插件及其使用方法。

16.2.1 Grep Console 插件

1．编写示例程序

Grep Console 是与输出相关的插件，16.1.2 节里已经对其进行了描述，此处直接使用。首先建立一个 Maven 示例工程并在其中引入 JUnit 作为单元测试工具，同时结合 Log4j 进行日志的打印与输出，程序代码如图 16.9 所示。

```java
public class UniTest {
    private static final Logger logger= Logger.getLogger(UniTest.class);
    @Test
    public void testPrint(){
        logger.debug("log4j debug output...");
        logger.info("log4j info output...");
        logger.warn("log4j warn output...");
        logger.error("log4j error output...");
        logger.fatal("log4j fatal output...");
    }
}
```

图 16.9　Grep Console 单元测试（一）

代码运行后的输出结果如图 16.10 所示。

```
jdk1.8.0_181\bin\java.exe ...
[com.maven.test.UniTest]-[DEBUG]:14 - log4j debug output...
[com.maven.test.UniTest]-[INFO]:15 - log4j info output...
[com.maven.test.UniTest]-[WARN]:16 - log4j warn output...
[com.maven.test.UniTest]-[ERROR]:17 - log4j error output...
[com.maven.test.UniTest]-[FATAL]:18 - log4j fatal output...
```

图 16.10　Grep Console 单元测试（二）

从图 16.10 中可以看到，Log4j 的 5 种调试级别都已经打印输出了，并且配上了不同的前景色与背景色。

2．Grep Console 配置

为了对 Grep Console 进行配置，单击 Open Grep Console settings 按钮 打开配置界面，如图 16.11 所示。

还可以在系统配置窗口找到 Grep Console 选项卡，如图 16.12 所示。

用户可以进行相关的配置，如希望保持对 ERROR 级别的关注而忽略其他信息，则可以在下方的复选框中取消对其他信息的勾选，如图 16.13 所示。

修改后应用并保存，可以看到输出信息中已经忽略了对其他级别信息的高亮显示，如图 16.14 所示。

3．添加自定义元素

已经取消了对部分级别日志的显示，接下来添加自定义配置对带有文字"log4j"的内容进行高亮显示。

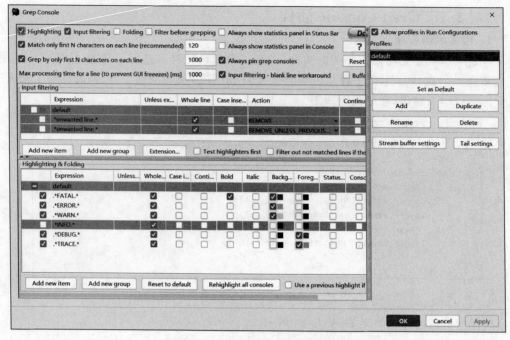

图 16.11 Grep Console 配置(一)

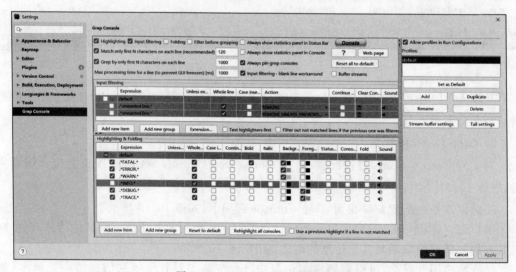

图 16.12 Grep Console 配置(二)

单击 Add new item 按钮在表达式列表底部添加新元素,将其内容指定为.*log4j*表达式并为其配置背景颜色,如图 16.15 所示。

保存应用后发现自定义内容被成功过滤,如图 16.16 所示。

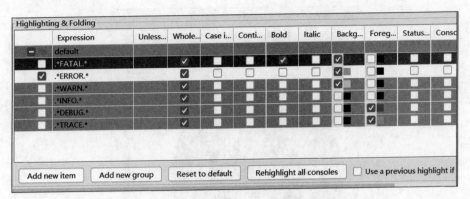

图 16.13　Grep Console 配置（三）

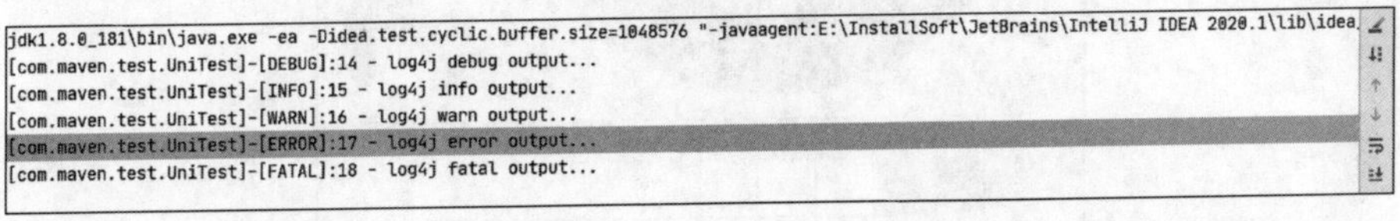

图 16.14　Grep Console 输出

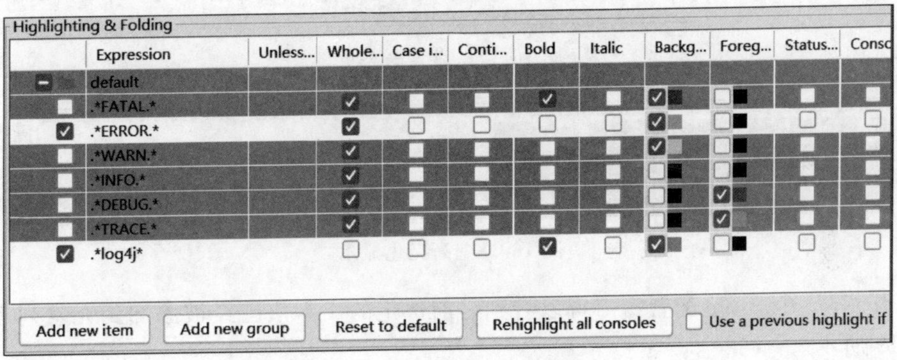

图 16.15　添加自定义配置

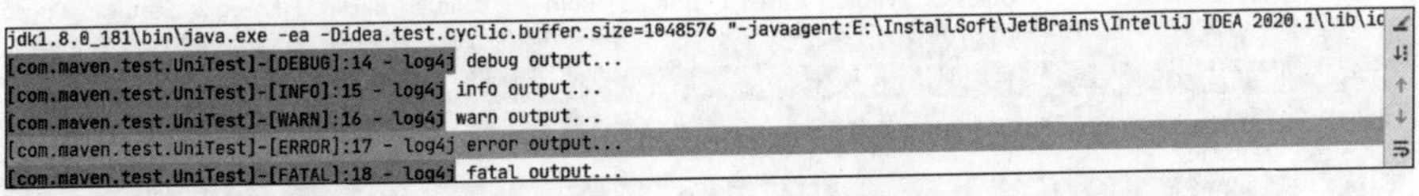

图 16.16　自定义过滤

用户还可以选择想要高亮显示的元素文本，右击并选择 Add highlight 菜单打开颜色设置窗口，如图 16.17 所示。

单击 Choose 按钮完成高亮色选择，此时指定内容会同时以高亮色显示，如图 16.18 所示。

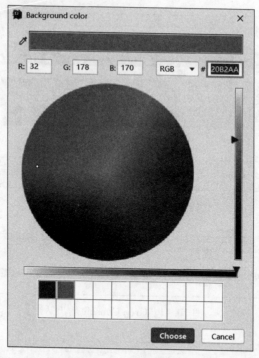

图 16.17 设置高亮色

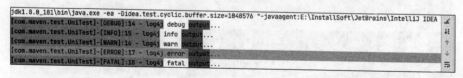

图 16.18 高亮色显示

打开 Grep Console 配置窗口可以看到之前选定的文本值已经被添加到元素列表中，如图 16.19 所示。

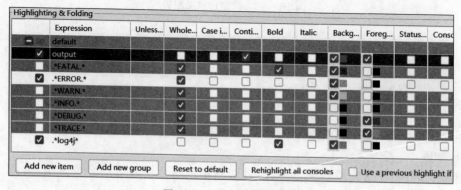

图 16.19 添加自定义元素

当多个元素过滤样式出现交集时以最先定义为准,同时纯文本无 * 匹配的内容通常是按单独的文本进行显示的,而带有 * 匹配的内容则是按其所在行进行显示。

4. 基于输出视图的过滤

虽然成功过滤了打印输出的日志,但是如果日志输出的内容过多,虽然可以通过颜色对目标内容进行标识,但庞大的日志信息还是会给用户带来极大不便。在这种情况下可以基于输出信息进行二次过滤,从而将匹配内容筛选出来并单独放置在一个新窗口中进行观察。

例如想要过滤包含 error 信息内容的日志,可以在日志窗口中选择目标字符串并右击,选择 Grep 菜单后会将筛选后日志信息在新的窗口中打开,如图 16.20 所示。

图 16.20　日志过滤新窗口

还可以在不选择任何内容的情况下直接打开 Grep 过滤窗口,然后在 Expression 文本框中输入想要过滤的内容,在 Unless 文本框中输出想要排除的内容,单击 Reload 按钮重新加载日志内容。

16.2.2　阿里巴巴代码规范检查插件

为了帮助开发者建立良好的编码规范,阿里巴巴基于其项目总结出了《阿里巴巴 Java 开发手册》,并且提供了完美版、终极版、纪念版和泰山版等各个版本。

阿里巴巴代码规范检查插件是对《阿里巴巴 Java 开发手册》的一种实现,并以 IDEA 插件的形式对外提供,从而帮助开发者更好地进行编码实现。

用户可以在线安装或下载插件对应的压缩文件进行安装,安装完成后工具栏中会显示对应的工具检查按钮,如图 16.21 所示。

图 16.21　代码规范检查插件

打开系统配置窗口,找到 Editor→Inspections 选项并查看 Ali-Check 代码规范检查列表,如图 16.22 所示。

1. 文件规范检查

阿里巴巴代码检查插件既可以对单一的程序文件进行检查,也可以按照指定的模块或目录对项目进行检查。如图 16.23 所示。

将鼠标移至波浪线处,会弹出如图 16.24 所示的提示。

单击右侧的扩展按钮并选择 Show Inspection Description 可以查看更为详细的提示信息,如图 16.25 所示。

单击左下方的"添加/提取@author"可以自动为当前类添加注释,如图 16.26 所示。

定义一个成员变量并为其添加简单的注释,观察 IntelliJ IDEA 的提示,如图 16.27 所示。

可以发现检查中不建议使用行尾注释,可以继续对其进行修改,如图 16.28 所示。

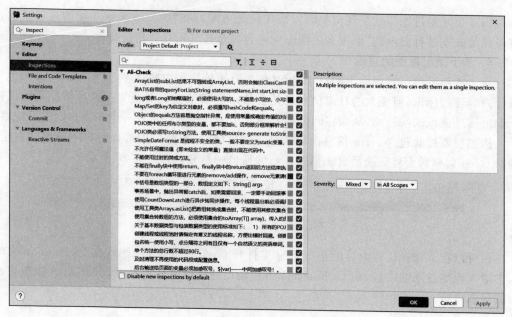

图 16.22　代码规范检查插件功能列表

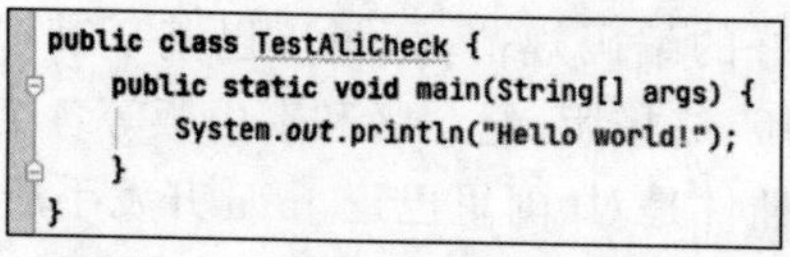

图 16.23　代码规范检查提示（一）

图 16.24　代码规范检查提示（二）

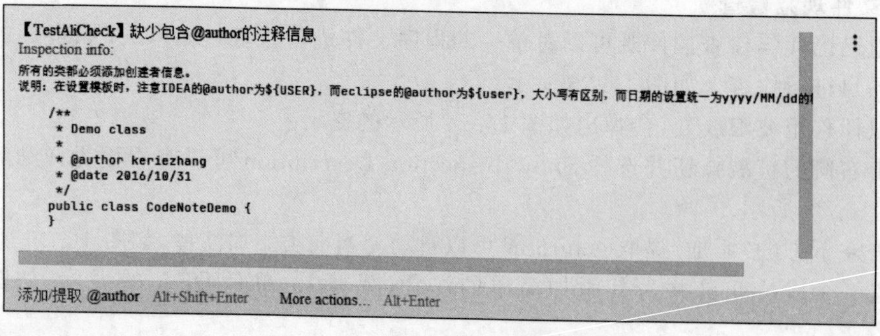

图 16.25　代码规范检查提示（三）

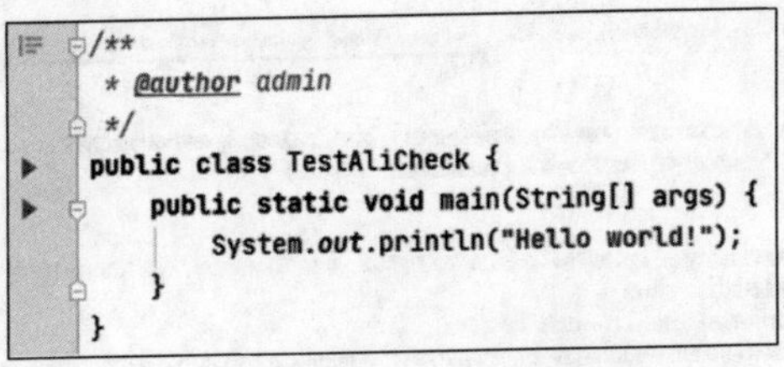

第16章 插件的使用与管理

图 16.26 自动添加文档注释

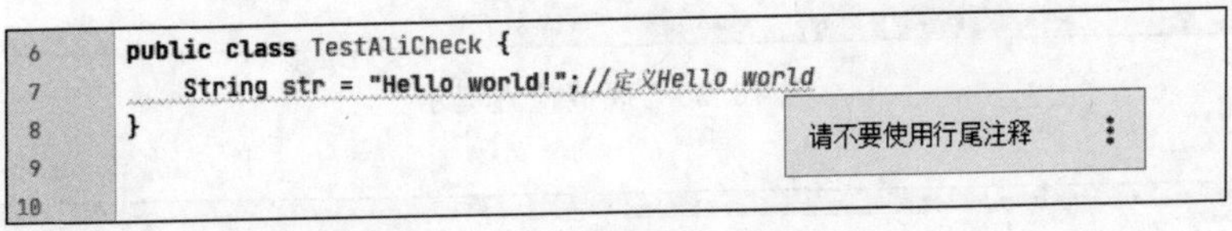

图 16.27 代码规范检查（一）

此时依然提示应该使用 Javadoc 类型的注释。从编译的角度来讲，添加单行注释或是多行注释是可以正常编译并执行的。那么为什么在代码规范检查插件中建议使用 Javadoc 注释呢？

这是因为 Javadoc 不仅有助于生成 HTML 说明文档，而且还便于在 IntelliJ IDEA 代码提示中生成预览。

2．全局规范检查

为了进行全局代码规范检查，可以右击待检查的模块或目录，然后选择"编码规约扫描"，如图 16.29 所示。

图 16.28 代码规范检查（二）

图 16.29 全局代码规范检查

在对指定模块进行规范扫描后会打开 Inspection Results 工具窗口并对不符合代码检查规范的问题进行提示，如图 16.30 所示。

对检查提示逐层展开，窗口右侧会显示对应的提示信息或代码位置，如图 16.31 和图 16.32 所示。

双击底层的检查提示可以直接在编辑器中定位至代码处。

16.2.3 EasyCode 代码生成插件

EasyCode 基于 Velocity 自定义模板生成用户想要的代码，它可以用于生成 Entity、Dao、Service 或 Controller 等，理论上来讲只要与数据有关的代码都是可以生成的。关于此

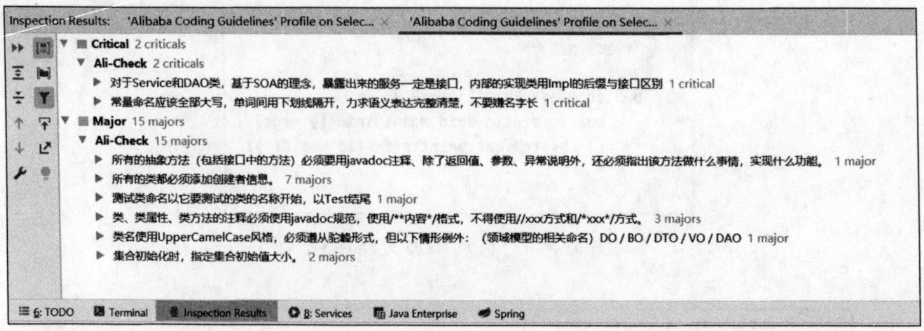

图 16.30　规范检查提示

图 16.31　检查提示

图 16.32　检查位置

插件的安装步骤省略，读者可自行安装。安装完成后如图 16.33 所示。

EasyCode 是基于 IntelliJ IDEA 上的 Database Tools 开发的，因此在使用 EasyCode 之前，需要 IntelliJ IDEA 上的 Database 连接数据源。如果用户不熟悉如何配置数据源，则可参照第 10 章数据库管理章节。

1．基于数据库的代码生成

EasyCode 可以为数据库中的表快速生成对应的映射类。用户可以在选择一张或多张表后，右击并选择 Generate Code 进行映射操作，如图 16.34 所示。

在映射过程中，可能会遇到数据库中的字段属性与 Java 数据类型无对应关系的情况，此时会弹出如图 16.35 所示的提示。

单击 Yes 按钮打开 Type Mapper 配置界面，添加数据类型映射关系并保存，如图 16.36 所示。

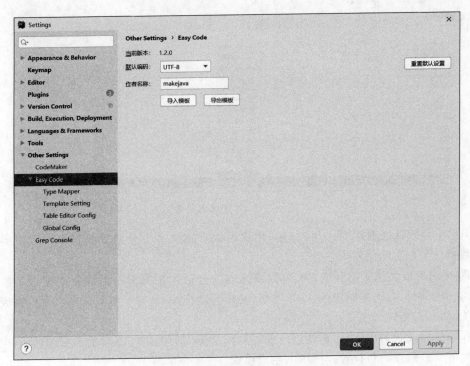

图 16.33　安装后的 EasyCode

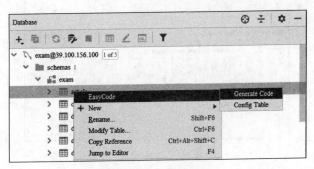

图 16.34　生成映射类

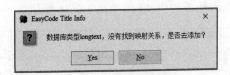

图 16.35　无映射关系

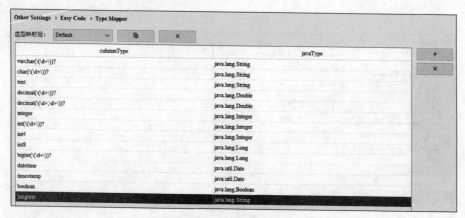

图 16.36　添加映射关系

当前类型默认映射在 Default 分组,用户可以自定义多个分组以满足不同字段类型与 Java 数据类型映射的需要。

按钮可以快速复制分组,可以删除当前分组。在类型映射表格中左边是数据库类型(支持正则),右边是对应的 Java 类型(必须为全称)。注意：英文括号()是正则表达式中的关键字,需要转义成\(\)。

在添加完成映射类型后,重新进行映射操作会弹出如图 16.37 所示的对话框,其中可以指定生成文件所在的包位置及使用的生成模板。

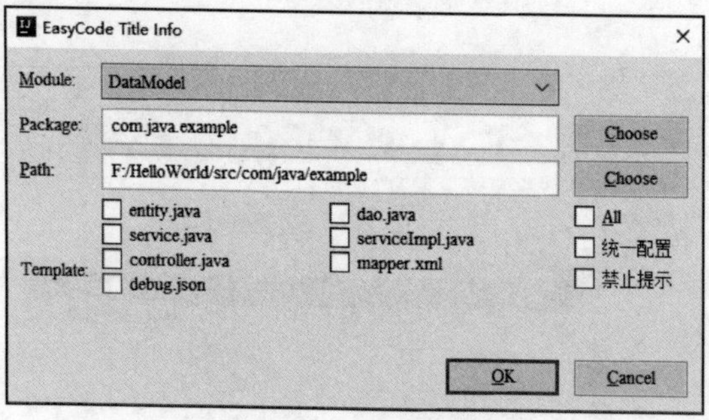

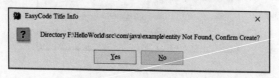

图 16.37　生成映射文件

选择包位置及路径后,勾选生成实体类 entity.java 选项,单击 OK 按钮执行生成操作。如果目标位置不存在,则提示是否创建文件,如图 16.38 所示。

图 16.38　创建映射文件

单击 Yes 按钮确认生成映射文件。除了实体类还可以选择成 Dao 访问层、Service 服务层和 Controller 控制器等，也可以直接选择 All 统一生成所有相关的文件。

需要说明的是，在生成 Controller、Service 或 Dao 等元素的过程中，EasyCode 在代码中所使用的写法是按照 Spring 的方式进行配置的。也就是说需要当前项目环境支持 Spring 或采用了 Maven 的自动管理，否则会提示无法找到依赖的资源。

2. 模板管理

用户还可以在 Template Setting 选项卡管理现有的模板或根据需要添加自定义模板，如图 16.39 所示。

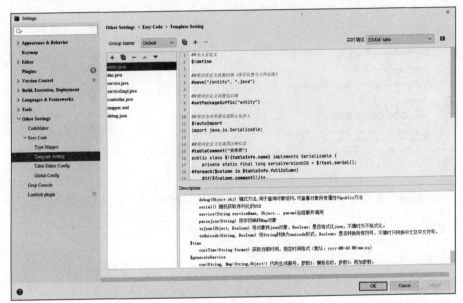

图 16.39 管理文件模板

16.2.4 Lombok 插件的安装与使用

Lombok 是一款实用的语言辅助插件，它能够帮助开发者以简单的形式进行代码的编写，准确地说它对一些经常使用的逻辑进行了封装，如类的构造器、equals() 方法、toString() 方法、hashCode() 方法、getter()/setter() 方法及 Log4j 的打印输出日志等。

Lombok 通过使用注解的方式对以上各种功能进行了封装，开发者可能仅仅需要一个注解就可以极大地简化页面的代码量，但是需要注意的是，在所有经过编译生成的类文件中，其代码组成部分在经过反编译后与正常编写的代码是没有区别的。Lombok 仅仅帮助开发者简化了源码的编写而已。

1. 安装与下载插件

开发者可以在线搜索与安装 Lombok 插件，但是事实上有些 IntelliJ IDEA 版本中的安装操作并不会成功，因此我们主要讲解如何进行插件的离线安装。

读者可以从 IntelliJ IDEA 的官方插件仓库或 GitHub 的 lombok-IntelliJ-plugin 仓库中获取 Lombok 的安装插件。

Lombok 插件官方网址为 https://plugins.jetbrains.com/plugin/6317-lombok，如图 16.40 所示。

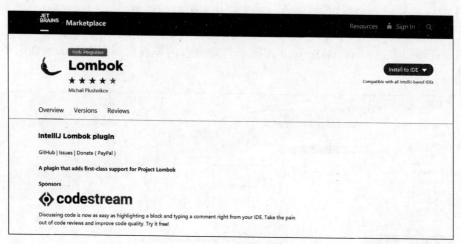

图 16.40　Lombok 插件网站

单击 Versions 选项卡，可以看到 Lombok 插件的各个版本，如图 16.41 所示。

Version	Compatibility with IntelliJ IDEA Ultimate	Update Date	
2020			
0.33-2020.2	2020.2 — 2020.2.3	Oct 28, 2020	Download
0.33-2020.1	2020.1 — 2020.1.4	Oct 28, 2020	Download
0.33-2019.2	2019.2 — 2019.2.4	Oct 28, 2020	Download
0.33-2019.3	2019.3 — 2019.3.5	Oct 28, 2020	Download
0.33-2018.1	2018.1 — 2018.1.8	Oct 28, 2020	Download
0.33-2018.2	2018.2 — 2018.2.8	Oct 28, 2020	Download
0.33-2018.3	2018.3 — 2018.3.6	Oct 28, 2020	Download
0.33-2019.1	2019.1 — 2019.1.4	Oct 28, 2020	Download

图 16.41　Lombok 插件列表

如果开发者使用的是 JetBrains 公司的其他系列产品,则可以在这里找到匹配的插件版本,如图 16.42 所示。

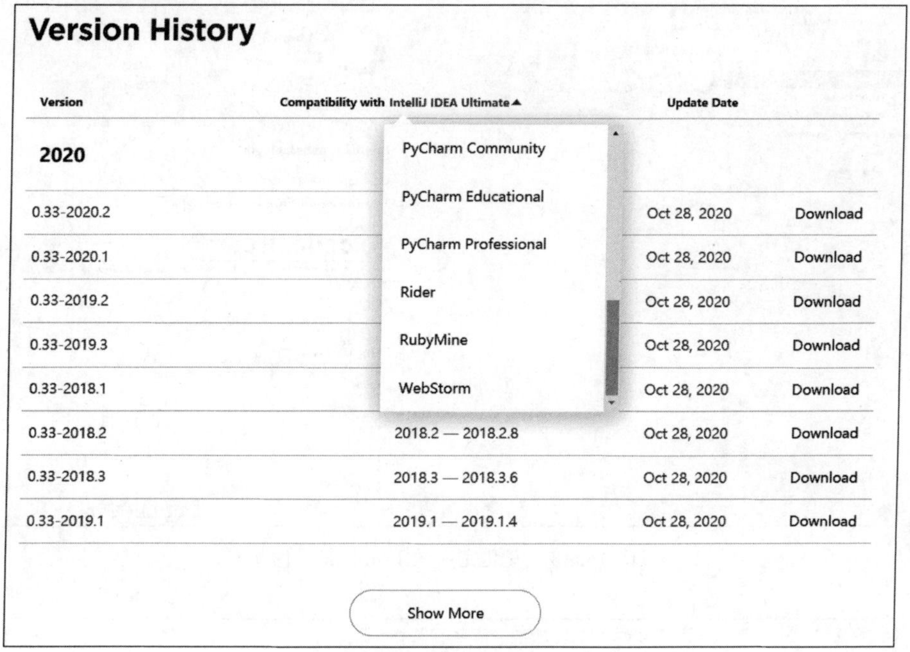

图 16.42　Lombok 插件列表

下载对应的版本如 lombok-plugin-0.32-2020.2.zip。接下来打开 IntelliJ IDEA 的插件安装窗口,单击 Install plugin from disk,选择已下载的 lombok-plugin-0.32-2020.2.zip 插件进行安装,如图 16.43 所示。

Lombok 插件安装完成后读者还需要在项目里引入相应的依赖,这是因为这些依赖资源中包含了 Java 文件在编译成字节码时需要使用的 get/set 函数等,而 Lombok 插件仅仅是在源码中进行了定义,因此 Lombok 插件与依赖需要同时使用。

读者可以访问 https://projectlombok.org/all-versions 获取 Lombok 的所有依赖版本,或通过 Apache Maven 在线获取,如图 16.44 所示。

如果开发者使用了 Lombok 插件,则其他开发者也必须安装此插件,否则会产生编译错误。

2. val 变量的使用

Lombok 中使用 val 作为任何局部变量声明的类型,该类型将从初始化表达式中推断出来,该类型在推断中不涉及对变量的任何进一步赋值,代码如下:

```
//第 16 章/Lombok.java
import lombok.extern.slf4j.Slf4j;
import lombok.val;
```

图 16.43　安装完成的 Lombok 插件

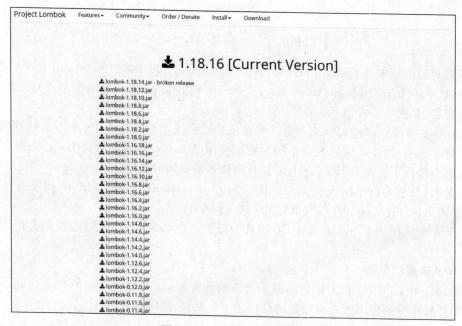

图 16.44　Lombok 依赖列表

```
import org.junit.Test;

@Slf4j
public class Lombok {
    @Test
    public void test(){
        val str = "hello world!";
        log.info(str);
    }
}
```

对上述代码生成的类文件进行反编译,其源码如下:

```
//第16章/反编译后的文件
import org.junit.Test;
import org.slf4j.Logger;
import org.slf4j.LoggerFactory;

public class Lombok {
    private static final Logger log = LoggerFactory.getLogger(Lombok.class);

    public Lombok() {
    }

    @Test
    public void test() {
        String str = "hello world!";
        log.info("hello world!");
    }
}
```

可以看到,Lombok 推断出变量 str 的类型为 String 并对其进行定义,同时在执行日志打印时直接进行了赋值。

3. getter/setter 方法

使用@Getter 或@Setter 注解,可以直接取代实体类中的 getter/setter 方法,并且可以在任何字段上进行定义。如果应用在类级别上,则会为所有字段生成 getter/setter 方法。

在字段级别上,通过使用 AccessLevel 还可以指定属性的访问级别。默认生成的 get 方法名称为 get+字段名称的驼峰形式。

如果字段是 boolean 类型,则会以 is+字段名的驼峰形式连接,所以如果字段类型是 Boolean,则建议手工改成 get/set 的驼峰连接形式。

4. 打印日志

在使用 Maven 构建多模块项目时,我们已经使用 Lombok 的日志输出功能并且将@Slf4j 转换为了常用的 Slf4j。由于 Slf4j 的底层实现依然是 Log4j,所以在使用 Lombok 的日志功能时一定要同时引入 Slf4j 与 Log4j 的相关依赖。

事实上，用户不再需要定义任何日志常量，Lombok 提供了多种如@Log、@Slf4j、@Log4j、@Log4j2、@XSlf4j、@CommonsLog 等日志注解，这些注解均可用于创建静态常量 log，只不过使用的依赖库不一样。Log 系列注解最常用的就是 @Slf4j，各种注解说明如下：

```
//第16章/Lombok 各种注解对应的初始化常量
@Log //对应的 log 语句如下
private static final java.util.logging.Logger log = java.util.logging.Logger.getLogger
(LogExample.class.getName());

@Log4j //对应的 log 语句如下
private static final org.apache.log4j.Logger log = org.apache.log4j.Logger.getLogger
(LogExample.class);

@Log4j2
private static final org.apache.logging.log4j.Logger log = org.apache.logging.log4j.
LogManager.getLogger(LogExample.class);

@CommonsLog
private static final org.apache.commons.logging.Log log = org.apache.commons.logging.
LogFactory.getLog(LogExample.class);

@XSlf4j
private static final org.slf4j.ext.XLogger log = org.slf4j.ext.XLoggerFactory.getXLogger
(LogExample.class);

@Slf4j
private static final org.slf4j.Logger log = org.slf4j.LoggerFactory.getLogger(CleanupExample.
class);
```

5. Lombok 编译

通常 Lombok 编写的 Java 文件都是在开发工具下进行编译的。如果读者想要尝试手工编译 Lombok 编写的 Java 文件，则会由于缺失对应的转换而产生报错，如图 16.45 所示。

```
G:\MultiWork\multiwork_service\src\main\java\com\multiwork\service>javac GsClass.java
GsClass.java:3: 错误: 程序包lombok不存在
import lombok.Getter;
            ^
GsClass.java:4: 错误: 程序包lombok不存在
import lombok.Setter;
            ^
GsClass.java:6: 错误: 找不到符号
@Setter
 ^
  符号: 类 Setter
GsClass.java:7: 错误: 找不到符号
@Getter
 ^
  符号: 类 Getter
GsClass.java:16: 错误: 找不到符号
    @Setter @Getter String str;
```

图 16.45　Lombok 编译错误

为了解决这个问题,读者可以将下载下来的 Lombok 所对应的 jar 包复制到待编译的文件目录内,然后再次执行 javac -cp Lombok.jar GsClass.java 命令,此时会编译成功并将编译生成的类放置在当前目录下。

16.3 自定义插件开发

16.3.1 开发示例插件

在进行插件开发之前,用户需要确保 IntelliJ IDEA 中已经安装并启用 Plugin DevKit 插件,如图 16.46 所示。

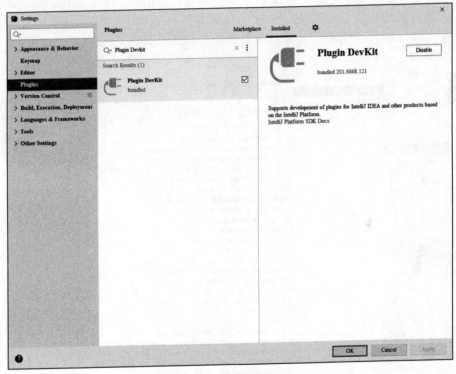

图 16.46　Plugin DevKit

除了 Plugin DevKit 插件外,用户还需要配置 IntelliJ Platform Plugin SDK(IntelliJ 平台插件 SDK)。IntelliJ Platform Plugin SDK 基于 JDK 运行并且为插件开发提供支持,其功能类似于 Android 应用开发中的 Android SDK,因此安装 IntelliJ Platform Plugin SDK 之前需要保证本地已经正确安装 Java JDK。

执行菜单 File→Project Structure 命令打开工程结构窗口,选择 Platform Settings 下的 SDKs 选项卡,单击"+"按钮并在下拉菜单中选择 Add IntelliJ Platform Plugin SDK,如图 16.47 所示。

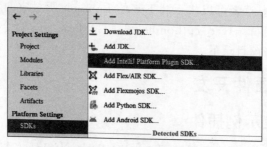

图 16.47　添加插件 SDK

在弹出窗口指定 home path 为 IDEA 的安装路径，同时完成 Sandbox Home 与内部 Java 版本的指定，如图 16.48 所示。

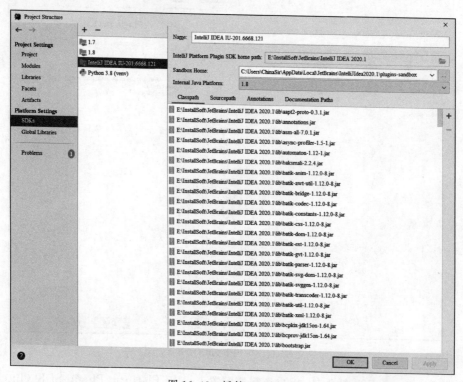

图 16.48　插件 SDK 配置

SandBox 提供了沙箱功能，通过在沙箱中运行自定义插件，可以避免影响当前运行的 IntelliJ IDEA。用户可以自行选择插件运行的 Debug/Run 模式以便于调试或运行。

使用 IntelliJ Platform Plugin SDK 开发插件时默认使用相同的 SandBox 沙箱，如果需要同时开发多个插件并要求其开发环境独立，则可以创建多个 IntelliJ Platform SDK 并且为 Sandbox Home 指定不同的目录以实现环境分离。

插件的产生通常都是基于需求而开发的。例如，用户可能需要经常查看 JSON 报文的结构，那么可以开发一个工具百宝箱插件，其中应包含用于对 JSON 报文进行格式转换的功能，并且以后可以将其扩展为一个无所不能的工具集。

接下来通过创建示例来学习如何进行插件的开发。

单击菜单 File→New→Project Structure 打开新建工程窗口并选择 IntelliJ Platform Plugin 工程类型，如图 16.49 所示。

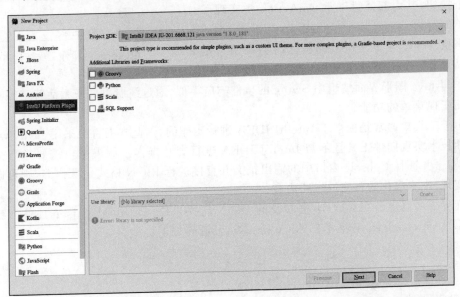

图 16.49　新建插件工程

用户可以根据需要选择是否添加依赖库。单击 Next 按钮执行下一步后，如图 16.50 所示。

图 16.50　工程配置

工程创建完成后项目结构如图 16.51 所示。

plugin.xml 是插件的配置文件,其内部不仅提供了插件名称、版本号等相关定义的描述,还提供了 <actions> 标签元素用于配置插件的行为。

在 <actions> 元素列表中,一个 Action 可以用来表示 IntelliJ IDEA 菜单里的一个菜单项或工具栏上的一个按钮,其内部通过继承 AnAction 类实现了对应菜单的行为。

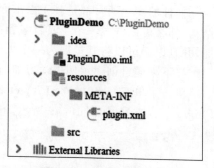

图 16.51　插件工程结构

当执行菜单或工具栏上的按钮时会调用自定义类中从 AnAction 类继承的 actionPerformed 方法,此操作与 Java 图形界面编辑中 Swing 的事件响应类似,通过注册事件来激活特定的响应行为从而实现菜单的功能。

由于工具集通常是独立于 IntelliJ IDEA 进行工作的,因此本书直接采用 Java Swing 图形界面技术实现插件工具且不与 IntelliJ IDEA 进行交互操作。如果用户需要进行交互操作,如右击并选择 Console 窗口中的输出报文并直接进行 JSON 格式化操作等,则可以自行尝试实现,本章仅作为补充性说明内容。

在界面源码准备完成后(本书涉及的 JSON 转换采用 Alibaba Fastjson 插件),新建文件 JSONActions.java,它继承自 AnAction 类,其源码如下:

```
//第 16 章/JSONActions.java
package com.plugin.action;
import com.IntelliJ.openapi.actionSystem.AnAction;
import com.IntelliJ.openapi.actionSystem.AnActionEvent;
import com.IntelliJ.openapi.actionSystem.PlatformDataKeys;
import com.IntelliJ.openapi.project.Project;
public class JSONActions extends AnAction {
    @Override
    public void actionPerformed(AnActionEvent event) {
        Project project = event.getData(PlatformDataKeys.PROJECT);
        MainBoard board = new MainBoard();
    }
}
```

其中 MainBoard 即是我们准备好的可独立运行的工具箱入口,它继承自 JFrame 以作为独立窗口运行。

接下来将当前 Action 注册到 plugin.xml 中,代码如下:

```
//第 16 章/注册插件行为
<actions>
  <group id = "MyPlugin.Util" text = "Util" description = "Util">
    <add-to-group group-id = "MainMenu" anchor = "last" />
```

```
            < action id = " Myplugin. JSONUtil" class = " com. plugin. action. JSONActions" text =
"JSONUtil" description = "JSON Util" />
        </group>
    </actions >
```

在<actions>标签元素中,<group>元素用于
对一组Action进行分类管理;<add-to-group>元
素指定了自定义行为被添加到什么位置;<action>
元素则指定了行为的实现。

图16.52　新建Action

如果不想手工定义Action并添加到plugin.
xml,则用户也可以右击目标包结构,在弹出菜单中
选择New Plugin Devkit Action来新建Action,如图16.52所示。

打开新建Action窗口,如图16.53所示,可以看到其配置对应了plugin.xml中的相关
属性。

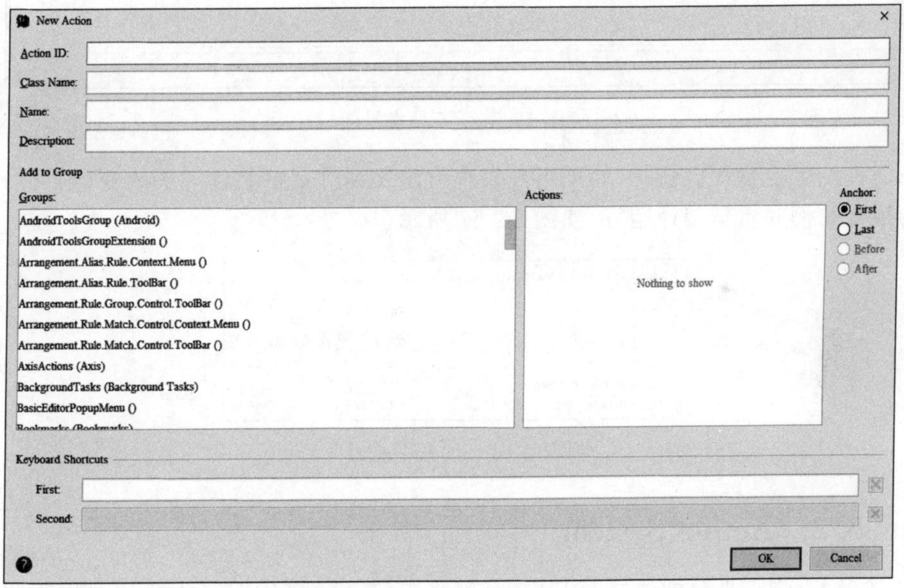

图16.53　Action配置

对于插件项目,默认情况下IntelliJ IDEA会自动生成一个名为Plugin的调试/运行配
置,如图16.54所示。

因为IntelliJ IDEA是以沙盒的形式模拟插件运行的,所以插件运行后会再次打开一个
全新的IntelliJ IDEA欢迎界面,用户可以按照正常操作的方式新建或打开项目。在工程窗
口打开后可以看到菜单栏中多出的自定义菜单,如图16.55所示。

完成的工具集UI是一个可独立运行的界面,单击JSONutil菜单打开如图16.56所示
的工具集界面。

图 16.54　插件运行/调试配置

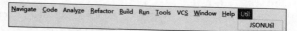

图 16.55　显示插件菜单

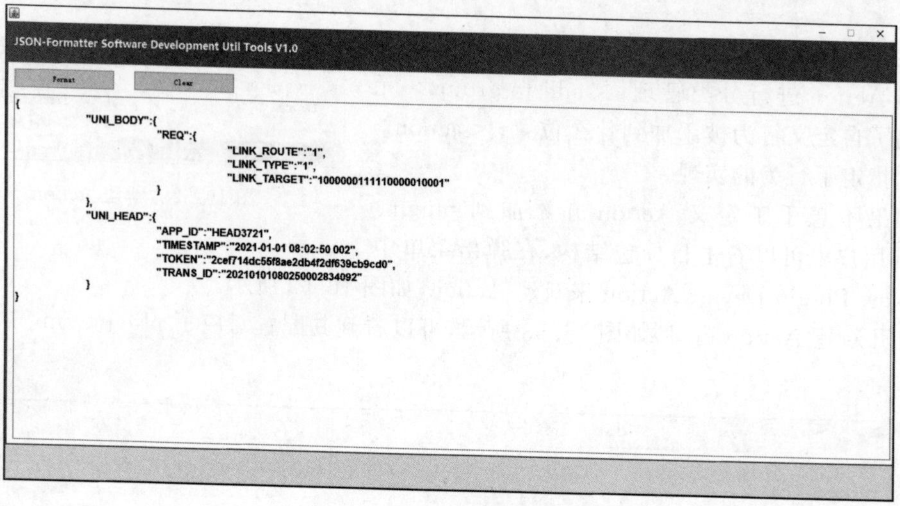

图 16.56　工具集界面

当插件发生变化或更新时,如果用户发现自定义插件菜单名称无法改变,则可以清空沙盒中的插件示例并重新编译运行,如图 16.57 所示。

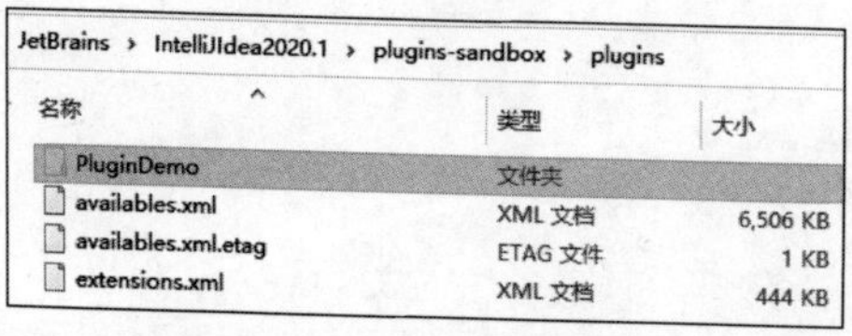

图 16.57　沙盒中的插件

16.3.2　Action System

在基于 IntelliJ 平台构建的 IDE 中,可以将自定义的操作编写为插件并将这些插件注册到 IDE 的菜单栏或工具栏中。

插件的编写需要使用行为系统(Action System)实现,在行为代码(继承 AnAction 类)编写完成后,通过将其配置到 plugin.xml 中即可实现注册功能。一旦完成了注册,这些行为将会接收来自 IntelliJ 平台系统的回调并响应用户的操作。

插件中自定义的操作决定了其在应用上下文中的可用性,如某些情况下禁用插件菜单,而通过注册则可以让插件生效并且最终显示在 IDE 中(菜单栏、工具栏或右击菜单中)。

每个插件的实现都需要继承自抽象类 AnAction。当用户操作菜单栏中的菜单或单击工具栏中的按钮时，IntelliJ 平台将会调用用户在自定义类中实现的方法。

基于 AnAction 的实现类中不应该有任何类型的属性字段，这是因为 AnAction 类的实例存在于应用程序的整个生存期内。如果 AnAction 类使用字段存储生存期较短的数据并且最后无法及时清除，则将会产生数据泄漏。

所有自定义类都应该实现 AnAction.update()方法且必须实现 AnAction.actionPerformed()方法。其中 AnAction.update()方法用于更新插件当前的状态，插件的状态决定了插件在当前 IDE 窗口中是否可用。

AnActionEvent 类型的事件被传递给 AnAction.update()方法并包含有关当前操作的上下文的信息，通过改变带有上下文信息的当前操作对象的状态可以使得插件行为生效并可用。AnAction.update()是重要的更新方法，它可以快速执行并将结果返回 IntelliJ 平台。

常用的状态有多种，如项目是否被打开、是否有文件编辑器被打开、选中的文本等，代码如下：

```
//第16章/操作对象状态
@Override
public void update(AnActionEvent e) {
    super.update(e);
    Editor editor = e.getData(PlatformDataKeys.EDITOR);
    //设置当前 action 菜单的可见性
    e.getPresentation().setVisible(editor == null);
    //设置当前 action 菜单的可用性
    //如果不可用，则 actionPreformed() 方法收不到单击事件
    e.getPresentation().setEnabled(editor == null);
    //同时设置当前 action 菜单的可见性和可用性
    e.getPresentation().setEnabledAndVisible(editor == null);
}
```

在 AnActionEvent 事件上通过使用 anActionEvent.getData()方法获取 Project、Editor、Navigatable 等对象，而这些对象的标识则可以从 PlatformDataKeys 类中获得。

其中 Editor 代表编辑器对象，只有文件已经在编辑器中打开且处于编辑模式时此对象才不为 null。例如获取编辑器中选中的文本功能，就是从这个对象中获取的。

当执行 e.getPresentation()方法时将获取 Presentation 对象，如果想要启用/禁用插件的行为状态，则可以使用 Presentation.setEnabled()方法。如果想要设置插件的可见性，则可以使用 Presentation.setVisible()方法。

当插件状态被启用之后才可以继续使用 AnAction.actionPerformed()方法，被注册到菜单栏指定位置的插件菜单与添加到工具栏上的操作按钮图标也将处于可编辑状态。

AnAction.update()方法将在 UI 线程中被周期性地频繁调用，所以它需要被快速执行且并不包括实际执行操作逻辑的工作，所有的工作都是在 AnAction.actionPerformed()方法中完成的。

AnAction.actionPerformed()方法用于执行核心且复杂的插件逻辑，它包含调用操

时执行的代码。此方法同样接收 AnActionEvent 事件类型作为入参,它可以用于访问项目或文件、执行选择操作等。

除了以上两种方法外,AnAction 中还有许多其他的方法,如图 16.58 所示。

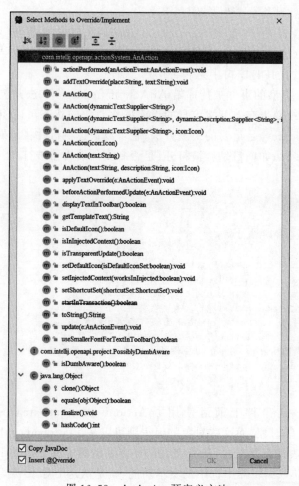

图 16.58 AnAction 预定义方法

所有与 IntelliJ Plugin 相关的 API 都在包 com.IntelliJ.openapi 中,用户在编写程序方〔需要注意正确地引入相关依赖的位置以避免无法正确找到待使用的对象或组件,如弹〕窗口等。

3.3 插件的发布与打包

整的插件结构包含以下三部分内容:
配置文件(META-INF/plugin.xml)。
件功能的源码程序(继承自 AnAction)。

- 插件的图标文件（META-INF/pluginIcon＊.svg）。

在插件编写完成后可以对其进行编译打包，按照生成类型，插件可以分为两种：无外部依赖的插件（Jar 文件）与有外部依赖的插件（ZIP 文件）。

无外部依赖的插件结构比较简单，如图 16.59 所示。

有外部依赖的插件结构如图 16.60 所示，可以看到其下多了一个 lib 目录用于放置需要引入的依赖。

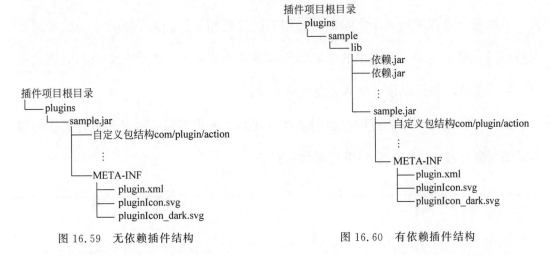

图 16.59　无依赖插件结构　　　　　　　　图 16.60　有依赖插件结构

在插件编写完成后，执行菜单 Build→Prepare Plugin Module 命令，如图 16.61 所示。插件打包完成后会弹出如图 16.62 所示的提示。

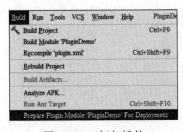

图 16.61　打包插件

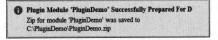

图 16.62　打包完成

最后将自定义插件发布到 IntelliJ IDEA 官方站点并供给其他用户使用。

16.4　本章小结

随着 IntelliJ IDEA 被越来越多的开发者所使用，基于其实现的插件也越来越多。开发者可以尝试开发属于自己的插件并将其供给更多的技术爱好者使用，愿我们都能成为热爱技术、乐于分享、平凡且伟大的程序员。

图书资源支持

感谢您一直以来对清华大学出版社图书的支持和爱护。为了配合本书的使用，本书提供配套的资源，有需求的读者请扫描下方的"书圈"微信公众号二维码，在图书专区下载，也可以拨打电话或发送电子邮件咨询。

如果您在使用本书的过程中遇到了什么问题，或者有相关图书出版计划，也请您发邮件告诉我们，以便我们更好地为您服务。

我们的联系方式：

地　　址：北京市海淀区双清路学研大厦 A 座 701

邮　　编：100084

电　　话：010-83470236　　010-83470237

资源下载：http://www.tup.com.cn

客服邮箱：tupjsj@vip.163.com

QQ：2301891038（请写明您的单位和姓名）

用微信扫一扫右边的二维码，即可关注清华大学出版社公众号。

教学资源・教学样书・新书信息

人工智能科学与技术
人工智能|电子通信|自动控制

资料下载・样书申请

书圈